高职高专"十二五"规划教材

食用菌栽培技术

■ 弓建国 主编

SHIYONGJUN
ZAIPEI JISHU

化学工业出版社

·北京·

内 容 提 要

本书以就业、创业为导向，走产学研结合发展道路，培养高素质技能型专门人才为指导思想，以提高学生实践能力、创新能力、就业能力和创业能力为目标，阐述了食用菌的形态、分类、生理、生态、栽培生产技术的实用知识，品种涉及木腐菌、草腐菌、药用菌、珍稀食用菌、野生名贵食用菌等，并介绍了食用菌栽培种病虫害防治以及食用菌加工技术等内容，加强了可操作性和实用性。本书按照知识体系自身的连贯性、相关性、工艺性展开内容。章前的"学习目标"提出了学习层次的具体要求；章后的"知识链接——食用菌小技巧"是对学习内容的补充和强化；书末的实践技能训练项目是食用菌栽培关键技术的实战演习。

本书不仅适合作为本科院校、高职高专院校生物技术、园艺等相关专业的教材，也可供中等专业学校作为教材和教学参考书，还可作为食用菌栽培技术培训教材及食用菌栽培爱好者、生产者自学使用。

图书在版编目（CIP）数据

食用菌栽培技术/弓建国主编. —北京：化学工业出版社，2011.2（2020.10重印）
高职高专"十二五"规划教材
ISBN 978-7-122-10395-6

Ⅰ. 食… Ⅱ. 弓… Ⅲ. 食用菌类-蔬菜园艺-高等学校：技术学院-教材 Ⅳ. S646

中国版本图书馆 CIP 数据核字（2011）第 006465 号

责任编辑：梁静丽 李植峰	文字编辑：焦欣渝
责任校对：蒋 宇	装帧设计：史利平

出版发行：化学工业出版社（北京市东城区青年湖南街 13 号 邮政编码 100011）
印　　刷：北京京华铭诚工贸有限公司
装　　订：三河市振勇印装有限公司
787mm×1092mm　1/16　印张 16　字数 421 千字　2020 年 10 月北京第 1 版第 8 次印刷

购书咨询：010-64518888　　售后服务：010-64518899
网　　址：http://www.cip.com.cn
凡购买本书，如有缺损质量问题，本社销售中心负责调换。

定　　价：39.00 元

《食用菌栽培技术》编写人员名单

主　　编　弓建国

副 主 编　欧善生　许　谦

编写人员　（按姓氏笔画排序）

　　　　　弓建国　（集宁师范学院）

　　　　　马晓林　（集宁师范学院）

　　　　　许　谦　（菏泽学院）

　　　　　欧善生　（广西农业职业技术学院）

　　　　　高喜叶　（集宁师范学院）

　　　　　郭美兰　（集宁师范学院）

前言

　　食用菌生产是现代生物技术应用的重要组成部分。随着人们对食用菌类食品营养保健功能认识的提高，食用菌产业发展十分迅速，目前已成为振兴农业经济的支柱产业，成为农村产业结构调整的重要组成部分，是促进社会主义新农村建设的有效途径。"食用菌栽培技术"是在生物、园艺学相关学科基础上形成的一门新兴的综合性学科，是一门实践性较强的实用技术课程，也是生物技术、园艺等相关专业的主干课程之一。在现代农业、现代生物技术的发展中，"食用菌栽培技术"的教学内容日趋综合，日益丰富，尤其是它的实践性和操作性日显突出。因此，必须加强"食用菌栽培技术"课程的实践环节，防止理论教学和实践环节脱节问题，只有确立实践环节的重要地位，才能真正学好这门课程。

　　现代的课程教学改革以学生能就业和自主创业为导向，以学生职业能力培养为核心，与行业企业紧密配合，走产学研结合发展道路，培养高素质技能型专门人才为指导思想，以提高学生实践能力、创新能力、就业能力和创业能力为目标，来确定教学模块和内容，精心设计实践教学模式。

　　为配合教学改革的需要，我们联合编写了本教材。本教材力求突出实践性、开放性和职业性，把工学结合作为教学内容编写的切入点，对基础理论以够用为度，重点学习当前在生产中正在使用的新技术，介绍在近期推广的新技术、新方法，重视校内学习和实际工作的一致性。为了使本书编写的内容和形式体现上述特点，我们参阅了大量有关食用菌的教材和文献，同时通过互联网了解食用菌的最新资料，使本书内容尽量新颖。为了使本书内容形象生动，具有很强的可读性和适用性，尽可能引用新颖、形象的照片和图片，每章前有学习目标，章后有实用的生产小技巧。

　　全书由集宁师范学院、菏泽学院、广西农业职业技术学院的几位长期从事食用菌教学和科研、具有丰富教学实践经验的教师合作编写而成。具体分工如下：绪论由弓建国编写，第一章由马晓林编写，第二章由许谦编写，第三章由弓建国编写，第四章由高喜叶编写，第五章由弓建国和许谦编写，第六章由郭美兰编写，第七章、第八章、第九章由欧善生编写，实践技能训练项目由弓建国编写。全书由弓建国对初稿部分进行了适当的补充和改写，并最后统稿。

　　本书的出版得到了内蒙古高校科研项目（NJ09206）的资助，同时在编写过程中，也得到了集宁师范学院领导和多位同事以及参编院校领导的关心和支持，特别得到了化学工业出版社的大力支持，在此表示衷心的感谢！

　　由于编者水平有限，加之编写时间比较仓促，书中难免存在许多不足之处，敬请广大师生、同行和读者提出宝贵意见，以便再版时修正。

编　者

2011 年 1 月

目录

绪　论

【学习目标】

　　了解我国发展食用菌产业的意义和发展食用菌产业的优势，激发学生学习食用菌栽培技术的兴趣。

一、食用菌栽培技术的内容与任务

　　食用菌是高等真菌中能形成大型肉质或胶质子实体或菌核类组织，并能供食用的菌类总称，俗称菇、蕈、耳。食用菌栽培技术是研究食用菌的形态构造、生理机能、生长发育及变异的规律，同时研究食用菌与环境条件的相互关系以及食用菌的分布规律、资源开发利用和人工栽培技术的一门科学；主要阐述食用菌的形态结构、生活条件、菌种生产及病虫害防治等基础知识，并介绍常见优良栽培品种的生物学特性、栽培技术及实训指导，重点突出操作性和实用性。食用菌栽培技术也是农学、农艺、园林、生物技术等一切以食用菌栽培为生产对象或研究对象的一门重要专业基础课程，是生物学、农业微生物学、环境微生物学、食品微生物学等学科的基础课。因此，食用菌栽培技术的任务不仅是研究食用菌类和食用菌的生活条件和发展规律，而且重点是研究食用菌栽培资源的开发利用及生产实际应用。

二、发展食用菌产业的经济意义

1. 食用菌的营养价值和药用价值

　　食用菌的营养丰富，干物质中蛋白质约占 25%，比一般的蔬菜含量高；粗脂肪约占 8%，碳水化合物约 60%（其中糖类 52%，粗纤维 8%），矿物质约 7%。食用菌的氨基酸种类齐全，谷类食物所欠缺的种类在食用菌中都有，尤其是赖氨酸和亮氨酸，完全能满足人体的需要。食用菌含有多种维生素，其中 B 族维生素、麦角甾醇、烟酸含量比其他食物高；过去认为只有动物性食物才含有的维生素，在食用菌中都有。此外，食用菌含有多种矿质元素，如钙、磷、锰、镁、铁、锌、铜、钠、硫、氯、碘、硒等。人们经常食用菇类，有利骨骼成长、保养牙齿、保持肌体的应激性，例如金针菇，有增加儿童的身高、体重、增强记忆力的功效，在日本被称为增智菇。除此之外，食用菌还可加速血红蛋白的合成，维持心肌功能，增加伤口的愈合率，降低血脂、血糖，预防糖尿病，而且有利于促进体内物质的吸收与转运及体温的调节。因此，食用菌是积极的保健食品，其天然原料的组合和制作过程均以营养保健为依据，也是无污染的绿色食品。目前，经国家卫生部门批准的 200 多种营养保健品，其中含有食用菌的产品达 40 多种。随着人民生活水平的提高，对保健食品的需求会更加迫切，食用菌将成为最理想的长寿食品。

　　近代科学研究证实，食用菌不但营养丰富，而且其药用价值也是一般药物所无法比拟的，它能预防和治疗多种疾病。如双孢菇中的酪氨酸酶可降低血压，核苷酸可治疗肝炎，核酸有抗病毒的作用。香菇中的维生素 D 原能增强人体体质和防治感冒，还可防治肝硬化等。猴头可以治疗消化道疾病。马勃鲜嫩时可食，老熟后有止血功效，可治疗胃出血。茯苓有养身、利尿之功效。假蜜环菌能产生假蜜环甲素和乙素，是医治胆囊炎的特效药。有些食用菌中还含有大量的锗和硒，能提高人体免疫机能和推迟细胞衰老等。如灵芝不仅具有健脑强身作用，还具有治疗神经衰弱和延年益寿的功效。此外，食用菌中含有的真菌多糖，在动物实验及临床实践中发现，对移植的动物肿瘤有较强的抑制作用，并能增强机体的免疫功能，减轻放疗和化疗的副作用，同时增强其疗效，是一种较好的具有"扶正固本"功能的抗癌药物。例如猴头菇对胃癌和食道癌有一定的疗效；香菇多糖对肉瘤 S-180 有一定的抑制作用；云芝多糖用于肝癌的预防和治疗。除上述药用功能外，食用菌尚有抗病毒、调节内分泌、保肝护肝、清热解表、镇静安神、化淤理气、润肺祛痰、利尿祛湿等功效，如香菇的干扰素诱导物质的抗流感病毒作用，鸡腿菇和蛹虫草的降血糖作用，灵芝和猴头菇的保肝护肝作用，双孢菇和虎皮香菇的清热解表作用，蜜环菌的镇静安神作用，金耳、银耳的润肺止咳化痰作用等。据统计，到目前为止，中国的药用真菌大约有 270 种，其中有不少种类是著名的食用菌，其中有抗癌作用的真菌大约有 150 多种，现已应用于临床的近 10 余种。我国现已开发出的菇类药物有十多种，例如云芝糖肽、云芝肝泰、猴头菌片、三九胃泰、猪苓多糖、金耳胶囊、银耳孢糖胶囊、香菇多糖、蜜环菌片、香云片、胃乐宁、灵芝粉等。

2. 发展食用菌产业的社会生态效益

中国大农业的发展是三色农业，即绿色农业、蓝色农业和白色农业。绿色农业就是如何科学、巧妙地利用光合作用，生产粮食、蔬菜、水果。蓝色农业就是开发海洋，利用科学技术从海洋里产出更多的海菜和海鲜产品。白色农业就是微生物农业，即食（药）用菌工业，它不仅能解决人们所需要的蛋白质，而且还能用于医药行业，解决与人们生命相关的重大疾病项目。食用菌是白色农业中的一种，是人类最具潜力的健康食品，这已经是不争的事实。联合国粮农组织也指出"一荤、一素、一蘑菇是人类的最佳饮食结构"。"吃"是人类社会永远的第一需要，所以，食用菌产业不仅是个朝阳产业，更是个日不落的产业，而且有无限巨大的发展空间。进入 21 世纪以来，我国农业面临严重挑战，普通粮、油、菜等农产品在广大范围内出现了相对过剩，导致农民的经济收入很低，农民生活水平增长速度较慢，甚至出现负增长现象。在这种情况下，食用菌生产作为调整农村产业结构、开辟农业增收的新途径和新领域，对农业产生重大影响。食用菌人工栽培是利用广大平原和山区的下脚料生产味道鲜美、营养丰富的优质食品；它不仅可以改善环境，变废为宝；利用薄地或闲地种植，提高土地的利用程度；而且可与农作物错季生产，充分利用农村剩余劳动力。况且食用菌的投入产出比高，效益明显，是一般粮食作物的 20～40 倍。因此，食用菌生产被冠以生态农业、高效农业、节水农业、致富农业、创汇农业的美名，成为一项集经济效益、生态效益和社会效益于一体的农村经济发展项目。食用菌又是一类有机、营养、保健的绿色食品，发展食用菌产业符合人们消费增长和农业可持续发展的需要，是农民快速致富的有效途径。

三、食用菌产业现状

1. 食用菌产业发展概况及产业地位

中国是认识、利用和人工栽培食用菌最早的国家，人工栽培历史已有 1400 多年。全世界食用菌种类约 2000 种，已人工栽培成功的食用菌有 90 多种。据中国食用菌协会统计，1978 年中国食用菌产量还不足 10 万吨，产值不足 1 亿元；而到 2007 年全国食用菌总产量已达 1682 万吨，在不足 30 年的时间内扩大了约 170 倍，占全世界总产量的 70% 以上，总产值突破 600 亿元。福建、河北、江苏、四川等食用菌种植大省产量均达上百万吨，食用菌产业县已有 500 多个，产值超亿元的县有 100 多个，从事食用菌生产、加工和营销的各类食用菌企业达 2000 多家，从业人员已达 2500 万人。中国已成为世界食用菌生产大国，食用菌已成为产量仅次于粮、棉、油、菜、果的第六大类产品，成为农村经济发展的支柱产业。据中国海关统计，2007 年全国食用菌产品出口达 71.47 万吨，创汇 14.25 亿美元，2006 年出口 60.39 万吨，创汇 11.21 亿美元，同比增加了 18.3% 和 27.1%，占亚洲出口总量的 80%，占全球食用菌贸易的 40%。干香菇已占据东南亚、欧、美等地区 70 多个主要香菇消费国市场，食用菌产品出口到 126 个国家和地区。食用菌进口值为 1000 万～2000 万美元，相比出口，顺差大，主要从日本和韩国进口，以高档食用菌罐头为主，满足高端消费群体，预计食用菌进口将呈现逐年增加趋势。

2. 食用菌的分布

在中国由于地形地貌复杂，气候类型繁多，森林、草原植被和土壤种类、生态类型多种多样，为野生食用菌的生长、繁衍创造了良好的生态环境。例如，东北地区有广阔的森林及森林草原地带，食用菌种类有松茸、蜜环菌、元蘑、金顶菇、猴头菌、黑木耳、香菇、平菇、牛肝菌、铆钉菇等。内蒙古、新疆地区食用菌种类有口蘑、大马勃、杏香菌、雷蘑、阿魏蘑等。华北落叶阔叶林地区，主要有香菇、黑木耳、银耳、口蘑、平菇、猴头菌等。华中华南地区降雨量多，常绿树为主，该地区几乎集齐了国内主要食用菌的所有种类。西南地区森林广阔，地形复杂，气候适宜，该地区食用菌种类最多，多种珍稀的食用菌在该地区常有出现，如鸡油菌、红菇、乳菇、绿菌、鹅膏菌、丝膜菌、竹荪、牛肝菌、干巴菌等。青藏高原地区虽然地势高、气候寒冷，但有一些食用菌十分珍贵，主要有黄绿蜜环菌、金顶蘑、杉平菇、虫草菌等。据卵晓岚先生估计，我国食用菌至少可达900多种，是世界上野生食用菌种类资源最为丰富的国家之一。然而，可培养出子实体的约90多种，能进行大规模商业性栽培的仅20～30种，大量的食用菌仍处于野生状态。这些野生食用菌以其独特的纯天然营养品质，被国际公认为绿色食品中的珍宝，有待于我们去研究、驯化、栽培及利用。

3. 食用菌主栽品种与主产区

从栽培品种来看，中国人工栽培的食用菌品种约有60多种，如双孢菇、香菇、金针菇、平菇、凤尾菇、秀珍菇、滑菇、竹荪、毛木耳、黑木耳、银耳、草菇、银丝草菇、猴头菌、姬松茸、杏鲍菇、白灵菇、灰树花、皱环球盖菇、长根菇、鸡腿蘑、真姬菇等，新种类不断增加，珍稀种类开发已起步，而且将会成为新的增长点。除常规品种外，珍稀菇如姬松茸、真姬菇、杏鲍菇、阿魏菇、白灵菇、杨树菇、鲍鱼菇、袖珍菇、大球盖菇、虎奶菇、牛舌菌等，虽单产稍低，但色、香、味方面都是无与伦比的，其质量大幅度提高，已具备国际竞争力。除人工栽培食用菌外，还发展了以灵芝、冬虫夏草、茯苓等为代表的药用菌产业和以松茸、牛肝菌、块菌、羊肚菌等为代表的野生食用菌产业。从产区来看，福建、黑龙江、河北、河南、山东、浙江、江苏、广东和四川等省为重点产区，福建的银耳、白背毛木耳、香菇、双孢菇和浙江的香菇等食用菌出口老产区，河南的香菇、湖北的香菇、河北的滑菇和反季节香菇、山东的双孢菇和姬菇等食用菌出口新区，云南、四川的松茸、牛肝菌、羊肚菌和菌块等野生菌出口区，这些主产区占中国食用菌出口总额75%以上；而且食用菌生产向产业化方向发展较快，出现了一大批专业化、工厂化生产企业，使分散的、小规模的副业式生产向企业化、集约化方向发展。

4. 国外食用菌生产概况

国外食用菌产业主产国家的栽培生产方式基本上为工业化设施生产。例如日本、韩国等，各生产场规模较大，栽培场所以电脑智能控制菇房为主，整个生产过程机械操作按一定程序进行生产，仅在机械尾端人工辅助操作。食用菌的筛料、拌料、装瓶、灭菌工作在生产车间完成，接种转入接种室；栽培室与生产车间成为一体，其室内设有自动加湿装置及控温设施，户外控制屏上明显显示各项技术指标，总监视室内大型电子监视仪总控各栽培室栽培生产情况。有些国家还建成了年产鲜菇千吨以上的工厂。在1950年，全世界较大面积的栽培食用菌约5类，产量约7万吨，西欧一些生产蘑菇的国家，每平方米栽培面积的平均产量约为2000g左右。到1980年，栽培种类已超过12类，产量约121万吨；有的国家每平方米的产量已提高到27kg。近年来，还发展了既供观赏又供食用的家庭种菇和用菌丝体液体发酵生产食品添加剂的技术，而且大部分都采用了计算机控制，可以周年稳定地生产。但栽培公司生产的蘑菇一般都由人工采收，经分类包装后直接运送到附近的超市出售。有的国家还研制出了用于食用菌采摘的机器人。

四、我国食用菌业存在的主要问题

1. 食用菌产业标准建设滞后

我国食用菌的行业标准建设滞后,与国际标准相比尚存差距,难以与主要出口市场接轨。发达国家通过立法等形式,对农药残留、放射性残留、重金属含量、化学添加剂等制定了苛刻的技术标准。国际食品法典有 2572 项标准,欧盟有 22289 项,美国有 8669 项,日本有 9052 项,其中有些标准是专门针对某国或某类产品而专门设计制定的。以日本为例,2006 年 5 月施行《食品中残留农业化学品肯定列表制度》以来,据中国海关统计,中国食用菌产品对日出口因农残等超标受阻共有 64 批次,2007 年有 33 批次。这说明在食用菌生产过程中违禁使用农药的问题依然严峻,应引起高度重视。

2. 生产规模小且加工技术落后

中国食用菌生产方式多数是以千家万户的"手工作坊"种植栽培,种植人员的素质和栽培条件不一,规模小,并且中国食用菌产业深加工是薄弱环节,技术加工设备远远落后于发达国家。大部分加工企业还停留在保鲜、烘干、盐渍等粗加工的层次,产品质量差异大,而且整个产业科技含量低下,从业人员老龄化,生产缺乏后劲等,这无法适应国际市场对食品安全的要求。

3. 知识产权制度有待完善

长期以来,由于中国知识产权意识薄弱,食用菌开发人员对食用菌专利保护重视不够,造成中国食用菌知识产权严重缺乏。同样,中国食用菌地理标志产品保护始于 2002 年,至 2007 年 6 月 29 日,食用菌产品地理标志专用标志也就 18 件,这与中国作为食用菌生产大国的地位极不相称。中国在国外知识产权保护更是一片空白,食用菌出口频繁遭遇食用菌专利壁垒,2004 年 4 月,日本开始实施的《种苗法修正案》,对 22 类 145 种食用菌种源实施保护,如发现进口的食用菌使用在日本登记注册的菌种的近源种,将对其加收专利费。

4. 科技含量低,软硬件技术落后

在食用菌工厂化生产过程中,环境因子的调控直接影响着食用菌的产量和质量。我国食用菌生产的环境控制软硬件都比较缺乏。因此,要实现食用菌的工厂化生产就必须建立以计算机和各种传感器为主要构成的环境控制系统,研究食用菌的生长与外界环境因子的关系,将食用菌的生长参数可操作化,建立食用菌生长模型、环境控制模型及控制成本模型相结合的动态系统模型,提高食用菌生长环境的控制水平,以提高食用菌产品的产量和质量,增强我国食用菌产品在国际市场上的竞争力。

五、我国食用菌业发展的趋势

1. 实施食用菌专业化和优势生产区域布局的战略

根据生态环境和资源分布,推进食用菌专业化和优势生产区域布局,提高食用菌生产和管理水平,合理布置食用菌生产,避免结构雷同,加快产业现代化进程。选择一些优势食用菌品种,能最大限度地发挥当地自然资源和社会经济优势,进行食用菌的区域化和专业化生产,这样既可提高食用菌的整体素质和效益,又可促进食用菌标准化、规模化、专业化生产,带动加工、运输、销售等相关产业的发展,拓宽食用菌生产领域,延长产业链。实施食用菌优势生产区域布局战略,有利于集中相对优势投入,改善生产基础设施和装备水平,促进优势生产区域率先基本实现现代化,提高食用菌产品的国际竞争力。

2. 加强食用产品精深加工技术研究与开发

目前,中国食用菌产品加工业仍处于初加工阶段,大部分出口产品仍以原料性的大包装初级加工产品为主,精深加工品少,自己创新产品更少,产品附加值低。中国应加大食用菌精深技术、储藏保鲜技术、系列产品研究开发与投入力度,提升食用菌深加工开发与生产能力,推进现代化、智能化和工厂化生产。着力开发食用菌营养保健产品、休闲食品、饮料以

及特殊疗效的各类药物制品等，拓宽消费渠道，延伸食用菌产业链，提高食用菌深加工产品出口份额。

3. 加大自主知识产权保护力度

知识产权保护制度是市场经济正常运行的重要制度，又是开展国际科学技术、经济、文化交流的基本环境和条件之一，对促进科学技术进步、文化繁荣和经济发展具有重要现实意义。近年来，由于中国食用菌产品出口屡遭知识产权纠纷，食用菌知识产权保护已迫在眉睫；我们应该加强植物新品种保护、专利、地理标志等的知识产权制度宣传、培训力度，积极开展食用菌生产、加工等各环节专利保护工作，加紧食用菌菌种资源调查鉴定和食用菌DNA 标记，实现食用菌种源与食用菌地理标志产品保护。

4. 完善食用菌产业标准

现行的食用菌技术标准及法规未能对中国食用菌产业形成有效保护。通过对现有的相关国际标准、国家标准、行业标准、地方标准、企业标准的统计整理，借鉴发达国家在食品安全方面的成功经验，根据食用菌产业特点，以市场为导向，以食用菌产品、食用菌质量安全监测方法、食用菌卫生与环境保护、食用菌物流、食用菌加工、食用菌菌种培育、繁殖、食用菌原产地保护、食用菌从业人员健康、食用菌信息等多个方面为基础，制定出系统性、先进性、实用性、协调性、可扩展性的食用菌标准体系。规范食用菌野生资源保护采集、人工种植、生产、加工、销售等所有环节，实现食用菌生产的开发有标生产、有标销售、有标监测，推进食用菌产业健康、持续、规模化、集约化生产。

5. 加大食用菌的药用价值开发

由于食用菌有多种抗病治病的药用价值，所以国内外许多研究学者逐渐由食用菌的食用转入药用研究及开发的研究。近年来，国内外对药用真菌，特别是对食用较普遍的担子菌多糖抗肿瘤作用研究很重视，已发现食用菌含有多糖体并对小白鼠肉瘤和人体肿瘤有显著抑制作用的，仅在担子菌中就有 60 种以上。因此，从可食用的担子菌中寻找新的抗肿瘤药物或其他药物是很有意义的，这样把真菌的食用与药用结合起来，对食用菌的进一步开发具有广阔的前景。

6. 加快食用菌生产现代化

我国食用菌生产的主力军是农民，是属于季节性自然经济的小农生产。此种生产不仅分散、低效，而且是产品质量不能确定，不能保证食品安全。因此，在大市场、新技术下催生了食用菌生产的工业化。近年来采用日本模式，进行工厂化生产。目前采取公司和农户相互合作式的食用菌工厂化生产，并引入工业发酵技术，采用以液体制种为技术核心的整套机械化制袋、灭菌、接种、养菌的一条龙机械化生产线，可像工厂中生产工业零部件那样快速、大量、高质量地制作和培养高质量的菌包（种），然后将菌包分散给农户出菇。一方面提高企业核心竞争能力，使其在市场开拓、生产组织、标准实施、产量控制、产品收购、价格调节上发挥更加重要的作用，同时通过低成本扩张使企业尽快积蓄形成世界级企业的能量；另一方面引导农民逐步跻身并尽快适应于现代化的农业生产行列，充分调动广大农民的生产积极性，提高他们的收入水平。此种公司加农户的生产方式可带动千家万户，从生产到加工产业化综合开发，使生产由手工变机械，成本由高变低，技术由复杂变简单，规模由分散变集中，周期由一季变多季，风险由高污染变为低污染。提高生产栽培的科技含量，用现代生物技术和机械化自动化设施提高生产水平，改变生产方式。此外，工厂化生产过程中的配套技术要跟得上，如食用菌采收后的贮藏、保鲜等问题。

六、食用菌栽培技术的教学

食用菌栽培技术是一门应用性科学。因此，在食用菌课程的教学中，应针对培养农业高等技术应用性人才的目标，研究食用菌栽培课程的教学目标和教学内容，建设校内与校外相结合的实践教学基地，运用课内与课外相结合的教学方法，建立知识与能力相结合的考核体系，形成教学与技术指导相结合。应改革传统的教学模式，探索"教学-研究-技术开发"一体化的模式，加强实践教学，培养学生的创新能力；充分利用食用菌实验室和食用菌栽培场地，进行各项实验和各种技能训练。让学生通过亲自制种、栽培、管理和销售食用菌，掌握食用菌实际生产中的基本操作技能，包括相关仪器设备的使用和维护，从而达到培养学生实践动手能力的目的。另外，要充分利用消费市场和校外实训基地，使学生获取相关的专业知识和技能。鼓励学生利用课余时间进行市场调查，到附近的菌种厂或菇场参观学习或实践锻炼；并鼓励学生积极参与教师食用菌栽培的科研课题，专门带领学生到相关的企业及校外实训基地进行生产实习，进一步熟悉食用菌生产过程、操作技能和工作环境。总而言之，通过多种途径使学生长知识、长见识、长才干，全面培养学生的专业技能和综合素质，为就业、创业奠定基础。

思 考 题

1. 发展食用菌产业的意义是什么？
2. 我国发展食用菌产业的优势有哪些？

第一章　食用菌栽培基础知识

【学习目标】
1. 了解食用菌构成的基本形态特征、菌丝发育成子实体的形态变化。
2. 了解食用菌的种类、生长所需的生态环境、食用菌营养代谢及生长发育规律。
3. 掌握食用菌遗传发生规律及食用菌育种技术。

第一节　食用菌的种类

全世界已发现大约有 2000 多种食用菌，但目前仅有 90 多种人工栽培成功；有 20 多种在世界范围被广泛栽培生产。我国的地理位置和自然条件十分优越，蕴藏着极为丰富的食用菌资源，现已发现 980 多种食用菌，常见种类如下。

一、子囊菌中的食用菌

少数食用菌属于子囊菌，在我国它们分别属于麦角菌科、块菌科、羊肚菌科、地菇科、马鞍菌科。

（1）麦角菌科：冬虫夏草。

（2）块菌科：黑孢块菌、白块菌、夏块菌。

（3）羊肚菌科：羊肚菌、黑脉羊肚菌、尖顶羊肚菌以及皱柄羊肚菌等。

（4）地菇科：网孢地菇、瘤孢地菇。

（5）马鞍菌科：马鞍菌、棱柄马鞍菌。

二、担子菌中的食用菌

1. 耳类

耳类包括木耳科、银耳科、花耳科的食用类。

（1）木耳科：黑木耳、毛木耳、皱木耳、琥珀褐木耳等。

（2）银耳科：银耳、金耳、茶耳、橙耳等。

（3）花耳科：桂花耳。

2. 非褐菌类

非褐菌类包括珊瑚菌科、锁瑚菌科、绣球菌科、牛舌菌科、齿菌科、灵芝菌科、多孔菌科。

（1）珊瑚菌科：虫形珊瑚菌、杵棒、扫帚菌。

（2）锁瑚菌科：冠锁瑚菌、灰锁瑚菌。

（3）绣球菌科：绣球菌。

（4）牛舌菌科：牛舌菌。

（5）齿菌科：猴头、珊瑚状猴头。其中猴头是著名的食用兼药用菌。

（6）灵芝科：灵芝、树舌。灵芝被誉为灵芝仙草，有神奇的药效。

（7）多孔菌科：灰树花、猪苓、茯苓、硫色干酪菌。猪苓、茯苓的菌核都是著名的中药材。

3. 伞菌类

伞菌类包括伞菌科、牛肝菌科、鸡油菌科、红菇科的可食用菌类。其中伞菌科的食用菌种类最多。

（1）鸡油菌科：鸡油菌、小鸡油菌、灰号角、白鸡油菌等。

（2）伞菌科：双孢蘑、野蘑菇、林地蘑菇、大肥蘑。

（3）粪伞科：田头菇、杨树菇。

（4）鬼伞科：毛头鬼伞、墨汁伞、粪鬼伞、白鸡腿蘑。

（5）丝膜菌科：金褐伞、黏柄丝膜菌、蓝丝膜菌、紫丝膜菌、皱皮环锈伞等。

（6）蜡伞科：鸡油伞蜡伞、小红蜡伞、变黑蜡伞、鹦鹉绿蜡伞。

（7）光柄菇科：灰光柄菇、草菇、银丝草菇。

（8）粉褐菌科：晶盖粉褐菌、斜盖褐菌。

（9）球盖菇科：滑菇、毛柄鳞伞、白鳞环锈伞、尖鳞伞。

（10）靴耳科：靴耳。

（11）鹅膏科：灰托柄菇、橙盖鹅膏菌。

（12）口蘑科：大杯伞，雷蘑、长根菇、松口蘑、金针菇、堆金钱菌、红蜡蘑、棕灰口蘑、榆生离褐伞等。其中松口蘑是十分珍贵的食用菌，在日本享有"蘑菇之王"的美称。

（13）牛肝菌科：美味牛肝菌、厚环乳牛肝菌、褐疣柄牛肝菌、黏盖牛肝菌、黑牛肝菌、松乳牛肝菌、松塔牛肝菌。

（14）铆钉菇科：铆钉菇。

（15）桩菇科：卷边网褶菌、毛柄网褐菌。

（16）红菇科：大白菇、变色红菇、黑菇、正红菇、变绿红菇、松乳菇、多汁乳菇。

（17）侧耳科：香菇、虎皮香菇、糙皮侧耳、金顶侧耳、桃红侧耳、凤尾菇、小平菇。

4. 腹菌类

腹菌类的食用菌主要指灰包科、鬼笔科、轴灰包科、黑腹菌科和层腹菌科。其中黑腹菌科和层腹菌科属于地下真菌，即子实体的生长发育是在地下土壤中。

（1）灰包科：网纹灰包、梨形灰包、大秃马勃、中国静灰球。

（2）鬼笔科：白鬼笔、短裙竹荪、长裙竹荪。

（3）轴灰包科：荒漠胃腹菌。

（4）黑腹菌科：倒卵孢黑腹菌、山西光腹菌。

（5）须腹菌科：红须腹菌、黑络丸菌、柱孢须腹菌。

（6）层腹菌科：梭孢层腹菌、苍岩山层腹菌。

三、食用菌的分类地位

食用菌属于菌物界真菌门中的担子菌亚门和子囊菌亚门，其中大约有 90% 的食用菌属于担子菌，10% 属于子囊菌，其分类地位可以从图 1-1 中得以了解。

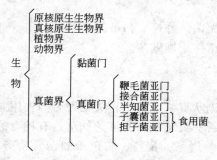

图 1-1　食用菌的分类地位

第二节 食用菌的形态结构

在自然界中食用菌的种类繁多，千姿百态，大小不一。不同种类的食用菌以及不同的环境中生长的食用菌都有其独特的形态特征。但不论大小，是土生还是木生，都是由子实体和菌丝体两大部分组成。

一、子实体

子实体是食用菌的繁殖器官，俗称菇、蕈、耳等，其功能是产生孢子，繁殖后代，也是人们食用的主体部分。担子菌的子实体称为担子果，是产生担孢子的组织。子囊菌的子实体称为子囊果，是产生子囊孢子的组织。子实体是由菌丝构成的，与营养菌丝比，在形态上具有独特的变化型和特化功能。子实体形态丰富，不同种类各不相同，有伞状（蘑菇，香菇）、贝壳状（平菇）、漏斗状（鸡油菌）、舌状（半舌菌）、头状（猴头菌）、柱状（羊肚菌）、耳状（木耳）、花瓣状（银耳）等。但大多数种类则属蘑菇类，形状颇近一致，像把小伞，都是由菌盖、菌褶、菌柄组成，某些种类还具有菌幕的残存物——菌环、菌托，如图 1-2 所示。

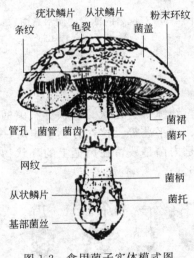

图 1-2 食用菌子实体模式图

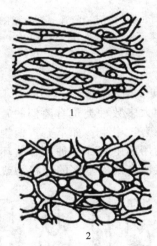

图 1-3 菌肉的构造
1—丝状菌丝组织；2—泡囊状菌丝组织

1. 菌盖

菌盖又称菇盖，是子实体的帽状部分。因种类不同，其形状也有所区别，大致有圆形、半圆形、扇形、匙形、半球形、斗笠形等十几种形状。菌盖表面颜色多样。菌盖表皮层下面就是菌肉，大多为肉质，也有胶质或软骨质的。菌肉构造有两种：一种是丝状菌丝组织；另一种是泡囊状菌丝组织（如图 1-3）。其菌盖边缘形状常为内卷（例乳菇），也有反卷，上翘和下弯等。边缘有的全缘，有的撕裂成不规则波状等。其菌盖大小，因种而异，小的仅几毫米，大约达几十厘米。通常将菌盖直径小于 6cm 的称为小型菇，菌盖直径在 6~10cm 称为中型菇，大于 10cm 称为大型菇。

2. 菌褶和菌管

菌盖下面辐射状的薄片叫菌褶，通常由三部分组成，即菌髓、子实下层、子实层。其形状有三角形、披针形等。有的很宽，如宽褶拟口蘑等；有的窄，如辣乳蘑等。其排列方式一般呈放射状由菌柄顶部发出交织成网状。颜色有白色、黄色、红色等。

菌褶与菌柄的连接方式有：直生，如红菇；离生，如双孢菇、草菇等；还有弯生或凹生，即菌褶内端与菌柄着生处呈一弯曲，如香菇、金针菇等；延生（或垂直），即菌褶内端沿着菌柄向下延伸，如平菇。

菌管就是管状的子实层，在菌盖下面多呈辐射状排列，如牛肝菌或多孔菌（如图1-4）。子实层是菌褶最外一层，它是由担子和囊状体所组成的能育层，整齐排列成栅状，位于子实层体的表面，担子菌的子实层结构主要包括担子、担孢子、囊状体，有的还有侧丝，如双孢菇（图1-5）。

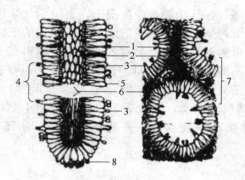 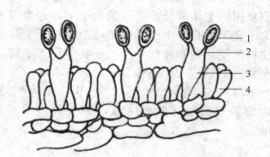

图1-4　菌褶、菌管解剖示意图
1—孢子；2—乳管；3—囊状体；
4—菌褶；5—担子；6—菌髓；
7—管孔；8—缘囊体

图1-5　双孢菇的菌褶剖面示意图
1—担孢子；2—担子梗；3—担子；
4—未成熟的担子

3. 菌柄、菌环、菌托

食用菌大多数种类是有菌柄的，菌柄有各种形状：纺锤形、柱状、杵状等。菌柄与菌盖着生的关系有：中生，如草菇；偏生，如香菇；侧生，如平菇等。这在分类鉴定时，有一定的意义。食用菌中有部分种是有菌环和菌托的，菌环是内菌幕残留在菌柄上的环状物；菌托是外菌幕遗留在菌柄基部的袋状物或环状物，如图1-6。

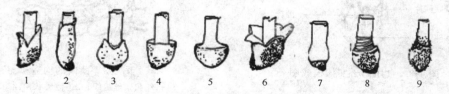

图1-6　菌托特征
1—苞状；2—鞘状；3—鳞茎状；4—杯状；5—杵状；
6—瓣状；7—菌托退化；8—带状；9—数圈颗粒状

4. 孢子

孢子是食用菌的繁殖单位，其种类不同，形状也不同，有球形、圆形、腊肠形、肾形、星形等，如图1-7。孢子形状、孢子印、大小、颜色是其分类的依据。

二、菌丝体

1. 菌丝体的形态结构

（1）菌丝体的概念　菌丝体是由基质内无数纤细的菌丝交织而成的丝状体或网状体，一般呈白色绒毛状。

（2）菌丝的概念　菌丝是由孢子吸水后萌发芽管，芽管的管状细胞不断分枝伸长发育而形成的丝状物。每一段生活菌丝都具有潜在的分生能力，均可发育成新的菌丝体。生产上应

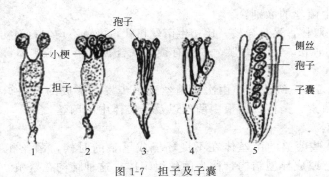

图 1-7　担子及子囊
1，2—担子（无隔）；3—具纵隔；4—具横隔；5—子囊与孢子

用的菌种，就是利用菌丝细胞的分生作用进行繁殖的。食用菌的菌丝一般是多细胞的，菌丝被隔膜隔成了多个细胞，每个细胞可以是单核、双核或多核。隔膜是由细胞壁向内作环状生长而形成的。食用菌的菌丝都是有隔菌丝。

（3）菌丝的形态　菌丝呈多细胞、管状，并且无色、透明、有横隔。

（4）菌丝的功能　菌丝有分解、吸收、转化、积累、运输养分和贮藏、繁殖的功能。

（5）菌丝的类型　根据菌丝发育的顺序和细胞中细胞核的数目，食用菌的菌丝可分为初生菌丝、次生菌丝、三生菌丝。

① 初生菌丝　从孢子萌发出的菌丝，称为初生菌丝或单核菌丝，又叫一级菌丝。其菌丝纤细，单核，生活力弱，不形成子实体。

② 次生菌丝　次生菌丝又叫二级菌丝。它是由两条初生菌丝结合，细胞质融合在一起进行质配，核不融合而具有两个细胞核的菌丝，因此，又称双核菌丝。食用菌生产上使用的菌种就是双核菌丝，它能发出多个分枝，向多极生长，并分泌水解酶，将基质中的大分子碳水化合物水解成小分子化合物供自身生长需要，从而不断生长扩大，直至成熟集结形成子实体，同时也为子实体提供养料。其特点是菌丝粗壮，生长速度快，能形成子实体，细胞分裂常以锁状联合的方式进行，并在双核菌丝的隔膜之间形成一个锁臂状突起。在香菇、平菇、灵芝、木耳菌种类中甚为显著，如图 1-8。其锁状联合过程如下：

a. 在双核菌丝的两核间的细胞壁上产生一个喙状突起，其中一个核移入喙状突起，两异质核开始同时进行有丝分裂，形成 4 个子核。

b. 喙突中的两个核一个留入其中，另一核转移到细胞的上端，菌丝中分裂的 2 个核，一个核与喙突中转移过来的核走向上端，另一个移动到下端，如图 1-9。

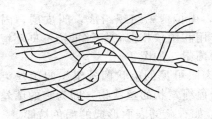

图 1-8　菌丝锁状联合结构

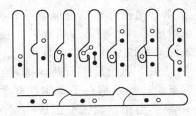

图 1-9　锁状联合形成过程示意图

c. 细胞中部和喙基部均生出横隔，将原细胞分成三部分。此后，喙突尖端继续下延与细胞下部接触并融通。同时喙突中的核进入下部细胞内，使细胞下部也成为双核。经上述变化后，4 个子核分成 2 对，一个双核细胞分裂为两个。此过程结束后，在两细胞分融处残留一个喙状结构，即锁状联合。这一过程保证了双核菌丝在进行细胞分裂时，每个细胞都能含有两个异质核，为进行有性生殖，通过核配形成担子打下基础。

次生菌丝与初生菌丝的区别：

ⅰ. 次生菌丝是双核，又是异核，比初生菌丝粗壮，染色不均匀；而初生菌丝染色均匀。

ⅱ. 次生菌丝生长快，生活力强，多数有锁状联合，可形成子实体；而初生菌丝无这些特点。

③ 三生菌丝　又称三级菌丝，由次生菌丝进一步发育形成的已组织化的双核菌丝，也叫结实性菌丝。如菌索、菌核、菌根中菌丝以及子实体中的菌丝。

2. 菌丝的组织体

（1）组织体　某些菌类的菌丝体在不良环境或繁殖的时候，菌丝相互紧密地缠结在一起，形成菌丝体变态或成异型结构，称为菌丝组织体，这种结构在繁殖、传播以及增强对环境的适应性方面有很大作用。

（2）组织体结构　一种是疏丝组织，其菌丝或多或少相互平行排列，菌丝典型的长形细胞很容易一条条识别出来。另一种是拟薄壁组织，其组织的细胞不是长形，而是椭圆形或近于圆形，或近于多角形，与高等植物的薄壁细胞相似，所以叫拟薄壁组织。

（3）组织体类型

① 菌核　由菌丝体和贮藏物质组成的不定型结构。菌核是某些食用菌的休眠器官和贮藏器官。菌核中贮藏着较多的养分，对干燥、高温和低温有较强的抵抗能力。因此，菌核既是食用菌的贮藏器官，又是度过不良环境的菌丝组织体。菌核中的菌丝有较强的再生力，当环境条件适宜时，很容易萌发出新的菌丝或者由菌核上直接产生子实体。常见的有茯苓、猪苓、雷丸的药用部分就是它们的菌核，如图1-10。

　　　　1　　　　　　　　　　2　　　　　　　　　　3

图 1-10　菌丝的组织体

1—根状菌索尖端纵切面；2—茯苓的菌核；3—麦角菌的子座

② 子座　它是由拟薄壁组织和疏丝组织构成的容纳子实体的褥座状结构，一般呈垫状、栓状、棍棒状或头状。它是真菌从营养生长阶段到生殖阶段的一种过度形式。例如，麦角菌的子座，见图1-10。

③ 菌索　菌丝体缠结成绳索状，外层颜色较深，由拟薄壁组织组成，叫皮层，内层由疏丝组织组成，叫心层，顶端有一生长点。菌索的作用和菌核相似，能够抵抗不良环境，遇到适宜条件又可以从生长点恢复生长。例如根状菌的菌索，如图1-10。

④ 菌丝束　由大量平行菌丝排列在一起形成的肉眼可见的束状菌丝组织叫菌丝束。无顶端分生组织，如双孢菇子实体基部常生长着一些白色绳索状的丝状物，即为它的菌丝束。

⑤ 菌膜　由菌丝紧密交织成一层薄膜，即菌膜。如香菇的表面形成的褐色被膜。

第三节　食用菌的生活史

食用菌的生活史是指食用菌一生所经历的全过程，即从有性孢子萌发开始产生初生菌丝、次生菌丝及子实体原基直到形成子实体，再产生新一代有性孢子的整个生活周期。从孢子萌发到产生次生菌丝为营养生长期，在这个阶段主要是细胞数目的增加和体内养分的积累过程，这就是我们常说的发菌期。从子实体原基形成到产生担孢子为生殖生长期，即我们常说的出菇阶段。

一、菌丝营养生长期

1. 孢子萌发期

食用菌的生长是从孢子萌发开始的，孢子在适宜的基质上，先吸水膨胀长出芽管，芽管顶端产生分枝发育成菌丝。在胶质菌中，部分种类的担孢子不能直接萌发菌丝，如银耳、金耳等，常以芽殖方式产生次生担孢子或芽孢子，也叫芽生孢子；在适宜的条件下，次生担孢子或芽孢子形成菌丝。木耳等担孢子在萌发前有时先产生横隔，担孢子被分隔成多个细胞，每个细胞再产生若干个钩状分生孢子后才萌发成菌丝。

2. 单核菌丝期

单核菌丝是子囊菌营养菌丝存在的主要形式，而担孢子萌发的单核菌丝存在的时间很短，它细长分枝稀疏，抗逆性差，容易死亡，故分离的单核菌丝不宜长期保存。有些食用菌单核菌丝生长时遇到不良环境时，菌丝中的某些细胞形成厚垣孢子，条件适宜时又萌发成单核菌丝，如草菇、香菇等。但有些食用菌的担孢子含有 2 个核，菌丝从萌发开始就是双核的，无单核菌丝阶段，如双孢菇。

3. 双核菌丝期

单核菌丝发育到一定阶段，由可亲和的单核菌丝之间进行质配使细胞双核化，形成双核菌丝。双核菌丝是担子菌类食用菌营养菌丝存在的主要形式。经过双核化的菌丝寿命较长，可以多年产生子实体，在自然界形成蘑菇圈。

食用菌的营养生长主要是双核菌丝的生长。固体培养时对双核菌丝通过分枝不断蔓延伸展，逐渐长满基质。液体培养时形成菌丝球，将基质的营养物质转化为自身的养分，并在体内积累为日后的繁殖作物质准备。

二、菌丝生殖生长期

1. 子实体形态的发生

双核菌丝在营养及其他条件适宜的环境中能旺盛地生长，体内合成并积累大量营养物质，达到一定的生理状态时，首先分化出各种菌丝束，菌丝束在条件适宜时形成菌蕾，菌蕾再逐渐发育为子实体。子实体的发育方式有 4 种类型：

（1）裸果型 子实体层从原基开始出现时就是裸露的，没有组织所包裹，如木耳、灵芝、鸡油菌、平菇等。

（2）被果型 产孢组织自始至终被封闭在内。孢子释放无特殊方式，成熟时，包被破裂，才将孢子释放出来，例如马勃。

（3）假被果型 又叫次生被果型。最初子实层外露，裸果型，其后幼小子实体菌盖边缘向柄内卷，与柄相连而封闭，子实体成熟时，菌盖展开，内菌幕破裂，例如牛肝菌、虎皮香菇等。

（4）半被果型 子实层形成于子实体内部，是内生的被果型，后菌盖开展，内菌幕撕裂，例如蘑菇、草菇。与此同时，菌盖下层部分的细胞发生功能性变化，形成子实层并着生担子。

2. 担孢子的形成与传播

（1）担子、担孢子的形成 第一种产生四个担孢子。其担子起源于双核菌丝顶端细胞，顶端细胞逐渐膨大成担子，二核结合，经减数分裂产生四个单倍体的核，担子顶端生出四个小梗，小梗顶端膨大成幼担孢子，四个单倍体核分别进入幼担孢子内，最后产生四个单细胞、单核、单倍体的担孢子，如图 1-11。

第二种是产生两个担子的。如桂花耳，只产生两个单核担孢子，另外两个子核留在担子

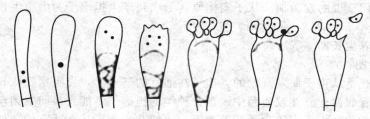

图 1-11　担孢子形成的过程

中消退。

第三种是产生两个担子，每个担子中有两个核，即两个双核的担孢子。例如蘑菇。

（2）担孢子的传播　担孢子个体很小，但数量很大，利用自然力进行传播，这是菌类适应环境条件的一种特性。孢子散发的数量是很惊人的，通常为十几亿到几百亿个，如双孢菇18 亿个，平菇 600 亿～855 亿个。有的菌是通过动物取食、雨水、昆虫等其他方式传播的，如竹荪孢子被昆虫传播。

3. 菌丝的有性结合

按初生菌丝的交配反应将食用菌的有性繁殖分为同宗结合和异宗结合两类：

（1）同宗结合　同一孢子萌发成的两条初生菌丝进行交配，完成有性生殖过程，称为同宗结合。或者说任何两条初生菌丝相遇都可以结合成为一条双核菌丝。

① 初级同宗结合　任何两条单核菌丝间进行结合，并进一步发育、产生子实体的，叫初级同宗结合。如：草菇。

② 次级同宗结合　初生菌丝是双核，又是异核的两条菌丝的结合。如：蘑菇。

（2）异宗结合　初生菌丝有性的区别，同性别的菌丝间永不亲和，只有经过异性的菌丝细胞融合后才能结合，这种结合方式称为异宗结合。分二极性异宗结合和四极性异宗结合。

① 二极性异宗结合　一个担子产生两种遗传类型的担孢子，从而产生两种类型的初生菌丝，同种类型菌丝不亲和，只有不同类型的才亲和。这类食用菌担子产生四个孢子，每类型两个孢子，同类孢子不亲和，其中一种类型与另一类型的两个孢子中的一个才能结合，配合率 50％。由单因子控制。例如：A、A、a、a，四个孢子中萌发的菌丝，只有结合成 Aa，才能结合成双核菌丝，才能有锁状联合，也才能形成子实体。如：黑木耳、滑菇。

② 四极性异宗结合　一种双因子异宗结合类型，其担子产生四种结合类型的担孢子，其中任何一个孢子的菌丝，只能与其遗传型相对应的担孢子相结合，它由两个因子控制，所以其配合率只有 25％。

第四节　食用菌的营养

一、食用菌的营养方式

1. 腐生类型

食用菌的营养来自死亡的有机物，这是大部分食用菌的营养类型，属于这种类型的食用菌称为腐生菌。

（1）木腐菌　猴头、香菇、木耳等菌类，主要以木本植物的木材为碳源，分泌降解酶分解大分子物质成易于吸收的营养物质，但对木质有选择性。因此，在实际栽培中应选择适生的树种。例：栽培茯苓选用松属树种，人工袋料栽培应选择合适的材料。

（2）草腐菌　如双孢菇、草菇，它们主要以草本植物，特别是禾本科植物的秸秆为主要原料，如稻草、麦草等。草腐菌分解秸秆中的半纤维素、纤维素作为碳源；或以土壤和地表腐殖质为基质，且不与树木形成菌根者。例如：竹荪（*Dictyophra indusiata*），羊肚菌。

　　2. 共生类型

　　（1）共生　这种类型的食用菌不能在枯枝、腐木或土壤中生长，而是与多种树木的根生长在一起，形成一种相互供应养分的共生菌根。其菌根有两种类型：外生菌根和内生菌根。外生菌根在植物根系的表面产生大量的菌丝，形成套膜，而菌丝一般不侵入细胞内，限于皮层，在细胞间形成网络，被称作哈氏网，如图1-12。内生菌根大部分菌丝在根的内部组织中发育（如图1-13），菌丝均在植物细胞内形成吸器。如：天麻与蜜环菌。

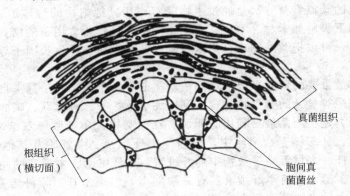

图 1-12　外生菌根示意图

真菌组织

胞间真菌菌丝

根组织（横切面）

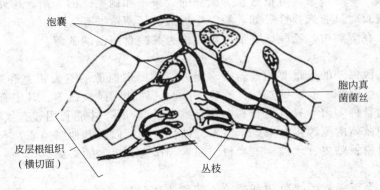

图 1-13　内生菌根示意图

泡囊

胞内真菌菌丝

皮层根组织（横切面）

丛枝

　　野生名贵食用菌的生产就是利用某些树木（松树、落叶松、橡树、云杉等）的外生菌根能形成可供食用的子实体，且占食用菌种类的1/2以上，如鸡油菌、松茸（即松口蘑）、口蘑、美味牛肝菌、块菌等。它们尚不能人工培养，或纯培养菌丝不能形成子实体。目前，有的采用半人工接种技术提高松茸在松树上的产量，有的采用专门栽种食用菌的树种（如橡树和榛子）生产块菌。

　　（2）伴生　伴生关系是微生物间的一种松散联合，在联合中可以是一方得利，也可双方互利。例如：银耳与香灰菌就是一种典型的伴生关系。银耳分解纤维素和半纤维素的能力弱，也不能很好地利用淀粉。因此，银耳不能很好地单独在木屑培养基上生长，只有当银耳菌丝与香灰菌丝混合接种在一起时，银耳利用香灰菌丝分解木屑的产物而繁殖结耳。栽培银耳时，常将银耳菌丝和香灰菌丝混合后播种。

　　3. 寄生类型

　　（1）兼性寄生　这类食用菌既能营腐生生活，又能营寄生生活。例如：蜜环菌，既能像香菇那样在菇木上繁殖，又能侵入到天麻等植物的块茎中形成共生关系。有时也在活的树上生长，如平菇、猴头、灵芝等，但是不侵害健壮的树木，一般衰老的树木容易感菌。

（2）虫生菌 繁殖生长在昆虫体上，或与昆虫的活动有密切的关系。例如：冬虫夏草，是真菌冬虫夏草寄生于蝙蝠蛾幼虫体上的，而鸡肉丝菇（*Termitomyces albuminosus*）则发生在蚁巢，与白蚁的生命活动息息相关。

二、食用菌的营养生理

食用菌是一类没有叶绿素的异养型真核生物，它必须从培养料中摄取营养物质才能生长发育。其吸收营养物质的特点：一是大量元素中诸元素都是通过化合物的形式来加以吸收利用的；二是食用菌的碳氮素营养都是通过生物降解作用，把植物的残体加以降解后利用的。因此，农副产品的下脚料如木材、木屑、农作物秸秆等可作为食用菌的培养料。根据食用菌对营养物质的要求，可以把营养物质分为碳源、氮源、无机盐、生长因子等。

1. 碳源

碳源是食用菌最重要的营养来源，食用菌所需的碳素营养，几乎都来自有机物，它能利用糖类、醇、有机酸等复杂的有机物；难以利用无机碳，如二氧化碳、碳酸盐中的碳。

（1）糖类 糖类是食用菌最易利用的能源。在糖类中，单糖胜于双糖，己糖胜于戊糖，葡萄糖胜于半乳糖、甘露糖。在多糖中，淀粉优于纤维素、果胶质及其他杂多糖。菌类不同，菌丝体利用秸秆、木材等高等植物中的纤维素、半纤维素、木质素的能力也不同。如香菇、猴头、金针菇、黑木耳对半纤维素都有分解能力，但黑木耳对半纤维素分解能力较强，而香菇、凤尾菇对木质素的分解能力较强。

（2）有机酸 一般说来，有机酸作为碳源的效果不如糖类，因为菌丝与外部进行物质交换，要通过细胞膜时具有选择性。如乳酸、柠檬酸、延胡索酸等。

（3）醇类 在醇类中，乙醇、甘油也可以作为某些食用菌的碳源。

2. 氮源

氮素是除碳源以外的最重要的营养素，能为菌体提供氮源的有无机氮和有机氮化合物，例如：蛋白质、蛋白胨、肽、氨基酸、嘌呤、酰胺、铵盐、硝酸盐等。其中有机氮最适宜食用菌的生长，而且许多菌丝只有培养基中含有维生素 B_1 时，才能利用铵态氮等无机氮。

在自然界中菌体的氮源主要来自于树木、秸秆、堆肥以及其他腐殖质，人工栽培的食用菌中，常用豆饼粉、麸皮、米糠、玉米粉、尿素等作为有机氮的来源。

3. 碳氮比

菌体生长发育所需要的碳源和氮源的比例称为碳氮比（C/N）。对食用菌来说，碳氮比是极其重要的。一般来说，食用菌在营养生长阶段碳氮比以 20：1 为好，而在生殖生长阶段，碳氮比以（30～40）：1 为好。不同的菌类最适的碳氮比是不同的。

4. 无机盐

无机盐是菌类生命活动中不可缺少的物质，许多微量元素与酶的活性有密切的关系，在细胞内起生化反应活化剂的作用。

（1）磷 菌类所需要的磷，主要是磷酸盐及有机磷化合物状态供给，在菌类细胞内常以多磷酸的形式储存起来。在食用菌生产中大多数使用的是磷酸二氢钾或磷酸氢二钾。

（2）硫 硫存在于蛋白质中，主要是含硫的氨基酸，如胱氨酸、蛋氨酸等。菌类所需的硫可以从硫酸盐和有机硫化物中吸收；在生产中常以 $MgSO_4$ 或石膏粉的形式提供。

（3）钾 钾是许多酶的活化剂，它不仅对糖代谢有促进作用，而且对维持细胞的电位差、渗透压，以及物资的运输起重要作用。

（4）钙 钙以离子状态存在，它是某些酶的辅因子，既是调节酸度的离子，也是参与调节细胞质膜透性等生理活动的离子。人为提供常用碳酸钙或硫酸钙的形式。

（5）镁 镁是某些激活酶的组成成分。在食用菌生产中常以 $MgSO_4$ 的形式提供。

(6) 微量元素 微量元素是微生物酶活性中心的组成部分，或是酶的激活剂。在生产中一般不需要人为进行添加。

5. 生长因子

有些菌类在适宜的碳氮源、无机盐及水分条件下，仍不能正常生长或生长不良，这是由于培养基中缺少某些特殊物质（如维生素、核酸等），这些物质对菌类营养生长和生殖生长又有显著的影响，我们把这些物质称为生长因子。例如：硫胺素（VB_1）是菌类必需的维生素，缺乏时，抑制菌类的发育和发生，如香菇菌丝生长需要添加硫胺素。在马铃薯、麦芽、酵母、米糠、麸皮等的辅料中各种维生素的含量比较丰富，若采用这些材料时，培养基中不必添加各种维生素。

第五节　食用菌对环境生活条件的要求

一、温度对食用菌生长发育的影响

1. 温度对菌丝体的影响

温度是影响食用菌菌丝生长最重要的因素之一。每一种食用菌的菌丝生长都有其最低、最高、最适温度。一般来讲，低温型食用菌菌丝生长最高温度为 30℃，最适温度 21～23℃，如竹荪、猴头、银耳等。中温型食用菌菌丝生长最高温度为 33℃，最适温度 24～27℃，如香菇、滑菇等。高温型食用菌菌丝生长的极限高温为 45℃，最适温度 32～35℃，如草菇。但多数食用菌的担孢子萌发和菌丝生长的适宜温度是 20～30℃，以 25℃ 生长最好，在适宜温度以外，不论高温还是低温，菌丝的生长发育都会受到影响，甚至死亡。一般来说，菌丝生长范围是 5～33℃，而菌丝体比较耐低温，低温对其只是起抑制作用，并无伤害。实验室经常在 0～4℃ 的温度下保存菌种，就是利用这种特性。

2. 温度对子实体分化和发育的影响

不同的食用菌形成子实体要求的温度不一样，同种类不同品种也有差异，但不论什么食用菌，其子实体的适温范围均较狭窄，且发育温度都比它的菌丝低。例如，香菇菌丝生长最适宜温度 25℃，子实体分化适温是 15℃；蘑菇菌丝 25℃，而子实体在 6℃ 就分化了，气温高于 20℃ 停止分化，但长成的蘑菇仍能生长。根据对温度的不同要求，可把食用菌分为低温型、中温型、高温型三大类型。

(1) 低温型 在较低温下菌丝才能分化形成子实体，最适 14～18℃，如香菇、金针菇、蘑菇、羊肚菌、猴头。这类食用菌在冬季和春初、秋末发生。

(2) 中温型 子实体分化的适温是 20～24℃，最高不超过 28℃，如黑木耳、大肥菇、凤尾菇、黄伞等。这类食用菌多数在春秋两季发生。

(3) 高温型 子实体分化要在较高温度下，最适 24～28℃，最高可达 40℃ 左右，如草菇、桃红平菇等。

一般来讲，在菌丝生长后期，如遇到较低温度的刺激易形成菇蕾。但有的食用菌是属于恒温结实型，保持恒温也可以形成子实体，如金针菇、蘑菇、草菇；有的是属于变温结实型，保持恒温不形成子实体，变温时才形成子实体，如香菇、平菇等。

3. 温度对孢子的生长发育的影响

食用菌的孢子需要在一定的温度下才能萌发。在适宜的温度范围内，随温度增高萌发率上升；但超过最高有效温度后，萌发率又逐渐降低；超过极端高温，就不萌发或死亡。在低温范围内，多数孢子不死亡。

二、空气对食用菌生长发育的影响

食用菌都是好气的，它吸入氧气，分解有机物，排出 CO_2，同时释放能量，足够的氧才能满足菌类正常生长发育。例如，香菇菌丝生长在缺氧状态下，菌丝借酵解作用，暂时维持生命，但消耗大量的营养，菌丝易衰老、易死亡。

不同食用菌种类因代谢强度、生长快慢、发育期长短等不同，对氧气的需求量和 CO_2 的反应不同。对蘑菇、平菇增加 CO_2 浓度，其子实体发育易受到危害，表现在开伞早，柄长；而香菇、黑木耳、金针菇在 CO_2 浓度增加时，对子实体的发育影响略小些。因此，创造良好的通风条件，有利于食用菌的正常生长发育。如袋栽平菇、香菇、木耳、金针菇、猴头等，菌丝生长到一定成熟阶段，在袋上开口划破塑料袋，就容易从接触空气的部位生长出子实体。在金针菇栽培中，菌盖是随 CO_2 浓度增大而变小，菇柄增长，生产上就是利用这一点可培育出较高质量的金针菇子实体。蘑菇覆土的原因之一，也是改变培养料中 CO_2 浓度，促使菌丝扭结形成菇蕾。

三、光对食用菌的影响

大多数食用菌在生长发育过程中，必须有一定光照刺激才能产生子实体，完成其发育，而菌丝生长不需要光线。在自然界中，香菇、平菇、木耳、猴头的发生一般是在三分阳、七分阴的地带，而双孢菇、块菌、茯苓对光不敏感，甚至连散射光都不需要。

光对菌盖色泽也有影响，金针菇在明亮环境中栽培，柄色泽深绒毛长；在黑暗环境中栽培，金针菇呈白色或淡黄色。同样在黑暗中栽培，香菇子实体不但菌柄长，且色泽白，失去香菇正常的色泽。因此，生产中要调控光线。例如，在竹荪菌丝培养期采用遮光处理，可以大大缩短菌种培养周期，因为竹荪菌丝在无光的条件下生长比有光快一倍。在香菇代料栽培方面，当菌丝达到生理成熟时，用可见光和低温处理，促使香菇形成菌蕾，否则，即使培养了 18 个月的香菇菌棒也不出菇。在人防地道种菇就必须补充光。栽培金针菇采用套袋调节光线促进子实体的生长，可提高产量和质量。

四、pH 值对菌丝和子实体的影响

不同种类的食用菌菌丝生长阶段和子实体生长阶段均有一定的 pH 值范围，这是由于不同种类、不同发育阶段的食用菌新陈代谢过程中起主导作用的酶活性不同，每一种酶都有其最适 pH 值，过高或过低的 pH 值都将使酶活力降低，导致新陈代谢减缓甚至停止。pH 值还影响到细胞膜的通透性，低 pH 值妨碍细胞对阳离子的吸收，高 pH 值妨碍细胞对阴离子的吸收。

目前已有真姬菇、金针菇、杏鲍菇、外生菌根真菌（牛肝菌、高环柄菇、乳菇）等菌丝在不同 pH 值条件下生长情况的报道，主要是在 PDA 培养基上通过添加 NaOH 和 HCl 调节来形成不同的酸碱梯度，通过菌丝的生长速度差异来进行筛选。结果表明，木腐类食用菌在偏酸性环境中菌丝生长速度较快，草腐类食用菌在偏碱性条件下菌丝生长速度较快，这与两类食用菌中对生长起主要作用的酶的差异有关。pH 值与食用菌生长的营养环境密切相关，菌丝在培养基中生长和蔓延时，通过分解基质，产生一些有机酸（如柠檬酸、延胡索酸、琥珀酸、草酸等）会引起培养料的 pH 值降低，而 pH 值降低又将影响细胞膜对培养基质中离子的吸收。同时，pH 也与呼吸作用有关，低 pH 时，氧化还原电位高，环境处于富氧状态；而高 pH 时，氧化还原电位低，环境处于富氢状态。食用菌是好氧性真菌，过高的 pH 会影响菌丝体的正常呼吸作用，最终影响到食用菌的生长发育。

在工业化生产中，向培养料中添加碳酸钙等物质以中和菌丝生长产生的有机酸，调节培养基质中的 pH 值。随着基质彻底分解，基质中 pH 值逐渐趋向于稳定，这是判断菌丝后熟程度的一个重要指标。一般食用菌培养料 pH 值调节，常用 2%～3% 的碳酸钙或 1%～2% 的石膏粉，可起到缓冲作用，在偏酸的情况下，一般用 1%～2% 的石灰调节。试管里的培养基，偏酸时可用 4% 的氢氧化钠，偏碱时可用 3% 的盐酸调节。

五、水分对食用菌生长发育的影响

水分是食用菌生活的首要条件。栽培中水分因素包括基质含水量和栽培场所空气相对湿度。基质中含水量高通气不好，菌丝长势不旺，甚至受到抑制，含水量少，菌丝细弱。

子实体发生量与水分也有关系，当香菇培养基含水量在 $60\% \sim 65\%$ 时，子实体发生的个数最多，其重量也大；培养基水分在 70% 时，子实体发生量少；含水量在 $50\% \sim 55\%$，由于水分不足，子实体干重最少。因此，应根据气候、基质、菌的种类、发育时期变化来确定水分的调节，确定喷水的时期和喷水量。

第六节　食用菌的育种技术

一、自然选种

自然选种是指利用生物在自然界的自然选择规律，用人工的方法定向选择自然条件下发生的有益变异，使有益变异不断累积并遗传，以获得人类需要的新品种的过程。这也是获得优良食用菌菌株最简单、最有效的方法，也称为淘汰法或评选法。其重点是进行不同菌株间的选择，不改变个体的基因型，只是积累和利用自然发生的有益变异。

1. 选种的原理和方法

（1）原理　食用菌的种性是通过菌丝体的繁衍逐代传递的，所以自然选择就侧重于在不同菌株之间进行，而不是在同一菌株的后代中进行。

（2）方法　食用菌自然选育的基本流程：收集品种资源，测定生物特性，比较品种试验，扩大，示范推广。

① 品种资源的收集　尽可能地收集有足够代表性的野生菌株，确定采种的目标、采集点的地理条件，并作好详细的采集记录。品种资源的获得有食用菌的野生种驯化和栽培场所采集两种途径：

a. 野生食用菌驯化　野生食用菌的驯化栽培，是食用菌育种的重要内容，是人类获得栽培菇种的重要途径。从根本上讲，现代人类社会栽培的许多食用菌最初都是从野生种驯化而来。中国食用菌资源特别丰富，人工栽培或已试验栽培的仅占食用菌总数的 10%，而 90% 左右的食用菌仍处于野生状态。有些食用菌具有很高的食用价值和药用价值，可以进行人工驯化。

b. 栽培种的选择

ⅰ. 种菇（耳）的选择　应从当地当家品种，或从外地引进并经大面积栽培后表现出高产、稳产的菌株中选择，留种种菇要求菇形理想，长势健壮，无虫无病的子实体。

ⅱ. 成熟度的选择　组织分离一般选择幼菇，即器官分化尚未结束时采摘。此时菇体正在生长，从最旺盛的生长点挑取组织，其菌丝萌发快，长势好，而且操作时，组织块纤维化程度低，容易挑取。

② 生物特性分析　标本采集后应尽快采用多种分离方法获取菌株，随后，立即用平板做拮抗反应试验（即分离的菌株菌丝两两配对接入同一平板培养基内）。适温培养，经十余日，不同菌株的菌落内是否出现拮抗线，同时还可在平板或生长测定管上测定菌丝生长速度、生长势及对温度的反应，以便对菌株生理特性有初步了解。

③ 品比试验　采用生物统计学原理设计，进行栽培实验，比较各菌株的优劣，详细记录各菌株的产量、菇形、温性、干鲜比、始菇期、菇潮间隔、形态、运输损耗等，并进行评价。为了试验的准确性，要保证菌种的质量、培养基配方、接种、管理措施等可能影响结果的因素尽可能一致。

④ 扩大试验　对已初步选出符合育种目标的菌株进一步试验，再次验证与选择。因评

比结果仅是个阶段性的成果，还应和当地的当家菌株同时进行栽培，证实它是更优良的菌株。

⑤ 示范推广　经扩大试验后，将选出的优良品种放到有代表性的试验点进行示范性生产，待试验结果进一步确定之后，再由点到面推广。

2.菌种分离育种

菌种分离育种可以分为孢子分离和组织分离。

(1) 孢子分离　孢子分离主要是指利用子实体上产生的成熟有性孢子分离培养获得纯菌种的方法。分为多孢分离与单孢分离两种。

① 多孢分离　孢子分离技术有种菇孢子弹射法、褶上涂抹法、钩悬法、贴附法、试管插割法、涂抹法等。

a.种菇孢子弹射法　选择个体健壮、朵形圆正，无病虫害、出菇均匀、高产稳产、适应性强的八九分成熟的种菇，切去大部分，菌柄用无菌水冲洗数遍后再用已灭菌的纱布或脱脂棉、滤纸吸干表面水分。在接种箱或无菌室内，把种菇的菌褶朝下放入培养皿内，用漏斗倒盖在培养皿上面，上端漏斗小孔用棉花塞住。培养皿放在一个铺有纱布的搪瓷盘上，静置12～20h，菌褶上的孢子就会散落在培养皿内，形成一层粉末状孢子印（平菇极淡紫色，蘑菇、草菇为褐色，香菇、金针菇白色）。用接种针沾取少量孢子在试管中的琼脂面或培养皿上划线接种。待孢子萌发，生成菌落时，选孢子萌发早、长势好的菌落进行试管培养。还可用孢子采集器收集孢子，如图1-14。方法是选好种菇后，在无菌操作下，轻轻掀开玻璃钟罩，将种菇柄朝下插在孢子采收器的钢丝架上，放在培养皿正中央，随即盖好玻璃罩，用纱布将钟罩周围塞好，并在纱布上倒少许无菌水，移入20℃左右恒温箱培养2～3d，即可落下孢子。在无菌操作下，将散落在培养皿中的孢子稀释成悬浮液，用注射器吸入5mL，滴1～2滴于PDA培养基的试管中，将试管移入恒温培养箱培养，即萌发成新菌丝。

图 1-14　孢子收集器

| 消毒棉塞 |
| 玻璃钟罩 |
| 种菇 |
| 培养皿 |
| 瓷盘 |
| 浸过无菌水的纱布 |

图 1-15　钩悬法采集孢子

| 棉花塞 |
| 钢钩 |
| 小块种耳 |
| 弹射的孢子 |
| 培养基 |

b.褶上涂抹法　按无菌操作分离时，选择成熟的种菇，用接种针直接插入褶片之间，轻轻抹取褶片表面子实体尚未弹射的孢子，再在培养基上划线接种。

c.钩悬法　取成熟菌盖的几片菌褶或一小块耳片（黑木耳、毛木耳、白木耳），用无菌不锈钢丝（或铁丝、棉线等其他悬挂材料）悬挂于锥形瓶内培养基的上方，勿使之接触到培养基或四周瓶壁。置适宜温度下培养、转接即可，如图1-15。

d.贴附法　按无菌操作将成熟的菌褶或耳片取一小块，用溶化的琼脂培养基或阿拉伯胶、浆糊等贴附在试管斜面培养基正上方的试管壁上。经6～12h的培养，待孢子落在斜面上，立即把孢子连同部分琼脂培养基移植到新的试管中培养即可。

e.试管插割法　此法方便快捷，成功率高，是多数菌种孢子分离的主要方法。适合于大型子实体的孢子分离。具体操作方法是：无菌操作迅速用无菌试管取下组织块，用接种镐将组织块推至距斜面培养基1cm处，塞好棉塞，于25～28℃条件下，进行光照，竖立培养至12h左右，在无菌操作条件下用尖头镊子取出组织块，继续暗光培养，2～3d后，萌发成星芒状的单孢子菌落。

　　f. 涂抹法　用已沾湿无菌水的接种针，从孢子印上沾取孢子，在无菌条件下，插入盛用无菌水的小试管内振荡稀释成适宜浓度的孢子悬浊液，随后无菌条件下划线培养。

　　② 单孢分离　单孢分离即从收集到的多孢子中将单个孢子分离出来，分别培养，作为育种的材料。常用梯度稀释点样法培养，其方法：先制成浓度较高的孢子悬浊液，然后取灭过菌的空试管数根，排序编号，按无菌操作规程获得一系列的不同浓度梯度的孢子浮液，再用毛细管在各个梯度孢子液中取样培养，单孢萌发后菌丝便长入小培养基块中，再将其转移到试管斜面上培养，获得单孢培养物。

　　(2) 组织分离　组织分离法是指采用食用菌子实体或菌核、菌索的任何一部分组织培养成纯菌丝体的方法。该方法属无性繁殖，简便易行，菌丝生长发育快，能保持原有性状。此法是大多数食用菌进行菌种分离的简便有效的方法，也是人们在野外分离菌种最常采用的简便方法，在生产上常被用于菌种的复壮、新品种的选育。根据分离材料的不同，组织分离法可分为菌核分离法、菌索分离法、胶质菌类组织分离法、子实体分离法等。其中子实体组织分离法最常用。

　　① 菌核的组织分离法　茯苓、猪苓、雷丸等菌的子实体不易采集，常见的是它们贮藏营养的菌核。用菌核分离，同样可以获得菌种。方法是将菌核表面洗净，用酒精或升汞消毒后，切开菌核，取中间组织一小块，约黄豆大小，接种在 PDA 培养基斜面上，保温培养。应注意的是，菌核是贮藏器官，大部分是多糖类物质，只含有少量的菌丝，因此挑取的组织块要大一些，如果组织块过小，则不易分出菌种。

　　② 菌索组织分离法　有些食用菌子实体不易找到，也没有菌核，可以用菌索进行分离，如蜜环菌、假蜜环菌。其操作方法是先用酒精或升汞将菌索表面黑色皮层轻轻擦拭 2～3 次，然后去掉黑色外皮层（菌鞘），抽出白色菌髓部分，用无菌剪刀将菌髓剪一小段，接种在培养基上，保温培养，即得该菌菌种。菌索分离要注意：因菌索比较细小，分离时极易污染杂菌，所以要严格无菌操作。

　　③ 胶质菌类组织分离法　一种方法是将耳片反复用无菌水冲洗，切成 0.5cm 小块移入培养基，于 28℃下进行培养；另一种方法是剖取尚未展开耳片的耳基团内的组织块进行分离。

　　④ 子实体分离法　子实体分离采取生长点分离和基内菌丝分离。

　　a. 生长点分离法　分离时用 75%酒精棉球擦拭双手及接种工具，点燃酒精灯，将尖头镊子烧灼灭菌，随后将种菇纵向撕成两半，于菌柄、菌肉交界处切取火柴头大小的组织块，迅速抖落到试管中，移接于斜面培养基，并烧灼管口及棉塞，塞上棉塞。这些操作都是在酒精灯火焰无菌区域进行的，如图 1-16。接种后将试管置于 25～27℃下培养，促使其恢复。

　　b. 基内菌丝分离法　利用食用菌生育的基质作为分离材料，得到纯菌种的方法，叫基内菌丝分离法。此种分离方法适用于只有在特定的季节才出现，而且是朝生暮死，不易采得的子实体。基内分离法与其他组织分离法不同之点是，干燥的菇木或耳木中的菌丝常呈休眠状态，接种后有时并不立刻恢复生长。因此，有必要保留较长的时间（约 1 个月），以断定菌丝是否能成活。基内菌丝分离法又可分为：菇木分离法（或称耳木分离法）和土中菌丝分离法等。

　　ⅰ. 菇木分离法　或称耳木分离法，如图 1-17。为了减少杂菌的感染，菇（耳）木在分离之前，必须进行无菌处理。可以把菇（耳）水表面用酒精灯火焰轻轻烧过，以烧死霉菌的孢子，再用 0.1%的升汞水浸泡几分钟，然后用无菌水冲洗后用无菌滤纸吸干。接种块切取时应注意：接种块必须在该菌菌丝分布的范围内切取；所以，菌丝生长缓慢的种类应浅取，菌种生长快的种类可以深取。同时，还应根据菇菌的种类、木材质地、菇（耳）木粗细、发

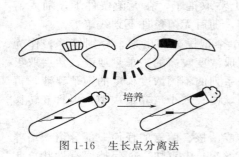

图 1-16　生长点分离法

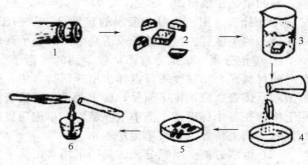

图 1-17　菇木分离法
1—种木；2—切去外围部分；3—消毒；
4—冲洗；5—切块；6—接入试管

育时间的长短来确定菌丝分布的范围，然后用一把利刀进行切取。接种块应尽量小些，以减少杂菌感染机会，提高菌种的纯度。接种块移到培养基上，放到 22～26℃的温室或温箱中培养，使菌丝恢复生长。

　　ⅱ．土中菌丝分离法　食用菌种类很多，许多土生的食用菌，孢子不易萌发，组织分离也不易成功，用土中菌丝分离获得纯种的方法，叫土中菌丝分离。

　　土中菌丝分离时要注意：由于土中菌丝体的周围生活着多种多样的土壤微生物，因此，分离时必须尽可能避开这些微生物的干扰，尽可能提取清洁菌丝的尖端、不带杂物的菌丝接种，反复用无菌水冲洗，在培养基中加入一些抑制细菌生长的药物，如 40μg/L 的链霉素或金霉素。如发现感染细菌，可以把菌落边缘的菌丝挑出来，接种到木屑培养基中。因细菌没有分解木质素的能力，因此在木屑培养基中不易扩展，只局限于接种处，待菌丝长出感染区后，就可以再进行扩大提纯了。

二、杂交育种

　　食用菌的杂交是指不同种或种内不同株系之间的交配，它是食用菌育种中重要而有效的方法。其杂交是通过两个或几个亲本遗传物质的交换和重组等来产生有别于亲本的变异，从而在不发生突变的情况下，产生新的遗传型的菌株或品种。

1. 食用菌杂交育种的基本原理

　　食用菌杂交育种的基本原理是利用四分体过程的基因重组。这种育种方法用于异宗结合的食用菌，如平菇、香菇、金针菇、木耳菌、银耳、猴头菌等。异宗结合的食用菌单孢子萌发形成的菌株是不孕的，不经过可亲和孢子菌株的交配不能形成子实体，不能完成生活史。只有通过不同单核菌丝配对杂交结合时，才能双核化，形成子实体。根据这一原理，运用具

选择互补性较大的优良双亲体

获取单核菌株(采用单孢分离或原生质体单核化)

标记各单核菌株

杂交配对培养(用单×单或单×双将两两配对)

双管培养和杂合子的检验

品比试验(一)初筛：选取杂种优势明显的杂合子

品比试验(二)复筛：选取杂种优势明显稳定的杂合子

示范、推广

图 1-18　杂交步骤

有不同优点遗传性的单核菌丝体杂交，选育出优良的杂交异核体是食用菌育种的一条重要途径。它比诱变育种具有较强的方向性和可操作性。其过程如图 1-18 所示。

2. 杂交育种的基本方法

　　(1) 亲本的选择　亲本的选择是影响杂交效果的重要因素，需注意以下几点：

　　① 选优点多缺点少，而且双亲间优缺点可以互补的。

　　② 选生态差异大，亲缘关系相对远的。

③ 采用外来菌株作亲本时，尽可能选用对当地环境适应性强的菌株。

④ 双亲之一必须具备较好的经济性状，如高产、优质、早熟、抗病等。

⑤ 亲本群体中个体的选择，应选择接近育种目标、经济性状好、有代表性的个体。

（2）单孢分离　对异宗结合的食用菌，单孢分离是获得单倍体的简便而有效的技术。一般单孢分离，可根据设备条件，采取稀释法或毛细管法，或利用单孢分离器挑取，将单个孢子萌发形成的菌落转到新的培养基上，就可得到单核菌丝体。

（3）单核菌株的标记　为了方便快速地在配对杂交后捡出杂合子，有必要对配对杂交的两个单核亲本菌株进行标记，杂交后才能快速地区分是否为杂交形成的新的杂合菌丝体。常用的标记有：

① 形态标记　如部分食用菌的单核菌丝无锁状联合，而相互亲和的单核菌丝配对后形成双核菌丝就会产生锁状联合，那么如果在确认了是由无锁状联合的亲本配对的培养基上长出了具锁状联合的菌丝，就可初步认为该菌丝体就是杂交形成的杂合菌丝体。

② 营养缺陷型标记　是利用营养缺陷型单核菌丝体不能在特定培养基上生长的特性进行标记的，如果两种不同营养缺陷型的单核菌丝经杂交组合后，可以相互互补，形成野生型的菌丝体，经过特殊培养基的筛选就可判断是否有杂交成功的杂合子形成。

③ 同工酶标记　是利用单核菌丝的特定酶的同工酶谱作为标记，待杂交配对后，检验是否有具有两个单核菌丝同工酶谱的组合酶谱的新菌丝体，如果发现，就可初步认为该菌丝体就是杂交形成的杂合菌丝体。

④ DNA 分子标记　目前应用最广泛的杂交标记有随机扩增多态性（RAPD）和限制性片段长度多态（RFLP）标记法。

（4）杂交配对　在获得单核单倍体菌株后，异宗结合的食用菌需测定各单孢菌系的交配型（即极性）。其中四极性的种类，如香菇及金针菇等，其杂交可育率约为 25%；二极性的种类，如大肥菇及光帽鳞伞等，其杂交可育率约为 50%。在分别测定了双亲各单孢菌株的极性之后，就可将可亲和的单核体进行配对，并将可亲和的组合移入新的斜面保存备用。四极性的异宗结合的食用菌，由于自交不育，经配对后，凡出现双核菌丝的组合，并能正常结实者，即证明杂交成功；次级同宗结合食用菌（如双孢菇），首先经过单孢子分离、培养，获取不孕菌丝，随后进行不孕性菌丝间的配对。

（5）杂种的鉴定　在食用菌育种工作中，如何选择和有效地鉴定出符合目标的菌株，以及对优良菌株的保护是非常重要的。传统的鉴定方法是依靠菌株的形态、生理、生化等特征，然而很多时候形态特征不明显（出菇实验耗时）或受环境影响不可靠，因为没有统一的鉴定标准，给下游的栽培带来选择困难。目前常用分子标记的鉴定技术，分子标记是以个体间遗传物质内核苷酸序列变异为基础的遗传标记，是 DNA 水平遗传变异的直接反映分子标记，是 DNA 水平遗传变异的直接反映。与以往的遗传标记相比，分子标记具有独特的优越性：大多数分子标记是共显性遗传，对隐性农艺性状的选择十分便利；在食用菌发育的不同阶段，不同组织的 DNA 都可用于标记分析；而且基因组变异极丰富，分子标记的数量几乎是无限的。

随着分子生物学技术的发展，目前已经发展出了几十种基于 DNA 多态性的分子标记，如随机扩增多态性（RAPD）、限制性片段长度多态（RFLP）、基于 Southern 杂交和基于 PCR 的扩增片段长度多态性（AFLP）、简单序列长度多态性（SSLP）、序列标记位点（STS）、单核苷酸多态性标记（SNP）、特征片段扩增区域（SCAR）、核糖体 DNA（rDNA）重复序列等。其中以 RFLP、RAPD 标记较为广泛地应用于食用菌的菌株的鉴定、遗传多样性研究、亲缘关系分析、种质资源评估、遗传图谱构建及基因定位和克隆等研究领域中。RAPD 即随机扩增多态性 DNA，它是建立在 PCR 技术基础上，利用一系列（通常数百个）

不同的随机排列碱基顺序的寡聚核苷酸单链（通常为十聚体）为引物，对所研究的基因组DNA进行PCR扩增、聚丙烯酰胺或琼脂糖电泳分离，经染色或放射性自显影来检测扩增产物DNA片段的多态性。这些扩增产物DNA片段的多态性反映了基因组相应区域的DNA多态性。RAPD分子标记以其操作简单、快速、信息量大、经济等优点而被广泛应用于杂交亲本的选择、杂合子或融合子鉴定及遗传相关性分析上。但RAPD随机扩增引物的选择和数量是十分关键的环节，不同的引物或引物选择数量的多少将直接影响分析的结果。运用RAPD技术对杂合子或融合子与其亲本进行聚类分析和相似系数分析，可以判断杂交或融合是否成功。

（6）初次筛选　经过初步筛选，淘汰大部分表现一般的菌株，经初筛后再作出菇试验比较，选出优良菌株。

（7）复筛　通过栽培比较，选出少数性能优良的菌株，出菇鉴定包括如下几个方面：

① 菌丝生长速度。

② 出菇菌块（袋）的表型特征。

③ 子实体表型特征。

④ 测定其最适生长温度、湿度等。

⑤ 计算子实体的产量。

（8）小面积栽培试验　将复筛菌株置于不同地域的栽培区进行栽培，以考察其适应性与性状的稳定性，并作相关的详细记录。

（9）大面积示范推广　逐步扩大栽培面积，进行示范性的推广，将种性优良、优质高产的菌株逐渐定为当家菌株。

（10）申请定名　为确定保留下来的杂交新品种正式定名，并申请有关部门批准。

三、细胞融合育种

细胞融合育种是人们按照需要，使两个不同遗传特性的细胞，融合成一个新的杂种细胞，从而人工构建新型细胞，这个细胞兼有两个亲代细胞的遗传特性。采取的技术是通过酶解将生物细胞壁脱去，制备出离体的原生质体，再用试剂或电脉冲法促进不同种（或不同品种）原生质体产生融合，使亲本的细胞核、细胞质、细胞器结合，发生遗传重组，从而获得融合子。它在食用菌良种选育上应用，能使蕈菌远缘杂交相同交配型杂交成为可能。它为利用野生种质资源、扩大现有栽培种基因、缩短育种周期、提高工作效率开辟了一个新途径，如图1-19。

四、诱变育种

诱变育种是利用物理（包括非电离辐射类的紫外线、激光、离子柱和引起电离辐射的X射线、γ射线和快中子等）和化学诱变剂（烷化剂、碱基类似物、吖啶类化合物）处理细胞群体，显著提高其基因突变，进而从差异群体中挑选出符合育种目的的突变株。诱变育种具有速度快、方法简单等优点，它是菌种选育的一个重要途径。操作过程如图1-20。

1. 物理诱变

物理诱变主要是采用高能量辐照引起DNA损伤，人为地改变碱基组合顺序，引起突变，创造可实用的基因。

常用的物理因素较多，如紫外线、X射线、同位素^{60}Co、激光和高温等。一般辐照的作用是，使原子外层的电子脱离原子核的吸引而产生电离，可能对DNA分子中的某种键能产生影响，从而引起结构的变化。

（1）紫外诱变育种　紫外线是一种非电离辐射诱变剂，是较为简单的一种诱变育种方式，其最适宜的诱变对象是单细胞、单核个体。通过对特定的菌丝原生质体的紫外诱变，可获得稳定性较好、生物量较高的品种。

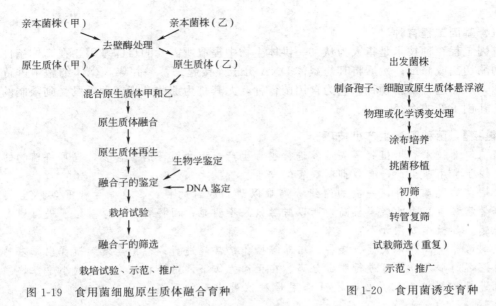

图 1-19　食用菌细胞原生质体融合育种　　　　图 1-20　食用菌诱变育种

（2）辐射育种　辐射育种是利用 γ 射线等射线诱发作物基因突变，获得有价值的新突变体，从而育成优良品种。

（3）离子注入诱变育种　离子注入诱变是利用离子注入设备产生高能离子束，并注入生物体引起遗传物质的永久改变，然后从变异菌株中选育优良菌株的方法。离子诱变育种与传统的辐射法及化学诱变剂相比，具有损伤轻、突变率高、突变谱宽、遗传稳定、易于获得理想菌株等特点。

（4）激光诱变育种　激光诱变育种是利用激光作用于生物体时产生的压力、热效应、电磁效应及其综合效应引起生物大分子的变化，进而导致遗传变异。其中热效应引起酶失活、蛋白质变性，导致生物的生理、遗传变异；压力效应使组织变形、破裂，引起生理及遗传变异；电磁场效应是由产生的自由基导致 DNA 损伤，引起突变；而光效应则是通过一定波长的光子被吸收、跃迁到一定的能级，引起生物分子变异。激光诱变育种作为现代农作物育种技术的一项高新技术，由于其具有正变率高、遗传稳定性好的特点，而被应用于食用菌育种研究中。目前应用激光诱变已经获得了具有良好遗传稳定性的香菇菌株。

（5）空间诱变育种　空间诱变育种是指利用返回式卫星或高空气球将农作物种子带到太空，在太空特殊的环境（空间宇宙射线、微重力、高真空、弱磁场等因素）作用下引起生物染色体畸变，进而导致生物体遗传变异，经地面种植选育新种质、新材料，培育新品种的作物育种新技术。目前我国已经进行了香菇、平菇、黑木耳、金针菇、灵芝等食用菌的空间诱变试验。

2. 化学诱变

化学诱变剂都是直接作用于 DNA 分子的。根据其化学性质或作用方式，一般有：

（1）碱基类似物　由于碱基类似物与 DNA 碱基近似，有时掺入到 DNA 分子中去，使遗传基因突变。这类物质有 5-溴脱氧尿苷、5-溴尿嘧啶及 α-氨基嘌呤等。

（2）改变 DNA 结构的诱变剂　诱变剂能和一个或多个核酸碱基起化学反应，从而导致 DNA 复制时碱基配对的转换，即 A-T 与 G-C 的转换，引起突变。这类诱变剂包括亚硝酸、硫酸二乙酯、甲基磺酸乙酯、亚硝基胍等。

（3）码组移动诱变剂　这类诱变剂能插入 DNA 分子的碱基对之间，使 DNA 结构变形，从而导致 DNA 复制时出现突变。这类诱变剂包括多环烃、含氮杂环致癌物、真菌毒素、抗生素。

五、基因工程育种

基因工程育种技术是指人为从某一供体生物中提取所需要的目的基因，在离体条件下用适当的酶切割或修饰，然后将其与载体 DNA 分子连接起来，一并导入受体细胞中进行复制和表达，从而选育出新物种。它为食用菌育种，尤其是为那些常规育种手段受到限制的种类育种，开创了新的途径。

【知识链接】 菌种脱毒生产小技巧

组织培养技术利用植物茎尖培养进行脱毒生产，而食用菌病害甚多，也可将植物的脱毒技术应用于食用菌生产，有效抑制病害的发生。

食用菌的脱毒繁种，一般的组织分离难以达到脱毒的目的，这是由于子实体生长中后期，携带病毒与病菌的概率较高，所以脱毒效果不明显；而将食用菌原基组织进行脱毒，效果较理想。其操作方法如下：

配制培养料，封口灭菌、接种、培养等操作按常规进行；待菌丝发满瓶现出原基时，即呈现白疙瘩的形态，便可进行脱毒分离。在无菌操作下，用接种针将分离的小原基块移入母种试管进行常规培养。另外，还可选用母种试管出现的原基作为分离菌种接入试管进行培养。

思 考 题

1. 试述菌丝体的功能、菌丝和菌丝组织体的类型。
2. 试述子实体的功能，并以伞菌为例阐述子实体的形态和功能。
3. 简述食用菌的生活史。
4. 食用菌有哪些营养类型？需要的营养物质有哪些？
5. 食用菌菌对温度、湿度、空气、光照及 pH 有何要求？
6. 食用菌的育种目标是什么？有哪些方法？
7. 食用菌有哪些种类？

第二章 食用菌制种与保藏技术

【学习目标】
1. 了解食用菌的生产设备、消毒与灭菌方法及常用菌种的保藏方法。
2. 掌握食用菌母种、原种与栽培种的制备方法、质量鉴定以及液体菌种的生产与应用。

第一节 食用菌菌种概述

一、菌种的概念

菌种是食用菌生产的首要条件，以保藏、试验、栽培为目的，具有繁衍能力，遗传特性相对稳定的孢子、组织或菌丝体及其营养性或非营养性的载体；或者是指人工培养进行扩大繁殖和用于生产的纯菌丝体；也就是培养基质和菌丝体的联合体。

二、菌种的类型

在生产上，根据分离、提纯菌株的来源、繁殖代数、转接的方式及生产目的，把菌种分为母种、原种和栽培种。

1. 母种

母种是从孢子分离培养或组织分离培养获得的纯菌丝体。生产上用的母种实际上是再生母种，又称一级菌种。它既可繁殖原种，又适于菌种保藏。

2. 原种

原种是将母种在无菌的条件下移接到粪草、木屑、棉籽壳或谷粒等固体培养基上培养的菌种，又称二级菌种或瓶装菌种。它主要用于菌种的扩大培养，有时也可以直接出菇。

3. 栽培种

将二级种转接到相同或相似的培养基上进行扩大培育、用于生产的菌种，又称三级菌种或袋装菌种。它一般不用于再扩大繁殖菌种。

(1) 木塞种 用加工成一定形状和大小的木质块为培养料培养出来的菌种，也称种木。

(2) 木屑（或农作物秸秆）种 用木屑（或农作物秸秆）为培养料培养出来的菌种。

(3) 谷粒类菌种 用谷粒类为主要原料培养出来的菌种。

三、菌种制种程序

食用菌生产就是指在严格的无菌条件下大量繁殖菌种的过程。一般食用菌制种都需要经过母种、原种和栽培种三个步骤。菌种生产流程为：

培养基配制→分装→灭菌→冷却→接试管种→培养（检查）→专用母种→原种→栽培种

第二节 菌种生产设备

一、配料设备

不同的生产规模，配料所需要的设备有所不同，但配料应在有水、有电的室内进行，其主要设备有以下几类：

1. 衡量器具

基本器具有试管、菌种瓶、塑料袋、磅秤、天平、量杯、量筒、温度计、湿度计等。

2. 拌料机具

拌料必备的用具有铁铲、铝锅、电炉或煤炉、水桶、专用扫帚和簸箕等。具有一定规模的菌种厂，还应具备一些机械设备，如切片机、木材粉碎机、秸秆粉碎机和搅拌机等。

3. 装料机具

采用手工装料，只要备一块垫瓶（袋）底的木板和一根丁字形捣木（供压料时用）即可。但具有一定规模的菌种厂，为了提高装料效率，应选用装袋机（图2-1）。装料时，以塑料瓶作容器的要压料和打接种穴，可用瓶料专用打穴器。以塑料袋作容器，一般装料后要随即用塑料袋专用打穴器在袋壁上打接种穴。

图2-1 装袋机　　　　　　　　　图2-2 立式压力蒸汽压菌器

二、灭菌设备

1. 高压蒸汽灭菌器

高压蒸汽灭菌器是利用湿热空气灭菌的一种高效灭菌器，使用方便，应用普遍。有手提式、立式（图2-2）、卧式三种。立式的又有普通型与全自动型两种。手提式与立式的容量较小，一般用于制备一级种培养基的灭菌；卧式的则容量大，用于二级种、生产种培养基的灭菌。热源可用电、煤气或直接通蒸汽。此外，家用压力锅也可用来作一级种培养基的灭菌设备。

2. 电热恒温干燥箱

电热恒温干燥箱是进行干热灭菌的一种工具，主要用于玻璃器皿及金属小工具等的灭菌，不用于培养基的灭菌。

3. 常压灭菌灶

没有条件购买高压蒸汽灭菌器的单位及个人，可自制常压灭菌灶，用于原种、栽培种培养基的灭菌，同样可以达到灭菌目的。常压灭菌灶要求有较高的密闭度，这样灭菌效果好，又可节省燃料。密闭程度高的，温度可达105℃，反之则达不到100℃。常见的常压灭菌灶有以下几种：

（1）砖制土蒸灶　用砖和水泥砌成的土蒸灶（图2-3），是食用菌生产中常用的灭菌灶。这种灭菌灶分为单锅灶和双锅灶。单锅灭菌灶体积较小，一次可装料袋500～800袋，双锅灭菌灶可装料袋1000～1200袋。

单锅灶的灶体长和宽均为1.5m，高为2m，灶内安装1个口径为1m的铁锅。双锅灶是指灶内并排安装两个直径为1m铁锅。灶长为3m，宽为2m，高为2m。灶体用砖砌成，并且在内外壁上都抹上水泥砂浆，要求内壁光滑。双锅灶内双锅之间设置1个水槽，使两锅

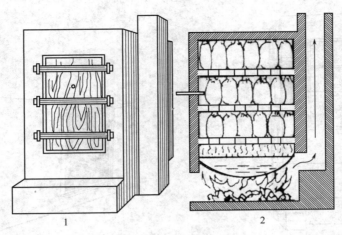

图 2-3　砖制土蒸灶示意图
1—外形图；2—剖面图

水互相流通。另外，需在灶外侧，即在烟道与灶体之间设置 1 个热水池。热水池用小铁锅制作，口径为 0.5m，四周用砖砌一个边框，形成一个热水池，在灶体与热水池之间安装一根铁管，便于向灶内锅中补充水，防止水被烧干后烧坏铁锅。在灶体一侧开一个门，门的大小以能对角线放入铁锅为宜，以便更换被烧坏的铁锅。门也不宜过大，否则不易密封。在距灶体底部 0.4m 处开门，门高为 1.2m，宽为 0.5m。门框边缘向内凹进 4cm，边缘要求呈水平状且光滑，便于门与门框紧贴，减少漏气量。在门的两侧均匀地各安装 3 个钢筋环，直径为 7～8cm，用于上木棒加木楔扣紧门板。门板用木板制作，在内侧贴上塑料薄膜，并在中央开 1 个插入温度计的小孔。在灶体内排放两层砖，放上木板作横隔，在横隔上排放料袋。炉膛制作成烧煤的灶，要求煤燃烧时火力大。

（2）小型钢板灭菌灶　该灶用钢板焊接制作，以蜂窝煤作为燃料，操作方便，便于灶体运输。灶体规格为高 2.2m，长和宽为 1.3m。在一侧开一个宽为 0.6m、高为 1.2m 的门。在灶内距底部 0.3m 处，焊接一圈角钢，用于排放木板做横隔。底层钢板厚为 0.5cm，其余部位的钢板厚为 0.3～0.4cm。在横隔两侧各排放 1 根带小孔的铁管，并将一端伸出灶体外，安装上阀门，用作排气之用。门边缘焊一圈角钢，并焊接上螺母。门也用钢板制作，在门边缘开圆孔，与螺母相对应，便于将门扣上后用螺帽扣紧（图 2-4）。炉膛制作成可烧蜂窝煤或散煤，以烧蜂窝煤的炉膛为好，使用方便。烧普通煤的灶膛同土蒸灶。用蜂窝煤作为燃料的灶，用一个煤车装煤燃烧，煤车底部为炉桥，四周用铁板制作，在下方角安装 4 个铁圈作轮子，煤车长 0.85m，宽 0.75m，高度为 0.4m，一次可装 148 块大号蜂窝煤。煤车装煤后，煤顶部距灶体的高度为 3cm 左右。灭菌时，在灶体内装足水，使水面距横隔约 5cm，然后整齐地排放料袋，一次可装料袋 500 个。关闭门后，送入点燃了几个蜂窝煤的煤车。当灶内水被烧开，打开排气阀门，有大量蒸汽出现时，用铁板挡住炉膛口，小火维持保温。若门关闭较严不漏气时，应微开启排气阀门，让部分气体排出，防止产生高压，胀破灶体。煤燃烧结束后，再焖一夜或半天后取出料袋。

（3）大型钢板灭菌灶　用钢板制作的大型灭菌灶，具有密封严、升温快的特点，是生产上用于代替砖制土蒸灶的灭菌灶。一次可装料袋 2000～3000 个，便于大规模生产。

整个灶体用钢板制作，长 3m、宽 1.8m、高 2.4m 或长 3m、宽 2m、高 2m 等不同规格的灶体。灶体内底层为盛水槽，在距底部 0.3m 安装横隔。在一侧中央开 1 个门，一端安装 1 个进水管，另一端安装 1 个水位管，水位管距底部 0.1m 左右，在水位管上连接一根透明

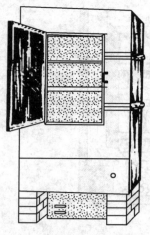

图2-4　小型钢板灭菌灶

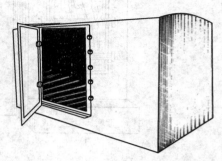

图2-5　大型钢板灭菌灶

的塑料管竖直起来，通过塑料管内水位来判断灶体内水量。加热装置设置为燃煤的灶，一端为燃烧煤的炉膛，另一端设置烟道（图2-5）。也可制作成燃煤块或蜂窝煤的燃烧炉。

三、接种设备

1. 接种室

（1）简介　接种室又称无菌室，是进行菌种分离和接种的专用房间。此室的设置不宜与灭菌室和培养室距离过远，以免在搬运过程中造成杂菌污染。生产量较大的菌种厂，应充分注意各个工作间的位置安排。接种室的面积一般5~6m²，高2~3m即可，过大或过小都难以保证无菌状态。接种室外面设缓冲间，面积约2m²。门不宜对开，最好安装移动门。接种室内的地面和墙壁要求光滑洁净，便于清洗消毒。室内和缓冲间装紫外线灯（波长265nm，功率30W）及日光灯各一支。接种室具有操作方便、接种量大和速度快等优点，适宜于大规模生产。

（2）无菌操作程序

① 接种室准备　使用前一天，先在缓冲间和培养室空间喷洒少量清水，将已灭菌的培养基、所需器材和用具、工作衣帽等搬入缓冲室，再关闭门窗，打开紫外光灯熏蒸灭菌。

② 接种前准备　穿无菌工作服和鞋，戴好口罩、帽子。把所需物品搬入接种室，检查各种用具是否齐备。然后打开紫外灯30~40min再次灭菌。

③ 接种操作　接种操作时，动作力求迅速、轻巧，尽量减少污染的机会。用过的火柴棒、棉球等废物应放入容器内，不得丢在地上。

④ 接种后处理　接种完毕，把东西搬出，将桌面收拾干净，用杀菌药液擦净台面及地面。

2. 接种箱

（1）简介　接种箱（图2-6）有多种形式和规格，接种箱内顶部装紫外线杀菌灯和日光灯各一盏。箱前（或箱后）的两个圆孔装上40cm长的布袖套或橡皮手套，双手由此伸入操作。圆孔外要设有推门，不操作时随即关门。箱体安装玻璃，木板均要注意密封，箱的内外均用油漆涂刷。

接种箱结构简单，制造容易，造价较低，移动方便，易于消毒灭菌。由于人在箱外操作，气温较高时也能维持作业，适合于专业户制作母种、原种。

（2）无菌操作程序

图 2-6　接种箱

图 2-7　超净工作台

① 环境　接种箱置于干燥清洁的房间内，操作时关闭门窗，使室内无对流空气。

② 灭菌消毒　使用前一天用甲醛高锰酸钾消毒，每 $1m^3$ 空间用量甲醛 30mL、高锰酸钾 15g，密闭熏蒸 24h。

③ 紫外灯照射　将接种瓶（袋）和接种用具放入已灭菌的接种箱内，再打开紫外灯 20～30min 杀菌。

④ 常规消毒　接种人员的双手和菌种管、瓶、袋的外壁均需用 75%酒精棉球擦拭灭菌。

⑤ 接种后处理　接种完毕后，须将接种物与用具全部搬出，用 75%酒精棉球擦拭箱内各个部位及接种用具，保持清洁干燥。补加酒精灯中的酒精，为下次接种作好准备。开紫外灯 20min。

3. 超净工作台

（1）简介　超净工作台（图 2-7）是一种局部层流（平行流）装置，能够在局部造成洁净的工作环境。室内的风经过滤器送入风机，由风机加压送入正压箱，再经高效过滤器除尘，洁净后通过均压层，以层流状态均匀垂直向下进入操作区（或以水平层流状态通过操作区），以保证操作区有洁净的空气环境。由于洁净的气流是匀速平行地向着一个方向。空气设有涡流，故任何一点灰尘或附着在灰尘上的杂菌，很难向别处扩散转移，而只能就地排除掉。因此，洁净气流不仅可以造成无尘环境，而且也是无菌环境。使用超净工作台的好处是接种分离可靠，操作方便，尤其是炎热夏季，接种人员工作时感到舒畅。

（2）无菌操作程序

① 紫外灯照射　将接种瓶（袋）和接种用具放入已灭菌的接种室内，再打开紫外灯 20～30min 杀菌。

② 开动机器　开动机器，等机器正常运转 20min 后，操作区空气净化完成，再行接种。

③ 接种操作　工作人员穿无菌工作服和鞋，戴好口罩、帽子。接种用具放在台面两侧或下风侧，操作人员的手置于接种材料的下风侧。工作时严禁搔头、快步走动、推拉门等发尘量大的动作。接种操作时，动作力求迅速、轻巧，尽量减少污染的机会。用过的火柴棒、棉球等废物应放入废料缸内，不得丢在地上。

④ 接后处理　接种完毕，把东西搬出，将桌面收拾干净，用杀菌药液擦净台面及地面。

4. 电子灭菌消毒接种机

（1）简介　电子灭菌消毒接种机（图 2-8）是新一代高科技产品，通过产生高频高电压，激发空气中的氧气发生电离生成臭氧，利用臭氧气体进行消毒灭菌。此装置优于传统的灭菌方式。

（2）无菌操作程序

① 接种室准备　使用前一天，先在缓冲间和培养室空间喷洒少量清水，将已灭菌的培

图 2-8　电子灭菌消毒接种机

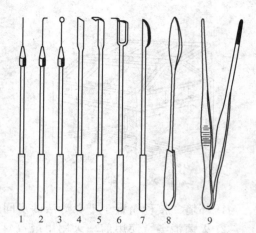

图 2-9　接种工具

1—接种针；2—接种钩；3—接种环；
4—接种铲；5—接种锄；6—接种耙；
7—解剖刀；8—接种勺；9—手术镊

养基、所需器材和用具、工作衣帽等搬入缓冲室，再关闭门窗，打开紫外光灯灭菌。

②接种前准备　穿无菌工作服和鞋，戴好口罩、帽子。把所需物品搬入接种室，检查各种用具是否齐备。然后打开紫外线灯 30～40min 再次灭菌。

③接种操作　接种操作时，打开电子灭菌消毒接种机，动作力求迅速、轻巧，尽量减少污染的机会。用过的火柴棒、棉球、废物应放入容器内，不得丢在地上。其他方面与接种箱的操作要求相同。

④接种后处理　接种完毕，把东西搬出，将桌面收拾干净，用杀菌药液擦净台面及地面。

5. 接种工具

（1）简介　接种工具（图 2-9）是指分离和移接菌种的专用工具，样式很多。用于菌种母种制作和转接母种的工具，因大多在试管斜面和平板培养基上操作，一般是用细小的不锈钢丝制成。用于原种和栽培种转接的工具，因培养基比较粗糙紧密，可用比较粗大的不锈钢丝制成。

（2）无菌操作要点　各种接种工具和菌种接触前都应该经火焰灼烧灭菌，冷却后再接菌种，以免烫死或烫伤菌种。

四、培养设备

培养菌种设备，主要是指接种后用于培养菌丝体的设备，如恒温培养室、恒温恒湿培养箱、摇床机等。

1. 恒温培养室

恒温培养室用于培育栽培种或培育较多的母种和原种。恒温培养室的大小，视菌种的生产量而定。室内放置菌种培养架。可采用电加温器或安装红外线灯加温，最好在电加温的电源上安一个恒温调节器，使之能自动调节温度。

2. 培养箱

在制作母种和少量原种时，可采用恒温恒湿培养箱，根据需要使温度和湿度保持在一定范围内进行培养。市售的恒温箱多为专业厂家生产的电热恒温培养箱，使用比较方便，但价格较贵。如条件所限也可以自己制造，用木板做成一只大木箱，箱的四壁及顶、底均装双层，中间填充木屑保温，底层装上石棉板或其他绝缘防燃材料，箱内装上红外线灯泡或普通灯泡加温，箱内壁安装自动恒温器，箱顶板中央钻孔安装套有橡皮塞的温度计以测试箱内温度。

3. 摇瓶机（摇床）

食用菌进行深层培养或制备液体菌种时，需设置摇瓶机。摇瓶机有往复式或旋转式两种。往复式摇瓶机的摇荡频率是每分钟 80～120 次，振幅（往复距）为 8～12cm。旋转式摇瓶机摇荡频率为每分钟 180～220 次。旋转式摇瓶机耐用，效果较好，如全温振荡培养箱（图 2-10）。

五、培养料的分装容器

培养食用菌的容器有玻璃容器和塑料容器两大类。玻璃容器透明度好，污染率低，但价格较高，且易损坏。其主要用于菌种分离、保存、鉴定和母种、原种的制作。塑料容器较轻便，成本低，但较易污染杂菌，且不易重复使用（薄膜容器）。其一般用来制作栽培种或直接用于栽培。具体品种、规格和用途见表 2-1。

图 2-10　全温振荡培养箱

表 2-1　培养容器

种类	品名	常用规格	适用范围
玻璃容器	试管	15mm × 150mm，18mm × 180mm，20mm×200mm	制作母种
	培养皿	直径分别为 9cm，10cm，12cm	分离菌种或鉴定用
	三角瓶	150mL，300mL，500mL，1000mL	摇瓶培养或其他
	菌种瓶	750mL	制作原种或栽培种
塑料容器	聚丙烯广口瓶	750mL，800mL，1000mL	制作栽培种或瓶栽用
	聚丙烯塑料袋	宽度 12～17cm，长度不定	制作栽培种或袋装用
	聚乙烯塑料袋	宽度 12～17cm，长度不定	制作栽培种或袋装用，但不耐高温只可常压灭菌

在食用菌生产中，进行熟料栽培或制作栽培种，常常用到塑料袋。下面是选择塑料袋的根据和鉴别塑料袋的一般方法：

进行常压蒸气灭菌，可用聚乙烯塑料袋，厚度 0.05～0.06mm（5～6 丝）为宜。其中高压聚乙烯塑料袋透明度高于低压聚乙烯塑料袋，但低压聚乙烯塑料的抗张强度是高压聚乙烯塑料的 2.2 倍（厚度相同时），且低压聚乙烯能耐 120℃高温。食用菌生产中应首先选用低压聚乙烯塑料袋。进行高压蒸汽灭菌时，宜用聚丙烯塑料袋，厚度 0.06mm（6 丝）为宜。聚丙烯能耐 1500℃高温，但其冬季柔韧性差，低温时使用应小心。聚氯乙烯塑料有毒，不到 100℃就软化。熟料栽培或制种时不能使用聚氯乙烯塑料袋。

六、封口材料

1. 无菌培养容器封口膜

目前，制种多用无菌培养容器封口膜。它是耐高温分子化合物，透明、乳白色塑料薄膜，既可透气又能过滤菌，使用方便，可代替棉塞，降低成本。其规格视所需，市场上有多种产品销售。

2. 棉塞

管瓶口所需的棉塞，其制作要求：用普通棉花不要用脱脂棉，因为脱脂棉易吸水，灭菌时棉塞易受潮而导致杂菌生长。

3. 包纸

用牛皮纸或双层报纸包在棉塞外对培养料进行灭菌处理。塞好棉塞后，取7支试管用绳子扎成一捆。试管棉塞部分需用牛皮纸或双层报纸包好，以避免在灭菌过程中冷凝水淋湿棉塞，并可防止接种前培养基水分散失或杂菌污染。

4. 颈圈

使用塑料袋装培养料时，封口时通常加颈圈（规格：$3.5cm×3.5cm$），以便于用棉塞封口。

七、加温加湿器

1. 电热器

主要用于菌种培养室的升温。有以下几种类型：

（1）反射式电热器　它由电热元件、控温器、光反射罩、外壳、保护网等构成。电热元件有裸露电热丝式、石英管电热式。裸露式使用不安全。石英管式有红外线辐射作用，加热效果较好，使用寿命较长，缺点是热量过于集中在房（棚）的某一角。

（2）吹风式电热器　结构与反射式基本相同，不同之处就是加了吹风机。通过强制对流的方式，把热空气送到周围空间，使房间温度较均匀。

（3）充油式电热器　电热元件是镶在炉内百叶式散热片油管内的加热器，靠油的循环传热。其优点是发热均匀，且无干燥感，电热元件寿命长。

2. 加湿器

（1）离心加湿器　其原理是利用高速旋转离心力的作用，将水甩成雾状进行加湿。特点是使用简便，容易控制。缺点是雾滴较大，加湿半径小，还会影响室温。

（2）电极式加湿器　用3根不锈钢（或铜）棒作为电极，安在不易锈蚀的水容器中，以水作电阻，金属容器接地，三相电源接通后电流从水中通过，水被加热，而产生蒸汽，蒸汽由排出管道到达待加湿的空气中。水容器的水位越高，导电面积越大，则通过的电流越强，产生的蒸汽量就越多。因此，可以通过改变液流管高低的办法来调节水位高低，从而调节电流及蒸汽量，一般$1kW·h$约$1kg$。优点是简单，制作方便，缺水时不会损坏电热元件。缺点是电极和内箱要经常清洗除垢，否则电阻过大，使功率降低而影响正常工作。

（3）超声波加湿器　其原理是电子线路产生高频率的超声波振荡，使水变成雾状，雾滴小，效率高。

（4）水压喷雾装置　由干、支、毛3级水管组成。在毛管上每隔$2\sim3m$安装1个微喷头（WP型塑料全圆喷头），工作压力为$100kPa$，喷水量为$48L/h$，喷雾半径$280cm$。优点是安装容易，使用方便，适宜大面积栽培，喷雾范围大，一机多用，既增湿又可辅助降温。缺点是要求有一定的水压，水质清洁，否则易堵塞，要常通洗。高温季节食药用菌的生产管理主要是降温。有条件的地区，可采用冷气机或空调器，但投资较大、耗电量多。最节省投资的办法是棚顶加盖遮阳物，使之形成阴凉环境，在每日的高温期，从棚顶或棚内喷雾（最好用井水）降温，一般可降低$3\sim5℃$。

八、菌种保藏设备

食用菌菌种是科研和生产的重要资源，它和其他生物一样，具有遗传性和变异性，人们希望一个具有优良性状的菌种能通过保藏使它的性状保持不变或尽可能地少变、慢变。菌种保藏方法很多，所需设备不外乎下面几种：

1. 生物冷藏柜

冷藏柜保藏菌种一般温度控制在$3\sim4℃$。菌种保藏方法中低温定期移植保藏法、液体石蜡保藏法、自然基质保藏法、砂土管保藏法、滤纸片保藏法、生理盐水保藏法、蒸馏水保藏法等都适宜在冷藏柜中保藏。

2. 菌种库

有条件的单位，如有需要，可建造冷库，用以暂时存放成品菌种。冷库温度一般控制在 4～8℃，这样既可节省能源，又能较长时间保存菌种。

3. 液氮罐

采用液氮罐保藏菌种是利用液态氮的超低温（−150～−196℃），使生物的代谢水平降低到最低限度，在这样的条件下保藏菌种，能保持其性状基本上不发生变异。这是目前国际上最先进的菌种保藏方法。液氮罐保藏的设备包括程序降温仪、液氮罐、安瓿瓶（管）。液氮罐与程序降温仪之间要用管子连接好，操作时首先将做好的安瓿管放入程序降温仪中，打开液氮罐的连通开关，同时打开电脑，将所需程序找出来，然后开始运转。食用菌菌种保藏的程序是：每分钟降 1～40℃，然后每分钟降 10～90℃，接着将处理好的菌种置液氮贮藏罐中保存。

九、液体菌种生产设备

液体菌种的生产方式主要有振荡培养（shake culture）和发酵罐培养（submerged culture）两类。振荡培养是利用机械振荡，使培养液振动而达到通气的效果。振荡培养方式有旋转式（如旋转摇床培养）和往复式（如往复摇床振荡培养）两种，振荡机械称摇床或摇瓶机。

1. 摇床

（1）往复式摇床　往复频率一般在 80～140r/min，冲程一般为 5～14cm，在频率过快、冲程过大或瓶内液体过多的情况下，振荡时液体容易溅到瓶口纱布上而引起污染。

（2）旋转式摇床　偏心距一般在 3～6cm，旋转次数为 60～300r/min，它的结构比较复杂，加工安装要求比往复式摇床高，造价也较贵，但氧的传递性好，功率消耗低，培养基一般不会溅到瓶口的纱布上。故要根据实际情况选用合适的摇床及振荡速度。

2. 液体菌种发酵罐

如需要大量液体菌种，应使用发酵罐生产。发酵罐的设计与选用应该能够提供适宜于微生物生长和形成产物的多种条件，促进微生物的新陈代谢，使之能在低消耗的条件下获得较高的产量，如维持合适的温度，能用冷却水带走发酵热，能使通入的无菌空气均匀分布，并能及时排放代谢产物和对发酵过程进行监测和调整。另外，要能控制外来污染，结构也要尽可能简单，便于清洗和灭菌。发酵罐生产液体菌种一般需要有种子罐与其配套，需选用发酵罐的大小则要根据生产规模来定。

第三节　消毒与灭菌

消毒与灭菌的方法可分为物理方法和化学方法两大类。常用以下术语表示物理或化学方法对微生物的杀灭程度：

（1）灭菌　指杀灭或去除物体上所有微生物的方法，包括抵抗力极强的细菌芽孢。

（2）消毒　指杀死物体上病原微生物的方法，芽孢或非病原微生物可能仍存活。用以消毒的药品称为消毒剂。

（3）防腐　防止或抑制体外细菌生长繁殖的方法。

（4）无菌　指没有活菌的意思。防止细菌进入其他物品的操作技术，称为无菌操作。

一、物理消毒灭菌

物理消毒灭菌的方法主要有热力法、射线法、过滤法、超声波、干燥和冷冻等。

1. 热力灭菌法

热力灭菌法是利用热能使蛋白质或核酸变性来达到杀死微生物的目的。分干热灭菌和湿热灭菌两大类。

（1）干热灭菌

① 烧灼　适用于实验室的金属器械（镊、剪、接种环等）、玻璃试管口和瓶口等的灭菌。

② 干烤　在干烤箱内加热至160～170℃维持2h，可杀灭包括芽孢在内的所有微生物。适用于耐高温的玻璃器皿、瓷器、玻璃注射器等。

③ 红外线　波长为0.76～400μm的红外线是热射线。红外线灭菌器（红外线接种环灭菌器）采用红外线热能灭菌，使用方便、操作简单、对环境无污染，无明火、不怕风、使用安全，广泛应用于生物安全柜、净化工作台、抽风机旁、流动车上等环境中进行微生物实验。

④ 微波　波长为1～1000mm的电磁波可穿透玻璃、塑料薄膜与陶瓷等物质，用于非金属器械消毒。

（2）湿热灭菌　可在较低的温度下达到与干热法相同的灭菌效果，因为：①湿热中蛋白吸收水分，更易凝固变性；②水分子的穿透力比空气大，更易均匀传递热能；③蒸汽有潜热存在，每1g水由气态变成液态可释放出529cal热能，可迅速提高物体的温度。常用的湿热灭菌法有：

① 巴氏消毒法　61.1～62.8℃加热30min，或者72℃ 15s，可杀死乳制品的链球菌、沙门菌、布鲁菌等病原菌，但仍保持其中不耐热成分不被破坏，用于乳制品消毒。

② 煮沸法　繁殖体需100℃ 5min以上，芽孢需2h以上，常用于金属器械的消毒。

③ 流通蒸汽消毒法　在常压下利用100℃的水蒸气进行消毒，15～30min可杀灭细菌繁殖体，但不保证杀灭芽孢。

④ 间歇灭菌法　利用反复多次的流通蒸汽加热，杀灭所有微生物，包括芽孢。适用于不耐高热的含糖或牛奶的培养基。

⑤ 高压蒸汽灭菌法　可杀灭包括芽孢在内的所有微生物，是灭菌效果最好、应用最广的灭菌方法。方法是将需灭菌的物品放在高压锅内，加热至103.4kPa（1.05kgf/cm²❶）蒸汽压下，温度达到121.3℃，维持15～20min。适用于普通培养基等物品的灭菌。

2. 射线法

（1）紫外线　波长200～300nm的紫外线（包括日光中的紫外线）具有杀菌作用，以250～260nm最强。原理是紫外线可使DNA链上相邻的两个胸腺嘧啶共价结合而形成二聚体，阻碍DNA正常转录，导致微生物的变异或死亡。紫外线穿透力较弱，一般用于接种室、实验室的空气消毒。紫外线可损伤皮肤和角膜，应注意防护。

（2）电离辐射　电离辐射有X射线、γ射线和快中子等。X射线、γ射线都是高能电磁波。X射线的波长为0.06～136nm，由X光机产生。γ射线的波长为0.006～1.4nm，其实是短波长的X射线，由钴、镭等产生。在照射过程中，它们能使水或其他一些分子电离而产生含有未配对电子的分子碎片，这些碎片能打断DNA双链并改变嘌呤和嘧啶碱基。快中子不是带电荷的粒子，不直接产生电离，但快中子穿过物质时能把原子核中的质子撞击出来而产生电离，能有效地导致基因突变和染色体畸变。

3. 滤过除菌法

滤过除菌法是用物理阻留的方法将液体或空气中的细菌除去，以达到无菌的目的。所用

---

❶ 1kgf/cm²＝101.325kPa，下同。

的器具是滤菌器，滤菌器含有微细小孔，只允许液体或气体通过，而大于孔径的细菌等颗粒不能通过。滤过法主要用于一些不耐高温灭菌的血清、毒素、抗生素以及空气等的除菌。滤菌器的除菌性能与滤器材料的特性、滤孔大小、静电作用等因素有关。滤菌器的种类很多，目前常用的有薄膜滤菌器、素陶瓷滤菌器、石棉滤菌器（亦称 Seitz 滤菌器）、烧结玻璃滤菌器等。

4. 超声波杀菌法

不被人耳感受的高于 20000Hz 的声波，称为超声波。超声波可裂解多数细菌，尤其是革兰阴性菌更为敏感，但往往有残存者。目前超声波主要用于粉碎细胞，以提取细胞组分或制备抗原等。超声波裂解细菌的机制主要是它通过水时发生的空（腔）化作用，在液体中造成压力改变，应力薄弱区形成许多小空腔，逐渐增大，最后崩破。崩破时的压力可高达 1000atm。

5. 低温抑菌法

低温可使细菌的新陈代谢减慢，故常用于保存菌种。当温度回升至适宜范围时，又能恢复生长繁殖。为避免解冻时对菌的损伤，可在低温状态下抽真空除去水分，此法称为冷冻真空干燥法。该法是目前保存菌种的最好方法，一般可保存微生物数年至数十年。

二、化学消毒灭菌

许多化学药物能影响细菌的化学组成、物理结构和生理活动，从而发挥防腐、消毒甚至灭菌的作用。消毒防腐药物一般都对人体组织有害，只能外用或用于环境的消毒。根据化学消毒剂的杀菌机制不同，主要分以下几类：

1. 促进菌体蛋白质变性或凝固剂

（1）酚类　低浓度时破坏细菌细胞膜，使胞质内容物漏出；高浓度时使菌体蛋白质凝固。也有抑制细菌脱氢酶、氧化酶等作用。

（2）醇类　杀菌机制在于去除细菌胞膜中的脂类，并使菌体蛋白质变性。乙醇最常用，浓度为 70%～75% 时杀菌力最强，更高浓度因能使菌体表面蛋白质迅速凝固，杀菌效力反而减低。异丙醇的杀菌作用比乙醇强，且挥发性低，但毒性较高。两者主要用于物体表面消毒和浸泡接种器具等。

（3）重金属盐类　高浓度时易与带阴电荷的菌体蛋白质结合，使之发生变性或沉淀，又可与细菌酶蛋白的—SH 结合，使其丧失酶活性。

（4）氧化剂　常用的有过氧化氢、过氧乙酸、高锰酸钾与卤素等。它们的杀菌作用是依靠其氧化能力，可与酶蛋白中的—SH 结合，转变为—SS—，导致酶活性的丧失。过氧化氢在水中可形成氧化能力很强的自由羟基，破坏蛋白质的分子结构。过氧乙酸为强氧化剂，易溶于水，对细菌繁殖体和芽孢、真菌、病毒等都有杀灭作用，应用广泛；但稳定性差，易分解并有刺激性与腐蚀性，不适用于金属器具等的消毒。高锰酸钾为强氧化剂，遇有机物即放出新生态氧，有杀灭细菌作用，其杀菌力极强。用于消毒的卤素有碘和氯两类，碘多用于皮肤消毒；氯多用于水的消毒，氯化合物有漂白粉、次氯酸钙、次氯酸钠等。

（5）烷化剂　杀菌机制在于对细菌蛋白质和核酸的烷化作用，杀菌谱广，杀菌力强。常用的有甲醛、环氧乙烷和戊二醛等。甲醛与环氧乙烷的杀菌作用主要是取代细菌酶蛋白中氨基、羧基、巯基或羟基上的氢原子，使酶失去活性。戊二醛主要是取代氨基上的氢原子。环氧乙烷能穿透包裹物，对分枝杆菌、病毒、真菌和细菌芽孢均有较强的杀菌力。缺点是对人体有一定毒性，且有些烷化剂，如 β-丙酯等可能有致癌作用。

2. 干扰细菌的酶系统和代谢

某些氧化剂、重金属盐类（低浓度）与细菌的—SH 结合使有关酶失去活性。

3. 损伤菌的细胞膜

能降低细菌细胞的表面张力并增加其通透性，胞外液体内渗，致使细菌破裂。表面活性剂又称去污剂，易溶于水，能降低液体的表面张力，使物品表面油脂乳化易于除去，故具清洁作用；并能吸附于细菌表面，改变细胞壁通透性，使菌体内的酶、辅酶、代谢中间产物逸出，呈现杀菌作用。表面活性剂有阳离子型、阴离子型和非离子型三类。因细菌带负电，故阳离子型杀菌作用较强。阴离子型如烷苯磺酸盐与十二烷基硫酸钠解离后带负电，对革兰阳性菌也有杀菌作用。常用于消毒的表面活性剂有新洁尔灭、杜灭芬等。

第四节　母种培养基的配制与灭菌

一、培养基配制的基本原则

采用人工的方法，按照一定比例配制各种营养物质以供给食用菌生长繁殖的基质。而且培养基必须具备三个条件：第一，含有该菌生长发育所需的营养物质；第二，具有一定的生长环境；第三，必须经过严格的灭菌，保持无菌状态。

二、常用培养基种类

1. 固化培养基

固化培养基是指将各种营养物质按比例配制成营养液后，再加入适量的凝固剂，如20%左右的琼脂，加热至60℃以上时为液体，冷却到40℃以下时则为固体。主要用于母种的分离和保藏。

2. 固体培养基

固体培养基是以含有纤维素、木质素、淀粉等各种碳源物质为主，添加适量有机氮源、无机盐等，含有一定水分呈现固体状态的培养基。其优点：原料来源广泛，价格低廉，配制容易，营养丰富。缺点：菌丝体生长较慢。它是主要用于食用菌原种和栽培种的培养基。

3. 液体培养基

液体培养基是指把食用菌生长发育所需的营养物质按一定比例加水配制而成的液体培养基。营养成分分布均匀，有利于食用菌充分接触和吸收养料，因而菌丝体生长迅速而粗壮，同时这种液体菌种便于接种工作的机械化、自动化，有利于提高生产效率。

缺点：需要发酵设备，成本较高，也较复杂。

用途：实验室，用于生理生化方面的研究；生产上，用于培养液体菌种或生产菌丝体及其代谢产物。

三、母种培养基的配制方法

母种培养基，即一级种培养基，是分离母种或试管种且将其扩大繁殖用的培养基。常把培养基装在试管内，做成斜面，因此也叫斜面培养基。常用的试管大小是18mm×180mm或20mm×200mm。

1. 母种培养基常用原料

（1）马铃薯　又称土豆，富含多种营养物质。一般含有20%淀粉、2%～3%蛋白质、0.2%脂肪，还有多种无机盐、维生素及活性物质。其煮汁是配制母种培养基的常用原料。

（2）葡萄糖　这是一种易被吸收利用的单糖，是培养基中最常用的碳源。呈白色或无色结晶粉末，甜度约为蔗糖的70%，易溶于水。

（3）蔗糖　即食糖，可替代葡萄糖作为培养基的碳源。蔗糖经分解后，可成为菌丝易于吸收的单糖——葡萄糖和果糖。蔗糖纯品为白色晶体，有甜味，无气味，易溶于水。市售的白糖、砂糖、红糖都是蔗糖。配制母种培养基应选用白糖，以保持培养基为浅色，易于观察。

（4）磷酸二氢钾　磷酸二氢钾为白色颗粒状晶体，含有磷元素与钾元素。磷是核酸组成和能量代谢中的重要成分，缺少磷，碳和氮就不能很好地被菌丝利用。钾在菌丝细胞组成、营养物质吸收和呼吸代谢中都十分重要。磷酸二氢钾还是一种缓冲剂，可使培养基酸碱度保持稳定状态，亦可用磷酸氢二钾代替。

（5）硫酸镁　硫酸镁为颗粒状晶体或粉末，无色或白色，有苦咸味，溶于水。主要供给镁元素和硫元素。镁能延缓菌丝体的衰老，促进酶系的活化，加速各种酶对纤维素、半纤维素和木质素等大分子物质的降解。

（6）蛋白胨　简称胨（peptone），是蛋白质经酸、碱或蛋白酶不完全水解的产物。其组成和结构较蛋白质简单，比氨基酸复杂，可溶于水，是配制母种培养基常用的氮源。

（7）酵母膏　它是啤酒酵母或面包酵母的浸汁经低温干燥而成。富含氨基酸、维生素和无机盐类，是一种营养添加剂。

（8）维生素 B_1　又称硫胺素，是菌丝生长的必需因子。需用量很少，在天然培养基中含量丰富，一般不必添加。合成培养基 1000mL 中加入 1～5mg 即可。

（9）琼脂　又叫洋菜、冻粉，是由海藻加酸提炼干制后得到的一种多糖物质，为透明或白色至浅褐色的片状、条状或粉末状物质，无色、无臭，不溶于冷水，溶于热水成黏稠液。其含氮量低，性能稳定，不会被一般微生物分解利用。琼脂凝固点高，在 96℃ 以上熔化，呈液体状态，45℃ 以下凝固成固体状态，并能反复凝固、熔化，是一种优良凝固剂。培养基中加入一定量的琼脂，就能形成通体透明斜面或平板，便于观察菌种生长情况和识别杂菌。

2. 母种培养基配方

（1）PDA 培养基　马铃薯（去皮）200g，葡萄糖（或蔗糖）20g，琼脂 18～20g，水 1000mL。

（2）马铃薯琼脂综合培养基　马铃薯（去皮）200g，葡萄糖 20g，磷酸二氢钾 3g，硫酸镁 1.5g，维生素 B_1 10～20mg，琼脂 18～20g，水 1000mL。

（3）葡萄糖蛋白胨琼脂培养基　葡萄糖 20g，蛋白胨 20g，琼脂 18～20g，水 1000mL。

（4）蛋白胨酵母膏葡萄糖琼脂培养基　蛋白胨 2g，酵母膏 2g，硫酸镁 0.5g，磷酸二氢钾 0.5g，磷酸氢二钾 1g，葡萄糖 20g，维生素 B_1 20mg，琼脂 18～20g，水 1000mL。

3. 母种培养基的制作

（1）计算　选择培养基配方，按培养基的所需量计算各种原料的用量。

（2）称量　准确称量、配制培养基的各种原料。

（3）配料。将马铃薯洗净，去皮，用不锈钢刀切成薄片（切后立即放入水中，否则马铃薯易氧化变黑）。称取马铃薯片200g放在不锈钢锅中，加水 1000mL，加热煮沸 15～30min，至薯片酥而不烂为止。用四层纱布过滤。取其滤液，加水补足 1000mL，此即为马铃薯煮汁。然后在煮汁中加入琼脂，并加热，不断用玻璃棒搅拌至琼脂全部融化，再加入葡萄糖（或蔗糖）和其他原料，边煮边搅拌直至溶化。要防止烧焦或溢出。烧焦的培养基其营养物质被破坏，而且容易产生一些有害物质，不宜使用。

配制合成培养基，不同成分应按一定顺序加入，以免生成沉淀，造成营养的损失。一般是先加入缓冲化合物，溶解后加入主要成分，然后是微量元素和维生素等。最好是一种营养成分溶解后，再加入第二种营养成分。如各种成分均不会生成沉淀，也可一起加入。

（4）调节酸碱度　一般用 10% 盐酸和 10% 氢氧化钠调节 pH 值，使达到最适宜值。调整时要注意分滴加入碱或加入酸，pH 值不可过高或过低，以避免某些营养成分被破坏。

（5）分装培养基　配好培养基后，趁热利用培养基分装装置（图 2-11）将其分装入试管内。分装量最好不要超过管长的 1/5，不能过多或过少。装管时勿使试管口沾上培养基，若不慎沾上需用纱布擦去，以防杂菌在管口生长。

图2-11 培养基分装装置图

（6）塞棉塞（或封口膜） 分装后，管口要塞好棉塞。棉塞的制作方法是：取适量棉花撕成均匀片状物，将一边向里折叠，使之成为一整齐的边，将相邻的另一边再向里折叠，使之成为一柱形，末端的棉絮自然平贴在棉柱上。至此，棉柱的一端平整，另一端有毛茬。将毛茬折转平贴在棉柱上，最后将此端塞入试管口。棉塞塞入管内的部分约为棉塞总长的2/3，而管外部分不短于1cm，以便于无菌操作时用手拨取。塞入试管的棉塞要大小均匀、松紧适度，与管壁紧密衔接。检查松紧的方法：将棉塞提起，试管则被提起而不下滑，表明棉塞不松；将棉塞拔出，可听到轻微的声音而不明显，表明棉塞不紧。如用封口膜封口，透气孔正对试管口，然后用线绳捆扎2～3圈，以防扎口松动而漏气。

四、母种培养基的灭菌

母种培养基灭菌一般用高压灭菌锅。灭菌时将试管7支扎成一捆，并用报纸或牛皮纸包住试管棉塞，管口朝上，防止灭菌时棉塞潮湿。高压灭菌的时间，在1.2～1.5kgf/cm² 压力下保持20～30min即可。但在使用高压锅灭菌时还应注意如下事项：

1. 加水适量

灭菌时锅中水要放至水线为止。如放水过少，易引起烧干及烧焦培养基；如放水过多，棉塞易潮湿，以后易感染杂菌。

2. 排冷空气

锅内的冷空气必须排除干净，否则达不到灭菌的温度。排除锅内冷空气的方法有两种：一是将灭菌锅升火后，从开始喷气起，经5min左右的排气，至从排气阀出的气达到直喷时，再关闭排气阀；另外一种是将排气阀关闭升火，待压力升到0.5kgf/cm² 时，打开排气阀，使指针降落到"0"后，再关闭气阀，烧至所需压力。

3. 灭菌时间

灭菌时间不宜过长或过短，过长养分易被破坏，培养基颜色发黄，对菌丝生长不利；过短则达不到灭菌的效果。灭菌结束后，自然降温，使指针慢慢下降到"0"，再揭开锅盖，否则棉塞容易冲出试管。

4. 灭菌容量

高压锅内放置的试管、菌种瓶、塑料袋等物不宜过多过挤，以利蒸汽渗透，特别是装袋培养基不能叠放紧压，否则会造成灭菌不彻底。在没有高压锅的条件下，可以用土蒸汽锅灭菌，但要相应延长灭菌时间，在100℃的温度下应保持4～6h。经灭菌后的试管，必须在接种前取出3～4支，放在28～30℃的恒温箱中培养2～3天做空白试验。经培养后，斜面仍光洁透明，无杂菌或细菌出现，则表示灭菌彻底，可作接种用。如发现杂菌，则应找出原因，并将这批试管重新灭菌后方可使用。

五、母种培养基试管斜面的摆放

灭菌完毕后，让其温度和压力自然降至零后，趁热取出试管，在清洁的桌面上倾斜摆放成斜面，其长度占试管的1/2～2/3。

第五节 母种的转管与培养

一、母种的转管

从分离获得或外地引入的优良母种，由于数量有限不能满足生产上的需要，应进行扩大

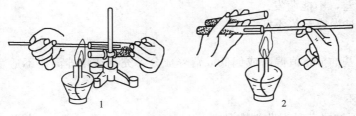

图 2-12　母种接种示意图
1—用试管架固定母种；2—手持母种

繁殖培养。其方法是以无菌操作把斜面培养基连同菌丝体切成绿豆粒大的小块，移接到新的斜面培养基上（图 2-12），在适温条件下培养，待菌丝长满斜面时即成。一般每支母种试管可扩大繁殖 20～30 支新管。扩大母种第一次应多些，以避免多次转管，造成菌丝生活力降低，结菇（耳）少，影响产量和质量。一般要求转管不要超过 5 次，其操作程序如下（超净工作台接种）：

① 消毒手和菌种试管外壁。

② 点燃酒精灯。

③ 用左手的大拇指和其他四指并握要转接的菌种和斜面培养基，在酒精灯附近拔掉棉塞。

④ 用酒精灯灼烧接种工具和试管口。

⑤ 冷却接种工具，取少量菌种（绿豆大小），放到斜面培养基上。

⑥ 塞上棉塞（或用封口膜封口），贴好标签。整个过程要快速、准确、熟练。

二、母种的培养

在适温下，母种培养 7～10 天菌丝即可长满斜面。如暂时不用的母种，应在母种尚未长满之前，及时移入冰箱保鲜室保存。保藏的母种棉塞一头要朝外，但须用报纸包扎或盖好，以防冰箱冷凝水使棉塞受潮。母种要贴上标签，防止品种混杂。母种培养期间，若通气不良、氧气不足，菌丝容易衰老、发黄。因此，大量的母种不宜放在通风不良的恒温箱内培养，而应放在通气较好的恒温室培养。如果没有恒温室时，放在恒温箱内的菌种也不能过分拥挤。培养室（箱）的温度、湿度根据菌种的要求进行控制。接种后的母种以垂直放在小铁丝筐内培养最好，可避免培养过程中凝结水溢流到斜面上。如果采用平放，应将管口前端稍微垫高，并使斜面朝下。

在正常情况下，母种接种后即以种块为生长点，向四周呈辐射状蔓延。培养 3～4 天后，要逐管检查杂菌污染情况，以确保母种纯度。若斜面上出现黏稠状物，大多数是因为培养基灭菌不彻底造成的细菌污染。而斜面上出现分散性菌落，则多为菌种带杂菌所致。因此，接种后要定期逐管检查，以防掩盖杂菌。如发现污染，及时淘汰，并要详实记录，记录菌株来源、转接时间、培养基种类、发菌的温湿度、菌丝生长情况，以及污染现象、数目。

三、母种培养中常见的异常情况及原因

1. 培养基凝固不良

通常是由于培养基中琼脂含量太低造成。培养食用菌的母种培养基，琼脂含量一般在 20% 比较合适。

2. 接种物不萌发

原因：

① 由于培养基的 pH 值过高或过低或营养成分不足；

② 由于接种铲过热取菌，烧死菌种；

③ 菌种质量差，不能萌发。

3. 菌种生长过慢或长势不旺

原因：

① 由于培养基的 pH 值偏高或偏低或营养成分不充足或培养温度不适宜；

② 菌种退化。

4. 菌种生长不整齐

主要是菌种不纯或菌种退化造成的。

5. 细菌、真菌污染

原因：

① 培养基灭菌不彻底；

② 接种时感染杂菌；

③ 菌种带杂菌。

第六节　原种和栽培种生产技术

原种培养基，即二级种培养基。常用的容器是 750mL 容积的菌种瓶（或罐头瓶），瓶口直径 4cm 左右，或使用 12cm×25cm 聚丙烯塑料袋。

栽培种培养基，即三级种培养基，是供给食用菌栽培用的培养基。常用的容器是 750mL 容积的菌种瓶（或罐头瓶），或用 17cm×35cm 的聚丙烯塑料袋。

一、原种、栽培种培养基的配制与灭菌

原种和栽培种的营养条件基本相似，制作方法也相同，故一并加以介绍。食用菌的原种及栽培种培养基，一般草腐菌（如蘑菇、草菇）用粪、草原料配制；木腐菌（香菇、平菇、黑木耳、银耳、灵芝、猴头、茯苓等）可用木屑、米糠、种木或棉籽壳配制。

1. 原种、栽培种培养基常用原料

（1）木屑　是木材加工厂的下脚料，也可用树木枝丫、树梢，将其切片后粉碎成米糠状木屑。宜选用柞、柳、榆、杨、槐、桑、枫、悬铃木等阔叶树种的木屑；含有松脂、精油、醇、醚等杀菌物质的松、柏、杉等针叶树木屑不宜使用。

（2）稻草　含有大量粗纤维。选用新鲜、干燥、清洁、无霉烂的稻草，多年的陈稻草不宜用作培养料。

（3）棉籽壳　含 22%～25% 多缩戊糖、37%～48% 纤维素、29%～32% 木质素、3%～5% 粗蛋白，营养丰富，质地蓬松，通气性能好。要选用无霉烂、无结块、未被雨淋的新鲜棉籽壳，用前最好在阳光下摊开曝晒 1～2 天。

（4）小麦　取颗粒饱满、完整、未破皮的。除去瘪粒、杂质。

（5）米糠　含有较丰富的养分，既是氮源，又是碳源。米糠内还含有大量的生长因子（如硫胺素）和烟酸（维生素 B_3）。米糠要用细糠，三七糠和统糠不适于作培养基。陈旧米糠中维生素受到破坏，且极易产生螨害，不宜使用。

（6）麸皮　即小麦加工中的下脚料。富含蛋白质、脂肪、粗纤维及钙、磷、B 族维生素等，要求新鲜、无霉变、无虫蛀。

（7）碳酸钙　可中和培养料的酸度，起到稳定培养料 pH 的作用。要求细度均匀不结块。

（8）石膏　即硫酸钙。其钙离子可与培养料有机颗粒发生化学反应，产生絮凝作用，有助于培养料脱脂，增加氧气和水的吸收，使培养料的物理性状得到改善。石膏还可调节培养料的酸度，也能起到补钙作用。石膏分为生石膏、熟石膏，后者是前者煅烧而成，两者均可

使用。石膏必须粉碎后才能使用，要求细度均匀，一般以 90～100 目为宜；以色白、不结块的为好。

（9）石灰　分为生石灰（氧化钙）和熟石灰（氢氧化钙）两种；一般多用熟石灰作为碱性物质，提高培养料的 pH。

2. 原种、栽培种培养基的配方

（1）稻草培养基　干稻草 80％，麸皮 19％，石膏粉 1％。此培养基适于培养草菇、双孢菇等菌种。方法：将干稻草切成 2～3cm 长，浸水 1～2 天，使其吸足水分后捞起沥至不滴水，加入辅料拌匀，含水量在 65％左右。

（2）木屑培养基　阔叶树木屑 78％，麸皮或米糠 20％，蔗糖 1％，石膏粉 1％。适于制作香菇、平菇、黑木耳、金针菇、滑菇、灵芝、猴头菇等木腐型菌种。方法：按配方称取原料，先将糖溶解于适量水中，其他原料进行混合，然后加入糖水拌匀，使料含水量达 60％～65％（每千克料加水 120～130kg）。简便检查含水量的方法：用手取一把培养料紧握，以指缝间有水渗出但不滴下为适度。

（3）棉籽壳、蔗渣培养基　棉籽壳（或蔗渣）78％，麸皮 20％，蔗糖 1％，石膏粉 1％。这是一种应用较广泛的培养基，特别适于制作金针菇、平菇、凤尾菇、草菇、银耳、黑木耳、猴头菇等菌种。方法：按配方称取主料和辅料，先将棉籽壳或蔗渣加适量水拌匀，堆闷 3～4h 或一夜，使之均匀吸水，然后参照木屑培养基的制作方法进行操作。

（4）麦粒培养基　麦粒（谷粒、大麦、燕麦、高粱粒、粉碎的玉米粒等）1000g，石膏粉 13g，碳酸钙 4g。此培养基适用于各种食用菌的原种、栽培种的培养，尤其是双孢菇。方法：注意要用煮熟而又不胀破种皮的麦粒，拌入石膏粉、碳酸钙，pH 调至 7.5～8.0，含水量调至 60％～65％。

3. 原种、栽培种培养基制作

（1）准确称量　按培养基配方的要求比例，分别称取原料。

（2）原料预处理　不同原料按不同方法进行预处理。

① 稻草　将其切成 2～3cm 长的段，在水中浸泡 12h 后捞出。

② 小麦　选择无破损的麦粒，用水冲洗 2～3 次，再浸于水中，使其充分吸水。浸泡时间：气温低时 24h，气温高时 12h，要求无白心。将麦粒捞起，用清水冲洗，沥干后放入铝锅中煮熟（以不烂为宜）。不能使麦粒"开花"，否则易感染细菌。捞出后，用清水冷却至常温，放在竹筛或铁丝网上，控去多余的水分，放在通风处晾干表面水，使麦粒含水量为 60％左右。

③ 粪草　将 50％干牛粪、马粪或猪粪，50％干稻草（或麦秸），另加 1％的石膏，混合进行堆制发酵，翻堆 3 次，经 15～20 天，然后挑出半腐熟的稻草（或麦秸），抖掉粪块，切成 2～3cm 段，晒干，备用。

（3）拌料　将培养料混合，加水拌均匀，不能存有干料块。培养料含水量一般掌握在 65％左右，以用手紧握料，指缝间有渗水但不滴水为宜。对于麦粒培养基，则是将预处理晾干表面水的麦粒拌入定量碳酸钙和石膏，含水量达 60％左右为宜。偏湿，易出现菌被，会引起瓶底局部麦粒的胀破，甚至"糊化"，影响菌丝蔓延；如偏干，则菌丝生长稀疏，且生长缓慢。

（4）装瓶　装瓶前必须把空瓶洗刷干净，并倒尽瓶内剩水。拌料后要迅速装瓶，料堆放置时间过长，易酸败。装料时，先装入瓶高的 2/3，用手捏住瓶颈，将瓶底在料堆上轻轻敲打几下，使培养料沉实下去。然后，继续装到瓶颈，用手指通过瓶口把培养料压实至瓶肩处，做到上部压平实，瓶底、瓶中部稍松，以利于通气发菌。过紧，瓶内空气少，影响菌丝生长；过松则发菌快，但菌丝少，且易干缩。培养料装完后，用圆锥形捣木，钻一个圆洞，直达瓶底部，以利于菌丝生长繁殖。然后，将瓶子的外壁上沾着的培养料擦净，瓶口塞上棉塞，包上防潮纸或牛皮纸。棉塞要求干燥，松紧和长度合适，一般长 4～5cm，2/3 在瓶口内，1/3 露在瓶口外，内不触料，外不开花。这样透气性好，菌种也不会直接接触棉塞受潮，感染杂菌。麦粒培养基装至瓶高的 3/5，将瓶身稍振动几下，然后用干布将口内壁擦干净，塞上棉塞，包上防潮纸或牛皮纸。或者采取专用封口膜替代棉塞封口，用线绳捆扎紧。

（5）灭菌　装料封口的培养料瓶，要及时进行消毒灭菌，以控制灭菌前料内微生物的繁殖生长，防止料变质。

① 高压蒸汽锅灭菌　当压力开始升到 0.5kgf/cm² 时，即打开排气阀排出冷气，待冷空气放尽后，再关上排气阀重新升温，烧至所需压力。高压灭菌所需要的时间，应根据培养基原料的种类和生熟程度来决定。木屑、棉籽壳、蔗渣和种木为主料的培养基灭菌时的蒸汽压力要求达到 1.5kgf/cm²，保持 60min；稻草培养基和粪草培养基，在 1.5kgf/cm² 的压力下，保持 90min；而麦粒培养基则要保持 120～150min，才能达到灭菌效果。

② 土锅灭菌　可用连续灭菌法，在 98～100℃ 的温度下，需连续灭菌 6～8h；麦粒培养基的灭菌时间须达 12h 为宜。停火后再焖蒸 3～4h 才能出锅；也可用间歇灭菌法，即用一般蒸锅，达 100℃ 后维持 2h，24h 蒸 1 次，连续 2～3 次。培养基灭菌完毕从锅中取出后，应放于清洁、凉爽、干燥的室内进行冷却待接。

二、原种和栽培种的接种与培养

原种和栽培种生产工艺及技术要求基本相同，只是培养材料、灭菌要求不同。

1. 原种和栽培种接种

待接种瓶（袋）冷却至 30℃ 左右，利用无菌操作技术及时接种（图 2-13）。接种前必须仔细检查母种或原种，选用菌丝浓密健壮、无污染的母种或原种，不使用有任何疑点的接种物。

2. 原种和栽培种培养

培养过程中要注意对环境条件的调控以及对菌种生长情况的检查。对培养室内温度、湿度、光线、通风换气进行相应调控，达到菌种培养最适环境条件。检查的主要内容：

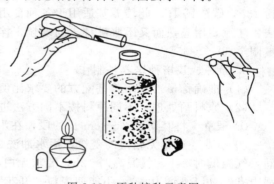

图 2-13　原种接种示意图

一是萌发是否正常，原种和栽培种进行第一次检查时，发现萌发缓慢或菌丝细弱者，及时拣出。

二是有无污染，在原种和栽培种未长满表面之前，要仔细检查，以免污染菌落被食用菌菌丝遮盖，使污染菌种未挑出，影响以后生产。如发现有黄、绿、橘红、黑等颜色即为污染杂菌，污染轻的可将培养料倒出来拌一些新料重新装瓶（袋）灭菌接种；污染重的，则远离培养室集中堆积发酵，用作肥料。堆积时要用塑料膜盖好，防止杂菌孢子污染环境，造成更大面积的污染。袋装菌种检查时，尽量不要翻动菌袋，可先进行目测，如果发现有问题，再翻动检查。一般由菌种不纯引起的污染，往往造成 20～30 瓶（袋）小片污染；空气中杂菌污染，呈零星分布；由环境温度太高引起的污染，在上层床架和中间层成片发生；若是培养基消毒不彻底引起的污染，则整锅的菌袋全部污染。接种后 3～4 天，发现菌种块不萌发的瓶、袋，要剔出单独放置。1 周后仍未萌发，要重新回锅消毒后，再进行补接种。

三是活力和生长势，各次检查中，菌种的活力和生长势主要表现在菌丝的粗细、浓密程度、洁白整齐度等，要及时拣出菌丝细弱、稀疏、苍白无力、边缘生长带不健壮的个体。菌种培养好之后，要及时使用。一般菌丝长满瓶后 7～10 天，菌丝正处于最佳生长期，及时接种后，能表现出较强的适应性。存放过久，培养时间太长，不但养分消耗多，且菌丝易老化。

第七节　液体菌种的生产与应用

一、液体菌种的优点

液体菌种是用液体培养基培养而成的菌种。近年来，国内外积极研究液体菌种的培养与利用。目前我国已利用的食用菌有香菇、平菇、凤尾菇、美味侧耳、鲍鱼菇、金针菇、黑木耳、猴头、草菇、蜜环菌、茯苓、滑菇和冬虫夏草等，其中应用最多的是香菇、平菇和黑木耳。

与固体菌种相比，它具有菌种生产周期短、菌料发酵快、适宜于工厂化生产的优点，因而受到了广大栽培者的欢迎。

二、液体菌种的培养

1. 摇床生产

摇床生产液体菌种的流程：

培养基配制→分装→灭菌→冷却→接种→上摇床培养→一级液体种→二级液体种→应用

（1）培养基配制　拟定适宜的培养基配方，按配方根据需要的液体总量称取好各成分，装入容器中，加水至需要量，待各成分溶解后分装入锥形瓶中，一般500mL的锥形瓶装量不超过350mL，然后塞上棉塞，以107.87kPa（1.1kgf/cm^2）压力灭菌30min，冷却后接种。

（2）接种培养　取已培养好的斜面菌种，每支菌种接锥形瓶4～6个，接入的菌种稍带点培养基为好，能使其浮在培养基表面上，静置24h后或立即上摇床，转速110～120r/min，在该品种的适宜温度范围中振荡培养。根据生产量的需求，确定是否需要生产二级液体种。

二级液体种培养基配方同一级种，培养容器要大些，可采用5000mL锥形瓶，每瓶装量不超过3500mL，以107.87kPa（1.1kgf/cm^2）压力灭菌，冷却后将已发酵好的一级液体菌种在无菌条件下，按5％～10％的比例接入5000mL锥形瓶中，置摇床上培养，转速要适当放慢些。经一定时间的振荡培养，就可得到分布均匀、发酵液清澈透明的液体菌种。

2. 发酵罐生产

采用发酵罐生产液体菌种要在种子罐和发酵罐中进行，一级种子培养基可以选用摇瓶培养基，二级种子用发酵培养基。

三、液体菌种的使用

液体菌种可作原种栽培种使用，也可以直接用来生产多糖、多肽等保健品或菌类蛋白。

1. 作原种

取一支100mL兽用注射器，去掉针尖，换一根内径1～2mm，长100～120mm的不锈钢钢管，制成一个菌种接种器。使用前，洗净接种器并用纱布包好，经高压蒸汽灭菌，冷却后抽取液体菌种即可进行接种。

经灭菌待接入菌种的原种瓶，先要在无菌条件下去掉棉塞，并改换无菌薄膜包扎瓶口。接种时，将针管插入瓶口上的薄膜，每瓶接种量为10～15mL，要注意使液体菌种均匀分布在培养基表面，拔出针管后要立即用胶布贴封针孔，竖放在培养室的床架上进行培养。

2. 作栽培种

液体菌种在作栽培种使用时，瓶栽的每瓶接种量为10～15mL；熟料袋栽的每袋接种量为：小袋10～15mL，大袋的20～30mL；开放式床栽的，每平方米接种量为500～

1000mL，不需要接种针筒，可直接均匀洒在培养料面，或进行穴播。

第八节 食用菌菌种质量的鉴定

一、母种质量鉴定

菌种培养的时间越长，菌龄越大，生活力下降，菌种易老化。因此，控制转管次数，转管2~3次为宜，最多不超过4次。

1. 外观肉眼鉴定

外表菌丝浓白、粗壮、富有弹性，则生命力强；菌丝已干燥、收缩或菌丝自溶产生大量红褐色液体，则生活力降低。

2. 长势鉴定

菌丝生长快、整齐，浓而健壮，是优良品种。

3. 温度适应性鉴定

一般菌类在30℃，高温型菌在35℃，培养4h，在高温下，仍能健壮生长，为优良菌种；在高温下，菌丝萎缩，为不良菌种。

4. 干湿度鉴定

能在偏干或偏湿培养基上生长良好的菌种，为优良菌种。

5. 出菇试验

菌丝生长健壮，出菇快，朵形好，产量高，为优良菌种。

二、原种和栽培种的质量鉴定

1. 菌种传代和菌龄应在规定范围内

① 用转管不超过5次的母种生产的原种和栽培种。

② 一般食用菌的原种和栽培种，在常温下可保存3个月内有效；草菇、灵芝、凤尾菇等高温型菌则保存1个月内有效。超过上述期限的菌种，即使外观健壮，生产上也不使用。

2. 原种及栽培种外观要求

① 菌丝生长健壮，绒状菌丝多，生长整齐。

② 菌丝色泽洁白或符合该菌类菌丝特有的色泽。

③ 菌种瓶内无杂色出现和无杂菌污染。

④ 菌种瓶内无黄色汁液渗出；反之，表明菌种老化。

⑤ 菌种培养基不能干缩与瓶壁分开。

3. 常见优质原种和栽培种的性状

（1）平菇 菌丝粗壮，浓白，密集，爬壁力强，菌柱断面菌丝浓白，清香，无异味，发菌快。

（2）金针菇 菌丝洁白，较粗壮，密集，长绒毛，外观似细粉状，培养后期菌种表面易产生菇蕾。

（3）香菇 菌丝洁白，棉毛状，后期见光易分泌出酱油色液体，呈褐色，有时表面产生小菇蕾。

（4）双孢菇 菌丝灰白带微蓝，密集，细绒状，气生菌丝少，基生菌丝在培养基内呈细绒状分布，有特有的蘑菇香。

第九节 食用菌菌种的保藏

菌种保藏的方法很多，但原理大同小异。首先要挑选优良纯种，利用微生物的孢子、芽孢及营养体。其次，根据其生理、生化特性，人为创造低温、干燥或缺氧等条件，抑制微生物的代谢作用，使其生命活动降低到极低的程度或处于休眠状态，从而延长菌种生命以及使菌种保持原有的性状，防止变异。不管采用哪种保藏方法，在菌种保存过程中要求不死亡、不污染杂菌和不退化。

一、低温斜面保存法

低温斜面保存法是最简便、最普通的保存方法。即将菌丝生长良好的斜面菌种置于冰箱内，在4℃左右低温下保存，以后每隔2～3个月转管移接一次。这种保存方法适于大多数食用菌菌种。但草菇菌种在5℃以下很快死亡，所以草菇的菌种，不要放在冰箱中，置于室温保存即可，每隔2～3个月也须重新移接一次，防止菌种老化。为防止菌种在保存过程中积累过多的酸，在配制保存母种培养基时添加0.2％磷酸二氢钾或0.02％碳酸钙等盐类，对培养其pH值的变化能起缓冲作用。

二、液体石蜡保存法

食用菌的菌丝体都可用此法保存，方法简单，只在斜面菌种试管内注入一层已灭过菌的液体石蜡，注入量以高出斜面1cm为宜，使菌种与空气隔绝，降低其新陈代谢的活动，然后在棉塞外包以塑料薄膜，直立存放于室内干燥处或低温下保存，一般可保存1年以上。液体石蜡使用前，要在1.05kgf/cm^{2}的压力下维持30min，彻底灭菌后方可使用。灭菌后的液体石蜡，由于有水蒸气渗入，会影响菌种保存质量，因此，需要放在40℃烘箱中，烘烤数小时，使水蒸气蒸发。在室温下也可以，不过所需的时间要长些。

使用液体石蜡菌种时，只要用接种针从斜面上挑取少许菌丝体，放在新鲜的培养基上；经过培养，即可应用。原种则重新蜡封，继续保存。

【知识链接】 缩短食用菌生产周期的小窍门

1. 采用二点接种法制原种

在原种制作时，将母种（一级种）接到原种培养基中孔中间一小块，再接到培养基表面一大块，这样上下菌种一齐萌发生长，可缩短原种生产时间10天左右。

2. 原种提前使用

当菌种菌丝长至半瓶多时即可应急使用，但接种时原种菌丝还要留1cm高左右，不离无菌区便将棉塞轻烤后塞上，原种菌丝还继续生长且长得更快，长至瓶底还可继续使用，这样可使生产时间抢出10天左右。

3. 栽培袋粗打孔多接种

栽培袋粗打孔可提高培养基透气度，接种时中孔自然落下的菌种与料面菌种同时萌发生长，加大菌种用量可加速菌种萌发和生长速度。

4. 采用液体菌种

液体菌种本身长得快，2～3天即可应用。液体菌种接入袋中孔内，上下一起长，可缩短养菌期。

第三章　木腐型食用菌的栽培

【学习目标】

　　1. 了解平菇、香菇、木耳、金针菇、银耳的生物学特性、栽培季节与品种的选择、培养料的配制理论及对生活条件的要求。

　　2. 掌握平菇、香菇、木耳、金针菇、银耳的栽培管理技术及栽培方式的选择，尤其是出菇阶段的几个技术环节。

第一节　平菇栽培技术

一、简介

　　平菇学名为侧耳，又称北风菌等。各地的平菇品种不同，又有不同名称。人们习惯把侧耳属一类的食用菌称作平菇。平菇肉厚质嫩、味道鲜美、营养丰富、蛋白质含量高，含有18种氨基酸，其中8种氨基酸是人体生理活动所必需的，且必需氨基酸的含量达蛋白质含量的39.3％。平菇含有大量的谷氨酸、鸟苷酸、胞苷酸等增鲜剂，这就是平菇风味鲜美的原因。平菇含有多种维生素和较高的矿物质成分。其中维生素 B_1、维生素 B_2 的含量比肉类高，维生素 B_{12} 的含量比奶酪高。平菇中不含淀粉，脂肪含量只占干物质的1.6％，被誉为"健康食品"，尤其是糖尿病和肥胖症患者的理想食品。平菇中的侧耳菌素、真菌多糖等各种特殊成分的生理活性物质都分别具有诱发干扰素合成、加强机体的免疫作用、提高机体抵制癌变的能力和减少血液中胆固醇的功效。因此，平菇不仅是一种高档蔬菜，而且是一种营养丰富的保健食品。平时多食平菇既可防治高血压症、心血管病、糖尿病等病症，又可以增强体质、延年益寿。

　　平菇是食用菌中最易栽培的菌类，其栽培方法简单易行，能利用多种农副产品下脚料进行生料或熟料栽培。其栽培方式也是多样化，有瓶栽、塑料袋栽、床架栽培及立柱式栽培；还可以在阳畦中或在田间与高秆作物、蔬菜以及稻、麦作物间作栽培；甚至还可以利用城市的人防地道来栽培平菇。

二、生物学特性

1. 平菇的生态习性

　　平菇类在自然界分布范围较广，在野生状态下适应性强，多出生在秋末至初春的低温季节，故又称为"冻菌、北风菌"。这些蕈菌常自然生长在杨属、茶属、柳属、桦树属、山毛榉属、赤杨属等阔叶树的倒木、树桩、枯枝、朽树上，并呈覆瓦状丛生。

2. 平菇的形态特征

　　平菇由菌丝体和子实体组成。菌丝体是白色、多细胞分枝的丝状体。子实体丛生或叠生，分为菌盖和菌柄两部分。菌盖直径5～20cm，呈贝壳形或舌状，褶长，延生，较密。子实体开始形成时，菌

图 3-1　平菇形态

褶似小刀片，由菌盖一直延伸到菌柄上部，形成脉状直纹。菌柄生于菌盖一侧，白色，中实，柄着生处下凹。孢子圆柱形，无色，光滑，一朵平菇可产数亿孢子。弹射孢子时，看起来好似一缕缕轻烟，呈烟雾状。平菇子实体的形态见图3-1。

3. 平菇子实体的生长发育

（1）原基期　当平菇菌丝体长满培养料后，颜色由雪白转暗，菌丝扭结成团，即平菇原基分化的初期。当有黄色水珠出现时，分化出子实体原基，呈瘤状突起。

（2）桑葚期　原基进一步分化发育，成为米粒状的菌胚堆，形似桑葚表面，称为桑葚期。

（3）珊瑚期　桑葚期经一定时间后，形成珊瑚状的菌蕾群，小菌蕾逐渐伸长，呈短棒状菌柄，并且中间膨大成为原始菌柄。继续生长之后整丛菌蕾参差不齐，形似珊瑚。其中只有少数菌蕾能发育成为子实体，大部分萎缩。

（4）成形期　珊瑚状菌柄渐渐加粗，并在顶部形成菌盖，菌盖向一侧扩展，盖下可见到菌褶结构，各部分区分明显。

（5）成熟期　菌盖边缘由内卷渐趋平展，菌褶开始出现，孢子开始形成到菌盖开始萎缩，边缘有裂缝出现，孢子大量散落。子实体完全发育成熟。

4. 平菇的生活史

平菇子实体成熟产生担孢子，担孢子从成熟的子实体菌褶里弹射出来，遇到适宜的环境长出芽管，初期多核，很快形成隔膜，每个细胞一个核。芽管不断分枝伸长，形成单核菌丝，它具有四种基因型（AB或ab、aB、Ab）。每种单核菌丝只能和不同性别的单核菌丝相互结合，才能形成双核菌丝，即次生菌丝。次生菌丝通过锁状联合不断进行细胞分裂，产生分枝，经过一段时间的生长发育后达到生理成熟，遇到适宜的温度、湿度、光照、通风等条件，分化出子实体原基。原基进一步分化发育，成为小米粒状的菌胚堆，形似桑葚表面，称为桑葚期。几天后长成参差不齐的短菌柄，称"珊瑚期"，之后菌柄不断伸长、加粗，并在顶端形成菌盖，长成子实体。子实体成熟时，在菌褶上的子实层中产生担子，在担子中的两个细胞核发生核融合进行核配，产生一个双倍核，然后进行减数分裂，形成四个子核，每个子核进入到担子小梗顶端形成担孢子。孢子成熟后从菌褶上弹射出来，完成一个生活周期，如图3-2所示。

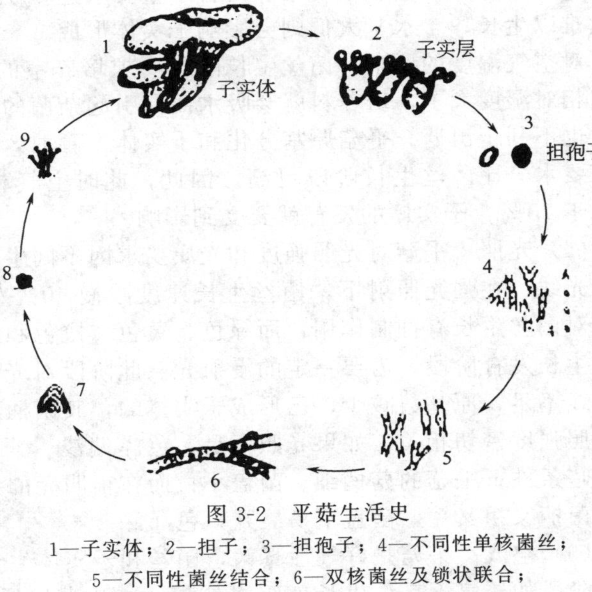

图3-2　平菇生活史

1—子实体；2—担子；3—担孢子；4—不同性单核菌丝；
5—不同性菌丝结合；6—双核菌丝及锁状联合；
7—菌丝扭结；8—桑葚期；9—珊瑚期

5. 平菇生长发育的条件

（1）营养　平菇属木质腐生菌类。平菇依靠菌丝体从基质中分解和吸收养分，其机理是通过纤维素酶、淀粉酶及果胶酶等的作用，将纤维素、半纤维素、木质素及淀粉、果胶等作为碳源，并将其分解成单糖或双糖再被吸收利用。菌丝可直接吸收单糖、有机酸和醇等，但不能直接利用无机碳。平菇合成蛋白质和核酸时所需的氮源主要有蛋白质、氨基酸、尿素等。在培养料中加入少量的麸皮、米糠、黄豆粉、花生饼粉或微量的尿素、硫酸铵等，即可满足平菇对氮素的要求。培养料中的碳氮比（C/N）是否恰当会影响平菇的生长发育，菌丝生长阶段 C/N 以 20：1 为宜，子实体发育阶段，以（30～40）：1 为好。

平菇生长发育过程中还需要微量的维生素和矿物质元素，如磷（P）、镁（Mg）、硫（S）、钾（K）、铁（Fe）等。所以在配制培养基时加入 1%～1.5% 的碳酸钙（$CaCO_3$）或硫酸钙（$CaSO_4$）以调节培养料的酸碱度，同时有增加钙离子的作用。有时也可加入少量的过磷酸钙、硫酸镁、磷酸二氢钾等无机盐。此外，平菇生长发育还需要微量的钴（Co）、锰（Mn）、锌（Zn）、钼（Mo）等。培养料和水中都含有金属元素。所有培养料中一般也都含有维生素和其他钾、铁等金属元素，所以栽培时不必另外添加。

（2）温度　平菇是低温型变温结实性菌类。生长范围在 5～35℃ 之间，最适培养温度 24℃±2℃。子实体形成温度在 5～20℃ 之间，在 10～15℃ 下子实体发生快，生长迅速、菇体肥厚、产量最高。10℃ 以下生长缓慢，超过 25℃ 时子实体不易发生（高温型品种例外），菌丝抗寒力强，能忍耐 -15℃ 的低温。平菇的不同种类对子实体分化要求的温度有明显差别。

① 低温型　子实体分化温度为 10～18℃，如糙皮侧耳的各品种，当温度达到 23℃ 时子实体不能形成，即使形成子实体也只能长成菌盖弱小、菌柄粗大或菌盖皱缩的畸形菇。

② 中温型　子实体分化的最适温度为 20～24℃，如凤尾菇、金顶侧耳、佛罗里达平菇等。如凤尾菇子实体分化最适温度 22℃，高于 25℃ 或低于 15℃ 子实体较小，30℃ 生长缓慢。

③ 高温　子实体分化的最适温度在 23℃ 以上，最高温度 30℃ 左右，如桃红平菇。

（3）水分和湿度　平菇属喜湿性菌类，耐湿力较强，在生长发育阶段所需水分主要来自培养料。因此，平菇栽培时培养料含水量要求达 60%～70%。如果含水量太高则影响通气，菌丝难以生长；含水量太低则会影响子实体形成。

对空气湿度的要求：菌丝生长阶段要求培养室的空气相对湿度控制在 80% 以下。如果空气相对湿度大了，培养料就会吸水而易引起杂菌的繁殖；但培养室过于干燥，培养料易失水，也不利于出菇。平菇原基分化和子实体发育时，菌丝的代谢活动比营养生长时更旺盛，所需要水分比菌丝生长阶段更高。因此，此时空气相对湿度应控制在 85%～95% 的范围。若低于 70%，子实体的发育就要受到影响。

（4）光照　平菇对光照强度和光质要求因不同生长发育期而不同。菌丝生长阶段完全不需要光线。在强光照射下，菌丝生长速度减慢 40% 左右。波长 350～500nm 的紫色光和青色光对菌丝生长有抑制作用，而绿色、黄色、橙色和红色对菌丝生长不影响。子实体原基分化和生长发育阶段，需要一定的漫射光。此阶段对光谱的要求也恰恰与菌丝生长阶段相反，如光线不足，原基数减少，已形成子实体的，其菌柄细长，菌盖小，畸形菇多。菌盖的颜色与光照强度密切相关，如果光照不足，色泽偏浅。紫光、青光、蓝光对原分化有促进作用。在黑暗条件下平菇的菇柄细、菌盖小；而在很明亮的条件下，子实体原基不易形成，或形成之后菌柄又粗又短，菌盖不易展开，色泽深。

（5）空气　平菇是好气性真菌，菌丝和子实体生长需要在通风良好的条件下培育。菌丝生长阶段如透气不良，生长就缓慢或停止，出菇阶段如缺氧就不能形成子实体或形成畸形菇，所以出菇阶段要注意通风换气。

（6）酸碱度　平菇对酸碱度的适应范围较广，但喜欢偏酸的环境，以 pH=5.5～7 时菌丝体和子实体生长发育较好。平菇具有对偏碱环境的忍耐力，在生料栽培时，pH 值达 8～9 的培养料，平菇菌丝仍能生长，这一特性在实际栽培中有很大的意义。平菇对环境条件的要求是栽培平菇技术措施的依据。人为地创造适当条件满足平菇生长发育要求，是平菇优质高产的关键。

三、平菇的种类

平菇一名是中国食用菌栽培者惯用的名称和商品名，是侧耳属中多个栽培种的总称，在国外有"人造口蘑"之称。在中国根据形态、特征、习性等差别又有不同的名称。如：天花蕈、北风菌、冻菌、元蘑、蛤蜊菌等。在分类学上属担子菌纲、伞菌目、白蘑（侧耳）科、侧耳属。目前栽培的主要种类有：元蘑（晚生侧耳）、姬菇、糙皮侧耳、白黄侧耳、金顶侧耳（榆黄蘑）、栎平蘑等。近年来又驯化成功红平菇和从美国引进的佛罗里达平菇，以及从香港、澳大利亚引进的漏斗状侧耳等。

1. 姬菇

姬菇又称小平菇，学名为黄白侧耳。姬菇的抗逆性和适应性都很强，可利用的栽培原料也非常广泛。目前多采取生料袋栽墙式出菇。

形态特征：具有盖小柄长和味道鲜美、口感脆嫩的特点，柄长 4～8cm，菌盖直径0.8～2.8cm，如图 3-3。菇盖灰色、灰褐色或灰白色，菇柄白色。

2. 漏斗状侧耳

漏斗状侧耳 [*Pleurotus sajorcaju*（Fr）Sing]，又称环柄侧耳、环柄斗菇等。

形态特征：菌盖脐状至漏斗状，直径 3～15cm，灰褐色，干后呈米黄色至浅土黄色，光滑，有不明显的条纹。菌肉白色，有菌香味。菌柄短，呈圆柱形，长 1～4cm，侧生，内实，常具菌环，如图 3-4 所示。孢子圆柱形，无色，光滑，孢子印白色。

图 3-3　姬菇形态

图 3-4　漏斗状侧耳

生长习性：单生、群生或丛生在阔叶树的腐木上，在稻草、棉籽壳及其他作物秸秆上生长很好。

3. 糙皮侧耳

糙皮侧耳 [*Pleurotus ostreatus*（Jacg. exFr.）Quel]（图 3-5），又称平菇、黄冻菌等。

形态特征：子实体呈覆瓦状丛生，菌盖扁半球形、肾形、喇叭形或扇形至平展，直径 4～20cm，初期蓝黑色，后渐变淡，成熟时呈白色或灰色。表面光滑，下凹部分微有绒白色。菌肉白色，肥厚，有菌香味。菌柄短，长 2～6cm，白色，光滑，基部长有白色绒毛，侧生或偏生，内实，基部常相连，使菌盖重叠。孢子近圆柱形，无色，光滑。

生长习性：是一种低温型品种。

4. 白黄侧耳

中文别名美味侧耳 [*Pleurotus sapidus*（Schulz）Sacc.]、紫孢侧耳，又称白平菇、冻菌等。中文学名为白黄侧耳（图 3-6）。

形态特征：子实体覆瓦状丛生，菌盖扁半球形，伸展后基部下凹，直径 3～13cm，幼时

图 3-5 糙皮侧耳形态

图 3-6 白黄侧耳

铅灰色，后渐为灰白色至近白色，有时稍带浅褐色。肉质，光滑，边缘薄，平滑，幼时内卷，后期呈波浪状。菌肉、菌褶皆白色。菌柄短，显著偏生或侧生，长 2～5cm。孢子长方形，无色至微紫色，孢子印淡紫色。

生长习性：多发生在秋末、春初，是低温型品种。

5. 肺形侧耳

肺形侧耳［*Pleurotus pulmonarius*（Fr.）Que］（图 3-7），又称柳树菌。

形态特征：子实体呈覆瓦状，菌盖扁半球形、倒卵形、肾形或扇形，后渐平展，直径 4～8cm，灰白色至灰黄色，光滑。菌柄很短或无菌柄，有白色绒毛，侧生。菌肉厚，白色。孢子近柱形，无色。

生长习性：一般丛生在阔叶树的树干上，常发生在夏秋季节。子实体在 20～25℃以上照常生长，是一个高温型品种。

图 3-7 肺形侧耳形态

图 3-8 金顶侧耳形态

6. 金顶侧耳

金顶侧耳（*Pleurotus citrinopileatus* Sing.）（图 3-8），又称玉皇菇、榆黄蘑、黄冻菌、杨柳菌等，是一种原产于东北林区的野生食用菌。金顶侧耳营养丰富，味道鲜美可口。

形态特征：子实体多丛生，菌盖呈漏斗形，直径 3～12cm，草黄色至金黄色，光滑，肉质。菌肉和菌褶均白色，有菌香味。菌柄长 2～10cm，偏生，白色至淡黄色，基部常相连。孢子为圆柱形，无色，光滑，孢子印白色。

生长习性：常生长在夏季及秋初季节。菌丝生长温度范围为 10～32℃。子实体生长温度为 12～28℃，最适生长温度 20～25℃，是一种高温型菌。

四、平菇栽培技术

1. 栽培料选择

（1）主料　是指以粗纤维为主要成分，能为平菇菌丝生长提供碳素营养和能量，且在培养料中所占数量比较大的营养物质。

① 棉籽壳　棉籽壳营养丰富，质地疏松，吸水性强，加水浸透或加压时，不板结，透气性好，可提供菌丝生长所需要的氧气，是适宜平菇栽培的最理想的原料。

② 玉米芯　脱去玉米粒的玉米棒称玉米芯，也称穗轴。干玉米芯含水分 8.7%，有机质 91.3%，其中粗蛋白 2.0%，粗脂肪 0.7%，粗纤维 28.2%，可溶性碳水化合物 58.4%，粗灰分 2.0%，钙 0.1%，磷 0.08%。经粉碎发酵，加其他氮源和辅料，可袋栽平菇。

③ 木屑　锯木加工厂产生的下脚料称木屑，也可用树枝加工粉碎而成。适合平菇生产的以阔叶树木屑为佳。

④ 其他原料　稻草、甘蔗渣、黄豆秸、花生壳等农作物秸秆经处理作为碳源，或者选择材质柔软的树种锯成短木，将伐木场或栽培时遗弃的小枝条，城市园林或行道树修剪的小枝条，也是栽培平菇的好原料。

（2）辅助原料　又称辅料，是指能补充培养料中的氮源、无机盐和生长因子，且在培养料中比例较少的营养物质。辅料除能补充营养外，还可改善培养料的理化性状。常用的辅料可分两大类：一是天然有机物质，如麸皮、玉米粉等。主要用于补充主料中的有机态氮、水溶性碳水化合物以及其他营养成分的不足。另一类是化学物质，以补充营养为主，如尿素、复合肥等。

① 麦麸　麦麸是小麦加工面粉时的副产品。含有多种氨基酸，尤以谷氨酸含量最高（占 46%），营养丰富，而且质地疏松，透气良好。但易滋生霉菌，故用作培养料，需严格挑选，变质发霉不宜采用。

② 玉米粉　又称玉米面，是玉米籽粒的粉碎物。一般含水分 12.2%，有机质 87.8%，由于营养丰富，维生素 B_2 含量高于其他谷类作物。在食用菌栽培料中，加入 5%~10%，可以增加菌丝活力。

③ 尿素　是一种有机氮素化学肥料，白色晶体，含氮量为 46%，在食用菌生产中，常用作菌体培养料，补充氮素营养，其用量一般为 0.1%~0.5%，添加量不宜过大，以免引起氮气对菌丝的毒害。

④ 石灰　在平菇生产中，培养料中添加适量的石灰，主要作用是提高培养料的酸碱度，杀死杂菌或抑制杂菌的生长，防止杂菌的污染。其次是增加培养料中的钙质，改善培养料的营养状况，促进平菇菌丝的旺盛生长，对提高产量有一定的作用。一般用量为 1%~4%。

⑤ 复合肥　复合肥是指氮、磷、钾三种元素高含量的复合肥，呈灰色颗粒状，增产潜力大，一般进口复合肥比国产复合肥营养含量高，如进口复合肥磷酸氢二铵，用于平菇培养料配制，使用量为 0.6%，国产复合肥品种很多，因含量低，用平菇培养料配制使用量可加大到 1%~1.5%。

⑥ 克霉灵或克霉增产灵　克霉灵和克霉增产灵两种产品防霉剂药效成分、作用机理均相似，按 0.1% 的用量拌入培养料中，对绿霉、黄曲霉、链孢霉等有极强的预防和消杀功能，且高温消毒不分解。

2. 栽培料的配制

用来栽培平菇的培养料都必须新鲜无霉烂、无虫害，贮存的地方应干燥通风。目前，平菇优质高产的培养料配方有：

配方 1：棉籽壳 98%，蔗糖 1%，石膏 1%。

配方 2：碎稻草（或玉米秆、玉米芯）74%，麦麸或米糠 24%，过磷酸钙 1%，石膏

0.5%，石灰 0.5%，pH 值 8。

配方 3：木屑（阔叶树屑）70%，麦麸或米糠 27%，石膏 1%，过磷酸钙 1%，蔗糖 1%。

配方 4：甘蔗渣 70%，麦麸或米糠 28%，石膏 2%。

配方 5：木屑 50%，荞麦皮 28%，麸皮 20%，石膏 1%，蔗糖 1%。

配方 6：棉籽壳 85%，麸皮 12%，糖 1%，过磷酸钙 1%，石膏粉 1%。

杂木屑使用前必须过筛，稻草使用前必须粉碎，玉米芯要粉碎成花生米大小的颗粒。以上配方均用清洁水配料，加水量（料水比）为 1:(1.3～1.5)，料的含水量掌握在 65% 左右，一般用手捏拌好的培养料，指缝间有 2～3 滴水珠下滴为宜。

3. 栽培季节的选择

平菇虽然有各种温型的品种，适宜于一年四季栽培；但是绝大部分品种还是中、低温型的。根据平菇生长发育对温度的要求，春秋两季是平菇生产的旺季。高寒地区 9 月份即是中温型平菇生产季节；低热地区 10 月份进入中温型平菇生产季节。根据不同的品种特性和当地的气候情况安排适宜的生产季节，辅之以防暑保温措施和适当的栽培方式，可获得栽培成功。

4. 栽培方式的选择

平菇栽培的方式、方法很多，根据原料性质分为段木栽培和代料栽培。代料栽培根据栽培容器分为瓶栽、袋栽、块栽、床栽、畦栽等方式。根据培养料灭菌方式分又分为熟料栽培、生料栽培、发酵料栽培。但不是所有季节都适宜采用同一种方式或方法。在南方多数采用熟料栽培，其培养料经过高压蒸汽或常压蒸汽灭菌后再接种，在菌丝培养阶段就不易感染杂菌。而在冬季和早春温度低、雨水少、原料丰富的地区，则可选用生料栽培。因此，在不同栽培季节可采用不同的方法。

（1）袋式栽培

① 熟料袋式栽培　熟料袋式栽培是指培养料经过高温灭菌的栽培方式。它是目前各地栽培平菇的主要方式，可在高温季节栽培，也是大规模工厂化生产采用的栽培方式。其优点是产量高、易管理、病虫害较易控制，接种时所用菌种量少。缺点是：耗费一定能源，同时要有一定的工作场所和灭菌、接种设备、投资大、生产成本高。生产过程：

确定栽培季节 → 选择、处理培养料 → 拌料 → 装料、扎口 → 灭菌 → 冷却 → 接种 → 发菌 ┐
后期管理 ← 转潮管理 ← 采收 ← 出菇管理 ←─────────────────────────────────┘

a. 拌料　首先确定好栽培期，选择好培养料后按比例称取；将主料和不溶于水的辅料搅拌均匀；将可溶物质配制成水溶液，逐步加入，混匀。根据培养料物质的性状，调节到合适的含水量。（注意水分不能一次加完，要分批加，尤其是不能过量。）调节 pH 值，使 pH 值在 7～7.5。如偏碱，以柠檬酸调节；如偏酸，以石灰粉调节。以喷雾的方式加入，边喷边翻拌。

b. 装料　料拌好后，要迅速分装，高压蒸汽灭菌用聚丙烯塑料袋，常压灭菌的可用聚乙烯袋。塑料袋的规格一般选用宽度为 20～25cm，长度 40～45cm 左右的袋子。有条件的可将配制好的培养料用装袋机装袋，省工省时，效率高。无条件的可用手工装袋，要做到边装边压实，均匀无空隙。待培养料装好，用手压平料面，再用打孔棒在料中心打孔。袋的两端可用颈圈加棉塞封口或用线绳扎好。料袋要求两头紧中间松，沿袋壁紧内壁松。

c. 灭菌　料装好后，应及时灭菌，防止基质变酸。灭菌前摆放料袋层与层之间呈"井"字形分布，袋与袋之间留有 1cm 左右间距。高压蒸汽灭菌，1.5kgf/cm² 压力下，灭菌 1～2h，温度约为 128℃ 左右。常压灭菌，灭菌开始时要用猛火在 4h 内使灭菌仓内温度达 100℃，再保持 8～12h，等温度自然下降到 60℃ 时，才能打开蒸锅取出料袋。

d. 接种 灭菌结束后，取出料袋置于接种室。待袋料温度降到25℃左右时，即可两头接种。有条件的也可采用超净工作台无菌接种，无条件的可利用无菌接种箱或采用半开放式接种。具体方法：将栽培种用长柄镊子搅碎，打开袋口，均匀倒入栽培种块，然后用绳扎好袋口；同时用针扎几个透气孔。接入的菌种块要正好处于扎口中心位置，这样可有利于种块尽早封面。也可用接种后套环塞棉花法，或采用四川菇农的做法，将袋口系上出菇套环，接入栽培种后，再盖上两层报纸等方法。接种后的种袋用菇虫净粉剂将每个袋口进行喷施一次，其目的是让药粉吸收附在袋口，以防止菌袋培养过程中虫从口入，防止杂菌的污染。

② 生料袋式栽培 生料栽培是北方地区栽培平菇的主要方法。不经过任何热力杀菌处理培养料，而采用拌药消毒的方法。其优点是省时省工省能源，投资少，见效快，便于推广。缺点是用菌种量大于熟料和发酵料栽培，易受不良环境和气候影响，尤其是高温季节和多年栽培的场地易导致栽培失败。

生料栽培要求原料新鲜无霉变，栽培前在阳光下曝晒2～3天，然后用0.1%多菌灵水溶液或1%生石灰粉作杀菌剂拌料后接种培养。

生料装袋常用的方法是先装一层菌种，再放拌好的培养料，用手按实，铺一薄层菌种后，再装料，使菌袋两头各放一层菌种，中间2～3层，以利迅速萌发吃料；早早封面，起到保护层的作用。另外，还可采用木棒中央打洞接种法，将装满培养料的菌袋用直径3cm的木棒在料中央打一洞，贯穿两头，用菌种将洞填满，两头料面各播一层菌种，用绳扎紧，然后用消毒的多齿钉在袋两头各打几个透气孔。发菌与出菇管理同熟料栽培。

③ 发酵料袋式栽培 发酵料袋栽指培养料不经过高温灭菌，靠堆积发酵，用巴氏消毒法杀死其中不耐高温的杂菌和害虫，然后再接种培养。其优点是：可采用简陋的办法，投资少，便于推广；产量稳定，成功率高。缺点是：比熟料栽培耗种量大，菌丝生长阶段易受高温威胁，管理难度大。

a. 方法 先将辅料混匀加入棉籽壳或玉米芯中，再用清水调湿；不易吸湿的原料，如复合肥，应事先单独压成粉状加入，培养料经调湿拌匀后，便可建堆。建堆的大小应根据当地气温及料的多少决定，数量少时可堆成圆形，数量大时可堆成长条形。料堆建好后，堆边呈墙式垂直状，堆顶拱起呈龟背形，料堆四周要拍实，并用直径5cm的木棒先在料堆顶部垂直向下打1～2行透气孔，再在料堆两侧的中部和下部各横向斜打1行透气孔，间距50cm左右，孔道深度要分别到达料堆底部和料堆中心部位，再用草帘、麻包等能透气的覆盖物将料堆覆盖好。料堆覆盖后，约2～3天，在表层25cm左右深处，用长柄温度计测试料温，当温度升到55～60℃时，开始计时，维持8～12h后，进行第一次翻堆。翻堆的作用是调节堆内的水分条件，促进微生物活动，加速物质的转化。翻堆时将外层料翻入内层，充分混匀，并喷水调节湿度和pH，同时添加辅料。当温度再次上升至60℃时，可进行第二次翻堆，如此反复2～3次便可使用。发酵后的培养料有清香菌味，此时可散堆降温，调整水分后用于装袋。

b. 发酵过程注意事项

ⅰ. 当气温在20℃以上时最有利于发酵，若气温低，发酵时间要延长，应特别注意保温。

ⅱ. 培养料的含水量对发酵过程和质量有很大影响，当水分高于70%以上，培养料会发黏、发臭或腐败变酸，料温上升缓慢；当水分低于50%时，会出现烧堆的"冒烟现象"。出现以上情况时，要马上散退调节水分后再重新建堆。因此，调节水分应掌握在发酵后用手紧握培养料手指间有水印、但无水渗出为宜。另外，注意培养料发酵期间，不要让太阳直射和雨淋。

c. 装袋接种 装袋接种方法同生料栽培完全一样，不需任何灭菌消毒，采取就地露天开放接种。

④ 袋式栽培技术管理　平菇的栽培、管理工作是夺取高产优质的重要环节。从培养料接种之后，一直到出现菇蕾、长成小菇到最后成熟采收，都要根据各个生育阶段对温度、湿度、空气和光线的不同要求，并结合气候变化进行科学管理。

a. 熟料菌袋的菌丝培养管理

ⅰ. 合理排放堆码菌袋。熟料菌袋温度的变化主要受环境温度影响，为了能合理控制发菌温度，菌袋的排放形式要根据环境温度而定。当气温在 20～26℃ 时，菌袋可采用井字形码堆，堆高 5～8 层菌袋；当气温上升到 28℃ 以上时，堆高要降到 2～4 层，同时要加强培养环境的通风换气。盛夏季节，当气温超过 30℃ 时，菌袋必须贴地单层平铺散放，发菌场地要加强遮阴，加大通风散热的力度，必要时可泼洒凉水促使降温，将料袋内部温度严格控制在 33℃ 以下。

图 3-9　堆积集中式发菌

ⅱ. 适时进行倒袋翻堆　在低温情况下，采用堆积集中式发菌（如图 3-9）。但要注意菌袋温度的变化，每 7～10 天要倒袋翻堆一次，若袋堆内温度上升过快，则应及时提早倒袋翻堆。翻堆时，应调换上下内外菌袋的位置，以调节袋内温度与袋料湿度，改善袋内水分分布状况和袋间受压透气状况，促进菌丝均衡生长。同时，可根据气温和料温的变化趋势，调整菌袋的排放密度和堆码高度。熟料菌袋随着菌丝不断生长，菌袋温度会随之上升。因而，要特别加强对袋堆内层温度的检查，防止烧菌现象发生。

b. 生料和发酵料菌袋的菌丝培养管理

ⅰ. 合理排放菌袋，严格控制料温。生料和发酵料栽培料量多，接种量大，料内各种微生物繁殖活动和平菇菌丝生长产生的生物热，会促使菌袋料温上升，菌袋发热。这种特性，在低温季节堆积发菌不加温培养时，有很好的自身供热式增温效应，对平菇菌丝生长有利。但是在气温较高的月份，这种增温效应则很容易形成烧菌。所以合理排放菌袋，严格控制料温，防止菌袋烧菌，是发菌管理的重点工作。与熟料菌袋相比，菌袋产温一般要高 5℃ 左右。通常，在气温 20℃ 左右时，菌袋可采用井字形排列，每墩可放 4～5 层，墩与墩之间要留有一定间距；当气温在 25℃ 时，菌袋只能贴地单层散放或每墩不超过三层排放；当气温在 30℃ 时，菌袋内温度可达到 35℃，除全部敞开菇棚两头及两边薄膜外，还要往棚顶薄膜内外及菌袋上喷水雾进行降温；当菌袋上升到 38℃ 时，菌丝全部停止生长；当温度上升到 40℃ 时，就会使菌丝烧死而报废。因此，采用生料和发酵料栽培的投料时间要错开高温季节。

ⅱ. 加强倒袋翻堆和检杂工作。翻堆工作一方面可以控制料温过高或袋料内过于闷湿而引起的污染率上升；另一方面能及早发现并检出被浸染的菌袋，防止受害程度加重。生料和发酵料菌袋的检杂工作应贯穿整个发菌期，特别是发菌前期和中期尤为重要，一旦发现问题，应立即采取补救措施。

注意要点：

一是接种后 2～3 天，经检查，菌种未萌发，多属于未打透气孔，应立即补打洞眼。

二是接种后 2～5 天，菌种块萌发，但不吃料，多属于袋内温度的问题。特别是菌种层周围温度太高，超过 34℃，应立即降低培养温度，采用单层散放，贴地发菌。

三是发菌中期，如发现袋中间有少许毛霉和黄曲霉不需要捡出，经正常管理和培养后平菇菌丝还能最终压住或盖没污染区域，仍能正常出菇。如污染绿霉的菌袋，则应及时清理出场地，倒出晒干贮藏，供以后熟料栽培二次再利用，以免污染生产环境或传染给健康菌袋。

四是如发现个别菌袋水分含量偏大，多余积水沉淀在袋底部，可将菌袋立放在地面上，让水通过透气孔流出。

c. 发菌后期管理　无论是生料或发酵料菌袋，还是熟料菌袋，发菌后期管理方法基本相同。当菌丝长至料袋 3/4 时，即可进行催蕾管理。在气温较高季节，菌袋排放仍按原来发菌阶段方式，不要急于墙式码堆；过早码堆，料温容易升高，不能满足出菇条件，使菌丝繁殖时间拉长，易形成菌皮，不但造成培养料养分无效损耗，而且阻碍菌丝由营养生长向生殖生长的转化，使出菇时间向后推迟。因此，采用的催蕾方法是：

ⅰ. 制造温差　白天和晚上全部敞开菇棚两头及中间旁薄膜，让冷湿空气直接袭击菌袋，每天中午用井水向顶棚薄膜内外、棚内空间、地面喷一次，以减低袋温，人工拉大温差，促使菌蕾形成。通常，当菌丝长满发透，手按菌袋硬挺结实，富有弹性，菌丝表面有淡黄色水珠分泌或出现团粒状的原基时，即菌袋培养已达到生理成熟，等菌袋原基有 70% 出现，即可就地墙式码堆出菇（如图 3-10）。

夏季及早秋出菇还要在每层菌袋之间用两根竹竿隔开，以防袋层之间升温烧袋，造成下潮菇迟迟不转或细菌性病毒污染。为防止菌袋

图 3-10　墙式码堆出菇

滑脱、菌墙倒塌，要充分利用墙体作依托，在底层靠走道的菌袋旁打安全桩。为了有利于出菇管理，出菇菌袋排放时还应该注意，生理成熟接近的菌袋要相对集中堆码，防止菌墙出菇不齐。

ⅱ. 降温　如因品种选择不对路或天气反常、气温高等原因，菌袋形成了很厚的菌皮，此时的管理方法是：应立即散放料袋，降低袋温，用线绳扎口的栽培袋要用刀片按"｜｜｜"形在袋两头菌皮上划三道刀痕，刀缝长 6cm 左右、深 1cm 左右；套圈的栽培袋要揭开报纸，并将套环内老菌块扒去。管理要点为：每天中午喷水一次，按照常规保湿、通风管理，等待现蕾。

ⅲ. 控制光照　从催蕾开始就要拉开培养室的黑窗帘，让漫射光进入菇房，若缺乏光照，菌丝生长长期停留在营养生长阶段，迟迟不分化原基。但光照太明亮对子实体发育也有不良影响，不能有直射阳光。

d. 原基期管理　当菌袋形成大量原基后，应以保湿为主，原基体幼小嫩弱，对水分和风吹比较敏感，这时管理的重点是：

ⅰ. 切勿对原基喷水，否则造成大批菇蕾死亡。

ⅱ. 不需通风换气，具有适当 CO_2 浓度的封闭管理能促进原基的发生，也可依此调节原基的发生密度。如通风过早，原基会大批死亡；通风过迟或湿度大，原基成活数目增多。但原基成活率过高也会给疏蕾管理带来麻烦。

ⅲ. 注意菇场内不宜过暗，要给予一定的散射光照，并保持空气新鲜。

e. 珊瑚期到成形期管理　进入珊瑚期后，应及时揭开菇棚两边通风口，让空气形成对流，对流量要随珊瑚期到成菇期逐渐加大。如果菇棚内空气中二氧化碳含量过高时，菌柄发育快，菌盖发育慢，因此会形成柄粗长、菌盖小的长柄菇。但通风要和保湿、保温相结合，实践中常出现通风影响温度和湿度的现象。因此，菇棚要保持 85%～95% 的空气湿度，如

空气湿度低于70％时，菌盖表面粗糙，易产生龟裂；如湿度在95％以上，易造成子实体发病或腐烂。调整空气湿度的办法是：湿度低时，采取向地面喷水或对袋两头喷雾来调节；湿度高时，采用加大通风量来调节。除抓好通风和湿度管理外，疏蕾管理也是重要的一环。生料或发酵料袋栽两头因有透气孔，每个洞眼都有可能形成菌蕾，这时，应在每袋两头各选1～2株肥嫩的菇蕾，去除其他洞眼菇蕾，让选留下的菇蕾集中生长，形成大菇、优质菇。如果不进行疏蕾，特别是头潮菇，出菇太多，因互相争夺营养，从而使菇形变小，畸形菇增多。套环出菇可不进行疏蕾管理，因出菇集中，可自然形成大菇。如套环直径做得过大或管理时湿度过大，套环内原基成活个数明显增多，甚至成堆出现，这时也要进行疏蕾处理，即用刀割去套环下一半菇蕾，让其上一半集中生长，否则，会造成大量长柄菇或喇叭菇。

f. 出菇前袋口处理　凡袋口采用套环报纸封面的熟料菌袋，应该把封口纸完全除去；凡采用线绳扎口、微孔刺眼的熟料菌袋，要在菌丝发满后现蕾前，用筷子粗的铁钉分别在两头打眼，因以前的刺眼太小，需增大孔眼以利洞眼内形成菇体。

g. 采收　平菇适时采收既可保证质量，也可保证产量。平菇成熟的标准是菌盖边缘由内卷转向平展，此时，子实体重量达到最大值，生理成熟也最高，虽其蛋白质含量略低于初熟期，但菌盖边缘韧性较好，菌盖损率低，菌肉肥大、厚嫩，商品外观较理想。平菇成熟后，要及时采收。采收过迟，菌盖边缘向上翻卷，表现老化，菌柄纤维度增高，品质下降；且菌体变轻，影响产量；同时会大量散发孢子散落到其他小菇上，不仅会造成其他小菇未老先衰，而且空耗营养对下潮菇的转潮和产量都有严重影响。采收时，袋栽洞眼出菇的，用手按住菇丛基部，轻轻旋钮就可，采下来的菇柄短或无柄，大小适中，市场畅销。若是袋栽套环出菇的，采下的菇因带有基料，需用利刀削去菇根。套环出的菇比洞眼出的菇菌柄稍长，属正常。采收后，应将袋口残留菇根、死根等清除干净，接着进入转潮期管理。

h. 转潮期的管理　转潮期是指从一潮菇采摘结束到下一潮菇子实体原基出现的时间。第一潮菇收完后，清理老菇根和死菇，并让菌袋停水4～5天，然后再用水喷湿菌袋进行补湿，并正常进行通风换气，使袋口料面保持半干半湿状态。但出过一潮菇后，第二潮菇、第三潮菇的原基形成比较慢，可采取以下措施，促进原基分化，缩短生产周期：

ⅰ. 温差刺激　平菇为变温结实菇类，可利用昼夜温度的变化，结合人工管理措施，使环境的温度变化在10℃以上，有利于原基的发生。

ⅱ. 干湿刺激　在菇床喷重水或培养料内灌水，提高了培养料的含水量和环境湿度后，采用加大通风量和延长通风时间的方法，造成培养料面干湿交替的生长环境，以加快菌丝的扭结分化。

ⅲ. 光线刺激　根据平菇原基发生具有光效应的特点，给予一定的光线刺激，可促进子实体分化。

ⅳ. 搔菌　当气生菌丝生长旺盛，培养料表面形成一层厚菌皮，影响原基分化。此外，采收第一、二潮菇后，由于停水养菌，培养料表面板结，透水透气能力下降，加快了菌丝衰老，也会影响原基分化。因此，要根据不同情况，采取不同搔菌措施。料面板结，菌皮过厚，失水过多，严重时料面出现干裂，可将料表面薄薄铲去一层菌皮，或将老化菌丝切去一层；对于菌皮较厚，但菌丝尚未老化的，可用小刀等尖利工具在料表面划出纵横交错的小沟来搔菌。室外畦床栽培的，可用扫帚在料面来回扫动，将老菌皮划破。不论采取何种搔菌方法，都应该将刮下的老菌丝清除干净，同时提高环境湿度，待菌丝恢复生长后，再进行喷水。搔菌后被切断的菌丝形成愈伤组织，加快养分积累与扭结，一般在搔菌7天后，即能形成大量原基。

ⅴ. 惊菌　这是一种古老的机械刺激方法。用木板敲击培养料表面，也可以挤压菌袋，使培养料表面出现细微裂痕，给营养菌丝以一定刺激，称之为惊菌。惊菌之后，在培养料表面喷施重水，加膜覆盖，一般经过 7 天左右时间，即可出现大量菌蕾。

ⅵ. 接触（阻碍）刺激法　对于畦床栽培，当菌丝长满后，将消过毒的小木片、薄木板、竹片或玻璃碎片插入培养料并留在培养料以下 2cm 处，可促进子实体的形成，提前出菇。

ⅶ. 镇压刺激　对于畦床栽培，菌丝长满后，在床面放小石块、砖块等重物镇压，对菌丝施加重力刺激，会在镇压物周围出现更多的原基。

ⅷ. 打洞填土　对于畦床栽培，用直径为 4cm 的木棒成品字形在床面打洞，洞穴距 20cm，深至料底。打洞时，木棒在料内稍摇动几下，使边缘培养料出现裂缝，然后在洞内放入经过曝晒的土粒，土粒要高出床面 1cm，并结合喷水管理，土洞周围会出现大量子实体原基。

ⅸ. 碎块灌水　平菇畦床栽培经过 1～2 潮菇后，用竹片将培养料撬动，使其表面出现裂缝，然后用大水浇灌，灌后覆膜保湿，在缝隙及附近块面上会出现大量菌蕾。

ⅹ. 施用三十烷醇、2,4-D 或赤霉素等，可促进菌丝生长，加速菌蕾形成。另外，喷施磷酸盐、硫酸盐、维生素和一些有机酸（如苹果酸、柠檬酸等）可促进菌蕾形成。

（2）瓶式栽培　平菇容易瓶栽，对土地利用率高，可以常年生产，国外如日本比较常用。瓶栽一般过程：

配料→拌料→发酵→装瓶→封口→装锅→灭菌→冷却→接种→发菌→出菇

瓶栽主要掌握管理措施（图 3-11）：当菌丝长满全瓶后，移入温度较低、昼夜温差大、有散射光线、能保持较高湿度的室内培养。瓶口当出现白色硬菌膜，子实体迟迟不发生，需要及时揭掉。若子实体密集，及时疏蕾；保证生长健壮。其他管理基本同袋式管理。

（3）箱式、篮式、盆式栽培　平菇栽培可充分利用木箱、塑料箱、竹箩、箩筐、各种盆子等容器栽培。其栽培方法是将配制好的培养料装在布包里，在高压条件下灭菌或者采用常压蒸锅消毒后，在接种室里把培养料装入铺有

图 3-11　瓶式栽培平菇

塑料薄膜的箱中，压实包紧。待温度降到 30℃ 以下时接种，然后排去薄膜中气体，卷好接缝口，放在架上或堆成品字形，在适宜温度条件下培养。

另外，生料也可栽培，方法是将培养料消毒后装箱筐培养。消毒可采用 1‰～3‰ 的高锰酸钾或 1% 生石灰。当菌丝长满整个培养基后，即可除去盖在箱筐上的塑料薄膜，培养出菇。也可把箱筐移到培养室架子上，进行管理，促其出菇。

（4）室内床架式栽培　此法适宜于正规化的专业生产，可充分利用立体空间，便于人工控温，周年栽培。

① 菇房的建造　选地势干燥、环境清洁、背风向阳、空气流畅的地段。菇房应坐北朝南，每间 20m² 左右，高 3.5m，墙壁和屋面要厚，可减少气温突变的影响，尤其是可防止高温袭击。内墙及屋面要粉刷石灰，有利于杀菌。地面要光洁、坚实，以便清扫保持卫生。门窗布局要合理，便于通风和床架设置。墙脚安下窗，房顶安拔风筒。有条件的要配备加温、降温设施。

② 床架的设置　床架要和菇房方位垂直排列。四周不要靠墙，南北靠窗两边要留 2 尺❶

---

❶ 1 尺＝0.333m。

宽走道，东西靠墙要留 1.5 尺宽走道，床架间走道宽 2 尺。每层架间距 2 尺，底层离地面 1 尺。上层离屋面 4～5 尺，床面宽 4.5 尺。床架必须坚固、平整。床架的材料可以有多种：一种是钢筋水泥结构；一种是木制；一种是铁架；也可以几种材料搭配制作。最简易的是用砖垒垛，木棒搭横条、芦帘铺层。

③ 菇房消毒　菇房在使用前后必须进行严格消毒。消毒前 1 天，先将菇房内打扫干净，再用清水把室内喷湿，以提高消毒效果。菇房消毒通常在栽培前 3 天进行。消毒方法可根据具体条件选用如下的一种：

a. 熏蒸　将菇房密封，然后按每立方米空间 5g 硫磺的用量点燃熏蒸；或每立方米空间用 10mL 甲醛溶液、1g 高锰酸钾熏蒸。

b. 喷雾　用 30% 有效氯含量的漂白粉 1kg 喷雾；或用 5% 石炭酸液喷雾。消毒后开窗通风 2 天即可用于栽培。老菇房的消毒更要彻底。否则杂菌污染和虫害发生严重而导致生产失败。

④ 床式播种　床式栽培的培养料可用发酵料或半熟料，也可用生料。可用粉料，也可用粗料。一般采用层播法，即在床架上铺上塑料薄膜，铺 1.5～2 寸[1]料，撒一层菌种，再铺一层纸后覆盖薄膜。接种量一般为培养料的 5%～10%，木屑菌种可加倍。第一层用种量占总种量的 1/3，第二层占 2/3。盖膜前先用木板将料面压平、压实。粉料轻压，粗料重压。铺料的厚度要掌握天热薄铺，天冷厚铺；粉料薄铺，粗料厚铺。这里所指的厚与薄是相对而言，最薄不得少于 3 寸，最厚不得超 6 寸。另一种接种法是穴播：铺好料后按 3 寸×3 寸的株行距打穴，每穴种一块枣大的菌种后撒一薄层菌种封面，压平盖膜。

⑤ 栽培管理　菌丝生长阶段在床架式栽培中的管理是栽培成败的关键。一般接种后 7～10 天菌丝长满菌床表面，在这之前是杂菌污染的危险期。此阶段原则上不能揭膜，只有在料温超过 30℃，不揭膜就会烧坏菌丝时，才能揭膜通风降温。当菌丝长满菌床表面后，每天应揭膜透气 10～20min。因为随着菌丝量的增多，呼吸热和二氧化碳的量也多，所以需要揭膜透气。当菌丝长满全部培养料，正常温度下需 1 个月左右，平菇则由营养生长阶段转入生殖发育阶段。所以在生育阶段将温度控制在 7～20℃ 范围之内，最适温度 13～17℃。原基分化阶段尽可能扩大温差。同时菌丝生满培养料后要浇一次出菇水，以补充发菌阶段散失的水分，满足出菇对水分的需要，并向墙壁、过道、空中喷雾增加空气湿度，把空气相对湿度提高到 85% 左右。进入珊瑚期后的管理同袋式栽培。

(5) 阳畦栽培　平菇阳畦栽培法是近年发展起来的一种适合农村大面积生产的生料栽培法。适宜于房前屋后、林间空地、葡萄架下、冬闲田土、城市园林、空房屋的充分利用，不需要专门设备，成本低，产量高，简便易行，技术易于掌握，是一种普及性的培植方式。

① 建造阳畦　选择背风向阳、排水良好处，挖成坐北朝南的阳畦，规格各有不同，一般畦长 10m，宽 1m，深 33cm，畦北建一风障，畦南挖一北高南低的浇、排水沟，床底撒些石灰，垫上薄膜，然后铺料。畦上可设竹架，以便覆盖塑料薄膜，防风，遮阳、避雨。春末、秋初，温度高的加盖苇席等遮阴。

② 播种与管理　用棉籽壳培养料，也可用玉米芯、麦草粉、木屑等栽培。春播一般在 2 月下旬至 3 月中旬，秋季在 8 月下旬至 9 月，春播要早，秋季适当晚播，温度低，菌丝发育慢，但健壮。接种前若畦内太干燥，可于接种前一天灌水。待水渗下，次日接种；若畦内地下水位高，则应在畦内铺上薄膜再接种。进料接种法与室内床架栽培法的进料接种同。接种后若气温低或无遮阴条件，要用草帘保温或遮阴。播种后紧贴畦面覆盖一层无色塑料纸或地膜，在畦上做一弓形竹架，加盖一层薄膜，或黑色薄膜，压好四周，以利保温保湿。有条件

---

❶ 1 寸＝2.54cm。

时用黑色薄膜遮盖。春末秋初，在畦上用苇席或秸秆等搭荫棚，避免阳光直射。另外要经常观测畦内温湿度和菌丝生育情况，如果薄膜上凝聚水珠过多，即随时掀开薄膜抖掉，或在料面上铺放一两层报纸，吸收过多的水分；也可将塑料布中间撑起，使冷凝水流失，防止湿度过高感染杂菌。当菌丝布满畦面后，去掉薄膜，遮光保温培养，一般采用搭弓棚遮光。

（6）段木栽培　平菇是木腐菌，最早是用阔叶倒木栽培，逐步发展到选择材质柔软的树种锯成短木进行栽培。不采用含松脂、醚等杀菌物质的针叶树，因平菇对单宁酸较敏感，如壳斗科的栗树等不大适于种平菇。较适宜的树种是胡桃、柳树、法桐、杨树、榆树、蜜柑、枫杨、梧桐、枫香、无花果等。为了充分利用资源和节约木材，可尽量利用其他行业使用价值不大的木材，例如弯木、树蔸、树枝等材料。

① 段木立桩栽培　栽培选择适合平菇生长的材质柔软的树种，于第1年落叶后第2年发芽前砍伐。这个时期树木营养贮存最丰富。砍树和运送菇木时要保护好树皮，树头上用生石灰刷满，以免污染杂菌。

a. 接种与发菌　春季时菇木运回栽培场后锯成5～6寸长的短木，锯菇木时要给每段编号打记号，以便接种叠放。接种方法：用冷开水调成糊状涂抹于短段木断面，厚约2～3cm，按编号顺序立即叠上相邻的短段木，上下对准，使其紧密结合，按同样的方法接种，堆叠4～5块短段木，用草绳绑成"十"字形固定即可。每接好一叠后两面或四面钉上木板条固定，以免松动或倒塌。竖直堆叠成1m宽，2～3m长的堆垛，接好种后要采取一些保护措施，严禁摇松接种叠，保证菌种正常定植，并在接种叠上面盖上树枝或茅草遮阴，保温保湿，以利发菌。气候干燥时，每隔3～4天浇水1次，保持一定湿度。

b. 立桩与管理　把发好菌的短木采取立式埋桩，可选择房前屋后、树林、竹林、葡萄架下等淋得着雨遮阴的地方埋桩。将长好了菌丝的短木竖埋到土壤中，稍露出于地面以利保湿，并使桩与桩之间要保留10cm的间隔，以免出菇拥挤。间隔1.5m宽留出人行道，以便管理和采菇。

c. 出菇后的管理　埋木后菌丝进一步生长发育，当气温下降到20℃以下时，逐渐开始形成子实体。这时应加强喷水，保持空气相对湿度85%～90%，促进菇体迅速生长。一般温度适宜，管理得当，7～10天就可采收。每采收一批后，停止喷水2～3天，并喷些淘米汤或其他营养液，以利菌丝恢复生长，迅速形成新的子实体。采用这种方法栽培可连续出菇3～5年，其栽培特点：一年接种多年采收，秋冬采菇，春夏息桩，用种量少，操作简单，成功率高，产量稳定。缺点是：受资源限制，只适于林区或林区附近栽培。

② 段木打孔栽培　菇木运回栽培场后锯成短段木，注意使短段木含水量保持在50%～70%左右。截段后，采取树皮层打穴接种，用手工打孔器或手电钻按2寸×3寸的距离，深度2cm以上，至少深入木质部1cm以上打孔。接种人员最好戴消毒乳胶手套，将平菇菌种瓶接种前要用高锰酸钾溶液或用75%的酒精消毒。打开菌种瓶，刮去表面老皮，用手把菌种掰成小块，每孔内放一块菌种，以填满孔穴为度。轻轻按压，不要压太紧，防止将菌内水分压出，边打孔边接种，然后盖上事先准备好的木塞，用手锤敲平。这样菌种接入后不易脱落，否则在发菌过程中由于水分散失，菌种干燥收缩，翻堆时容易脱落，造成缺穴。接好种后要采取一些保护措施，并在接种叠上面盖上树枝或茅草遮阴，保温保湿，以利发菌。气候干燥时，每隔3～4天浇水1次，保持一定湿度。当短段木长满菌丝后，可将段木按10cm的距离放入浅土坑内，覆土一层，木段略外露一点，让菌丝向土中生长，吸取水分和养料，并用茅草遮盖。当温度和湿度适宜时，经培养管理，一般春季点菌，秋季可出菇，这样可出菇3年左右。

（7）枝束栽培　将伐木场或栽培时遗弃的小枝条，城市园林或行道树修剪的小枝条截成1尺长，用铁丝捆扎成直径5寸的枝条束。在潮湿的地方挖成深5寸、宽2.5尺、长不限的沟。将枝条束竖立排放于沟中，撒上菌种，上面盖三层湿报纸，再盖草席，以保湿度。2～3个月后，确认菌丝已经蔓延，则在枝条束之间填满泥土盖上草席。当气温降至20℃以下时，就要架高草席进行水分管理出菇。

（8）砖式栽培　砖式栽培操作简便、工效高、成本低、产量高、经济效益好。由于便于搬动，特别适宜于山洞、人防地道夏天搞洞外发菌，洞内出菇栽培。具体方法是先制成长1～1.5尺、宽0.8～1尺、高0.3～0.6寸的活动木模。制砖时先铺长薄膜，然后将生料或半熟料按层播法或混播法制成菌砖，去掉木模，发菌培养。管理方法与床式、箱式相同。

（9）扎捆栽培　将用2％石灰水浸泡过的玉米棒，冲洗干净后用铁丝绑扎成捆（头尾不能颠倒）。用铁钻把每一个玉米轴头上扎一个孔，放上蚕豆大一粒菌种。一半陷入孔内，一半露在孔外。盖一层纸后用消过毒的薄膜将整捆包好发菌。

（10）地道山洞栽培法　此法可充分利用人防地道、溶洞、废矿井作菇房，能避开严寒和酷暑的不利栽培季节。其场地消毒与室内栽培相同。播种方式可根据地形搞床架、菌砖、菌袋、地面平铺都可以，不同点是：没有自然光照；温差小不利于刺激催蕾；还有的存在通风条件差的问题。因此，在栽培上应采取如下措施：

① 在洞内安装电灯代替日光，每4m安60W灯泡一个。出菇阶段，每天开灯2～5h。

② 在通气不良的洞内安装风扇和进风扇。每小时换气5～10min。

③ 用菌砖菌袋栽培。场外发菌、洞内出菇。床架或平铺栽培则在洞内设置加温设备，间歇加温。

（11）坑道栽培　坑道栽培法吸收了菇房、阳畦、地道等栽培方法的优点，能灵活控制光照、温度、湿度和通风等环境因子，且受季节气温影响又比地面小，冬暖夏凉，具有投资少、效益高、堆料集中、占地面积小等优点，是平菇栽培较好的一种方式。

可选择排水良好的场地，挖成南北向的坑道。底宽2m，深1.2m，将挖起的泥土堆高筑紧，使坑道总高1.8～2m，沟底两边各挖一浅沟排水，上面用竹片或钢筋搭成弓背形棚架，盖上薄膜，两边种上绿色攀援植物铺上棚架。坑道两壁用于堆叠菌砖或菌袋，中间作为管理过道。可采用地面养菌，坑道出菇的栽培形式。

（12）平菇覆土栽培　平菇覆土栽培是指平菇菌棒发满菌后，出菇阶段将平菇菌棒埋入土中，或者是将出过头潮菇的菌袋脱去塑料袋，使平菇菌棒在地表出菇的栽培方法。种植平菇时，一个突出的问题就是空气湿度不易掌握，培养料表层易干，影响平菇生产。而覆土栽培，则易于灵活地进行水分调控，可以较好地解决过干过湿的问题。而且采用覆土栽培技术，长出的平菇菇体肥大、柄短、盖厚、色亮，口感与风味俱佳，产量一般可提高30％～50％。甚至更高，且利于稳产，是一种不需再投资的增产措施。

① 平菇覆土栽培的特点

a. 覆土为菌床的菌丝提供了保护层，使菌床温度变化和水分蒸发量变小，菌丝不会因失水而干枯、死亡，也不会因直接遇水而萎缩、病变，有效保护了菌丝体的正常生理活动。

b. 覆土对菌丝产生重力压迫和刺激，加之覆土层中二氧化碳浓度的升高，迫使菌丝发生生理性反应使菌丝变粗，并扭结成子实体原基。

c. 覆土层中贮藏了大量水分，通过渗透作用，满足了菌丝体和子实体对水分的需求。同时土层本身富含多种营养物质和多种微量元素，肥效长，菌丝可深扎到土层中，以土壤为基质，延长了产菇期，降低了投入成本，增产又增收。

d. 在覆土中施加的石灰粉可减缓菌床酸碱度过速下降，减少杂菌的危害；而且覆土后结合浇水，定期追加营养液，使土壤中的水分和养分高于菌棒内，由于渗透压作用，使水分和养分被菌棒吸收，达到平衡并始终保持充足而提高产量；覆土还是子实体的着生地和支撑物等。

e. 覆土使菌蕾分化后，由于不受养分及水分的限制，以及菌袋对菌蕾的阻碍，使成菇率可以达到100%。同时由于养分充足，菇柄变短，菇盖增大增厚，菇形圆整。

f. 由于菌棒全部被埋于土中，菇蚊等害虫不便于隐藏，有利于防治。

② 平菇覆土材料的选择与处理　平菇覆土以泥炭土为好，没有泥炭土也可以用黏土，或质地疏松、毛细孔多、团粒结构好、湿不黏、干不散、蓄水力强、有机质含量高的偏碱性壤土比较好。避免土块、沙土、生土过多。也可用改良配制土。配制方法：取地表20cm以内的菜园土或沟河内的表层土，整碎后去除作物残根、瓦砾，添加10%草木灰、10%棉籽壳、2%过磷酸钙、0.2%尿素、3%石灰粉、1%食盐，边翻拌边加入适量的多菌灵和敌百虫，堆闷一昼夜待用。

③ 覆土方法

a. 畦床平面覆土法　平菇菌丝发满袋后，在栽培场地按1.2m的宽度开畦整畦，长度根据场地而定，畦床深20cm，畦底挖松整碎，撒少量石灰粉，喷敌敌畏和甲醛消毒杀虫。菌袋脱袋后从中间切断。按接种面朝上竖排于畦床，袋间距5cm。把备好的覆土撒满空隙，直至土层厚度2cm。然后进行大水漫灌，使覆土层吸足水分，稍后将裸露或沉落部位补平，最后覆膜养菌。

b. 墙式立体覆土法　菌袋发满后，将其全部脱袋堆码，堆码时一层稀泥一层菌筒，做成高80cm左右的菌墙（如气温高时0.5m即可）。砌完后，上层做成大小适宜的水槽，供浇水、补肥、自然渗水用。10余天，菌丝便伸向泥土，形成一个整体的菌墙；而后，间隔一定的距离打几个保险桩，以防菌墙倾斜。

④ 覆土后的管理　平菇覆土栽培是对平菇塑料袋栽培的较大改进，它可使平菇的生育期延长2个月左右，连续采收5茬菇左右。其管理方法如下：

a. 温度　出菇温度以16～25℃为佳，加大昼夜温差有利于子实体形成。温差可以人为进行调节，如通风、揭放草苫等。

b. 湿度　棚内湿度应保持在80%以上，刚见菇蕾时，可向空间、地面喷水，以保持湿度，但不能直接向菇蕾上喷水。当菇盖长到一角硬币大小时可直接喷水。一般每天喷水2～3次，水大会出现烂菇、死菇。冬季可少喷，春季要多喷。采完二茬菇后，菌袋内水分和养分会出现亏缺，可通过菌袋垛顶部的凹形槽补加营养液和水分。

c. 通风　菇形与空气流通有很大关系。通风不良，二氧化碳浓度过大，会出现长腿菇等畸形菇，商品性差。因此，要特别注意定时通风。

d. 采收　当菇的菌盖展开，边缘即将上翻时，要立即采摘。头茬菇收获后要及时加强管理，补充营养和水分，调控好棚内的温、湿度。几天后第二茬菇出现，如此往复，即可实现丰产。

第二节　香菇栽培技术

一、概述

香菇是世界上最著名的食用菌之一，它香气沁脾，滋味鲜美，营养丰富，为宴席和家庭烹调的最佳配料之一，深受广大人民的喜爱。此外，香菇也是中国传统的出口土特产，在国际市场上素负盛名。

香菇的营养成分十分丰富，据现代科学分析，在100g干香菇中含有蛋白质13g，脂肪1.8g，碳水化合物54g，粗纤维7.8g，灰分4.9g，钙124mg，磷415mg，铁25.3mg，以及维生素B_1、维生素B_2、维生素C等。此外，香菇还含有一般蔬菜所缺乏的维生素D源（麦角留醇），它被人体吸收后，受阳光照射时，能转变为维生素D，可增强人体的抵抗能力，并能帮助儿童的骨骼和牙齿生长。在香菇中含有 30 多种酶，可以认为是纠正人体酶缺乏症的独特食品。香菇还含有腺嘌呤，经常食用可以预防肝硬化。香菇还有预防感冒，降低血压，清除血毒的作用；它含有的多糖物质有治疗癌症作用。香菇的药用价值越来越引起人们的注意。

香菇生产所需投资少，技术简单，培养料来源广泛，经济效益较高，许多地区气候条件都适于栽培。因地制宜有计划地发展香菇等食用菌生产，对提高群众个人收入、促进农业现代化、改善食物结构、增进人民体质等方面，都具有很大意义。香菇不仅是一种营养好、高蛋白、低脂肪的美味佳肴，也是著名的健康长寿食品。近些年来，香菇的药用价值不断被发掘，并得到科学证实，香菇的消费量也随之增长，在世界菇类产量中居第二位，中国的香菇生产居世界首位，是我国重要的出口产品。随着南菇北移，北方香菇产量逐年提高，以其优良的品质被广大消费者所认同。总之，随着科学的发展，人们生活水平的提高、饮食结构的调整和改善及对香菇本身价值的深入认识和理解，香菇的国内外消费市场会愈来愈大，发展空间更为广阔，消费前景不可限量。

二、香菇生物学特性

1. 香菇的形态特征

香菇由菌丝体和子实体组成，人们食用的部分是香菇的子实体。其子实体有单生、丛生或群生，它由菌盖、菌褶和菌柄三部分组成，如图 3-12。

图 3-12　香菇形态

图 3-13　花菇形态

(1) 菌盖　位于子实体的顶部，其颜色和形状随着菇龄的大小、受光强弱不同而异。在低温、干燥气候的作用下菌盖上面分裂成菊花状的裂纹，露出白色的菌肉组织，称为花菇（图 3-13）。菌盖幼时由菌膜包着，呈半球形，成熟后展开为伞状，边缘向下内卷。

(2) 菌褶　又称菇叶或菇鳃，位于菌盖下，呈辐射状排列，白色，柔软，呈刀片状结构。褶片表面的子实层上，生有许多担子。每个担子上生四个担孢子，担孢子白色透明，其形状为卵圆形。成熟后从担子上弹射到气流中，孢子多时呈白雾状。

(3) 菌柄　又叫菇柄，菇脚，生于菌盖下边，其中生或偏生，是支撑菌盖、菌褶和输送养料的器官。幼时柄上有纤毛。子实体开伞后，菌柄残留环形白色膜状物，称菌环，它不久便会自行消失。

2. 香菇的生活史

香菇的孢子成熟后会从菌褶上弹射出来，在适宜的环境下，孢子就会萌发生出芽管，芽管进行顶端生长并分枝发育，形成四种不同交配型的单核菌丝。两条性别不同的单核菌丝细胞间发生融合而成为双核菌丝。这种双核菌丝不断生长和形成锁状联合以增殖细胞，在基质

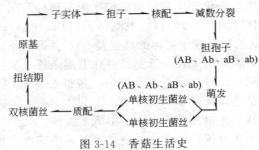

图 3-14 香菇生活史

内繁殖而形成菌丝体。菌丝体不断生长发育,积累养料,在适宜的条件下便会形成子实体原基,并迅速长成菇蕾,以后逐渐分化、膨大而形成子实体。在子实体的菌褶上,双核菌丝的顶端细胞发育成担子,在成熟的担子中,两个单元核发生融合(核配),形成一个双元核。担子中的双元核进行一次减数分裂,最后形成 4 个担孢子。担孢子弹射后,在萌发过程中,经常发生一次有丝分裂,表明生活史重新开始。而在它的生活史中,既有担孢子→担孢子的大循环,也有初生菌丝→单核厚垣孢子→初生菌丝和双核菌丝→双核厚垣孢子→双核菌丝两个小循环。香菇的孢子萌发成菌丝,菌丝生长发育分化成子实体,子实体再产生孢子,如此往复循环,形成香菇的生活周期(图 3-14)。循环一次称为一个世代。在自然条下,一个世代约需 8～12 个月,甚至更长。人工代料栽培,可缩短为 3～4 个月。菌丝体在菇木中越冬,能够连年产生香菇,直至耗尽菇木中的养分为止。

3. 香菇的营养特性

(1) 碳源 香菇是木腐菌,以纤维素、半纤维素、木质素、果胶质等作为生长发育的碳源,但要经过相应的酶分解为单糖后才能吸收利用。在栽培中以富含碳源的阔叶木屑、棉籽皮、玉米芯等作为栽培主料,再添加适当的蔗糖可满足香菇的生长需要。

(2) 氮源 香菇以多种有机氮和无机氮作为氮源,但不能利用硝态氮和亚硝态氮,而小分子的氨基酸、尿素、铵等可以直接吸收,大分子的蛋白质、蛋白胨需降解后才能吸收。生产中常添加新鲜的麦麸来提高培养基的含氮量。在香菇菌丝营养生长阶段,碳源和氮源的比例以 (25～40):1 为好;在生殖生长阶段最适合的碳氮比为 64:1。

(3) 矿物质元素 矿物质元素主要是参与香菇细胞的组成和生理调节作用,并且对酶类物质还有促活作用。在代料栽培中通过添加熟石膏、磷酸二氢钾等来补充。

(4) 维生素类

香菇生长也需要多种维生素、核酸和激素,这些多数都能自我满足,只有维生素 B_1 需补充。因此,在培养基中需要添加 B 族维生素,而在代料栽培中一般由新鲜的麦麸来提供。

在段木栽培中,香菇菌丝主要从韧皮部和木质部中吸收碳源、氮源和矿物质元素。因此,含有丰富营养物质的边材越发达,对香菇菌丝的生长、子实体的大量发生越有利。在代料栽培中,所用的培养基不仅应满足香菇菌丝生长的需要,更重要的是必须满足栽培后期子实体生长发育的需要。培养料营养越丰富,原基连续分化越多,菇蕾越多,质量也越好。

4. 环境条件

(1) 温度 对香菇菌丝的生长和子实体的形成具有密切的关系,可以说是影响香菇生长发育的一个最活跃、最重要因素。香菇是低温和变温结实的菌类。一般香菇菌丝发育的温度为 5～32℃,最适温度 23～25℃;在 10℃ 以下和 30℃ 以上则有碍其生长,在 35℃ 停止生长,在 38℃ 以上死亡。而原基在最适的低温条件下才开始分化,这种最适的低温条件,因栽培品种不同而有所不同。通常香菇原基在 8～21℃ 分化,在 10～12℃ 分化最好。原基形成要有一定昼夜温差刺激,高温品系温差在 3～5℃ 以上,低温品系在 5～10℃ 以上。温差越大,形成子实体原基数目越多。原基分化和发育的最适温度因品种的不同而有差异。通常据子实体形成所需温度分为：高温体系（18～25℃）、中温体系（10～22℃）、低温体系（5～18℃）。子实体在5～24℃发育。从原基变成子实体的适温是20℃。香菇子实体的形状和产量同样受到产菇期间温度的巨大影响，一般来说，低温品种在低温条件下质量好，而高温品种则需要在高温条件下出菇才好。同一品种，在适温范围内，较低温度（10～12℃）子实体发育慢、质量好、不易开伞、多出厚菇；在高温环境中（20℃以上），香菇发育快、质量差、质地柔软、易开伞、多出高脚薄菇。在恒温条件下，不形成子实体。

（2）湿度　香菇所需的水分包括两方面：一是培养基内的含水量；二是空气湿度，其适宜量因代料栽培与段木栽培方式的不同而有所区别。

① 代料栽培长菌丝阶段培养料含水量为60%～65%（因木屑种类、孔隙度、原辅料比例、菌株特性、蒸发量等而异），空气相对湿度为60%～70%；出菇阶段培养料含水量为40%～68%，空气相对湿度85%～90%。

② 段木栽培长菌丝阶段培养料含水量为45%～50%，空气相对湿度为60%～70%；出菇阶段培养料含水量为50%～60%，空气相对湿度80%～90%。

（3）光线　香菇是需光性真菌。强度适合的散色光是香菇完成正常生活史的必要条件。在菌丝营养生长阶段，完全不需要光线，光线会抑制香菇菌丝的生长，长时间光照后，香菇菌丝会产生特殊的反应，菌袋表面产生褐色菌皮，随着光照的增加，生长速度下降。相反，在黑暗条件下菌丝生长最快，但在黑暗条件下只有营养生长。而子实体的分化和生长发育则需要散射光，光线太弱，出菇少，朵小，柄细长，质量次，但直射光又对香菇子实体有害。为了诱导香菇子实体形成，在原基生长阶段必须有光照。

（4）空气　香菇是好气性真菌，只有足够的新鲜空气才能保证香菇的正常生长发育。当空气不流通、二氧化碳积累过多时，香菇菌丝的生长和子实体的发育就受到抑制并导致死亡。缺氧时菌丝借酵解作用暂时维持生命，但消耗大量的营养，菌丝易老化，而子实体易产生畸形。因此，在通风良好的场所栽培香菇，才能获得好的收成。木屑栽培更要注意通风问题，空气不畅也会使无氧呼吸的杂菌大量滋生，导致菌袋污染，造成损失。

（5）酸碱度　香菇菌丝生长发育要求微酸性的环境，培养料的适宜 pH 值在3～7之间，以5最适宜，超过7.5就停止生长。子实体形成和发育的最适 pH 值为3.5～4.5。在生产中常将栽培料的 pH 值调到6.5左右。一般高温灭菌会使料的 pH 值下降0.3～0.5，菌丝生长中所产生的有机酸也会使栽培料的酸碱度下降。防治病虫害时最好不使用碱性药剂。香菇不同的生长发育阶段，培养基中的酸碱度是不断变化的，即使微小变化都会影响到菌丝生长和子实体的形成，因而必须采取相应措施调至最适。

5. 香菇品种

香菇生产要获得优质高产，选择适宜于当地气候条件的品种尤为重要。现在作为香菇大规模栽培的菌种有：

（1）广香47号　属高温型、菇盖大、肉厚，冬季出菇少，在28～32℃温度下，菌丝仍然生长较好，出菇温度范围8～24℃。

（2）闽优1号　中温型，产量高，出菇快，菇期集中，菇形好，味鲜美。菌丝在17～20℃发育最快，15℃下大量出菇，适宜于南方栽培的优良种。

（3）香优6号　属中低温型，出菇温度10～22℃，菇圆整，菇大，深棕色。

（4）Cr-02　属中低温型，出菇温度8～22℃，菌肉厚度中等，适应性强，菌柄较细，菇形整齐，香味较浓。

（5）856　早熟种，中温型，菌丝浓密，生活力强，产量高，朵形中等，肉厚，菌盖赤褐色，栽培管理宜干湿交替，在低温条件下，易形成花菇。

目前栽培的品种还有：Cr-04、L26、香7、台香、武香1号、香菇867、香菇937等。

三、栽培技术

香菇分为段木和代料栽培两种方式，实际生产中以代料栽培为主。香菇代料栽培就是用木屑或其他农副秸秆来代替段木栽培的一种方法。代料栽培的优点：首先是可以广开培养料来源，综合利用农林产品的下脚料，把不能直接食用、经济价值极低的纤维性材料变成经济价值高的食用菌，节省了木材，充分利用了生物资源，变废为宝。其次，可以有效地扩大栽培区域，有森林的山区可以栽培，没有森林资源的平原及沿海城镇也可以栽培，适于家庭中小型栽培，更便于工厂化大批量生产，为扩大食用菌的生产开辟了新的途径。同时，由于采用代料栽培的培养基可按各种食用菌的生物学特性进行合理配制，栽培条件较易人工控制，因此产量、质量比较稳定，生产周期短，资金回收快；而且又可以四季生产，调节市场淡旺季，满足国内外市场需要。

1. 代料栽培

香菇代料栽培据栽培方式又分为菌袋栽培、菌砖压块栽培、覆土栽培。

（1）菌袋栽培　香菇菌袋栽培技术操作工艺流程：

配料→拌料→培养袋制作→灭菌→接种→发菌管理→出菇管理→采收与越冬管理

① 选料加工

a. 木屑类　木屑应选用无公害栽培区域的当年剪枝的枝丫材料加工，隔年腐朽的木枝材不能作为加工木屑的原材料，不含松杉木木屑；如夹杂有松、杉、樟等木屑，应经过堆积发酵后再使用。木屑应以硬质阔叶木为主，或利用木材厂产生的锯末，也可利用树木枝条经过粉碎而成。粉碎木屑应在水泥地坪上进行，以免木屑中混入泥土影响木屑质量。粉碎好的木屑如不能立即使用，要晾干装袋贮存，严防雨淋发生霉变。

b. 秸秆类　棉柴秆要经晒干粉碎后备用，使用前加入1%石灰，堆积发酵用清水洗后使用为宜。甘蔗渣要求新鲜，干燥后白色或黄白色，有糖的芳香味。没有充分晒干、结块、发黑、有霉味的不能用，带皮的粗渣要粉碎过筛。由于甘蔗渣中的木质素含量较低，以甘蔗渣为主料时可加入30%的木屑为宜。玉米芯在使用前要晒干、粉碎成大米粒大小的颗粒即可。其他秸秆如木薯秆、大豆秸、葵花秆、高粱秸、小麦草、稻草要求不霉烂，粉碎后使用。野草类要经过晒干后粉碎可作为栽培香菇的代用料。

c. 辅料类　辅料是用来改变培养料中的碳氮比的配料，可促进原料的充分利用，其用量一般占培养料的20%。常用的有麸皮、米糠等，要求新鲜不霉变。其次是用来调节培养料的pH，同时提供矿物质等元素，例如石膏（硫酸钙），其常用量为培养料的1%～2%。选用石膏时要求过100目筛。

② 常用培养料配方

a. 阔叶树木屑79%，麸皮20%，石膏1%。

b. 阔叶树木屑64%，麸皮15%，棉籽壳20%，石膏1%。

c. 阔叶树木屑78%，麸皮14%，米糠7%，石膏1%。

d. 棉柴粉60%，麸皮20%，木屑19%，石膏1%。

e. 阔叶树木屑60%，甘蔗渣19%，麸皮20%，石膏1%。

f. 玉米芯78%，麸皮20%，石膏1.5%，过磷酸钙0.5%。

g. 稻草或麦草50%，木屑28%，麸皮20%，石膏1.5%，过磷酸钙0.32%，柠檬0.1%，磷酸二氢钾0.08%。

h. 阔叶树木屑75%，麦麸或米糠22%，糖1%，石膏粉1%，过磷酸钙1%。

i. 玉米芯粉50%，木屑30%，麦麸或米糠18%，碳酸钙1%，糖1%。

j. 棉籽壳20%，木屑68%，麸皮10%，糖1%，石膏粉1%。

k. 芒萁 20%，芦苇 63%，麸皮 16%，石膏 1%。

③ 配制方法

a. 过筛　先将原料过筛剔除针棒和有棱角的硬物，以防刺破塑料袋。

b. 配料　按配比将木屑、麦麸、石膏反复地搅拌，直到均匀为止，把糖溶于热水中，依次倒入料中，用铁锹搅拌均匀；做到比例准确，各种配料混合均匀，干料吸水充分，湿度控制在 60%左右。

c. 测定 pH　香菇培养料的 pH 为 5.5～6 为宜，取试纸插入培养料堆中，1min 后取出对照色板，查出相应的 pH，如果太酸可用石灰调节。

④ 装袋　如高压蒸汽灭菌选用聚丙烯塑料袋，常压蒸汽灭菌选用聚乙烯塑料袋。常用规格为 60cm×15cm、厚 5～6 丝，每袋约装干料 750g。装袋时一定要装实。日料日清；当日配料，当日装完，当日灭菌。小量栽培，可采取手工装袋。大面积栽培，可用装袋机装袋。装袋后将袋口扎紧熔封。在高温季节装袋，要集中人力快装，一般要求从开始装袋到装锅灭菌的时间不能超过 6h，否则料会变酸变臭。

⑤ 灭菌　采用高压蒸汽灭菌，料袋装锅要有一定的空隙或者"井"字形排垒在灭菌锅里，这样便于空气流通，灭菌时不易出现死角。当加热灭菌随着温度的升高，锅内的冷空气要放净，当压力表指向 1.5kgf/cm² 时，维持压力 2h 不变，停止加热，自然降温，让压力表指针慢慢回落到 0 位时，先打开放气阀，再开锅出料。

采用常压蒸汽灭菌，开始加热升温时，火要旺要猛，从生火到锅内温度达到 100℃的时间最好不超过 4h，否则会把料蒸酸蒸臭。当温度到 100℃后，要用中火维持 8～10h，中间不能降温，最后用旺火猛攻一会儿，再停火焖一夜后出锅。出锅前先把冷却室或接种室进行空间消毒。出锅用的塑料筐也要喷洒 2%的来苏水或 75%的酒精消毒。把刚出锅的热料袋运到消过毒的冷却室里或接种室内冷却，待料袋温度降到 30℃以下时才能接种。

采用半生料灭菌时，在培养料中添加无毒的灭菌剂"克霉王"，在 60～80℃中温区域内进行灭菌，其灭菌能耗及灭菌时间不仅下降，而且发菌速度、菌丝竞争能力及成活率都比传统灭菌有较大的提高，其应用效果也比较明显，现已在推广应用，具体操作如下：

配制培养料时，添加 0.5%的新一代"克霉王"粉剂。先将"克霉王"粉剂均匀溶解于水中，配成药水，再将药水加到培养料中反复充分搅拌，使其均匀。也可以采用拌干料的方法：先将"克霉王"粉剂与石膏一起直接加到麸皮中与其混匀，再将含有药剂的麸皮与木屑混匀，最后加水反复充分混匀，但这种拌干料的方法必须把结块的药粉完全捣碎后使用，使所有培养料都含有相同浓度的药剂成分。培养料中如有棉籽壳成分，应先将棉籽壳与配成的药水预浸，再与其他培养料混合。培养料拌匀后要及时装袋、提温灭菌，装袋按常规操作进行。半生料灭菌的温度掌握：料温达 80℃以上则可稳火保温 4～6h，然后停火，利用灶内余热闷堆 12h 以上再出灶。

半生料灭菌技术优点：避免了 80～100℃这段最困难的升温过程，省工省时，节约燃料，与常规法相比，灭菌时间缩短一半，节约燃料 50%以上。同时可提高菌袋成品率。

⑥ 接种

a. 接种室接种　香菇料袋多采用侧面打穴接种，要几个人同时进行，所以在接种室和塑料接种帐中操作比较方便。具体做法是先将接种室进行空间消毒，然后把刚出锅的料袋运到接种室内一层一层地垒排，每垒排一层料袋，就往料袋上用喷雾器喷洒一次 0.2%多霉灵；全部料袋排好后，再把接种用的菌种、胶纸，打孔用的直径 1.5～2cm 的圆锥形木棒、75%的酒精棉球、棉纱等接种工具准备齐全。关好门窗，打开氧原子消毒器，消毒 40min；停机 15min 后接种人员进入接种室外间，穿戴好工作服，按无菌操作进行接种。侧面打穴接种一般用长 55cm 塑料筒作料袋，接 5 穴，一侧 3 穴，另一侧 2 穴。3 人一组，第一个人先将打穴用的木棒放入 75% 酒精中进行消毒，再将要接种的料袋搬到桌面上，用 75% 的酒精棉纱消毒料袋，然后用木棒在消毒的料袋侧面打穴。第二人打开菌种瓶盖，把瓶口内菌种表层刮去，然后用手把菌种掰成小枣大小的菌种块迅速填入穴中，使菌种填满接种穴，并略高于穴口。需注意的是：第二人的双手要经常用酒精消毒，双手除了拿菌种外，不能触摸任何地方。第三人则用 3.5cm×3.5cm 方形胶粘纸把接种后的穴封贴严，并把接完种的料袋搬到旁边，使接种穴朝向侧面排放好，便可进入培养室培养。如用 35cm 长的塑料筒作料袋，也可两头开口接种。

b. 接种箱接种 因接种箱空间小，密封好，消毒彻底，所以接种成功率往往要高于接种室。但单人接种箱只能一个人操作，只适用于在短的料袋两头开口接种。如果是侧面打穴接种，最好采用双人接种箱，由两个人共同操作，一个人负责打穴和贴胶粘纸封穴口，另一个人将菌种按无菌程序转接于穴中。

c. 胶囊菌种接种 香菇胶囊菌种是在日、韩先进段木接种技术的基础上，结合中国生产实际研制成功的适于代料菌棒接种的新型菌种，如图 3-15。其特点：胶囊菌种贮藏和接种都非常方便，特别是菌种呈固定形状，取种极其方便，接触空气时间短，污染机会少；接种操作时菌丝不易受伤，而且自带密封透气盖，既可防止杂菌侵染，又可保持种块水分，可促进菌丝生长，成品率一般可比传统菌种提高 5%～10%，所产香菇质量与产量与传统菌种无差异。具体操作要求：装袋冷却过程中要防止表面灰尘污染，接种前要进行菌袋消毒。打孔接种时尽量缩短接种时间，在取种时右手食指轻按菌种透气盖，左手食指从底部向上托，然后用右手大拇指和食指轻轻挟

图 3-15 胶囊菌种

住种盖取出菌种，迅速塞入菌袋接种孔内，轻压盖子使其与菌袋表面密封。注意不得用手去摸盖以下的菌种部分。

(2) 菌砖栽培 香菇的菌砖栽培是我国 20 世纪 70 年代发展起来的一种代料栽培法。它是以木屑、棉籽壳等农副产品下脚料为主要原料，加上各种辅料，通过瓶内（或袋内）培育栽培种，2 个月后把菌种从瓶内挖出压成砖块状，置于室内（或室外）管理出菇的一种栽培技术。具有生产周期短，原料来源广，产量高，便于人工控制，适于工厂化常年生产等特点，因此，应用较为广泛。

① 挖瓶 菌袋经 60 天左右的发菌培养便可进行挖料压菌砖。挖瓶要求气温稳定在日最高温度 25℃ 以内，气温超过 25℃、低于 15℃ 或下雨天，均不宜挖瓶。若在高温闷热的天气挖瓶压块，栽培块容易污染；若在低温下压块，虽然栽培块不宜污染，但菌丝复苏愈合慢，香菇转色也慢，且易形成较厚的菌皮，影响出菇。一般 7 月中、下旬制作的栽培种，9 月下旬、10 月上旬即可挖瓶压块。挖瓶前，先将挖瓶用具、瓶口、盛器等用 0.1% 高锰酸钾溶液或 0.25% 新洁尔灭溶液消毒。挖瓶时，需将原接种块和表层老菌皮去掉，否则在压块后容易产生霉菌。挖出的菌种要成为块状，不可太碎。挖瓶不要在阳光直射下或风口进行，而且要求随挖瓶随压块，不能堆放太久，更不宜过夜，否则温度变化易引起霉菌发生。

② 菌砖制作 菌砖制作首先需准备木模，其为一面积 33cm²，边高 7～8cm 的活动框模，即为栽培块压模。压块时活动框膜及压块工具都用 0.1% 的高锰酸钾水擦洗消毒。然后，将框膜置于床架上，将从菌种瓶中挖出来的栽培种撕成小块，拣去老菌皮和子实体，倒入制好的木模中，不要将菌种弄得太碎，喷一点多菌灵，进行压块。压块时，将四周压实，中间稍松，边压边加料至所需高度，表面用木板拍平，脱掉框膜即成一菌砖，用小喷雾器喷

多菌灵于菌砖表面，即可覆盖薄膜。压块时还应考虑菌种的干、湿，一般菌种湿可压得略松一些，菌种干则应压得紧一些。

栽培块压好后，连同木模及垫板一起移至栽培床排放。排放要注意顺序，块与块之间应留有2～3cm的间隙。抽去垫板后，要向栽培块稍压几下，使培养料与下垫的塑料薄膜紧贴，随后拆去木模。栽培块排放从上至下逐床进行，一床排满后要立即用塑料薄膜盖好。覆盖要求严密、平整，以保持湿度，促使菌丝很快愈合。近年来，江苏部分生产单位采用白铁皮模具，将菌种料压成圆台形的菌柱，中间从上端可插一根直径1～1.5cm的塑料管，插至菌柱中部，以便栽培后期灌水。

（3）覆土栽培　香菇覆土栽培是指香菇菌袋发满菌后，出菇阶段将香菇菌袋埋入土中，使香菇菌袋在地表出菇的栽培方法。其优点：首先能使香菇肉质厚、花菇量多；二是产量与常规法相比，可提高30%～40%；三是菌棒脱袋覆土后能自然转色，且不易感染；四是菌棒覆土后能充分利用和吸收土壤中的水分和营养，可省去每潮菇后浸泡菌棒补水的烦琐工序。其操作方法如下：

① 菇场选择　菇场地要求水源充足，日照少，水温低，排灌方便，棚内不应有直射阳光，南方需注意选择没有白蚁的地方。

② 畦面处理　把菇畦整成宽80～100cm、深20cm、长度不限的畦面，并对畦面及覆盖用土进行消毒灭菌和杀虫工作。消毒的方法有撒石灰、喷福尔马林及气雾消毒盒熏蒸等。杀虫一般用敌敌畏喷雾和熏蒸。土质要求：选用菜园里的毛细孔多，保湿性能好，无杂菌和虫卵的偏黏性土壤。这种土壤不易板结，有利于出菇。

③ 适时脱袋　覆土脱袋时间的掌握应以香菇出现部分转色，手握菌袋有弹性，瘤状突起物已变松软为宜。不可以在已经有大量菇蕾发生时再覆土。菌筒脱袋后，紧密平卧在畦面上，并以转色较好的小面朝上，畦的两边横排，畦的中央纵排，畦的四周留5～7cm的空位，并且覆1～1.5cm厚的湿润土。

④ 盖膜　在畦面上相距0.8m拱一根竹片，并在弓形竹片的最高点纵扎一根竹片，在竹片上覆盖薄膜。薄膜上面用塑料带固定，塑料带两端绑在竹片外弯部分，薄膜边缘距菌筒15～20cm。

经上述处理后一般不需任何管理，10余天后菌筒就能形成均匀、标准的红棕色。

2. 段木栽培

传统段木栽培是在树干上砍成许多切口，让自然界中的香菇孢子天然侵入而长出香菇。这种粗放栽培方法和生产过程比较简单，也不需要什么特殊设备，因此能在交通不便的深山密林中进行生产。但由于依靠天然孢子接种，成功率低，周期长，产量很低，森林资源的浪费也比较严重，目前已逐渐被淘汰。人工接种技术具有出菇早、产量高、质量好、有利于科学管理、便于选育和推广优良品种等特点，因此被各地广泛采用，其操作过程如下：

（1）菇场的选择　选择菇场是决定香菇栽培成败的关键之一，因此，选择菇场应从温度、湿度，避免或减少病虫害以及栽培香菇树种的资源等方面统筹考虑。要求菇场附近有适合栽培香菇的树种，且能长期周转使用；有常绿的荫蔽树，即秋冬三阴七阳、春夏七阴三阳为宜；水源方便，通风、排水良好；土质以石砾多的沙质土为好。一般应选在避风向阳的东面、南面或东南面的山腰斜坡上。

（2）树种的选择　适于栽培香菇的树种约有200多种，其中以壳斗科、桦木科、杜英科、胡桃科、金缕梅科等阔叶树为最好，特别是含单宁酸多的树木，有加速菌丝生长的作用，最适合用作栽培香菇。产量较高和最常用的主要树种有栲树、米槠、青刚栎、栗树、枪树、栎、赤杨、枫香、阿丁枫、山杜英等。对那些具有挥发性芳香油、树脂和树皮易脱落的树木，如松、杉、柏和檀香等不适于栽培香菇。木材中各部分营养的分布，以形成层最丰富，边材次之，心材最差。如果树木的树龄过大，则段木的口径粗，树皮厚，心材大，出菇量较少，操作管理也不便。一般以15～20年生的树龄为适宜，段木口径在15cm左右比较理想。

（3）砍树 砍伐菇树最好选在秋季落叶后至次年春季树木萌发之前。这时期树木处于休眠状态，贮藏的养分最丰富，同时树木含水量少，树皮与木质部结合紧密不易脱落。处于休眠期的树木，砍伐后又有利于萌发更新。具体时间大约在当年11月至翌年2月份。也可根据树木生长情况，决定具体砍伐时间，如秋后树木叶子有八成变黄，摇树时有叶片落下，或用刀砍树流出的液汁带甜味，或用锯子锯树有木屑黏着锯齿等现象，即可采伐。砍倒后随即用石灰水涂抹砍口，以防树液流失和杂菌污染。

（4）截段 刚伐的树木应将枝叶砍去，去枝时，不要齐树身砍平，应留下5cm左右。由于树丫处养分丰富，砍口又小，可以增加出菇，减少杂菌侵入。如树木大，含水量多，可在砍树后保留全部或部分枝叶，放置10～15天后再剃去枝叶，以加速水分的蒸发。为便于搬运和管理，可将原木截成1～1.2m的段木。凡直径5cm以上的丫枝，也可截段用于栽培。截段后的段木，不宜立即接种，应经过适当的脱水干燥过程，将段木按"井"字形堆叠，堆上用枝叶覆盖，以免雨淋风吹日晒。一般要求段木干燥至含水量为40%～45%左右为宜。

（5）人工接种 段木经干燥后，断面出现几条短裂缝，含水量约为40%～45%时，就可进行人工接种。断面不出现裂纹，说明段木还太湿，应再干燥。如裂纹接近树皮时，则段木过于干燥，接种前要先将段木用清水浸1～2天或喷水、淋水后，放置1天，待树皮晾干后再接种。接种时期是当气温稳定在5～10℃就可进行，一般以春季接种为最好，南方在2～3月间，北方要推迟1个月左右。此时期温度适宜，空气相对湿度恰当，有利菌丝生长。接种方法随菌种类型而略有差异，具体操作如下：

① 木屑菌种的接种法 待栽培种菌丝体长满全瓶后，用打孔器或皮带冲（直径12mm）先在段木上打下树皮盖，再用直径9～10mm的皮带冲向木质部打入2cm左右深的接种穴，然后把菌种填入穴内，并盖上树皮盖，轻轻打紧即可。

② 种木菌种的接种法 香菇的种木菌种，主要有三角木和圆木两种。三角木是先把适合种香菇的木材加工成厚0.8cm、宽1cm的木条，然后再加工成三角木块（规格：厚0.8cm、宽1cm、高1～1.5cm）；把圆木木材横锯成1.2cm的木片，再用皮带冲一个一个冲下来，即为圆木。加工出来的三角木或圆木，应立即晒干备用。做10kg干种木用的培养基，要配木屑2kg、米糠（或麸皮）0.5kg、蔗糖0.1kg、石膏粉0.1kg、水4.5kg。先把干种木浸在1%糖溶液中12～24h或放在锅中煮开15～20min后，捞出种木，与3/4的混合物匀半，并随即分类入菌种瓶，用余下的1/4盖面，装至瓶眉，稍压实，压平，塞上棉花塞或用封口膜。其消毒接菌和培养方法与木屑菌种同。经一段时期培养后，即成为三角或圆木菌种。种木菌种依其形状，分为棒形木块和楔形木块两种。棒形木块菌种用木钻或电钻打孔，然后把棒形木块菌种钉入段木的孔内，打紧打平。如用楔形木块菌种，可用五分的凿子，在段木上以30°～40°的斜角打一斜口，将楔本菌种嵌入，轻轻打平打紧即成。

无论采用哪种菌种的接种法，在段木上打接种穴时要求每行孔穴成直线，相邻两行之间的孔穴成"品"字形排列，穴与穴之间，一般纵距为15～20cm，横距为5～6cm，段木两端为防杂菌，各留5cm处打穴。接种后，温度适宜，3～4天就在段木接种穴内看到白色的新菌丝，表明接种成活。

四、香菇的管理技术

1. 菌袋栽培的管理

（1）发菌管理 接种后的菌袋立即放入培养室培养。培养室要求清洁卫生，事先应用甲醛或硫磺熏蒸消毒，温度要求在22～25℃。培养5天以后将菌棒以井字形或三角形排列，每排8～12层，每层3～4袋。隔5～6天，上下调动一次，既通风透气，又便于检查。待接种穴菌丝长到直径2cm以上时，应把胶布揭开一角，以增加氧气。每棒每次只揭1～2穴，以免袋温升高太快。菌丝渐趋生理成熟、局部出现褐色，这时就可脱袋进行出菇管理。

菌袋的培养室应有菌种架，最好要有调控温度的设备，菌袋就放在菌种架上培养。然而多数菇户没有这样完善的培养室，可充分利用现有的住房和旧房，或者建造温室大棚，但必须根据香菇对环境的要求，既能保温又能随时通风。地面最好是水泥面等光滑地面，也可在别的粗糙地面铺上塑料膜。应当注意的是，培养室在发菌前必须彻底消毒，如用福尔马林、来苏尔等喷洒消毒。

接种后的培养室温度应保持22～27℃，保持发菌室通风良好，空气新鲜，尤其是当菌丝直径发到6cm以上时，更要加强通风。如发现菌丝蔓延缓慢，末端变细和颜色不白不整齐，可用铁钉在菌丝外延1.5cm内刺孔，深1cm，供给氧气，恢复生长。菌丝发满袋，进行全袋刺孔，深度1cm左右，并注意将温度控制在28℃以下，利于原基的形成，加速菌丝对木质素的分解和菌丝体养分的积累。如白天温度高于30℃，也可采用早上关门晚上通风的办法管理。发菌期间，应勤检查，如果发现污染点，及时用福尔马林50%和冷开水50%混合，使用注射器注污染点，药液渗透超污染点1cm就能控制，不影响出菇。污染菌袋要另放，低温发菌，控制杂菌蔓延。

培养料既要发菌好，又不能菌皮太厚，如培养料偏湿，要加强通风，多刺孔，补足氧气，最后一次刺孔在菇袋入棚前1周，日温低于20℃时，用1寸铁钉相隔5cm钉在木板上，对菇袋拍打刺孔且分布均匀，以刺激菇蕾形成。

如菌丝徒长，其原因及解决办法：

① 培养料内加入的麸皮和尿素太多，造成碳氮比例失调，配料时要掌握碳氮比例为(20～30)∶1。

② 菇床温度偏高，温差小，应降低菇床温度，拉大温差。

③ 发菌时间不足，脱袋太早，应适当延长发菌时间，使发菌充足，适时脱袋。

④ 脱袋后菌丝恢复生长时间太长，应掌握脱袋后恢复生长的时间为3～5天。

⑤ 菌丝浓白后没有及时通风，应尽量在晴天中午揭膜3～5h，加强通风，使菌筒表面干燥不沾手。

（2）进场脱袋排场

① 室外菇场的选择　可选择通风、水源充足的空地或收割后的稻田作菇场。菇场应事先消毒灭虫，稻田要提前排水烤田，然后开沟作畦。畦面呈龟背形，以利排水。畦面搭简易棚架，棚高约2m，棚顶及周围铺稻草、芦苇等，便成三分阳七分阴的菇场。在菇场每隔2.5m打入一根50cm长的木桩，入土20～25cm，木桩间用木棍或细竹联结成竹架，每格约20cm，以便排放菌棒。然后用长竹片成拱形架于畦上，上盖薄膜。

② 脱袋　脱袋时机的掌握是栽培香菇高产技术之一；如果脱袋过早，菌丝生理未成熟，菌筒难以转色或转色淡，直接影响产量和质量。如果脱袋太晚，菌丝早已发育成熟，筒内黄水积累，渗透到菌丝中，易感染绿霉。因此，掌握香菇菌筒脱袋时间要掌握四个标准。

a. 看菌龄　一般菌种在22～25℃的条件下，接种60天左右即可达到生理成熟，就可转入脱袋。

b. 看形态　生理成熟的菌袋，表面菌丝起蕾发泡，呈肿瘤状凸起，且占袋面的2/3左右，培养料与料袋间出现空隙，形成此起彼伏、凹凸不平的状态。

c. 看色泽　菌袋内布满洁白菌丝，长势均匀旺盛，气生菌丝呈棉毛状。接种穴或袋壁局部出现红色斑点，标志生理成熟了。

d. 看基质　手抓菌袋有弹性感，表明达到生理成熟。

以上是脱袋四个标准，需要进行综合判断。同时注意掌握气温，不适宜在雨天或大风天气进行脱袋。如气温高于25℃或低与12℃时暂不脱袋，脱袋最适宜温度为18～22℃。高于25℃菌丝易受伤，低于12℃脱袋后转色困难。注意及时罩膜，要求边脱袋、边排筒、边盖膜。注意断筒吻接，局部污染的菌袋，在脱袋时只割破未污染部位的薄膜，留出1～2cm，把受害部位的薄膜留住，防止杂菌孢子蔓延。如果污染部分大，用刀把污染部分去掉，把无污染的菌筒收集在一起，进行人工吻合，一般3～4天菌丝生长自然吻合后可形成整筒。

（3）脱袋后的管理

① 通风　将脱袋的菌棒与畦面成70°～80°夹角排靠于竹架上，每排8～9袋，每袋间距5～10cm。排好一畦后应立即用洁净的薄膜罩上，畦上菇棚应及时用稻草、芦苇或薄膜围好，以便保温保湿。脱袋后3～5天内无需掀动薄膜，5天后逐渐加大通风，每日掀开薄膜2～3次，每次20～30min，以后逐步增加。脱袋后，由于菌棒新陈代谢加快，会吐出大量黄水，这是原基即将形成的标志。黄水过多，对菌丝生长不利，且菌皮增厚，可结合揭膜通风进行喷水，以减少黄水。喷水方法：先轻度喷雾一次，让菌棒吸收水分，待大量黄水吐出后，再用水冲洗两次，并通风至菌棒表面稍干，然后盖好薄膜。若发现杂菌污染菌棒，可用石灰水或0.2%的多菌灵擦洗清除。

② 保湿　脱袋后菌丝直接暴露在空气中，没有保护膜，易受杂菌感染和气候的影响。为了避免菌丝在干燥空气中死亡，促进菌丝愈合，一般在菇床上用竹片弯成一个拱架，上面覆盖塑料薄膜用以保湿，促使菌丝恢复生长。经过4天左右，菌棒表面就会出现短绒状的菌丝体。

③ 转色管理　脱袋排场后的菌筒，由于全面接触空气、光照、露地湿度及适宜湿度，加之菌筒内营养成分变化等因素的影响，从营养生长转入生殖生长，菌筒表层逐渐长出一层洁白的绒毛状菌丝，接着形成一层薄薄的菌膜，同时开始分泌色素，吐出黄色水珠，菌筒由白色转为粉红色，通过人工管理，逐步变成棕褐色，最后形成一层树皮状的菌被，就是转色。转色过程除了控温、喷水、变温外，还必须进行干湿差和光暗刺激。

a. 干湿交替的刺激　喷水后空气越流通，菌筒越容易转色。因此，转色管理既要喷水，又要注意通风，使干湿交替。但还要防止通风过量，菌筒失水。特别是含水量偏低的菌筒更应引起注意。脱袋过早，菇床保湿条件差的菇场，菌筒表面容易失水，形成硬膜，也不宜转色。因此，在通风换气时，还要注意结合喷水保湿，人为创造干湿交替的条件，促使加快转色。

b. 光暗刺激　菌袋在室内培育时一般光线较暗，脱袋后在棚内宜"三分阳，七分阴"的光线刺激，有利于转色和诱导原基分化。

④ 转色过程易出现的问题及补救措施

a. 转色太浅或不均。菌丝呈灰白色或灰黑色，原因是脱袋后连续数天遇到28℃以上高温，或气温一直处在12℃以下的低温，致使菌丝体生长不良。挽救措施为：气温过高时应在早晚通风换气；气温过低，可在白天将菇棚上遮阴物拉开，利用阳光提高菇房温度，或采取增温措施，使室温保持在15℃以上。如果脱袋时菌柱受阳光照射或干风吹袭，造成菌柱表面偏干，可向菌柱喷水，恢复菌柱表面的潮湿度，盖好罩膜，减少通风次数和缩短通风时间，可每天通风1～2次，每次通风10～20min。

b. 如香菇菌筒不转色，挽救措施为喷水保湿与通风结合，连续喷水2～3天，每天一次；检查菇床罩膜，修理破洞，罩紧薄膜，提高保湿性能；菌筒卧倒地面，利用地温地湿，促进菌筒一面转色后再翻一面；因低温影响的，可减少遮阳物，引光增温，中午通风；若由高温引起的，应增加通风次数，同时用冷水喷雾降温。

c. 菌柱表面菌丝一直生长旺盛，长达2mm时也不倒伏、转色。造成这种现象的原因是缺氧，温度虽适宜，但湿度偏大，或者培养料含氮量过高等。这就需要延长通风时间，并让光线照射到菌柱上，加大菌柱表面的干湿差，迫使菌丝倒伏。如仍没有效果，还可用3%的石灰水喷洒菌柱，并晾至菌柱表面不黏滑时再盖膜，恢复正常管理。

d. 脱袋后2天左右，菌柱表面瘤状的菌丝体产生气泡膨胀，局部片状脱落或部分脱离菌柱形成悬挂状。出现这种现象的主要原因是脱袋时受到外力损伤或高温（28℃）的影响，也可能是因为脱袋早、菌龄不足、菌丝尚未成熟，适应不了变化的环境造成。解决办法是严格地把温度控制在15～25℃，空气相对湿度85%～90%，促其菌柱表面重新长出新的菌丝，再促其转色。

e. 菌柱出现杂菌污染。可用Ⅱ型克霉灵1∶500倍液喷洒菌柱，每天1次，连喷3天。每次喷完后，稍晾再罩膜。

（4）出菇阶段的管理　香菇属于低温、变温出菇菌类，菌棒转色后，要使菌棒顺利出现菇蕾，就必须人为地创造适宜于出菇的环境条件，进行香菇催蕾。因此，要人为地控制温、湿、气、光，进行温差、干湿差和光照刺激，昼夜温差越大，菇蕾越容易形成。

① 春菇管理　在春菇的管理上，重点是水分、温度、通风的管理。主要做到菇床揭膜要灵活，防缺氧；喷水管理要看天，防霉菌；干湿交替要讲究，防失控；采菇加工要适期，防开伞；菌筒清理要适时，防污染；菌筒补液要适量，防止过湿。

a. 菌筒补水　可以采用浸棒补水、喷水、注射补水等方法对菌棒进行补水。注射补水时，将注射棒纵向刺入菌筒，利用压力将水注入菌棒。该法快速、简捷、省工、省力、干净卫生、效果好。

b. 催蕾出菇　春季降雨增多，空气湿度较大，菌筒补水处理后，应摊薄荫棚遮盖物，增加棚内温度和日照，增大昼夜温差，诱导春菇的形成。

c. 出菇管理　菌袋转色度在八成时，即可将菌袋进棚排场，每个菌袋间隔10cm，并盖好拱棚薄膜。进棚后可人为拉大温差刺激出菇，当菌袋大部分发生菇蕾时开始脱袋。脱袋应在上午10时前，下午5时后进行，阴天可全天脱袋，大雨天不脱袋，脱袋时放下拱棚两端薄膜。脱袋后2天内不揭膜通风、不浇水，第3天中午开始揭膜通风1h左右并少量浇水。此后掌握菇小少浇水，菇大多浇水，干湿保持在80%～90%，通风时间和次数可根据室外温度和湿度合理掌握，遇高温要采取降温措施。通常从菇蕾发生后7天左右便可采收，第一茬菇一般畸形多，在菇蕾发生时可筛选一部分，每棒保留香菇10～15个为好。一茬菇一般生长10天左右，每茬菇结束后应揭起两端薄膜，增加通风，使菌丝尽快恢复生长，7～10天后，采收老菇的部位开始发白，说明菌丝已经恢复。然后再进行温差、干湿刺激，促第二批原基形成。当第二批菇蕾直径长至2cm以上时开始喷水，每日1～2次，直至采收。

② 秋菇管理

a. 控制出菇温度　秋季气温多变，高低不稳，若温度一直处于20℃以上，原基不容易形成子实体，可在早晚气温低时揭开薄膜通风散热；温度低于12℃时，可在中午将遮阴棚摊开些，让一定的阳光照射，增加热源，人为地制造较大的温差。通过这样连续3～4天，即可使菌丝互相交织扭结成原基，并逐渐膨大，菌筒出现不规则的白色开裂斑纹，最后原基突破表面菌膜，发育成菇蕾。

b. 湿度管理　在秋季菇蕾形成时，维持菇棚相对湿度为90%，随着菇蕾发育，长出菌盖、菌柄后，可适当降低空间相对湿度。秋菇阶段，菇体发育的相对湿度最好为80%～85%，这对提高香菇的品质，特别是菌盖加厚有重要意义。

c. 通风换气　香菇为好氧性菇类，在菇蕾形成后，在保证湿度的前提下，增加通风量来提高香菇质量。

d. 光线调节　菇蕾形成与长成菇都需要散射光，菇棚保持三分阳七分阴的环境条件。

③ 冬菇管理　在香菇冬季管理上要掌握提高菇床温度、控制湿度、保暖防寒的原则。

a. 增加透光量　冬季野外菇场寒冷，可把薄膜放低、罩严，增加地温。同时选择晴天把遮阳物减少，增大菇床的进光量，增加热源。晚上盖严防寒。在较大温差刺激下，有利于冬菇的形成和生长。

b. 适时通风　冬季菌棒不论是否长有菇蕾，都应坚持每天通风 10～20min，否则会抑制菌丝生长和菇蕾的发育。

c. 控制湿度　冬季防止霜冻，不宜喷水，只要保持湿度，不致干枯即可。

（5）采收　菇蕾长出后，温湿度适宜，约经 7～10 天，就可采收。从外形看，菌盖有 6～7 分开展，边缘尚内卷，盖缘的菌膜仍清晰可见，为采收适时。

2. 段木栽培的管理

（1）发菌管理　段木接种后大约要经过 8～12 个月才能出菇，在这段时间内，应将菇木适当堆放，精心管理，为菌丝在菇木内正常生长发育创造良好的条件。其方法：

① 假困山　刚接种的菇木由于菌丝受损伤，生活力降低，这时必须把菇木堆叠在良好的环境中，使之得到适宜的温、湿度，让菌丝迅速恢复活动并开始侵入形成层，这个过程叫做假困山。其方法是将长短相同的菇木以直列法（一根紧靠一根）或井字形堆叠在避风、温暖、湿润、排水良好的场地上，并覆盖一层阔叶树枝叶。假困山期间最主要的管理工作是保温保湿，使菌丝迅速复活。如湿度过低，可在周围洒水调节，温度太低可加厚覆盖物。接种后 1 个月左右，应检查菌丝在菇木成活的情况。用种木菌种接种的，可将种木拉出，如孔穴周缘的木质部有白色菌丝，种木的水质呈黄褐色，有白色菌丝交织在一起，表明菌丝已经成活。用木屑菌种接种的，如树皮盖已被菌丝长牢固定。掀去树皮盖，又可见到穴中充满白色棉毛状菌丝，表示菌丝生长良好。如果苗种变黑，腐烂，发霉，孔穴内部变为暗绿色或黑色，则说明菌种已经死亡，应及时补种。假困山时间，因季节不同而异，一般秋、冬季为 1 个月至 1 个半月，春、夏季 1 个月左右。

② 困山　假困山是以促进菌丝成活为目的，困山则是以促进菌丝向菇木内部迅速蔓延及防止杂菌感染为目的。困山的场地应选温暖、通风、排水良好，地面干燥，并有适度的日照。一般在常绿阔叶林下，郁密度在 60%～70% 左右，阳光和细雨能稀疏透过为较理想的场地。为了使每根菇木在困山期间都能处于大致相同的环境下，故堆放菇水时，不能紧密堆叠，应有一定形式，以促进菌丝生长良好。常用的堆叠方式有以下几种：

a. 井字式或横堆式摆放　井字式是最常见的堆叠方式，先在下部用石块或木头垫起，以免沾污泥土和便于通风。菇木按井字形逐层交错堆叠。由于上下层菇木所受到的温湿度不一致（上干下湿），因此，每隔 1 个月左右要上下调换位置一次。这种堆叠方式，占地不多，小面积可以堆放大量菇木，适于平地采用，特别是多雾潮湿或菇木过湿情况下，采用这种堆叠方式效果更好。如潮湿度较小可采用横堆式摆放，如图 3-16。

图 3-16　横堆式和井字式摆放
1—横堆式摆放；2—井字式摆放

b. 覆瓦式　先埋两根木叉，上面横放一根段木作枕木，枕木上排放 3～5 根菇木，在菇木近顶端处再横放一根枕木,如上反复排放,上下两排的菇木要互相错开,以利通风。这种堆叠方式,由于菇木的一端着地,便于吸收水分,适于在比较寒冷干燥的斜坡地采用(如图3-17)。菇木与地面的角度,可根据地面的干湿程度而定。

图 3-17 覆瓦式堆放

图 3-18 百足式堆放

c. 百足式 先在场地上插一根有丫的木桩,然后将一根菇木的一头放在丫上,另一头放在地上,另取一根菇木与其交叉堆放,按此方法,依序排放,形如蜈蚣足,故称百足式(图3-18)。这种方式适于通风不良,多湿或极倾斜坡地使用,但占地大,不易放置平稳。上堆发菌可采用"山"字形式、堆柴式、直立式等方式堆置,尤以直立式(要求小头着地)为佳。如遇低温或雨天,可覆盖薄膜,但要注意通风,堆上盖杂草及枝叶,以防日晒、雨淋。发菌时间约50天左右,注意要"黑暗发菌",场地要清洁、干燥,如能在山上就地接种、发菌、养菌则更为理想。

(2)养菌 接种50天左右应翻堆,以检查菌种成活情况,可拔出菌种小木塞检查,以白色为好,黄色示干,黑色为已死(如菌种外表已发白就不需再拔种检查),发现已死的可补种以挽回损失。然后采用井字形或覆瓦式堆放,注意菇木与菇木间保持一定距离,以利通风透气。进入养菌阶段,仍需用树枝与杂草遮盖,保持黑暗,防烈日曝晒,以后最好每隔1~2个月翻一次堆。夏季高温干旱,有条件的菇场应采取喷水降温(不可在中午喷),保持堆内"干干湿湿",并注意病虫害防治。整个养菌期约8个月至1年。

(3)菇木管理 无论哪一种堆叠方式,都要求将菇木按大小、长度不同分开堆放。菇木堆放后的管理工作,主要有以下几方面:

① 菇木翻堆 堆后1~2个月要翻堆一次,即将菇木上下左右内外的位置互相调换一次。以调节菇木的湿度,使菌丝均匀生长。翻堆时要轻拿轻放,以免碰撞,损伤树皮。为防严寒酷暑,堆叠后,均要用树枝、茅草等覆盖堆面。庭园内用草席、草帘适当遮住即可。

② 调节水分 经几个月的翻堆发菌,菌丝已布满菇木表层,开始进入成熟阶段。这时菇木内的水分已有了很大消耗,菇木内含水量达不到菌丝生长的需要,这个阶段的管理就应以保湿为主,调水促菌,使菌丝继续深入菇木内发好发足。具体做法是:应把原井字式堆积的菇木改为覆瓦式,把覆瓦式的垫石降低,使菇木离地面很近,以便吸收地面水分;没有覆盖物的加盖好覆盖物,已经覆盖的可加厚些;堆积场用薄膜、草帘做好挡风屏;晴天,每天早晚在覆盖物上淋水、喷水;雨天,可揭开薄膜适当淋雨,使木质部内吸有适当的水分,然后排除表层湿度,做到内湿外干,迫使菌丝向深层蔓延,吸收更多的养分,为出菇打下良好的基础。在高温干旱季节应进行喷水,以降温保湿。多雨季节,应注意通风排水,并加宽菇木排放的间隔,使能通风去湿。阳光强时要遮阴,阳光弱时要去遮蔽物,温度低时要保温,温度高时要散热。

③ 菇木检查 菇木在上架和出菇前应进行一次菌丝伸入菇木情况的检查,检查方法可以物敲木,如发出声音重浊,说明菌丝伸入菇木内发育良好。或观察树皮下颜色,如呈现黄色或黄褐色,并有香菇气味,也说明菇木可以出菇。老树皮下呈黑色、绿色或有霉烂气味,

则说明感染杂菌，应捡出另作处理。用手摸树皮有弹性感觉，并有瘤状物出现，或有半圆形、十字形、三角形等裂纹，都说明菌丝已伸入菇木，是将出菇的预兆。凡树皮翘裂，破伤，脱落，木体质坚硬如故，应捡出暂时不作立木之用。

④ 立木　菇木经一夏一秋的困山后，菌丝已充分蔓延，在立冬前，将菇木移到静风多湿的场所排列，使之出菇，这一工作，称为立木（立菇）。立木的场所应选在常绿阔叶林中，或用人工棚以增加荫蔽度，减少阳光直晒。立木的方法是：先在地上插两根木桩，中间架一根横木，然后把菇木斜靠在横木两侧成"人"字形（图 3-19），行间留走道，以使管理和采收。立木时，如环境过湿，菇木应竖直；环境过干，菇木应低躺近地。在出菇前，如天气干旱或菇木太干，可将菇木浸水 1～2 天，并用木棒轻敲菇木断面，或将菇木于石板上叩击几下，这叫浸水击木或"打木惊蕾"，可使出菇整齐。

图 3-19　人字形立木

（4）出菇期管理　立木后，由于场地通风条件较好，菇木容易干燥，所以在出菇期间应特别注意加强水分管理，菇场的空气湿度要保持 80%～90%，菇木的含水量以 50%～60% 为适宜。如遇天晴无雨，每天早、晚各喷水一次，尽量加大温差和湿差，以刺激菇蕾的分化和形成。如果菇木过于干燥，可将菇木浸水 12～24h，然后集中用塑料薄膜覆盖以保温、保湿，每天通风一次，可促使菇蕾大量发生。出菇期间，香菇的呼吸作用旺盛，为保持菇场空气新鲜，必须把菇木周围的杂草清除干净，保证菇场通风、透光。

（5）老菇木的管理　在自然气温下，香菇菌丝发育成熟的菇木从当年立冬开始，陆续出菇，至次年清明前后气温逐渐上升后，采收结束。每年采收结束后，菇木管理的好坏直接影响到菇木的寿命和今后香菇的总产量。因此，每年产菇结束后，应将菇木集中堆叠于干燥、避阳的场地，堆叠时要轻搬轻放，防止树皮脱落和菇木损伤。同时要注意防止杂菌污染和害虫为害。为防止烈日曝晒和暴雨袭击，堆顶仍要用草带或树枝覆盖遮阴。至入冬后又可继续出菇。一般管理得当，可连续出菇 4～5 年。

3. 菌袋覆土管理

菇棚内温度在 20℃左右时，3 天不用掀膜。遮阴棚内温度在 25℃时，第 2 天就要掀膜降温，或中午用井水喷雾；第 5 天后每天掀动薄膜通风，每次半小时。每天用喷雾器喷水，切勿用大水，以土层湿润为宜；10 天后保持土壤干干湿湿，干湿交替，并加大温差，20 天左右菇蕾即破土而出。

菇蕾破土而出时应加强通风，每天喷水保持土壤湿润。为了多长花菇、厚菇，土层要保持湿润，雨天要盖严薄膜。空气相对湿度要控制在 60% 以下。头潮菇采收完后停止喷水 4 天，盖严薄膜保湿，以利菌丝恢复生长。7 天后再进行温差刺激、干湿交替管理，共可收六潮菇。

① 调温　反季节覆土袋栽香菇应着重于夏季的降温工作，如适当加厚遮阴棚覆盖物，最好在遮阴棚外围栽种藤蔓类植物，既降温又增氧，还可让泉水在畦沟中畅流，并适当增加浇水的次数。

② 调湿　菌筒覆土后，畦沟应保持一定的水位。菌筒含水量大时，水位宜低些；菌筒含水量小时，水位宜高些（不能浸到菌筒）。菌筒较干时，可将畦沟中的清水直接浇到菌筒上，一般每天浇一次，夏天、晴天可多浇些，秋冬、阴天可少浇或不浇。

③ 调气　薄膜不应盖严，覆膜仅为挡雨，应确保通风。高温高湿季节更应保持大通风，才能防止菌筒霉烂，延长出菇期，提高产量和质量。

④ 调光　最宜出菇的光线为"三阳七阴"，夏季为降温可调至"二阳八阴"，冬季为增

温可调至"四阳六阴",增大菇床的进光量,提高床温。

4. 菌砖压块后的管理

香菇菌种压块后,在3～5天为菌丝恢复生长期,此期要注意通风。通风的方法是:将菌膜揭开轻轻抖动几下后盖严,高温时一天3次,低温时一天2次。不通风易出现菌丝徒长。3天后,通风时可稍用力抖动薄膜。以后菌丝逐渐变浓变白,菇房出现香味。约6～7天,当菌丝变浓变白后,就应促使转色,在管理上更须加大通风量,控制菌丝徒长,使之转色。通风时间与次数,须视菌丝生长的浓白程度决定。首先是降湿通风,菌丝全浓白时每天揭膜2次。通风时间,不宜在中午,早晚最理想。浓白程度高,通风时间长,每次3～4h;浓白程度低,每次通风1h,通风后仍须盖膜。连续坚持2～4天,菌丝自然倒伏。当发现个别地方有徒长菌丝时,就须立即进行大通风,以防止徒长继续发生。通过通风管理,菌块进行转色,菌块表面即形成一薄层棕红色有光泽的菌膜。转色后,菌块上会产生棕红色积水,可用棉花或草纸吸干。转色后出现不正常现象的,可参照段木代料栽培管理方法处理。

(1) 催菇管理 当菌砖转色后,约在压块后的第15～18天,要及时拉大菇房昼夜温差,并减少通气,促使原基形成。管理方法可参照袋栽管理中变温催蕾部分,只是白天闭门窗,晚上打开门窗和去掉薄膜造成昼夜温差10℃以上环境刺激。要使原基顺利长成香菇,关键是掌握翻块时间,即当大多数原基长至黄豆大小时,才可把菌块翻转过来或立起来。若翻转过早,温度不够,原基会萎缩;翻转过迟,通气不足,会造成腐烂。菌块翻块后,要把覆盖的薄膜抬高20cm架空,同时提高菇房相对湿度,进行出菇管理。

(2) 出菇管理 压块20天左右,有不少菌砖的背面和表面出菇。背面出菇正面未出菇的,应翻块,从表面出的不翻块,两面均出菇的要搭"人"字形,薄膜仍须覆盖。其他管理基本上与香菇的菌筒管理方法相同,可参照进行。

五、花菇的栽培

花菇是香菇中的上品,其菌盖厚、质嫩、柄短,菌盖有不规则开裂的花纹,露出白色菌肉组织,故称为花菇。由于花菇奇特的外形,优良的品质与香味,其经济价值可观。

1. 花菇形成的原理

花菇形成的过程中,菇蕾受温、湿、光照等气候条件的影响,特别是受到干冷空气的侵袭,空气湿度过低,菌盖表面生长缓慢,而菇柄内所含的水分养分,仍可正常地输送给菌盖表皮下的菌肉组织生长。由于菌肉继续生长,使菌肉越来越紧密厚实,于是菌盖表皮与内部的菌肉生长不同步,表皮终于被菌肉生长所胀裂,而露出白色的菌肉组织。这种形成不规则花斑的香菇,称为花菇。

2. 花菇的生产

(1) 注意选择菇场 场地要干燥,地面水分蒸发量小,相对湿度在70%以下或者在64%～75%之间。为创造这样的干燥条件,可在菇床上事先铺干沙,避免土壤水分蒸发,降低空间湿度。

(2) 控制菇蕾生长时的湿度 菇蕾发生后,在相对空间湿度较低的情况下,不喷水、不罩膜,使菇蕾全靠培养料供给水分,缓慢生长发育,形成肉厚、柄短、菌盖表皮干燥,阴雨天菇床上要覆盖薄膜,防雨水和水汽进入菇床,并及时排除沟内积水,否则对花菇的发生不利。在一般情况下,花菇的形成是香菇长到一定的时候遇上北风,气候干燥,菌盖迅速失水开裂造成的。因此,当香菇长到七八成熟,菌盖刚卷成铜锣边时,便对菇木断水,并将菇木朝北向东悬空架起,使菇木两头不着地,不再吸收水分。如遇上阴雨天气,就盖上尼龙薄膜,不使菇木受到雨淋再增加水分。这样,菇木湿度迅速下降到50%～60%以下,在3～4天内菌盖就明显呈现出菊花或龟甲状裂纹花斑,即形成花菇。

(3) 控温 低温是花菇形成不可缺少的重要条件,8～12℃时的气温,菌肉加厚,这时如遇低湿度，花菇便大批出现。另外，香菇的生长和花菇的形成离不开变温条件的刺激，大部分香菇品种在子实体生长期每天若有 8～10℃ 以上的温差刺激时，则出菇粗大，朵大肉厚，这就为花菇的形成创造了有利的条件。因此，在控制温度的同时，白天揭开菌木覆盖物，让太阳照晒，增加空间气温，这样就人为地增大了昼夜温差。

（4）光照控制　花菇形成对光有一定要求，达到七阳三阴，增加菇床的光照，使形成的花菇裂纹加深，颜色白，品质好。若光照不足，阴多阳少，形成花菇的时间长，龟裂处颜色暗，品质差。

第三节　黑木耳栽培技术

一、简介

黑木耳是一种营养丰富的食用菌，又是传统的保健食品。它的别名很多，因生长于腐木之上，其形似人的耳朵，故名木耳；又似蛾蝶玉立，又名木蛾；因它的味道有如鸡肉鲜美，故亦名树鸡。重瓣的木耳在树上互相镶嵌，宛如片片浮云，又有云耳之称。野生黑木耳主要分布在北半球温带地区的东北亚，尤其中国北方地区。南半球与北美温带地区很少见，欧洲温带木耳多生于接骨木、栎木上，但黑木耳较罕见。寒带没有黑木耳，热带和亚热带（除高山地带）也少有黑木耳，只有其近缘的毛木耳、盾形木耳等高温品种。中国野生黑木耳分布在东北、华中、华北以及西南各个地区，以东北黑木耳为最好。人们经常食用的木耳，主要有两种：一种是腹面平滑、色黑、背面多毛呈灰色或灰褐色的，称毛木耳；另一种是两面光滑、黑褐色、半透明的，称为光木耳。毛木耳朵较大，但质地粗韧，不易嚼碎，味不佳，价格低廉。光木耳质软味鲜，滑而带爽，营养丰富，是人工大量栽培的一种。

我国人民对黑木耳认识、采集和食用历史悠久，远在周、秦之前就已开始。据史料记载，黑木耳是上古时代帝王独享之佳品，《周礼》记载国宴功臣时 32 种美食中就有木耳。北魏《齐民要术》有黑木耳烹饪方法的记述，唐宋时木耳即成馈赠佳品，有很多赞美黑木耳的诗词名篇。把黑木耳作为药用，早在 2000 多年前的我国第一部药典《神农本草经》中就有记载，《唐本草注》、《本草纲目》等重要医药学著作中都有记述。黑木耳人工栽培大约在公元 600 年前后起源于我国，是世界上人工栽培的第一个食用菌品种，至今已有 1400 多年历史。《唐本草注》中的记录，是世界上最早的食用菌栽培方法的记载。而我国黑木耳的大量生产起始于 20 世纪 70 年代，当时是采用纯固体菌种进行段木木耳生产，实现了当年砍树、当年接种、当年采耳，不仅缩短了黑木耳的生产周期，而且产量和质量都获得了显著提高。单产由 250kg 的段木产干耳 0.5kg 提高到 2.5kg，部分单产创造了 12.5kg 以上的高产纪录。当时我国黑木耳产区遍布 20 多个省，其中以黑龙江、吉林、湖北、云南、四川、广西、贵州等省产量较高。到 20 世纪 70 年代末，湖北、湖南、江苏、浙江、福建、黑龙江、河北以及山东等省科研部门和一些耳农，利用锯木屑、棉籽壳、甘蔗渣、玉米芯、稻草、农作物秸秆等为原料替代段木栽培黑木耳，起初用瓶栽法，后来又采用袋栽法。其中包括室内、室外栽培，稻田、露地排栽，果、林间挂袋，玉米、蔬菜、蔗田套栽以及野外层架栽培等多种栽培方式，后来又发展到黑木耳室外全光栽培，并且取得较好经济效益和社会效益。

黑木耳是我国传统的出口商品，远销于日本、西欧、北美等地区，贸易量占全世界的80%以上。我国黑木耳的产量和质量都居世界首位，占世界总产量的 96% 以上。世界上生产黑木耳的国家主要是中国、泰国、日本和菲律宾，中国和菲律宾主要以光木耳为主，也有少量毛木耳，其他国家主要生产毛木耳。

黑木耳营养极为丰富，含有大量的碳水化合物、蛋白质、铁、钙、磷、胡萝卜素、维生素等营养物质，每 100g 中含钙 375mg，相当于鲫鱼的 7 倍；含铁 185mg，相当于鲫鱼的 70

倍，它比菠菜高出 20 倍，比猪肝高出约 7 倍，是各种荤素食品中含铁量最高的。中医认为，黑木耳味甘性平，有凉血、止血作用，主治咯血、吐血、衄血、血痢、崩漏、痔疮出血、便秘带血等，是因其含铁量高，可以及时为人体补充足够的铁质，所以它是一种天然补血食品。另外，黑木耳还有多种药用价值，是一种珍贵的药材。明代著名医药学家李时珍在《本草纲目》中记载，木耳性甘平，有补气益智、润肺补脑、活血止血之功效。近代医学者对黑木耳的药用价值又有了新的发现，如果每人每天食用 5～10g 黑木耳，它所具有的抗血小板聚集作用与每天服用小剂量阿司匹林的功效相当，因此人们称黑木耳为"食品阿司匹林"。阿司匹林有副作用，经常吃会造成眼底出血，而黑木耳没有副作用。同时，黑木耳具有显著的抗凝作用，它能阻止血液中的胆固醇在血管上的沉积和凝结。由于黑木耳的抗血小板聚集和降低血凝作用，可以减少血液凝块，防止血栓形成，对延缓中老年人动脉硬化的发生发展十分有益，对冠心病及其他心脑血管疾病、动脉硬化症具有较好的防治和保健的作用。除此之外，黑木耳中含有丰富的纤维素和一种特殊的植物胶原，能促进胃肠蠕动，防止便秘，有利于体内大便中有毒物质的及时清除和排出，从而起到预防直肠癌及其他消化系统癌症的作用。所以，老年人特别是有习惯性便秘的老年人，坚持常食用黑木耳，对预防多种老年疾病和延缓衰老都有良好的效果。而且黑木耳的植物胶原成分具有较强的吸附作用，对无意食下的难以消化的头发、谷壳、木渣、沙子、金属屑等异物也具有溶解与氧化作用。常吃黑木耳能起到清理消化道、清胃涤肠的作用。特别是对从事矿石开采、冶金、水泥制造、理发、面粉加工、棉纺毛纺等空气污染严重工种的工人，经常食用黑木耳能起到良好的保健作用。

二、生物学特性

1. 形态特征

黑木耳由菌丝体和子实体组成（如图 3-20）。菌丝体无色透明，是由许多具横隔和分支

图 3-20　黑木耳形态

的管状菌丝组成。子实体是由朽木内的菌丝体发育而成，它是黑木耳的繁殖器官，也是人们食用的部分。子实体初生时为杯状或豆粒状，逐渐长大后变成波浪式的叶片状或耳状；许多耳片聚集在一起呈菊花状。新鲜的子实体呈半透明胶质状，并富有弹性；直径一般为 4～6cm，大者可达 10～12cm，干燥后急剧收缩成角质，且硬而脆。子实体有背腹面之分，背面（贴耳木的一面）凸起，呈暗青灰色，密生许多柔软短绒毛，这种毛不产生担孢子。腹面下凹，表面平滑或有脉络状皱纹，呈深褐色或茶色，成熟时表面密生排列整齐的担孢子。在显微镜下观察，担孢子呈肾形，大小为 (9～14)μm×(5～6)μm，无色透明，许多担孢子聚集在一起呈白粉状，待子实体干燥后又像一层白霜黏附在子实体的复面。子实体干燥后，体积强烈收缩，担孢子像一层白霜黏附在它的腹面。当干燥的黑木耳吸水膨胀后，即会恢复其原来新鲜时的舒展状态。

2. 生活史

黑木耳成熟时，腹面能弹射出上万的担孢子，担孢子具有"＋"和"－"两种性别，在适宜条件下萌发成菌丝或形成镰刀状分生孢子，再由镰刀状分生孢子萌发成单菌丝。最初生出的菌丝是多核，然后形成横隔，把菌丝分成为单核细胞，称为初生菌丝。两个单核细胞结合后，形成一个双核细胞，并且通过锁状联合发育成双核菌丝，称为次生菌丝。在此期间，菌丝不断生长发育，并且生出大量分枝向基质中分布蔓延，吸收大量的营养和水分，为进一步发育成子实体作好准备，一旦条件适宜，就在基质表面发生子实体原基。随后营养物质及水分大量输入，菌丝细胞迅速分裂增殖，使体积不断增大，并不断分化发育成子实体。成熟的子实体产生大量担孢子弹射出去，又开始新的一个世代，这就构成了黑木耳的生活周期。

黑木耳除了上述的有性生活周期外，还有单核菌丝和双核菌丝的无性生活周期。双核菌

丝能断裂形成双核分生孢子或脱双核化形成单核分生孢子，它们在条件适宜时，都能分别萌发成单核菌丝或双核菌丝，进入上述有性的生活周期。

3. 对生活条件的要求

（1）营养 黑木耳是一种腐生性很强的木材朽腐菌，能从枯死的树木和其他基质中获得营养。它的菌丝在生长发育过程中，能不断地分泌出多种酶，将木材中复杂的有机物（如纤维素、木质素和淀粉等）分解成为简单的和易被吸收利用的营养物质。黑木耳对养分的要求是以碳水化合物、木质素和含氮的物质为主。人工培养黑木耳菌种时，一般采用较简单的容易吸收的碳、氮源。碳源以葡萄糖、果糖、蔗糖、麦芽糖和淀粉等较好，1％～3％就能保证菌丝的旺盛生长。氮源可利用多种铵盐、硝酸盐、蛋白胨等无机和有机氮源，而以硝酸钙的效果为最好。利用代料栽培时，常用棉籽壳、木屑、玉米芯、秸秆作为木耳培养料。培养料中常添加一些麸皮或米糠以增加氮源，添加石膏和磷酸氢二钾等以满足其对无机盐的要求。利用段木栽培时，木材的氮源相对较少，特别是生长在瘠薄山坡上的耳树含氮量更少，而生长在土壤肥沃山坡上的耳树，含氮量较大，木质疏松，边材发达，心材小，营养丰富。特别是收浆时砍树，贮藏的养分更为丰富，栽培黑木耳能获得优质高产。

（2）温度 黑木耳是中低温型菌类，对温度的适应范围比较广，菌丝生长的温度范围是5～35℃，最适温度22～28℃。温度低于10℃，菌丝体发育受到抑制；温度高于28℃，菌丝体生长速度加快，常常会导致菌种衰老。子实体一般在15～32℃都能形成，适温为20～24℃；低于15℃时，子实体不易形成或生长受到抑制；高于32℃时，子实体停止生长。而生活在耳木里面的菌丝对高温或严寒都有很强的适应能力，所以经过严冬和盛夏以后都不至于死亡。但低温和高温对菌丝的影响是不一样的。低温，菌丝生长发育慢，但健壮，生活力旺盛；高温，菌丝生长发育速度快，但易衰老。在制种时以22～28℃条件下所培育的菌丝最为健壮旺盛。担孢子萌发的适宜温度为22～28℃，温度过高或过低都很难产生担孢子和萌发菌丝。

（3）湿度 黑木耳不同生长阶段对湿度的要求不同。菌丝生长时期，段木的含水量为40％～45％，代料栽培的培养料含水量为55％～60％。子实体生长阶段，除保持相应的含水量外，对空气湿度要求较高，当空气相对湿度低于70％时，子实体不易形成，保持90％～95％的空气相对湿度，子实体生长发育最快，耳丛大，耳肉厚。但耳木水分过多，通气不良，往往会抑制菌丝生长，并使子实体和树皮腐烂。在生产中，群众总结出"干干湿湿"的水分管理办法，一般在采耳后，有一段干的时间，以便提高培养料的透气性，促进菌丝体的发育，然后再连续浇水，促进子实体的发育；这样"干湿"交替是保证黑木耳高质优产的理想条件。

（4）空气 黑木耳是好气性真菌，在生长发育过程中，要求栽培场所空气流通，以满足呼吸作用对氧气的需要。如二氧化碳过高和氧气不足，都会抑制菌丝发育和子实体的形成，同时会出现烂耳和杂菌蔓延。在制种时，瓶装不宜太满，要留有空隙，培养料的含水量不宜过多，以保持良好的通透性，有利于菌丝的生长。

（5）光照 黑木耳菌丝体在黑暗和散射光条件下都能生长，但散射光条件下有促进作用。子实体在黑暗环境中很难形成，在微弱的光照条件下，子实体发育不良，质薄呈浅褐色。在光照充足的条件下，子实体颜色深，长得健壮。因此，在生产上要选择阳光充足的地点作为栽培的场所。但烈日曝晒必将引起水分大量蒸发，使耳木干燥，子实体生长缓慢，影响产量，应及时搭棚或增加喷水量，以适应木耳的生长发育。

（6）酸碱度 黑木耳适宜在微酸性的环境中生活，菌丝体在 pH 4～7 之间都能生长，但以 pH5～6 最为适宜，pH3 以下和 pH8 以上生长均不好。在段木栽培中，一般很少考虑酸碱度这一因子，但在菌种分离和菌种培养及代料栽培中，这是一个不能忽视的问题，必须把培养基（料）的 pH 值调整到适宜程度。代料栽培时，在配料时一般加入 1%石膏或碳酸钙，作为缓冲剂，先调到适宜范围偏碱一些，通过自然发酵，即达最适宜程度。

三、黑木耳栽培方法

1. 段木栽培

（1）耳场选择　耳场最好选在避风向阳、多光照、少遮阴、温度较高、湿度较大、空气清新、靠近水源又不易受水害的砂质土地或平坦草地；也可选择在能引水自流喷浇的小型水库、池塘的下方；或把耳场选在稀疏林下、果园行间，也较为理想。

耳场选好后，首先应进行清理场地工作，砍割灌木、刺藤和茅草，清除乱石及枯枝烂叶，挖好排水沟。在有条件的地方，最好在冬季火烧耳场，同时施用生石灰等药物消毒，清除越冬杂菌和害虫，以减少来年病虫害发生的机会。

（2）耳木的准备

① 耳木的选择　一般情况下，绝大多数阔叶树种都可用于栽培黑木耳。由于不同树种的木材结构和养分含量不同，致使黑木耳的产量和质量也有差别。即使是同一树种，因树龄不同，其产量也大有差别。因此，应尽量选择适宜黑木耳生长需要的树木来栽培，以求高产优质，获得较高的经济效益。

适宜栽培黑木耳的耳树，应是边材发达，树皮厚度适中，不易剥落。如柞树、槲树、栗树、桦树、榆树、椴树、胡桃楸、千斤榆等都可用来栽培黑木耳。一般来说，质地坚硬的耳树，由于组织紧密，透气性及吸水性差，菌丝蔓延慢，所以出耳略迟，但一经发生便可收获数年。质地疏松的耳树，透气性好，吸水性强，因而菌丝蔓延快，出耳早，但树木不耐久，易腐朽，生产年限短。在选择耳树时，一般应选 5～15 年生，直径在 4～15cm 粗的耳树，或选胸高处直径 10～12cm 的耳树，比较适合。

② 耳木砍伐期　一般在冬至到立春休眠期间砍伐，这时树木中贮藏的养分多，含水量较少，韧皮部和木质部结合紧密，伐后树皮不易剥落，可保护菌种定植，因而接种成活率高。另外，这一时期气温低，树上害虫和杂菌少。

③ 剔枝截段　把原木上的侧枝削去称为剔枝。为了使耳木在接种时含水量适宜，砍后的原木不要立即剔枝。约 10～15 天后，再把全部侧枝削去。可用快刀或锯沿树干自下而上削去树杈。削口要平滑，以防止杂菌侵入耳木。耳木运往耳场后，把直径 10cm 以下的树干截成 1m 长的木段。较粗的树干截成长 60cm 左右为宜，这样便于作业时的搬运。其截面用新石灰涂刷，然后置于通风向阳处架晒。

④ 架晒　架晒的目的是让段木干燥到适合接种的程度。架晒时要把段木的粗细分开，以井字形堆垒在通风、向阳、地势高燥的地方。堆高 1m 左右，上面和阳面盖上枝叶或茅草，防止曝晒而致树皮脱落。也可堆在室外阴凉处，使其发酵并适当干燥。每隔十天半月翻堆一次，一般经 1 个月左右，段木有七八成干时，即可进行接种。若是过于干燥的段木，接种后成活率低，应在接种前先放在清水中浸泡数小时或 1 天，吸收补充部分水分。取出后，再晾晒 2～3 天，使树皮干燥而内部含有适量水分。达到外干内湿，以利接种后发菌。

（3）人工接种

① 制种　菌种有锯木屑菌种与木塞菌种，前者用木屑与麦麸等配制成培养基，后者用直径 1cm 的小木条或枝条切成 1.5cm 长，加入蔗糖、米糠等营养成分，装瓶后高压灭菌，接入母种，在 25～28℃下培养 1 个月，菌丝即可长满瓶。

② 接种时间　一般在气温稳定在 5℃左右时，即可进行。早接种，气温低，菌丝生长缓慢。晚接种，出耳时间相应推迟，不利于增产。接种时，最好选择雨后初晴、空气相对湿度大、气温较高时进行。

③ 接种密度　应根据耳木粗细、材质的松紧来调整，一般用电钻垂直打深 2cm 的穴，

以穴距 10～12cm、行距 6～8cm 较为适宜。因为菌丝在段木中纵向生长快于横向生长，所以穴距应大于行距，以使菌丝均匀地长满段木。一般硬杂木，材质紧，应适当密植；反之，软木质地松，植菌时可稍稀一些。接种时邻行的穴位应交错呈品字形（如图 3-21）。

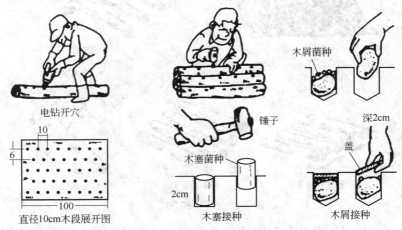

电钻开穴　　　　　　　　锤子　　　木屑菌种　　　深2cm

木塞菌种　　　　　　盖

直径10cm木段展开图　　　木塞接种　　　木屑接种

图 3-21　木耳人工接种图

④ 接种工具　常用的有电钻、手摇钻、皮带冲、铁锤等，应预先用乙醇消毒。

⑤ 接种过程　使用木屑菌种时，要求耳穴深 1.5～2cm，穴径为 1.5cm。接种前应先备足树皮盖，可用皮带冲在另一树木上冲出，树皮盖应较耳穴大 2～3mm。接种时，先用酒精消毒的镊子将菌种面的菌膜挖去，再将菌种从瓶内取出塞进耳穴，装平后轻轻压实，使菌种与穴内壁接触，然后盖上一个树皮盖，用锤子敲紧。如无树皮盖，可用泥盖封穴。和泥时可用黏性黄土和锯末按 1∶（1～2）的比例，和好后即可使用。注意不要使菌种太碎，应尽量保持小块状，以利于接种后恢复生长。

使用木塞菌种时，耳穴的大小由木塞的粗细而定，一般木塞长为 1.5～2cm，粗径1.2～1.5cm。接种时将木塞菌种插入接种孔后用锤敲紧，使之与段木表面平贴、无孔隙。接种操作应在室内或室外荫蔽处进行，避免阳光照射，以防菌种干燥，影响成活率。接种后的耳木两头截面用石灰水涂抹，以防杂菌侵入。在整个接种过程中都要注意清洁，以免杂菌侵染。

（4）培养管理

① 上堆发菌　接种时，由于菌种被切割或震动，菌丝受到损伤，生活力有所降低，为使菌丝尽快恢复生长，接种后把段木堆积在适宜条件下，菌丝在段木中萌发、定植和生长，这一过程称为上堆发菌。上堆时在地面垫上枕木，将接好的耳木以井字形或横堆方式堆成1m 高左右的小堆，耳木间留有适当空隙，以便通风换气。堆的上面和四周盖上树枝或茅草，防晒、保温、保湿。上堆 1 周后应翻堆，将每堆耳木上下内外调换位置，使之发菌均匀，以后每隔 1 周翻堆一次。第一次翻堆后，应根据耳木的干湿程度，一般每隔 3～5 天喷水一次，喷后须待树皮稍干再进行覆盖，以防杂菌滋生。

② 散堆排场　堆内温度以 20～28℃为宜，相对湿度保持在 80％左右。在南方 3～4 周，北方需要 4～5 周，当菌丝已伸延到木质部并产生少量耳芽时，应及时散堆排场。其目的是使菌丝向耳木深处迅速蔓延，并促使其从营养生长转入生殖生长阶段。耳木排场方法有枕木式、接地式、百足式、覆瓦式等（图 3-22）。排场的目的是使耳木吸收地上的潮气，同时接受阳光雨露和新鲜空气。如果湿度不够，则应在晴天早、晚各喷一次细水，每隔 7～10 天将耳木上下翻转一次，使其吸湿均匀。经 20～30 天，耳芽大量发生时，便可起架管理。

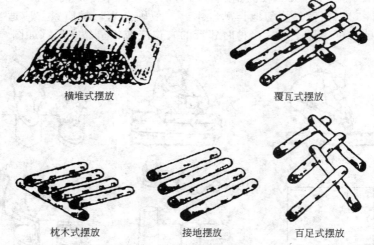

横堆式摆放　　　　　　　覆瓦式摆放

枕木式摆放　　　　接地摆放　　　　百足式摆放

图 3-22　耳木摆放方式

③ 起架管理　经过 1 个月左右的排场即可起架，此时耳木已基本上完成了菌丝生长，进入结实阶段。搭架时一般采用"人"字形方法，先埋两根有杈的木桩，地面留出 70cm 高，杈上横放一根横木，耳木斜立在横木两侧，呈"人"字形，角度约 45°为宜，相邻耳木间应留 5～7cm 的空当，架与架之间设置管理作业道，横木宜南北向安置，以便耳木两边受光均匀。耳木要经常换面，以利出耳。一些地方耳木排场后，不经过起架这一阶段，直接出耳。这一方法，特别适于干旱地区。

在管理上晴天新耳木摆放角度可大些，雨天隔年耳木摆放角度应小些。起架阶段栽培场的温、湿、光、通气条件必须调节好，但管理重点是水分问题。起架后如果隔 3 天有一场小雨，半月有一场中、大雨时不需要喷水，如无雨呈干旱时应人工喷水，解决干干湿湿的问题，保持相对湿度在 90%～95% 左右。喷水应在早晨和傍晚进行。掌握的原则：一般为晴天多喷，阴天少喷；气温高时多喷，气温低则少喷，但要避开中午前后，以免高温高湿造成烂耳；硬木或新耳木可多喷，软木或老耳木则应少喷、勤喷。水质要清洁，喷得要细，以利于耳木吸收及增加空气湿度。

(5) 采收　凡已长大成熟的木耳，要及时采收晒干保存。要勤采、细采，因其生长期长，不同季节生长的木耳，采收方法有所不同。入伏前所产木耳称为春耳，朵大肉厚，色深、质优、吸水率高。立秋后产的木耳称为秋耳，朵形稍小，吸水率也小，质量次之。春耳和秋耳采大留小，分次采收。小暑到立秋所产木耳叫伏耳，色浅肉薄，质量较差，可大小一齐收。因此时气温高、雨水多，所以病虫多，易造成烂耳，最好在雨后初晴，耳朵收边时采收，或晴天早晨，露水未干，木耳潮软时进行。采收下来的木耳要放在苇席或竹帘上翻晒 2～3 天，即可干燥。最后可将干耳装入塑料袋或纺织袋中存放。

(6) 段木栽培越冬管理　段木栽培黑木耳，当年即可采收，可连续收 3 年。第 1 年产量不多，第 2 年产量最高，第 3 年产量下降。每年进入冬天，随着气温下降，黑木耳停止生长，进入越冬休眠期。越冬期的管理有几种方式：

① 北方地区采取排场过冬，即先在地面上放一枕木，然后将耳木一根根横放在上面，一头着地，一头枕在枕木上。这样既能保持水分，又能防止霉烂。南方各省冬季的气温较高，耳木可以让其在耳架上自然过冬。在较干旱的时候，适当喷点水保湿。

② 将耳木集中堆放在背风、向阳、干燥的场地上，堆高不宜超过 1m。太干燥时，适当喷点水保湿。

2. 段木的其他栽培方法

由于各地具体的条件不同，可采取不同的栽培方式。如耳场湿度小，并且气候较干燥的地区，可采取坑道栽培法或塑料棚栽培法。坑道栽培又分为深坑和浅坑两种。深坑，挖坑时多花工，但管理起来极为方便，且产量高；浅坑，挖坑容易，管理麻烦，产量一般。

(1) 深坑栽培 挖宽 1m，深 1m，长视地形和耳木数量而定。挖出的土堆在坑沿拍紧以增加坑的深度。坑的上方用竹片或木棍搭成弓形或"人"字形弓架，铺上树枝或提前种上绿色攀援植物，如苦瓜、豆角、番茄等。坑底两边各挖一条窄沟排水，中间作管理过道。排水沟与过道之间放上薄石块或砖块垫耳木，也可铺一层粗砂垫耳木。坑道两壁离垫石 80cm 的地方各放一根横木，横木两头各用一根 80cm 长的短木作支柱。将耳木一头枕在横木上，另一头放在垫石上，使耳木斜放在坑道两壁。

深坑栽培受外界不良气候影响小，湿度也容易保证，喷水、采收都很方便。晚秋气温下降，可将荫棚上遮阴物去掉，覆上薄膜进行保温栽培，延长采收期。深坑栽培法是目前产量较高的一种栽培方式。

(2) 浅坑栽培法 挖宽 1m、深 33cm、长不限的浅坑，坑底两边各放一根枕木，将耳木垂直平放在枕木上，放满一层还可再放枕木排二层，然后搭上弓架，并根据气候覆盖薄膜或树枝。管理时因坑内没有管理过道和顶棚与坑底间隔太低而无法直接入内，所以翻木和采收都需要先拆除覆盖物，管理和采收后再覆盖上，所以比深坑栽培管理麻烦得多，产量也不及深坑栽培法。

(3) 塑料棚栽培 采用塑料棚段木栽培黑木耳，容易控制温度、湿度和光照条件，能够防止低温、雨涝和干旱，与露天段木栽培相比较，延长了黑木耳的生长时间，提高了单产水平。

塑料棚的设置，应建在距水源近，避风向阳，土质湿润的坡地或者平坦的草地，棚内地面铺上砂石，并开有排水沟。棚体的骨架可采用钢架结构或因地制宜，就地取材进行搭架。棚体为拱式造型，中间部位一般高度为 2.2～2.4m，两侧留有门和通气窗。管理时要注意温度、湿度的调节，保持良好的通风换气和光照条件。晴天光强温高时应加盖遮阴物，喷冷水降温；盛夏高温时应将棚四周的薄膜翻挂在顶棚上去，气温低时再放下来。

3. 代料黑木耳栽培法

木耳生产主要靠段木栽培，由于耳林资源的不足限制了木耳生产，因此，利用代料栽培木耳的方法已成为发展木耳生产的主要途径。代料栽培就是利用锯木屑、甘蔗渣、作物秸秆、果实种子的皮壳等作为栽培木耳的原料。代料栽培不仅材料资源丰富，成本低，而且产量比段木栽培高，时间短，经济效益高。

代料栽培黑木耳常用的方法有两种：第一种方法是在室内采用木屑、玉米芯和麦麸等培养料栽培黑木耳，经过装袋、灭菌、接种、培养后，在室内将栽培袋吊起来出耳，也叫吊袋栽培法；第二种方法是在室外采用木屑、玉米芯和麦麸等培养料栽培黑木耳，经过室内装袋、灭菌、接种、培养后，将栽培袋摆在室外进行全光出耳，也叫黑木耳地栽法。两种方法相比较，黑木耳地栽法常用，因吊袋栽培木耳是在室内出耳，人工管理比较复杂，达不到黑木耳出耳的最佳环境条件，如管理质量上不去，病虫害容易发生，并且需要进行采用化学药剂防治，所以生产出的木耳不仅农药残留多，而且耳片薄，口感差，颜色发黄不黑。而地栽黑木耳是采用室内养菌、室外出耳的栽培方法，使黑木耳栽培来自于大自然，又回到了大自然；再加上通过人工适当调节温度和湿度变化，能够满足黑木耳生长发育的需要，不易感染杂菌，病虫害发生也少，不仅提高了木耳的产量，而且耳片厚，朵大，口感好，颜色黑，质量好。

(1) 栽培季节 黑木耳属中低温型菌类，耐寒怕热。菌丝在 15～36℃均能生长，最适

22~30℃，在14℃以下或35℃以上生长受到抑制，子实体最适生长温度15~25℃，在15℃以下，子实体生长受到抑制，高于30℃时，子实体不生长，并出现自溶分解。因此，栽培黑木耳时根据当地气候条件，适时安排栽培季节，是栽培黑木耳优质高产的前提。根据季节气候特点，可分为春季栽培和秋季栽培。秋季栽培在7月中旬至9月底，随着海拔提高栽培时间相应提早。800m海拔以上地区可在7月中旬开始制袋接种，平原地区一般选在9月份较为合适。春季栽培选在11~12月份。

（2）菌种选择　优良菌株是黑木耳栽培获得速生高产优质的关键。代料栽培黑木耳的菌株，多数是由段木栽培黑木耳菌株驯化筛选而来的。因此，并不是所有适于段木栽培的菌种都可作为代料栽培的菌种。栽培种的菌龄在30~45天为适宜，这样的栽培种生命力强，可以减少培养过程杂菌污染，也能增强栽培时的抗霉菌能力。因此，菌种应选择菌丝体生长快、粗壮、接种后定植快、生产周期短、产量高、片大、肉厚、颜色深的品种。常用的黑木耳菌株按子实体形状大体分为三类：

① 菊花形：其特点是子实体聚生，呈菊花状，朵形大，耳根较大，耳片稍小。

② 小根大片形：其特点是子实体簇生或单生，耳基小，耳片大，撕开后形成单片。

③ 小根小片形：与上一类相似，但耳片稍小。

按生长速度分为两类：一是早熟品种，出耳较快，割口后7~10天出耳芽，采耳集中，一般抗性较差，不耐高温；二是晚熟品种，一般出耳晚，割口后15~20天出耳芽，采耳不集中，但抗性较好。生产用种的选择应根据当地的气候条件及市场的需求综合考虑，主要原则应选择适应性强、产量高、品质好、市场畅销的品种。在生产上常用的黑木耳品种有8808、931、Au86、黑29、黑威9号等，其中8808、931及Au86属于菊花形早熟品种，适于北方地区及相似生态区春季栽培。黑29和黑威9号则属小根大片形晚熟品种，适合在北方地区春、秋季栽培。

（3）代料的选择及配比　木耳生长发育所需的营养主要以纤维素、半纤维素、木质素为碳源，以蛋白质作为氮源，还需无机盐以及一些维生素。因此，含有一定量的碳源、氮源、维生素、无机盐的原料，都可用来栽培木耳。栽培料中还可添加其他物质来补充原料中的某些欠缺成分，如锯木屑大多是心料部分，碳的含量较充足，而氮的含量却较少，添加米糠和麸皮就能补充氮源的不足。在农村具有大量纤维素资源，如农作物秸秆、甘蔗渣、花生壳等，可以根据其营养成分配成合适的比例。下面根据几种代用料的营养成分含量，将几种培养料配方介绍如下：

① 阔叶树锯木屑78%，麸皮20%，石膏粉1%，糖1%。

② 杂木屑78%，米糠20%，白糖1%，碳酸钙1%。

③ 玉米芯（粉碎）79%，麸皮20%，石膏1%。

④ 玉米芯（粉碎）99%，石膏粉1%，维生素B_2 100片。

⑤ 甘蔗渣84%，麸皮15%，石膏1%。

⑥ 豆秸秆（粉碎）88%，麸皮10%，石膏1%，糖1%。

⑦ 稻草68%，米糠30%，石膏1%，磷酸二氢钾1%。

⑧ 玉米芯49%，锯木屑49%，糖1%，石膏1%。

⑨ 玉米芯49%，稻草粉49%，糖1%，石膏1%。

⑩ 木屑78%，麸皮10%，米糠10%，石灰1%，白糖1%。

⑪ 玉米芯47%，锯末38%，麸皮10%，豆饼粉2%，白灰、过磷酸钙、石膏各1%。

⑫ 玉米芯40%，锯木屑40%，麸皮7%，稻糠、玉米面各5%，过磷酸钙、石膏、白灰各1%。

⑬ 锯木屑75%，稻糠15%，麸皮5%，黄豆粉2%，石膏、玉米面、白灰各1%。

⑭ 锯木屑 76%，稻糠 20%，黄豆粉 2%，石膏、白灰各 1%。

（4）栽培方法　代用料栽培木耳的方法有多种，主要有玻璃瓶栽培、菌砖栽培、塑料袋栽培、箱式栽培，其中以袋栽产量最高。

① 玻璃瓶栽培　利用 500mL 旧罐头瓶或专用的菌种瓶栽培木耳。其方法按培养料配方，加水拌匀，含水量达 60%，装瓶后压实，装至瓶肩处，然后擦净瓶口，用塑料透气封口膜封住瓶口并扎紧。高压灭菌，保持 1.5h；或常压灭菌，煮沸后保持 6～8h。灭菌后待瓶子冷却，无菌操作接入木耳菌种，把接好种的瓶子放在培养室培养，培养室内温度应保持在22～25℃，经 30～35 天培养菌丝长满瓶，然后取掉封口膜，瓶口向上，整齐排列，室内温度保持在 20～25℃ 之间，空气相对湿度控制在 80%～95% 左右。当瓶内子实体大量出现时，室内湿度可适当增大。为了促进子实体的形成与生长，要保持室内空气清新，并给予大量散射光和定量的直射光。其出耳管理同塑料袋栽培。

② 菌砖栽培　菌砖栽培一般采用 24cm×17cm×6cm 的活动木模，将培养好的菌丝体从瓶中挖出，倒入模内压紧成块。用薄膜包好，放在 20～25℃ 下使菌丝愈合成块，约需 7～10 天。当菌块表面出现耳芽时，将菌块移入栽培室。栽培室要求通风透光，保湿性好，温度20℃ 左右为宜。如利用自然气温栽培，必须选择合适的栽培季节。将菌砖去掉薄膜直立于培养架上，经常喷水，空气相对湿度保持在 85% 以上，经 10～15 天部分子实体便已成熟，即可开始采收。

③ 塑料袋栽培　用塑料袋作容器生产木耳，其生产流程是：

原种 40 天→栽培种 40～50 天→开孔栽培 7～10 天→耳芽形成 15～20 天→成熟采收 10 天┐
采收←二次耳芽形成 15～20 天┘

塑料袋栽培根据当地情况选用培养料，按比例称好、拌匀，把糖溶解在水中注入培养料内，加水翻拌，使培养料含水量达 65% 左右，或加水至手握培养料，有水渗出而不下滴为度。然后将料堆积起来，闷 30～60min，使料吃透糖水，立即装袋。装袋的方法有三种，可根据情况选择使用。

第一种方法：选用厚度在 5μm 左右，袋大小约 17cm×33cm，底部为方形的塑料袋。装袋时，将已拌好的料装入袋内，边装边在平滑处用力振动，使培养料密实，并上下松紧一致，这时培养料的高度约为袋高的 3/5，用干纱布擦去袋上部的残留培养料，加上塑料颈套把塑料袋口向下翻，用橡皮筋扎紧，形状像玻璃瓶口一样，然后塞好棉塞；或使用塑料透气封口膜封口。

第二种方法：选用直径 13cm 的筒状聚丙烯塑料袋，剪截为 35cm 的长度，一端用线绳扎紧，再用烛火或酒精灯火焰将薄膜烧熔化，使袋口密封。从开口的一端把培养料装入袋内，边装边在料堆上振动，或用手指压实，待装至距袋口 5cm 处为止，然后把余下塑料袋扭结在一起，用线绳扎紧，在烛火或酒精灯火焰下，将薄膜熔化密封。在光滑的桌面上用手将袋压成扁形，再用直径 2cm 的打孔器，在袋的一面每隔 10cm 打一直径 2cm、深 1.5cm 的洞。用剪刀把准备好的胶布剪成 3～4cm 见方的块，贴在洞口上。为了便于接种时操作方便，胶布的其中一角可卷成双层。

第三种方法：选用直径 13cm 的筒状聚丙烯塑料袋，一端用线绳捆紧，从另一端把培养料装入袋内，用手把料压实，待料装至距袋口 5cm 处为止，然后把余下的塑料袋收拢起来，用线绳捆紧。接种时从两头接。但应该注意：无论哪种装袋方法，都必须做到，当天拌料、装袋，当天必须灭菌。

（5）灭菌与接种　装好的栽培袋放在高压灭菌锅里灭菌，在 15kgf/cm² 的压力下保持1.5～2h，待压力表降到零时，将袋子趁热取出，立即放在接种箱或接种室内。若用常压灭菌灶灭菌，保持 6～8h。待袋温下降到 30℃ 时进行接种。接种时可采用电子灭菌接种机接种，其原理是采用高压放电产生负氧离子和少量臭氧，形成净化空气流并产生静电效应，达到杀菌、吸尘、净化空气的作用，通过气流在机前形成立体无菌区。接种时排除了杂菌感染，菌种成活率高，菌丝活力强，既能提高接种工效，又能保证接种质量。另外，菌种用量应加大，可以缩短菌丝长满表面的时间，减少杂菌感染的机会。因黑木耳抵抗霉菌的能力比较弱，所以，灭菌一定要彻底，接种时一定要按无菌操作进行，提高成品率。如采用液体菌种接入袋中孔内，可缩短养菌期。

（6）菌丝培养管理

① 调节温度　在菌丝培养的全过程中，温度是最重要的因素。培养室的最适温度为22～25℃，由于袋内培养料温度往往高于室温2～3℃，所以培养室的温度不宜超过25℃。特别是在培养后期，即菌丝长到培养料高度约1/2以上，温度超过25℃，在袋内会出现黄水，水色由淡变深，并由稀变黏，这种黏液的产生，容易促使霉菌感染。

② 控制湿度　培养室的相对湿度要保持50%～70%，如果湿度太低，培养料水分易损失，培养料干燥，对菌丝生长不利；如相对湿度超过70%，棉塞上易长杂菌。

③ 控制光照　光线能诱导菌丝体扭结形成原基。因此，为了控制培养菌丝阶段不形成子实体原基，培养室应保持黑暗或极弱的光照强度。

④ 防杂菌感染　培养室内四周撒一些生石灰，使成碱性环境，减少霉菌繁殖的机会。栽培袋放在培养室或堆积在地面上培养菌丝时，不宜多翻动。因为塑料袋体积不固定，用手捏的地方体积变化，把空气挤出袋外，当手离开袋时，其体积复原，就有少量的空气入内，这样就有可能进入杂菌孢子。另外，在手接触袋壁的地方，增加了塑料袋与培养料的压力，遇到较尖锐的培养料（锯木屑、棉籽壳）就会刺成肉眼看不见的小孔，杂菌孢子也会由此而进入，增加感染率。因此，在培养过程中尽量少动，在检查杂菌时，一定要轻拿轻放，发现杂菌应及时取出，另放在温度较低的地方，继续观察。若污染程度比较轻，可用甲醛药液注射到杂菌处，并用小块胶布把针眼贴住，可控制杂菌继续繁殖。

（7）开耳口和催耳芽　接菌后经50～60天的培养管理，菌袋已布满洁白的菌丝时即可把菌袋移到出耳场地内进行开孔划口。划口前去掉颈圈和棉塞或封口膜，用0.1%高锰酸钾或5%石灰水擦洗菌袋表面和刀具消毒，每个菌袋（17cm×33cm）划呈品字形，或孔与孔之间呈梅花形错开，排列10～12个边长2～2.5cm、深0.5cm的"V"形口，角度45°～60°，"V"尖朝袋口。划口时应注意口的大小及深度，一般以小口为好。划口过大，木耳根基大，不易形成大片且易造成菌袋污染；划口过浅，耳片形成时没有根基或根基不牢，容易从菌袋上脱落下来；划口过深，耳芽形成较晚，划口后将袋口折角窝回倒立放置。但划口要做到六不划，即无木耳菌丝处不划口，杂菌污染处不划口，袋料分离严重处不划口，菌丝细弱处不划口，原基形成过多处不划口，雨天不划口。为了保证划口处子实体原基迅速形成，应集中催耳。将划口的菌袋间隔1cm集中摆放，床内温度控制在15～25℃之间，湿度保持在80%以上，早晚揭开草帘适当采光。集中催耳的优点是易于保温、保湿，原基形成快。

（8）室内出耳管理　开孔后的菌袋，可平放在栽培室的菌床架上，也可以悬挂在菌床架上，随即创造黑木耳形成子实体原基的条件。首先要增加栽培环境的相对湿度达90%～95%，室温尽可能控制在15～20℃为宜。黑木耳子实体生长最佳温度为15～25℃，而以20～25℃出耳率高、朵形大、产量高。因为温度过高木耳生长过快，营养利用不足，耳片薄，影响产量，并容易出现流耳和烂耳，故此必须把握好这个温度标准，人为创造适宜条件。各地春季自然气温一般都在15～25℃之间，十分适宜长耳。海拔较高的山区，气温低于15℃时，应采取夜间罩膜提升温度，晴天中午将荫棚上遮盖物拉稀，引太阳热能提升棚内温度。同时要求通风良好，有散射光，如菌床内光线不足，每天早上可给以2h左右的光照促进耳芽的形成。开孔处菌丝体能得到较充足光线、空气和湿度，可有效地促进子实体的形成。所以栽培黑木耳过程中，常观察到子实体都在开孔处或在塑料袋的破裂处形成。

在适宜的温度、湿度、通风和光照条件下，一般开孔 7～12 天，肉眼能看到孔口有许多小黑点产生，并逐渐长大，连成一朵耳芽（幼小子实体）。这时需要更多的水分以及较强的散射光照和良好的通风。如果遇到连阴雨天气，可把已形成耳芽的栽培袋挂在露天下，温、湿、光、空气都能充分满足，耳芽发育更快。这时，如果在耳基部或幼小耳片上发现有绿霉菌和橘红色链孢霉污染，可将菌袋在水龙头下，小心放水冲洗掉杂菌，但切勿把子实体冲掉。栽培过程中若菌丝体少部分污染，可剔除污染菌体，并用 2% 石灰水处理，如严重污染者要及早清除。

在适宜的环境条件下，耳芽形成后大约 10～15 天，耳片平展，子实体成熟，即可采收。

（9）室外地栽出耳管理　室外地栽木耳采用了模拟自然的室外地摆栽培方法，把栽培袋直接摆在地面上出耳，利用地表潮气，解决了对湿度的需求，上盖草帘子，满足了对氧气的需求。这一栽培方式是模拟黑木耳野生生长的栽培方式（如图 3-23）。塑料袋地栽黑木耳的场地可以是室外大田，也可以选房前屋后、苹果树下、葡萄架下及树林内，还可与高秆作物间种。

① 摆袋前的准备　养菌期间，只要温、湿度适宜，通风良好，一般 50 天左右，大部分菌丝都可长满全袋。当菌丝长满全袋或离

图 3-23　室外地栽黑木耳

袋底 1～2cm 时，开始划口摆袋。摆袋前应做好以下两项准备工作：

a. 草帘编制　用稻草或麦草编制长 2m、宽 1.25m、厚 3cm 的草帘，用麻绳或渔网线打 6～8 道径，要求编制紧密，覆盖菌袋起到遮阴、保温、保湿的作用。

b. 耳床准备　采用浅地沟出耳床，地沟宽 1.10m、深 25～30cm、长度不限，要求床面平整，深浅一致，土壤密实，排列整齐。如土壤湿度较大不需要挖地沟，直接利用阳畦做耳床。做好耳床后，浇重水 1 次，使床面吃足吃透水分，结合浇水在水口用输液管滴施 40% 辛硫磷，以防治地下害虫。待床面上能下去人时，用甲基托布津 500 倍液喷洒床面消毒，然后立即摆袋。同时将草帘也用甲基托布津 500 倍液浸泡后待用。

② 子实体分化期管理　耳芽封口到耳片形成需 12～15 天，耳芽形成后可揭开草帘晾晒，增加其抗性，降低污染和烂耳。此期间宜采用干干湿湿的管理方式，即每天早晚浇水，中午气温高时不浇水，阴雨天少浇或不浇，浇水宜少量多次，切忌水分过大造成污染和烂耳。当遇耳片长速缓慢或不易开片时，停水晒床 2 天后再浇水，菌床内的温度保持在 15～25℃，同时注意增大光照和通风量。应注意昼夜温差的影响，自然的昼夜温差对子实体形成和发育有促进作用。

③ 子实体生长期管理　耳片形成至成熟采收需 10～15 天，此期间气温逐渐升高，管理以增加喷水次数和加大通风为主。随着耳片的生长，喷水的次数和用量也应逐渐增多；菌床内温度应在 27℃ 以下，温度超过 27℃ 极易引起染菌和烂耳。大量通风不仅可以促进木耳生长，而且是进行降温和控制感染的有效手段。白天如果温度过高，可向草帘上浇水降温。当湿度过大时揭开草帘晾晒，让耳片干透后再喷水以防烂耳。一般产生污染和烂耳是高温、高湿和通风不良所造成的，如有效地控制这些条件，就可减少烂耳现象的发生。

④ 采收与晾晒　耳片长至八成熟，即在耳根变软或释放孢子之前采收木耳，品质和产

量最佳。采收前停水 1 天，采收时采大留小，并剪去根部的培养料，大朵的撕成耳片，洗去泥沙，将纱网钉在架子上进行晾晒，既利于通风，又可防止溅上泥沙。这样使干木耳耳片舒展、不成团。因此，晾晒是生产木耳的最后一步，也是关键的一步，直接影响木耳的商品价值，不可粗放。

⑤ 第二茬出耳　为防止杂菌感染，尽早形成二茬耳，提高产量，应及时采取以下措施：

a. 及时采耳。子实体要充分展开，边缘变薄，边缘起褶子，耳根收缩时及时采耳。

b. 子实体带根扭净。采收前让阳光照射子实体，使子实体水分下降，根部收缩，不易破碎，把根部全部扭净，不要留残余，否则易出现杂菌，影响采二茬耳。

c. 草帘、床面要彻底消毒。采完耳后让阳光直射一两天，草帘床面用甲基托布津消毒，然后盖上草帘子进入第二茬出耳期。第三茬同第二茬一样管理。

（10）脱袋覆土长耳管理　阳畦覆土栽培黑木耳是在适于出耳季节内，当菌丝长满后采取脱袋覆土出耳。出耳需搭荫棚和建阳畦，搭荫棚需光线明亮，通风良好，排水方便。建阳畦一般畦宽 1m，畦面高出地面 30cm，畦面成龟背。覆土用的土壤以水田表土为好，该土壤具有良好的团粒结构，保水、透气性好，土粒直径 1cm 以内。长满菌丝的菌袋，用锋利刀片划破脱去薄膜袋，一筒紧靠一筒平铺在畦面上，并覆盖 1～2cm 厚的湿润土粒，并架弓形薄膜保湿。

脱袋覆土 2～3 天，即可看见白色菌丝向土中伸展，在适宜于出耳的气温下，10～20 天耳芽就破土而出，这时应揭去弓形薄膜、喷水，使土粒水呈饱和状态，并保持土壤干、湿交替。晴天每天喷水 1～2 次，采完头潮耳后停止喷水。覆弓形薄膜保湿，以利菌丝恢复生长。当第二潮芽破土而出时，揭去薄膜，以保持土壤干、湿交替。

四、黑木耳产业的发展方向

黑木耳生产的技术环节及风险主要集中在前期，而后期出耳则粗放简单、占地较多。此种生产模式特点可由企业组织前期生产，采用以液体制种为技术核心的整套机械化制袋、灭菌、接种、养菌的一条龙生产，像工厂中生产工业零部件那样快速、大量、高质量地制作和培养高质量的菌袋，化解烦琐、复杂、长时间、高污染的制种、做袋、养菌风险，后期出耳可由千家万户承担，回归自然环境下生产出绿色无公害的优质黑木耳。企业还可以利用生物保鲜技术进行加工，直接供应国内外精品超市。

液体菌种标准化地栽黑木耳，使生产由手工可变机械化，成本由高可变低，技术由复杂可变简单，规模由分散可变集中，周期由一季可变多季，产品由高污染可变为低污染。其优势表现在以下几方面：

（1）周期短　从制种到采收前后不超 60 天，其中液体制种仅 3 天（是传统固体菌种的 1/10），养菌需 20 天左右（是过去的一半），出耳仅 30 天左右。

（2）成本低　生产中可降低菌种成本和劳力成本，并简化了工序。

（3）污染少　黑木耳菌丝比一般菇类弱，因此传统的栽培方法污染率高，而液体菌种萌发吃料快（24h 菌丝布满培养料面），液体菌种自动接种机可在无菌环境下整筐快速接种，能有效控制污染。

（4）出耳齐　栽培黑木耳，菌龄比其他菇类更敏感，菌龄越长，形成子实体能力越差。液体菌种使黑木耳养菌加快一倍，袋内菌丝上下菌龄差异小，上下出耳一致。因此，黑木耳最适于液体菌种栽培，机械化制作菌包，拌料均匀，含水量精确，装袋标准一致，所以出耳整齐，提高了产量和质量。

（5）标准化　机械化与自动化、工厂化使该生产可控性提高，生产质量有保障，能够确立和执行生产标准、技术标准和产品质量标准。生产的黑木耳产品整齐一致，生产全过程不施化学药物。

（6）产业化　提高生产栽培的科技含量，用现代生物技术和机械化自动化设施提高生产水平，改变生产方式，可从生产到加工产业化综合开发。

第四节　金针菇栽培技术

一、简介

金针菇又名冬菇，因干菇菌柄形状、颜色极像金针菜，故名金针菇。在自然界中金针菇分布广泛，在亚洲、欧洲、北美洲、大洋洲等地均有分布。在中国，北起黑龙江，南至云南，东起江苏，西至新疆，均适合金针菇的生长。

金针菇是世界著名食用菌之一，以其菌盖滑嫩、柄脆、营养丰富、味美适口而著称于世。据测定，金针菇氨基酸的含量高于一般菇类，尤其是赖氨酸的含量特别高，能促进儿童的健康生长和智力发育，因而国外有"智力菇"的美称。金针菇干品中含蛋白质 8.87%，碳水化合物 60.2%，粗纤维达 7.4%，其中的酸性和中性植物纤维可吸附胆汁酸盐，调节体内的胆固醇代谢，降低血浆中胆固醇的含量；同时还可促进肠胃蠕动，强化消化系统的功能。营养专家提示，常食用金针菇对高血压、胃肠道溃疡、肝病、高血脂等有一定的防治功效。此外，研究发现，金针菇中含有的朴菇素，对小白鼠肉瘤、艾氏腹水癌细胞等有明显的抑制作用。金针菇含有的一种蛋白，可预防哮喘、鼻炎、湿疹等过敏症，可提高人体免疫力。因此，金针菇既是一种美味食品，又是较好的保健食品。

金针菇是一种木腐菌，易生长在柳、榆、白杨树等阔叶树的枯树干及树桩上。金针菇人工栽培历史较长，我国早在唐末五代初就已开始栽培，在韩鄂撰写的《四时纂要》中就记述了金针菇的栽培方法，表明我国栽培金针菇已有近千年的历史。1928 年日本人发明了瓶栽法，利用木屑和米糠作原料，在室内培养出了优质金针菇。20 世纪 60 年代初期，日本又利用空调设备、各种测量仪表及自动化装置，调节温度、湿度、水分、通风、光照等环境条件，用塑料瓶为种植容器，木屑、米糠为种植原料，从拌料、装瓶、灭菌、接种、菌丝培养、出菇管理、产品包装等均实现了机械化、自动化、工厂化。现在金针菇在世界各国都进行生产，日本已成为金针菇的主产国，中国和韩国也已广泛栽培。金针菇生产方法比较简单，成本低，周期短，适应性强，既可以大面积专业化栽培，又能小面积家庭式生产。金针菇耐低温，适于寒冷季节栽培、上市，在北方是很有发展前途的菇类栽培品种。

二、生物学特性

1. 形态特征

（1）菌丝体　金针菇菌丝由孢子萌发而成，在人工培养条件下，通常呈白色绒毛状，有横隔和分枝，很多菌丝聚集在一起便成菌丝体。和其他食用菌不同的是，菌丝长到一定阶段会形成大量的单细胞粉孢子，也叫分生孢子。在适宜的条件下可萌发成单核菌丝或双核菌丝。有人在试验中发现，金针菇菌丝阶段的粉孢子多少与金针菇的质量有关，粉孢子多的菌株质量差，菌柄基部颜色较深。

（2）子实体　金针菇的子实体由菌盖、菌褶、菌柄三部分组成（图 3-24）。多数成束生长，肉质柔软有弹性，菌盖呈球形或扁半球形，直径 1.5～7cm，幼时球形，逐渐平展，过分成熟时边缘皱折向上翻卷。菌盖表面有胶质薄层，湿时有黏性，色黄白到黄褐，菌肉白色，中央厚，边缘薄，菌褶白色或象牙色，较稀疏，长短不一，与菌柄离生或弯生。菌柄中央生，中空圆柱状，稍弯曲，长 3.5～15cm，直径 0.3～1.5cm，菌柄基部相连，上部呈肉质，下部为革质，表面密生黑褐色短绒毛，担孢子生于菌褶子实层上，孢子圆柱形，无色。子实体主要功能是产生孢子，繁殖后代。根据子实体的形成状况又可以分为细柄型和少柄型：细柄型菌柄数目多且细容易分枝，株丛细密；而少柄型菌柄较少且粗壮，不易分枝，株丛粗稀。

2. 生活史

金针菇有性世代产生担孢子，每个担子产生四个担孢子，有四种交配型（AB、ab、Ab、aB），担孢子萌发成性别不同的单核菌丝之后立刻结合，形成双核菌丝，双核菌丝在适宜的营养和环境条件下就会产生扭结，形成原基，发育成子实体。子实体成熟时，菌褶上形成无数的担子，在担子中进行核配，双倍核经过减数分裂，每个担子先端着生四个担孢子（如图3-25）。

金针菇无性世代表现为单核菌丝或双核菌丝，在培养过程中，一旦发育条件不合适时，单、双核菌丝断裂形成粉孢子，当满足其发育条件时又能重新形成单、双核菌丝。

3. 生长发育条件

（1）营养 金针菇菌丝生长和子实体发育所需的营养包括碳素营养、氮素营养、矿物质营养和少量的维生素类营养。

图 3-24　金针菇形态

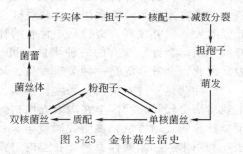

图 3-25　金针菇生活史

① 碳素营养 主要利用培养料中的淀粉、纤维素、半纤维素、木质素、有机酸等，其中以淀粉的利用率最高，在木屑培养基中，枫、杨、柳的木屑最佳，棉籽壳亦是很好的原料。

② 氮素营养 主要利用有机氮，如蛋白胨、氨基酸、尿素等，生产中多用麸皮、米糠、玉米粉、黄豆粉作为辅助氮源。

③ 维生素和微量元素 因为金针菇属于维生素 B_1、维生素 B_2 的天然缺陷型真菌，在制作培养基时添加少许维生素 B_1 和维生素 B_2，同时在培养基中还可加入一定量的磷、镁、钾等无机盐。在添加一定量的磷、镁无机盐后，菌丝生长旺盛、速度快并能促进子实体的分化形成。在菌丝生长阶段，培养料的碳、氮比以 20：1 为好，子实体生长阶段以（30～40）：1 为好。

（2）温度 金针菇是人工栽培菌类中最耐寒的种类，适于寒冬腊月栽培，故别名冬菇。金针菇菌丝生长温度范围为 4～32℃，最适温度为 22～25℃，在 15℃ 以下菌丝生长量减少，32℃ 以上菌丝停止生长。金针菇子实体形成的温度范围为 5～20℃，原基分化的最适温度为 10～14℃，子实体发育的最适温度为 8～14℃。金针菇虽然较耐低温，但在 4℃ 以下，子实体生长缓慢，在菇体表面会形成大量褐色、棕红色色素，致菇体畸形。金针菇在昼夜温差大时可刺激子实体原基发生。

（3）水分 金针菇的子实体和菌丝体均含有 90% 左右的水分，属喜湿性菌类。菌丝生长阶段，培养料的含水量要求在 65%～70%，当含水量低于 60% 时，菌丝生长细弱，不易形成子实体。当含水量高于 70% 时，培养料中氧气减少，影响菌丝正常生长。子实体原基形成阶段，要求环境中空气相对湿度在 85% 左右。子实体生长阶段，空气相对湿度保持在 90% 左右为宜。湿度低，子实体不能充分生长；湿度过高，容易发生病虫害。

（4）空气 金针菇为好气性真菌，在代谢过程中需不断吸收新鲜空气。菌丝生长阶段，对氧气要求不严，微量通风即可满足菌丝生长需要。在子实体形成期则要消耗大量的氧气，CO_2 浓度在 0.04%～4.9% 之间，金针菇菌盖直径随着 CO_2 浓度的增加而减小，CO_2 浓度超过 1％时，就会显著地抑制菌盖的发育，而促进菌柄的伸长。当 CO_2 浓度超过 5％时，则不能形成子实体。因此，在栽培管理中采取塑料套筒调节局部供氧量是控制菌盖长大，促进菌柄伸长的有效措施。

（5）光线　菌丝和子实体在完全黑暗的条件下均能生长，但子实体在完全黑暗的条件下，菌盖生长慢而小，多形成畸形菇，微弱的散射光可刺激菌盖生长，当光线强时，菌柄短且开伞快，色泽深，菌柄基部绒毛多。以食菌柄为主的金针菇，在其培养过程中，可加纸筒遮光，促使菌柄伸长。

（6）酸碱度　金针菇喜弱酸性环境，菌丝在 pH 3～8.4 范围内均能生长，但最适 pH 值为 5.5～6.5，子实体形成期的最适 pH 值为 5～6，而且产菇量也最高。

三、栽培技术与管理

栽培金针菇的方法有熟料瓶栽、袋栽和生料床栽等多种方式，其中以瓶栽和袋栽较为普遍，尤其采用塑料袋筒栽培金针菇，由于口径大，菇蕾能大量发生，加上通气性好，菇的色泽比较符合商品要求，管理简便，成本低，其产量比瓶栽高，目前在生产上广为应用。常采用的袋子有聚丙烯塑料袋和低压聚乙烯袋。下面分别进行介绍：

1. 熟料袋栽技术

金针菇袋栽工艺流程：

确定栽培期→贮备原料、准备栽培设施→配制培养料→装袋→灭菌→接种→发菌培养→摆袋搔菌┐
采收←控氧出菇←抑制菇蕾←诱导菇蕾┘

（1）栽培季节选择　根据金针菇菌丝生长和子实体发育所要求的环境条件及当地自然温度的变化规律，选择适宜的生产季节，是获得优质高产的重要一环。金针菇属于低温型的菌类，菌丝生长范围 7～30℃，最佳 23℃，子实体分化发育适应范围 3～18℃，以 12～13℃生长最好。温度低于 3℃菌盖会变成麦芽糖色，并出现畸形菇。南方以晚秋，北方以中秋季节接种，可以充分利用自然温度，发菌培养菌丝体。待菌丝生理成熟后，天气渐冷，气温下降，低温气候正适合子实体生长发育。

（2）栽培场所　金针菇栽培分为发菌、出菇两个阶段。发菌阶段要求场所保温、通风、干净，出菇阶段最好选择在室外建半地下式菇房，即往地下挖 1m 深，再在四周用土垛起1m 高的墙，上盖塑料膜及草帘。

（3）塑料袋的选择和规格　采用高压蒸汽灭菌的，要用聚丙烯薄膜筒，采用常压蒸汽灭菌的要选用低压高密度聚乙烯薄膜筒，塑料薄膜应厚薄均匀，无折痕，无沙眼。一般采用宽17cm，长 33cm，厚度 0.06cm 的透明聚丙烯塑料袋，袋口不宜过宽，可选一头有口或两头有口的，一头有口的只能一头出菇，两头有口的两头皆可出菇。

（4）培养料选择和准备　金针菇培养料包括主料和辅料。选择适宜的培养料和合理的配比，关系着金针菇的产量和质量。选择培养料的原则是：因地制宜，价廉易取，择优利用。择优利用就是选择的培养料能满足金针菇对营养、水分及通气等条件的要求。然后再把主料和辅料合理调配成金针菇最适宜的培养料。

栽培金针菇的主料有木屑、棉籽壳、玉米芯、麦草或稻草、酒渣、醋渣、糖渣、酱渣等。辅料主要有麸皮、米糠、各种饼粉、玉米粉、豆粉、尿素、糖、石膏。

（5）金针菇栽培品种　金针菇有高、中、低温型品种，也有早、中、晚熟品种。目前国际市场上以菌柄长（13～15cm）、菌盖小，不易开伞，柄质细嫩，洁白或奶白色为上等。南方宜栽培中、高温型品种，北方宜栽培中、低温型品种。选择使用的菌种菌龄在常温下（24℃左右）培养 30 天以内，老化菌种影响成活率和子实体产量。按金针菇子实体颜色的深浅可分为三种类型：金黄色品系、乳黄色品系、白色品系。其中白色金针菇商品价值较高，它是黄金针菇的变异菌株，多是通过人工驯化、杂交等手段育成。目前栽培的金针菇常见品种如下：

① 长坂1号菌株。其特点是子实体丛生、生长整齐，菌盖球形或半球形，直径0.5～1.5cm，菌柄长25～45cm，直径0.2cm，基部有白色细绒毛，子实体生长温度5～23℃，以6～10℃最适宜，生物学转化率100%～120%。

② FV-21菌株。其特点是菌盖半球形，内卷呈帽状，不易开伞，直径1～2cm，菌柄长15～20cm，直径0.2～0.3cm，不易倒伏，基部有细绒毛，子实体发生温度5～20℃，以10～15℃最适。喜弱光，生物转化率85%～120%。

③ FV-70-1菌株。其特点是菇蕾多，生长整齐，菌盖球形或半球形，内卷不易开伞，菌盖直径0.5～1.0cm。弱光下洁白，强散射光下浅白色。菌柄细而挺直，直径0.15～0.2cm，长18～20cm，不扭曲，无绒毛，子实体发育温度3～25℃，5～12℃最适宜，用发酵料栽培生物学转化率100%～150%。

④ FV-089菌株。其子实体丛生，菇蕾多，生长整齐，菌盖球形或半球形，直径0.5～1.5cm，颜色洁白，菌柄脆硬，长15～20厘米，直径0.2～0.4cm，基部无绒毛，子实体发生温度范围5～22℃，最适8～12℃。弱光下生长整齐健壮，生物转化率100%～120%，商品菇95%以上。

⑤ 8909菌株。其特点是菇蕾多，生长整齐，菌盖球形，内卷不易开伞，直径0.5～1.7cm，菌柄较粗0.3～0.7cm，长13～15cm，子实体生长温度5～20℃，以7～12℃温度和弱光下，子实体生长洁白而健壮，温度超过17℃，湿度90%以上，易发生棉腐等病。

⑥ FV-9菌株。其子实体乳白色，盖球形或半球形，菌柄长15～20cm，直径0.3～0.4cm，基部绒毛极少，子实体生长温度5～20℃，以6～14℃最适宜。黑暗或微光培养，生物学转化率85%～95%，商品菇占90%以上。

（6）培养料配方

① 棉籽壳90%，玉米粉3%，麸皮5%，石膏和糖各1%。

② 棉籽壳78%，玉米粉20%，糖和碳酸钙各1%。

③ 棉籽壳89%，麸皮10%，石膏1%。

④ 木屑73%，麸皮25%，糖和石膏各1%。

⑤ 木屑70%，麸皮23%，玉米粉5%，糖和石膏各1%。

⑥ 木屑35%，棉籽壳35%，麸皮23%，玉米粉5%，糖和石膏各1%。

⑦ 木屑40%，棉籽壳36%，麸皮20%，糖、石膏、尿素和石灰各1%。

⑧ 玉米芯73%，麸皮25%，糖和石膏各1%。

⑨ 玉米芯37%，棉籽壳50%，麸皮10%，糖、石膏、石灰各1%。

⑩ 稻草或麦草50%，木屑22%，麸皮25%，尿素、石膏、石灰各1%。

⑪ 醋糟78%，棉壳20.5%，石膏1%，磷酸二氢钾0.5%。

⑫ 酒糟56%，谷壳或高粱壳40%，糖1%，石膏1%，石灰2%。

以上培养料的含水量均为65%～70%，pH6.5～7。除以上配方外，各地可根据当地资源选择主、辅料调配新的配方。

（7）拌料和装袋

① 拌料　根据培养基配比，准确称量所用主、辅料。将木屑、棉壳、石膏先干拌均匀，再根据干料重量计算出所用水量，将糖、石灰等可溶于水的物质溶解在水内，然后分次将水加入料中，边加水边搅拌，反复拌多遍，最后使培养料含水量达65%。不易吸水的料，如棉壳、麦草、玉米芯，可先加水预湿，然后再和其他料拌匀。经堆积发酵的陈木屑比新鲜木屑更有利于金针菇利用。当天配制的培养料让料内吸足水分后，立即装袋。

② 装袋　装袋可用手工也可用装袋机操作。装袋机装料时，将一头扎好口的塑料筒套

在装袋机的套筒上。一手轻抓套筒的出口处，一手托在塑料袋末端，让料自然均匀落在塑料袋内。手工装袋，先用塑料绳将筒的一头扎好，然后将培养料装入筒内，边装边轻轻压实，用力要均匀，使袋壁光滑而无空隙。装料 20cm 左右后，把筒口合拢扭紧，用塑料绳扎好，以袋筒两端能扎死口为原则。袋装好后，立即装锅灭菌。

（8）灭菌　灭菌方法有常压蒸汽灭菌和高压蒸汽灭菌两种。采用高压灭菌时，当锅上压力达 $1.5kgf/cm^2$ 时，维持 2h。生产上一般采用常压蒸汽灭菌，灭菌前将袋直立排放在灭菌锅内，平放易破，且蒸汽流通不畅，放袋要留有空隙，以利蒸汽在袋周围回旋，提高灭菌效果。搬运和堆放要轻拿轻放，点火前要将灭菌锅封严，升温后温度要相对稳定，维持 8～10h。灭菌完毕，降温、排气不要过急，最好采用自然降压冷却，以防塑料袋向外膨胀，甚至爆破。灭过菌的料袋，移入接种室或干净通风地方降温，待袋温降至 30℃ 以下时，便可接种。

（9）接种　栽培袋可不必冷却到常温，只要基质内温度为 25℃ 左右时即可接种，这样可以利用基质的余热加快菌丝定植的速度。采用无菌箱或无菌室接种，或用电子灭菌接种机进行接种。接种人员的手和所用工具都要用酒精消毒，接种时最好两个人配合，严格无菌操作。

（10）发菌培养　接过菌的袋要竖立在床架或地面，若两端接种的长袋可卧放床架，一般叠放 2～3 层。培养室温度控制在 20～25℃，空气湿度 70% 以下，闭光培养。在接种后7～10天应经常开通气孔通气，并翻动和倒换菌袋，即将上下、内外的菌袋调换位置，有利于菌丝生长整齐一致。秋栽金针菇，在 9～10 月中旬接种后，气温还较高，应在早、晚开门窗通气散热，白天关闭门窗或通气孔阻止热空气进入，到 11 月份，当气温变凉时，白天可通气，晚上关闭保温。接种后约 30～35 天，菌丝可长满袋。

（11）出菇管理

菌丝长满袋后，当菌丝体面上有黄色水珠出现时，有些早熟品种可出现小菇蕾，这标志着菌丝已达到生理成熟，菌丝体生长就要转入子实体发育，应进行出菇管理。

① 出菇前管理　主要有两项工作：一是开袋口，开袋口时间根据品种特性和市场情况及气温情况，分批开袋，早熟品种先开袋，晚熟品种后开袋，市场形势好早开，气温适宜及时开袋；二是搔菌，即开袋后用搔菌机（或手工）去除老菌种块和菌皮，以促使菌丝发生厚基。通过搔菌可使子实体从培养基表面同步发生。其方法是用搔菌耙或钩先把老菌种扒净，再将表面菌皮轻轻划破，不要划太深。其作用原理是增加菌丝与空气接触，刺激菌蕾形成，并使菌蕾发育整齐。搔菌的适宜时间是以菌丝体表面出现黄水珠为标志。搔菌后应把薄膜袋拉直，排放在床架或地面上，及时在袋口覆盖薄膜或报纸。开袋口、搔菌和覆盖袋口要一气完成，防止表面被风吹干。

② 催蕾　搔菌和覆盖袋口后，棚温控制在 12～15℃，湿度 85%～90%，每天揭膜通风1～2次，每次约 20min，给予一定散射光，诱导子实体形成。约 5～7 天，表面便可看到鱼籽般的菇蕾，蕾出现后，每天至少通风 2 次，每次 20～30min。揭膜通风时，要将膜上水珠抖掉，防止水滴在菌盖上，引起腐烂。一般 12 天左右便可看到子实体雏形，催蕾结束。

③ 抑菇　抑菌的作用是抑制子实体过多分枝，使菇蕾缓慢生长，促使金针菇菌柄长度整齐一致，组织紧密。抑菇时间是当菇柄长至 1～3cm 时，约在现蕾后的 3～5 天进行。抑菇期间菇棚温度降至 8～10℃，停止喷水，湿度控制在 80%～85%，加大通风量，每次通气时间 0.5～1h。增加散射光强度。在以上条件下，管理 3～5 天，金针菇可缓慢长成健壮一致的菇丛。

④ 长菇期管理　经抑菇后要转入长菇期，长菇期管理的目的是促使菌柄伸长，而抑制菌盖生长。管理的措施是菇棚温度调至 8～12℃，湿度 85%～90%。每天向地面和空间喷

水增加湿度，结合喷水揭膜通 20～30min。以 80～100Lx 光照强度，诱导菇丛整齐生长，不扭曲。或用红色弱光诱导菇柄伸长，因金针菇子实体具有很强的向光性，因此发好菌上架以后，可以在两排墙正中上方，每隔 4m 左右吊装一个 15W 红色灯泡，产生垂直光，可诱导菇柄成束地向着光的方向横生，促使菇体延伸。但此时应将门窗进行遮光处理，以防菇体乱长、倒伏和弯曲。如遇高温天气，要减少喷水，加大通风量。菇棚通气和揭膜通气不要同时进行，一般先大棚通气，再揭膜通气，盖膜后再喷水，以上措施一直管理到采收。

⑤ 套筒　搔菌后原基形成时，以长度 15cm 左右的纸套套在袋口上，其作用是防止金针菇下垂散，减少氧气供应，抑制菌盖生长，促进菌柄伸长。套筒后每天纸筒上可喷少量水，保持湿度 90% 左右，早晚通风 15～20min，温度保持在 6～8℃ 之间，以利金针菇柄整齐发育。

（12）采收及采收后管理

① 采收标准　菇柄长 10～15cm，菌盖直径 1cm。袋栽金针菇从接种到采收约 60～65 天。采收前 1 天停止喷水，并去掉覆盖物，散去菇体上水分。采收时一手拿菌袋，一手轻轻成丛采下，剪去根部附带的培养料和须根，放入筐内，分级包装。

② 采收后管理　采收后，清理干净料面，挖去残菇和老菌皮，进行搔菌。搔菌后停止喷水 3～5 天进行养菌。养菌后每袋注入清水 100～200g，浸 1～2 天，倒去多余水分，补水后暂不盖袋口，通风 1～2 次，使菌丝体表面稍干后，再盖膜催蕾进行第二潮菇管理。约经 15～20 天，可采收第二潮菇。

2. 熟料瓶栽技术

瓶栽是金针菇栽培的主要方式。日本瓶栽金针菇已进行全年的工厂化、自动化生产模式，使金针菇成为菇类栽培中机械化、自动化水平最高的一种食用菌。我国目前采用的多是普通瓶栽技术。

栽培容器常用 750mL、800mL 或 1000mL 的无色玻璃瓶或塑料瓶，瓶口径约 7cm 为宜，瓶口大，通气好，菇蕾可大量发生，菇的质量也高。用 800mL 的塑料瓶装料，大约每瓶装料 480g 左右，培养料表面要压实，并保证每瓶装入的培养料相等，松紧、高低一致，以利将来发菌、出菇的一致。瓶口用封口膜封好后，要立即进行灭菌处理；其他管理同袋栽。

3. 生料床栽技术

金针菇与平菇一样，也可进行生料床栽。生料床栽一般以霜降之后至春节前后进行。

（1）场地选择　菇场应选择清洁卫生，无杂菌，无虫害，无杂物，无污物，远离畜舍、厕所，且通风良好的地方。若室内栽培，不论面积大小，都要有门窗，能通风。地面最好是水泥地面，如是泥地，要彻底消毒灭虫。如有床架，必须进行拆洗和消毒。若是室外阳畦或大棚栽培，场地选坐北向南，东西走向为好。

（2）菇床准备　菇床可挖坑深 30～35cm，宽 70～80cm，长度不限，一般以 6m 为宜。坑底略呈龟背形，坑壁内侧四周各留 5～8cm 浅沟作出菇进水增湿之用。南北两边各留 60cm 为操作人行道。人行道中央挖 5～10cm 深、宽的三角形浅沟一条，以便下雨时使弓棚积水。东西两侧，挖排水沟各一条，宽 50cm，深 50cm，作为雨季排水之用。栽培场所用 2% 敌敌畏和 5% 石灰水喷洒，室内场所的门窗须进行遮光处理。如用人防工事栽培，在黑暗地方，一般 5m 左右装一盏 15W 灯泡即可。一般菌床规格不宜过宽，以不超过 80cm 为好，垫在培养料下的地膜最好是宽幅的，上端还必须能支高 30～50cm。

（3）栽培料配方　培养料一般以棉籽壳为主。原料要求新鲜或干燥，无霉变及虫害。对于隔夏的原料都应曝晒，剔除杂质。以下四种配方供选择：

配方一：棉籽壳或玉米芯粉 88%，麸皮 10%，糖 1%，熟石灰 0.8%，多菌灵 0.2%。

配方二：棉籽壳 95%，玉米粉 3%，糖 1%，石灰 0.5%，酒石酸 0.05%，硫酸镁 0.25%，多菌灵 0.2%。

配方三：棉籽壳 95%，玉米粉 3%，糖 1%，石膏粉 0.8%，多菌灵 0.2%。

配方四：棉籽壳 96%，玉米粉 3.2%，尿素 0.5%，磷酸二氢钾 0.1%，多菌灵 0.2%。

以上四种培养料配方，其料水比均为 1:(1.3～1.4)，pH 值 7～7.5。

(4) 拌料 拌料时，应先将糖、熟石灰等溶于足量的热水中，再将麸皮、玉米粉拌入棉籽壳中，边混合边加入含有糖等物质的水，搅拌均匀闷置半小时后再拌和使用。

(5) 播种 菌床的制作工序为，把擦洗消毒过的塑料布铺在地上，塑料布宽 2m，长 6m 左右。将拌好的料放在塑料布中间，分 3 层与 4 层进行播种。菌种分配量为底层、中层和四周菌床压实、压平，使菌床成龟背形。菌种量不能低于培养料总量的 10%。播种结束后，料面盖旧报纸，上加几根稻草，然后将地膜折回，盖在报纸上。

(6) 菌床管理 播种后 10 天内，不作任何翻动。10 天以后检查，如菌种没有萌动，可以轻揭掀动薄膜通风。在 7～10℃下，经 40～60 天菌丝可布满床面，并普遍深入培养基 2～3cm。从此时起，每天要揭膜通风 10min，使床面很快由灰白色转为雪白色，并有棕色液滴出现。此时即可进行催蕾管理，把薄膜加高 10cm 以上成拱形，保持空气相对湿度 85% 以上，菇房每日通风 2～3 次，揭膜 1～2 次（每次 20min）。揭膜换气必须在通风后进行，约 1 周后产生大量菇蕾。

出菇后，菌床要保持湿润，但也不能过湿。喷水要呈雾状，少喷勤喷，切勿直接喷在幼菇的料面上。如菌床有积水，必须用药棉吸掉。当菌柄长 1～2cm 时，膜内相对湿度应保持在 90% 左右，当柄长超过 10cm，膜内相对湿度应降至 80%～85%。这一阶段菇房温度最好控制在 10～12℃，并且注意室内栽培从开始一直要遮光。

(7) 采收 床栽金针菇要及时采收。以菌盖开伞度 3 成左右为最适时期。采收时一手按住菇床，一手握住菇丛的基部轻轻拔出，不要留柄。将菌床表面的老菌块轻轻耙去，然后在床面喷少量清水后盖膜，不久又会形成第二批菇蕾。之后还按出菇管理进行。

四、工厂化金针菇生产

食用菌工厂化栽培，在一些主产国已实现工业化和机械化，并正在向着自动化和电子化方向发展（如图 3-26）。机械化和自动化程度较高的有荷兰、法国、美国和英国。金针菇生产，一般连续生产工艺经历以下阶段：把秸秆粉碎或切碎，通过粉碎机的管道把草粉鼓入原料槽，原料借重力进入搅拌机，在此加入其他辅料，并打开喷雾器，把培养料含水量调到 70%；然后通过螺旋推进器，把培养料缓慢地推过消毒管道（80～120℃ 1h）进行灭菌，再通过螺旋推进器把灭菌后的培养料推过冷却管道，冷却至 25～30℃，进入分装室；在分装室，通过计量控制装置，按培养料比菌种等于 10:1 的比例，混合装入塑料容器中，再把培养料送到培养室。当菌丝长满后，让其在培养室中产生金针菇（如图 3-27）。

图 3-26 食用菌工厂化生产车间

图 3-27 食用菌工厂化生产培养室

第五节　银耳栽培技术

一、简介

银耳又名白木耳、雪耳，是名贵的食用菌和药用菌。在分类学上隶属于真菌门、层菌纲、有隔担子菌亚纲、银耳目、银耳科、银耳属。在自然界银耳除了少数的种类生于土壤或寄生于其他真菌上之外，绝大多数的种类都腐生于各种阔叶树或针叶树的原木上。

近年来，随着人民生活水平的提高，我国银耳消费已进入千家万户，加上国际市场的开拓，银耳更是闻名全球。据分析，银耳的营养成分相当丰富，含有蛋白质、脂肪和多种维生素及糖类。尤其是在蛋白质中含有人体所必需的氨基酸。银耳还含有多种矿物质，如钙、磷、铁、钾、钠、镁、硫等，其中钙、铁的含量很高，在每 100g 银耳中，含钙 643mg、铁 30.4mg。此外，银耳中还含有海藻糖、多缩戊糖、甘露醇等糖类，营养价值很高，具有扶正强壮的作用，是一种高级滋养补品。故自古以来，银耳一直作为一种健身的滋补珍品，其具有甘平无毒、润肺生津、滋阴养胃、益气和血、健脑嫩肤、恢复肌肉疲劳等功效。因此，它不仅有山珍美名之称，而且在医药学中也是一种久负盛名的良药。从我国汉代《神农本草经》到明代杰出的医学家李时珍的《本草纲目》，以及近代《中国药学大辞典》对银耳药用的功效都作过记载。据张仁安《本草诗解药性注》云："此物有麦冬之润而无其寒，有玉竹之甘而无其腻，诚润肺滋阴要品"，足与人参、鹿茸、燕窝媲美。例如，银耳中的有效成分酸性多糖类物质，能增强人体的免疫力，调动淋巴细胞，加强白细胞的吞噬能力，兴奋骨髓造血功能，还具有抗肿瘤作用。

银耳栽培在我国历史悠久，以四川通江银耳、福建漳州银耳最著名。我国食药用菌科学家首先将银耳及其伴生的香灰菌分离培养成功，由此发展了银耳的人工段木及代料栽培技术，并由瓶栽发展至袋栽，产量得以大幅度提高。目前，我国银耳单产及总产都居于世界首位。

二、生物学特性

1. 形态特征

（1）子实体　银耳新鲜的子实体呈乳白色，胶质，半透明，柔软有弹性，由数片至 10 余瓣片组成，形似菊花形、牡丹形或绣球形（图 3-28），直径 3～15cm，干后收缩，角质，硬而脆，白色或米黄色。子实层生于耳片的两个表面，担子卵球形或近球形，十字形垂直或稍斜分割成四个细胞（也称为下担子），每个细胞上生一枚细长的柄（也称为上担子），每一枚上担子上生一枚担孢子梗，担孢子小梗上端再生一枚担孢子，担孢子成堆时白色，在显微镜下无色透明，卵球形或卵形。担孢子产生芽管，萌发成菌丝或以出芽方式产生酵母状分生孢子。

图 3-28　银耳形态

（2）菌丝体　银耳菌丝体是混合菌丝类型。它包括银耳菌丝和香灰菌丝，二者之间是单向共生关系；银耳菌丝几乎没有分解木质素、纤维素的能力，也不能利用淀粉。在自然条件下，银耳菌丝需要香灰菌丝的帮助才能分解、吸收木材中的有机物。香灰菌丝有分解纤维素和木质素的能力，把银耳菌丝无法直接利用的材料变成可被利用的营养成分。

菌丝体的形态特征：菌丝呈白色，纤细，粗细不均。气生菌丝直立、斜立或平贴于培养基表面，基内菌丝生于培养基里面。菌丝直径 1.5～3μm，有横隔膜，有明显的锁状联合，但不是每个横隔膜上都有。生长速度比一般食用菌缓慢，在某些情况下，在培养基表面会出现缠结的菌丝团，并逐渐胶质化，变成小原基。当双核菌丝继续长出新的菌丝时，有时可看到黏糊糊的酵母状分生孢子。但当双核菌丝开始胶质化时，在菌丝顶端可以发现有若干担子样的膨大细胞，这意味着双核菌丝已进入结实阶段。

2. 生活史

银耳的生活史包含一个有性生活周期和若干个无性生活周期：

（1）有性繁殖　银耳是异宗结合，是典型的四极性菌类。银耳的担子能产生四种不同交配型的担孢子，担孢子在适宜的条件下，萌发成单核菌丝，或再生次生担孢子。在单核菌丝生长发育的同时，相邻可亲和的单核菌丝相互结合，经质配，形成具有锁状联合的双核菌丝。随着双核菌丝的生长发育，达到生理成熟的双核菌丝就逐渐发育成"白毛团"，并胶质化成银耳原基；原基在良好的营养和适宜的环境条件下，不断分枝，开展为洁白如银的耳片。随后从子实层上弹射出担孢子，完成其生活史。

（2）无性繁殖　在一定的条件下，银耳担孢子会反复芽殖，产生大量的酵母状分生孢子。当条件适宜时，酵母状分生孢子便萌发成单核菌丝，并按上述的方式完成其生活史。无论单核菌丝还是双核菌丝，只要受到环境条件的刺激，如受热（接种针未冷却）、搅动（接种时用力搅拌）、浸水（培养基表面有游离水），都可以断裂成节孢子。待自然条件好转之后，节孢子也会萌发成单核或双核菌丝，并按上述的方式继续完成它的生活史。

3. 生活条件

（1）营养　银耳属于木腐生菌类型。由于香灰菌生长较旺盛，在人工栽培时培养料需添配一些营养物质来满足银耳的生长发育需要，所需的碳源主要有纤维素、半纤维素、木质素、淀粉等。氮源主要有蛋白质、氨基酸等。微量元素主要有磷酸氢二钾、无机盐、硫酸钙、硫酸镁等。

银耳是一种早熟、生长期短的胶质菌。因此，要使银耳生长发育得好，达到优质丰产，必须选用营养丰富、可溶性物质多、木质松软、易被分解的原材料。银耳菌丝和酵母状分生孢子能同化的碳源有葡萄糖、蔗糖、麦芽糖、半乳糖、甘露糖、木糖、纤维二糖、乙醇、醋酸钠；不能同化乳糖、纤维素、可溶性淀粉、乙二醇、丙二醇、丙二醇。能同化的氮源有蛋白胨、硫酸铵；不能同化硝酸钾。

在银耳适生树（如枹栎、拟赤杨）的树皮浸出液中，酵母状分生孢子繁殖特别快而且旺盛。培养基中加入过磷酸钙或香灰菌丝的培养液，对银耳担孢子或酵母状分生孢子的萌发有促进作用。

（2）温度　银耳属中温型真菌，春秋两季为最佳栽培期。温度对银耳担孢子的萌发、菌丝的生长、子实体的发育影响很大。菌丝生长范围 6～32℃，最适宜温度 22～26℃，如长期超过 28℃，菌丝生长不良，并大量分泌黄水；低于 18℃，菌丝生长缓慢，子实体生长最适宜温度为 23～26℃。

（3）水分与湿度　银耳在生长过程中要求潮湿环境。实验证明，接种时段木中的含水量以 42%～47% 为宜，木屑培养基中的含水量以 60%～65% 为宜，子实体发生时段木木质部的含水量以 42%～47% 为宜，树皮含水量以 44%～50% 为宜，空气中的相对湿度以 80%～95% 为宜。银耳菌丝较耐干旱，不耐水湿，长期干旱银耳菌丝（段木中）不易死亡，而香灰菌丝（又称羽毛状菌丝）易死亡，长期浸水，部分银耳菌丝断裂为节孢子（菌落形状仍和酵母状分生孢子的菌落相似），而香灰菌丝则生长正常。孢子在适湿的条件下（相对湿度 70%～80%）才能萌发成菌丝，菌丝亦在适湿的条件下定植，蔓延生长，并在一定的发育阶段分化和产生子实体原基。在过湿条件下不易萌发成菌丝，而是以芽殖方式形成酵母状分生孢子，或菌丝生长柔弱、纤细、稀疏，子实体分化不良或胶化成团。

（4）空气　银耳是一种好气性真菌，菌丝萌发对氧气的需要，随着菌丝量的增加而增加。氧气充足，子实体分化迅速，在缺氧的情况下，菌丝生长缓慢，子实体分化迟缓。所以，在栽培过程中，必须适当通风换气，银耳才能正常开片，尤其瓶栽时，如果水分太多，氧气不足，原基分化迟，扭结后的胶质团长期不开片。

（5）光线　银耳子实体的分化、发育需要一定的散射光，在 $50\sim600lx$ 的光照条件下，银耳的生长发育都很正常。强烈的直射光，不利于银耳菌丝萌发及子实体分化，散射光能促进孢子的萌发和子实体的分化。不同的光照对银耳子实体的色泽有明显关系：暗光，耳黄，子实体分化迟缓；适当的散射光，耳白质优。

（6）酸碱度　实验表明，银耳是喜微酸性真菌，菌丝生长的 pH 值在 $4\sim8$ 之间，最适应 $5.5\sim6$，大于 7 时，生长明显减慢。

三、银耳近缘种

银耳属约包括 $40\sim60$ 多个种，它们在形态上是极相似的，容易混淆，为了便于鉴别，现将主要的近缘种介绍如下：

1. 橙耳 （T. cinnabarina）

橙耳又称橙银耳、朱砂色银耳。新鲜时子实体橙黄色，成熟时褪为淡黄色或白色，宽 $6\sim7cm$，由许多瓣片组成，但成熟时耳片中空，子实层覆于整个耳片表面。担子卵形，浅白色，十字分割，担孢子球形，有小尖，直径 $6\sim7\mu m$，长芽管或反复出芽形成酵母状分生孢子，通常生于栲树的枯干上。

2. 茶耳 （T. foliacea）

茶耳又称茶银耳。新鲜的子实体呈红褐色或褐色，有黏液，半透明，韧胶质，干时黑色，角质脆，由卷曲的瓣片组成，横切面有明显的髓层（菌丝平行走向）。担孢子呈极淡的黄色至透明，近球形，基部尖。

3. 血耳 （T. sanguinea）

子实体呈胶质，叶状，大型，叶片萎软状，富含酱油状色素，水溶性，可食用和药用。

4. 金耳 （T. aurantia）

金耳又称黄木耳。金耳新鲜时子实体橙黄色，脑状，不规则皱卷，基部狭小，从树皮裂缝中长出，宽 $6\sim14cm$，高约 $3\sim4cm$，胶质，干后收缩，但基本保持原有的形状和颜色，子实层覆于子实体的整个表面，内部由粗毛硬革的菌丝组成，担子梨形，担孢子近球形至卵形，微黄色，长芽管或以出芽的方式形成酵母状分生孢子。主要生于麻栎等阔叶树的枯干上。

四、菌种培养

1. 母种的分离与培养

（1）银耳菌丝的分离　栽培银耳要获得高产，优质菌种是关键。获得银耳菌种的方法主要有担孢子弹射分离法、组织分离法和耳木分离法。

① 孢子弹射分离法（参考菌种分离育种部分）。

② 组织分离法（参考菌种分离育种部分）。

③ 耳木分离法　利用长了银耳子实体的段木（简称耳木）来进行分离，是目前获得有实用价值的银耳菌种最主要的方法。

耳木分离法的主要技术是排除耳木中杂菌的干扰，防止分离时污染杂菌，必须把银耳菌丝和香灰菌丝单独分离出来。耳木分离法的主要步骤如下：

a. 耳木选择　在长第一、二批银耳时，取长耳最多，质量最好（尤其是片宽、色白），杂菌最少的耳木一小段，作为分离材料。分离材料经风干，并用熏蒸剂驱虫后，移入无菌箱或无菌室中进行分离。

b. 耳木灭菌　先把耳木锯成 2～4cm 厚的木轮，然后去掉树皮、耳基，放入接种箱（室）中，耳木表面用 70％酒精揩擦灭菌，技术熟练者也可以不经表面灭菌，就进行分离。

c. 耳木取种　通过耳基着生处把耳木纵切成两瓣，然后，在耳基着生处的正下方木材内部剃取极小的木屑粉末，接种在试管中的培养基表面。不能用小木片，接种块越小，得到银耳纯菌种的机会越大；接种块越大，得到香灰菌丝或香灰菌丝夹杂一点银耳菌丝的机会越多。接种后，把试管放在 20～28℃的室温下培养，数天之后接种块的周围就开始长出菌丝来。

d. 分离结果　由于分离的技巧不同，分离的结果也不一样，大致可以得到如下几种结果：只得到银耳菌丝；只得到香灰菌丝；同时得到银耳菌丝和香灰菌丝，但香灰菌丝占绝对多数；得到银耳酵母状分生孢子和香灰菌丝。如果有杂菌干扰，分离的结果就更复杂了。为了获得有生产价值的银耳菌种，在分离后的第 3～7 天内要天天观察，把银耳菌丝和香灰菌丝单独分离出来。纯香灰菌丝色白，粗短，爬壁力强。分离后要根据其爬壁力强的特点，及时转管提纯，这样就能得到理想的香灰菌丝。

还可用"U"形玻璃管提纯香灰菌丝，取 1～2cm 口径的"U"形玻璃管数只，装上木屑培养基，两端口径用塑料封口膜包扎严，灭菌后在接种箱内，用接种针挑香灰菌丝前端白色处一点接于"U"形管一端，经培养菌丝长至另一端后，再挑去一点放入另一"U"形管内。这样反复提纯，可获得香灰菌纯菌丝。

(2) 银耳菌丝与香灰菌的混合　获得较纯的银耳菌丝和香灰菌丝后，要进行交会，然后才能用于母种及栽培种的生产。交会的方法：先将银耳接种在试管的培养基上，在 23～25℃的环境中培养 5～7 天，待银耳菌丝长到黄豆大小时，把香灰菌丝接于银耳菌落旁边距0.5cm 处，在同样温度下培养 7～10 天，待香灰菌丝蔓延全试管时即为母种。

在生产上，为了保证银耳菌种的质量，科研人员首先把银耳双核菌丝"白毛团"、酵母状分生孢子、香灰菌丝（又称羽毛状菌丝）分别单独培养，分开保藏。只有到了制种季节才把两种纯菌种搭配起来，进行混合培养，制成生产上用的母种、原种及栽培种，供各地菌种场或栽培者使用。由此可以知道，研究单位保藏的银耳菌种和生产单位使用的菌种是不同的。生产用的银耳母种、原种和栽培种则是双菌培养物，即把银耳菌丝与香灰菌丝同时接种在培养基中进行混合培养，这样的菌种一般只使用一次。否则在转管时容易人为地把双菌分开，使培养物中银耳菌丝逐渐减少，绝大部分剩下香灰菌丝而致使银耳栽培失败。

2. 原种、栽培种的培养

原种培养基的原材料主要采用 66％棉籽壳、30％麸皮、1％蔗糖、1％石膏粉、1.5％黄豆粉、0.5％硫酸镁，混合拌匀后加水，使含水量达 60％～65％，然后装入瓶中，用封口膜封口，灭菌消毒。灭菌方法采用高压灭菌法，在 0.12～0.14Pa 压力下保持 2h。灭菌后在高压罐中闷 10h，然后将瓶取出冷却放入接种箱内进行接种，母种接原种时，将 1 支试管母种划菌块为 6～8 段，弃去先端，挑取菌块带上培养基移入菌种瓶内的培养基上，置于 20～28℃恒温下培养菌丝，长满瓶后即成原种。一般 1 支试管母种可转原种 6～8 瓶，原种移接栽培种时，将原种挑取蚕豆大小的 1 块移于菌种瓶（袋）的培养基上，置于 20～28℃恒温下培养，长满瓶后即成栽培种。1 瓶原种可以扩制成 50～60 瓶栽培种。接种后菌丝从表面自上而下蔓延生长直到菌丝长满瓶，一般需要 25～30 天。为了缩小菌种瓶内上下部位菌丝生长的菌龄差距，可采用两点接种法，即将菌种的 1/2 接种于培养基中央孔内，其余 1/2 菌种放在培养基表面，经过培养，可使菌种瓶上、下菌丝同步向培养基中生长，可提前 7～10天菌丝长满瓶，且使菌丝的生长势、菌龄较一致。

五、栽培管理技术

根据银耳子实体的生长温度范围，以春、秋季自然气温下栽培为好。由于各地气候条件不同，只要最高温度不超过 28℃，最低温度不低于 20℃时，就可栽培银耳。

1. 熟料袋栽银耳

（1）耳房设置　专业性栽培房棚规格以 9m×4m×4m（长、宽、高）为宜，房内搭 8～11 层架床，一次可排放耳袋 3000 个，每批生产周期 35～40 天，一年可栽培 6 批，形成多层次立体栽培。

（2）栽培季节　银耳属于中温型菌类，菌丝生长最适温度为 22～26℃，子实体发育最适温度 23～26℃。栽培季节以春、秋两季自然气温最适，也可采取冬季栽培房加温，夏季野外搭荫棚栽培。

（3）培养基配制　栽培银耳的原料十分广泛，以棉籽壳最为理想。此外，杂木屑、玉米芯、甘蔗渣等也是常用的原料。常用的培养基配方为：

① 棉籽壳 85%，麦麸 13%，石膏粉 1.5%，蔗糖 0.5%。

② 棉籽壳 80%，麦麸 15%，玉米粉 3%，石膏粉 1%，蔗糖 1%。

采取其他原料栽培时，适当增加麦麸用量，比例应不低于 20%。各料混合拌匀后加水调湿，培养料含水量至 60%，pH 值 5.2～5.8。含水量测定可用手握料检测，要求指缝间不滴水，掌心潮湿感为度，平放地面即散开。

（4）装袋灭菌　栽培袋采用低压聚乙烯薄膜袋，袋子规格 12～55cm，每袋装干料 600g，袋子正面打 3～4 个接种穴，穴口用胶布贴封。装袋后常压灭菌，温度升至 100℃，持续 16～20h，然后卸袋疏排、冷却。

① 装袋　培养料拌匀后，要及时装入塑料袋内。塑料袋通常用高密度低压聚乙烯袋，柔而韧，抗张力强，能耐 100℃ 的高温。袋长 55cm 左右，直径 8～10cm，袋底密封。规模化栽培银耳通常采用装袋机装料，如果是小规模栽培，也可以用手工装袋。手工装料时，一定要把培养料装紧压实。装料结束后，就转入打孔接种，接种孔可以用专用的打孔器或自制的钢管，在袋子正面打 3～4 个接种孔；孔口直径 1.2cm、深 2cm 左右，接种孔之间的距离要均匀。打完接种孔后，把边长 3cm 左右的胶布贴在接种孔上，使胶布紧贴在袋膜上。如果封口胶布粘贴不紧，料袋灭菌时，会使水分渗透到袋内，造成胶布润湿，易侵入杂菌。

② 灭菌　贴好胶布后，就可以灭菌了。灭菌方法同木耳。灭菌后，把料袋搬到消毒过的房间中冷却，然后在无菌条件下进行接种。接种要求严格执行无菌操作，接种时启开孔口胶布，要立即用接种针提取银耳菌种接入穴内，并顺手贴封孔口胶布。接种后接种孔的表面最好要比孔口低凹 5mm，每瓶菌种可接 40～50 袋。接种前应把银耳菌种反复拌匀，使两种菌丝混合均匀，由于银耳菌种是由银耳菌丝和香灰菌丝混合构成的，而银耳菌丝生长在培养基表层，香灰菌丝则生长在培养基深层。因此，接种前必须进行菌种搅拌。

③ 发菌培养　接种后，把菌袋排放在经杀菌、杀虫处理后的发菌室架上或以"#"字形堆叠在发菌室中培养，定期观察。若发现污染杂菌，应当时捡出。发菌室早春、晚秋或冬季要保温，并保持干燥。晚春、夏秋应阴凉干燥，并能适当地通风透气、透光。室内温度控制在 25～28℃，以促使香灰菌丝迅速恢复、定植、蔓延，尽快封口，使香灰菌丝占绝对生物量，以防止其他杂菌的侵入。如超过 30℃ 时，应及时开窗通风降温，低于 18℃ 应关闭门窗加温，发菌阶段空间相对湿度控制在 70% 以下，严防潮湿。

④ 子实体形成期　在栽培房中培养 4～5 天后，菌丝逐渐布满整个菌袋，这个时候菌袋内的氧气已经基本消耗完了。所以，应该及时用刀片在胶布四周各划一刀，然后把接种穴上的胶布一次性揭除，让新鲜空气进入袋内。揭完胶布后，把菌袋一袋挨着一袋侧放在培养架上，在上面盖上一层报纸，然后用喷雾器在报纸上面喷水，促进菌丝生长及白毛团原基分化成子实体。

当接种后的 13～18 天白毛团原基逐渐分化成子实体时，这是管理的关键阶段，稍有疏忽可能使银耳减产甚至绝产。在这段时间温度应控制在 20～25℃，空气相对湿度应保持在

85%～93%，并要经常观察种孔是不是有白毛团原基或黄水出现。如果黄水过多，应该把它倒掉或把银耳袋的孔口倾斜，让黄水流出，并要注意降温保湿。当温度高于28℃时，应加强通风喷水，在喷水之前，要先用手把报纸提起，轻轻地抖一下，然后在报纸上面喷雾水。每天早、晚各通风一次，每次通风20min左右。

⑤ 子实体生长期　接种后第18天左右，当幼耳长到3～4cm时，就进入了子实体生长期。在子实体生长期，应使温度保持在23～25℃，空气相对湿度保持在90%～95%之间。温度太低时，要进行增温；温度太高时，则要加强通风，并在报纸上喷水降温。接种后第25天左右，当子实体长到6～8cm时，如果湿度太低可以掀开报纸，直接向幼耳喷雾水，每天喷2～3次；喷水后要通风1h左右，使温度保持在20～25℃。

⑥ 子实体成熟期　接种后30天左右，当子实体长到直径12cm左右时，进入成熟期。成熟期要停止喷水，这一阶段发耳室空间湿度要降到80%左右，气温掌握在23～24℃。在银耳成熟期，一般每天通风3次，每次30min左右，使室内空气保持新鲜，子实体有足量的氧气。银耳子实体进入成熟期时，除停湿通风外，还需要一定的散射光。光线可以促进耳片色泽增白，还可以杀灭耳片上的细菌。为此，每天上午8～10时应打开门窗，让阳光透进耳架，照射子实体，促进耳片色泽鲜白，使耳片变厚，伸展整齐，以获得高品质的银耳。

⑦ 采收　经35～40天培养，子实体已达到成熟。成熟的标准是：耳片已全部伸展，中部没有梗心，表面疏松，舒散如菊花状或牡丹状，触有弹性并有黏腻感，即可采收。适时采收对银耳产量和质量有重要影响：采收偏早，展片不充分，朵形小，耳花不松放，产量低；采收偏晚，耳片薄而失去弹性，光泽度差，耳基易发黑，使品质变差。

采耳时，用锋利小刀紧贴袋面从耳基面将子实体完整割下，应先采健壮好耳，再采病耳。采完后随即去掉黄色耳基，清除杂质，在清水中漂洗干净，置于脱水机内烘干，即成商品上市。

⑧ 再生耳管理　银耳采收后，可进行再生耳管理，其再生率在80%左右，培养15～20天即可采收。但再生耳的耳基较大，耳片小，品质较差。

再生耳的管理方法是：采耳后3天内室内不要喷水，湿度保持在85%即可。温度保持在23～25℃，以利恢复生长。一般在头茬耳割后约3h，耳基上会分泌大量浅黄色水珠，为耳基保持旺盛生命力的症状；无黄色水珠者，则很少能出再生耳。此时要将黄色水珠倒掉，以防浸渍为害。新生耳芽出现后，控制室温20～25℃，相对湿度85%，湿度不足向地面和空中喷水，直到成熟。目前由于栽培水平的提高，第一茬耳单产收益大，故除春栽外，很少有人再进行再生耳的培养。

2. 段木栽培

在有资源的地方，可采用段木栽培，其方法更简单，见效快。适宜栽培银耳的树种很广，青杠树、桤木树、桉树、柳树、榆树、槐树、梧桐树、李树、杏树、梨树、桃树、桑树、枫杨树等都能栽培，树的大小一般直径在5～15cm为宜。栽培时间根据当地自然气温确定，一般适宜在3～4月接种，应提前1～2月砍好段木，让木质部的水自然失去20%～30%时开始接种。

(1) 段木接种与管理　段木接种方法基本同木耳，接种后的耳木及时堆码发菌，并堆成"井"字形，高4尺左右，四周用塑料薄膜围盖，上面用青树枝或草帘覆盖，有利于银耳菌丝发育。在发菌阶段必须每隔10天左右翻一次，并根据耳棒干燥情况，可适当洒点水；经过1个月左右的发菌管理就会出现小银耳，此时应加大湿度和通风换气，使银耳健康生长。

图3-29　银耳立木栽培

若有 30％的银耳出现时，可采用立木栽培（如图 3-29）。为了节约栽培场地，也可以采用多层架的栽培方法，以便于集中管理。室内用水量少，每天洒水 1 次，根据保湿情况增减水分；室外每天洒 2～3 次水。总之，保持空气相对湿度 85％～95％为宜。

（2）采收　银耳成熟后，应及时采收。采收标准是一般采大留小，耳片充分展开，发软时采收。采收方法：用小刀将银耳根处割下，留下耳脚让它重新发芽生长。一般段木栽培当年能收 3～4 批，第二年还可收 2～3 批。银耳采收后，应及时晒干或烘干，妥善贮藏。

【知识链接】　平菇增产小技巧

一、温差刺激法

在平菇子实体形成发育阶段，每天给予 7～12℃的温差刺激，可促使提早出菇和子实体发育整齐。具体方法是：白天盖好薄膜保温，于晴天傍晚或早晨揭膜露床、通风降温，使温差加大；并结合高湿管理诱导出菇。

二、高湿刺激法

先将菌床（或菌块）敞开干燥 1～2 天，然后每天喷水 2～3 次，连喷 2～3 天，让菌块慢慢吸收水分，使菌块表面培养基含水量达到手握时有水滴下落。喷水期间可将菌床敞开通风；喷水后用棉布吸干培养料面上积水，盖上薄膜保温，几天后便可现蕾。采取高湿刺激法要具备两个条件：一是菌丝体必须吃透整个培养基，并达到生理成熟，主要标志为吐黄水，结菌膜，菌丝体略呈黄褐色，甚至出现个别菇蕾；二是培养基必须结块，不能松散。

三、振菌刺激法

当培养基长满菌丝后，用弹性较强的木条挤压、拍打，振动培养料表面，能促使菌丝加速生长和子实体迅速分化，从而起到增产的作用。振菌时用力要匀，以防破坏料面。

四、光照诱导法

室内栽培平菇，子实体形成时需要一定的散射光。平菇播种后宜在黑暗条件下发菌，待菌丝发育好之后再进行曝光，可诱导出菇。菇房缺少光照时，可用电灯光照射补充，也有较好的诱导作用，可加快出菇速度。

五、喷施植物激素法

在幼蕾期用 $0.5 \times 10^{-6} \sim 1 \times 10^{-6}$ 浓度的三十烷醇溶液喷洒 1 次，可促使子实体肥壮和菇色洁白，一般可增产 10％～15％；在菇蕾期、幼菇期和菌盖扩展期各喷施 1 次 0.05％乙烯利溶液，每次每平方米床面喷液 50mL，可使菇体壮实，增产效果明显。

六、味精刺激法

将味精（谷氨酸钠）50g、葡萄糖 500g、维生素 B_1 片剂 100 粒，放入 50kg 水中溶解。在第一潮菇采收后，每隔 7 天左右用上述溶液喷洒 1 次，每平方米菇床喷液 0.5kg，共喷 3～4 次，可使后期产量明显增加。

七、喷施草木灰液法

在每潮菇采收结束后，每 100kg 水中加入 5kg 草木灰，浸泡，然后取其澄清液均匀喷洒在床面上，可促使出菇壮实，并且能预防菇体发红，增产效果比较明显。

八、喷洒复合剂法

用调节剂比久 5g，配硫酸镁 20g、硫酸锌 10g、硼酸 5g、维生素 B_1 250g、尿素 50g，加水 50kg 稀释配制成复合液剂，在菇蕾形成期均匀喷洒在培养料上，可促进子实体的形成与肥大，增产效果显著。

九、施用恩肥法

恩肥是一种新型高浓缩有机复合液肥，可加速食用菌菇体生长及菌丝的复壮，并能抑制杂菌生长。在平菇上施用恩肥，可使出菇提早 3～4 天，并加快转潮，多采收 2～3 潮菇。使用方法：在平菇子实体进入桑椹期后，每平方米床面喷洒 0.1％的恩肥水溶液 100mL，隔 2 天再喷 1 次，每次喷 2 遍，共喷 4 遍。

十、施用稀土法

在食用菌上施用稀土，不仅能取得明显的增产效果，还能改善食用菌品质。平菇施用稀土后，个体增大，肉质增厚，增产效果显著。有两种使用方法：一种是搅拌，每 100kg 培养料取农用硝酸稀土 6～10g 或"菇乐"食用菌稀土营养液 250g，用微酸性水稀释配液，在最后一次翻料时，均匀喷洒在料上拌和；另一种是直接向床面喷施，在平菇子实体普遍长到大豆粒大小时，结合补水向床面喷洒，溶液一般按每 50kg 水加农用硝酸稀土 4～6g 或"菇乐"250g 配制。

【知识链接】 香菇生产小技巧

一、植物生长激素法

植物生长激素的浓度不同，对香菇的菌丝生长作用也不同。吲哚乙酸、赤霉素溶液的浓度小于 1ppm，能促进菌丝生长；而大于 1ppm 时，则会抑制菌丝生长。5ppm 的萘乙酸溶液能促进菌丝生长；而 20～50ppm 的萘乙酸溶液，则对菌丝生长产生抑制作用。只要植物生长激素选择恰当，适期施用，施用方法正确，均可起到增产效果。

二、稀土法

稀土能促进菌丝生长，增加干物质重量，同时稀土也能促进子实体的形成，提高产量。用 20ppm 的稀土溶液拌料栽培香菇，香菇增产显著。

三、磁化水法

用磁化水拌料栽培香菇，香菇菌丝洁白粗壮；用磁化水给子实体喷雾，袋栽香菇可增产 12.83％。若两者结合，增产效果更加明显，袋栽香菇可增产 17.04％。

四、电刺激法

电刺激有利于香菇子实体形成，具体的操作方法：将出过 1～2 潮菇的菌棒放入水中浸泡 12h 左右，取出晾干表面水分，菌棒含水量为 60％～65％时，将两根导电棒用导线连接，插入菌棒，接通电源，电压 220V，电流 1～2A，通电 5min，然后按照常规管理香菇。

日本有句俗话："雷多之年香菇丰收"，日本人从这句俗话中得到启发，试验着在香菇收获之前的 2 周到 1 个月之内，在 10^{-7}s 中对香菇的木屑或菌床，施加 5 万～10 万伏特的电压。结果发现，与没有施加电压的普通栽培方式相比，香菇的收获量约提高一倍。

思 考 题

1. 平菇子实体分化发育有几个时期，各有什么特点？
2. 试述平菇熟料袋栽的关键技术。
3. 平菇栽培有哪些方式？比较其优缺点。
4. 试述香菇袋栽的特点。
5. 香菇菌丝不转色的原因及其应采取的措施有哪些？
6. 简述花菇形成的原理，在生产上如何生产花菇？
7. 简述黑木耳地栽法栽培程序和管理要点。
8. 简述金针菇栽培程序和管理要点。
9. 金针菇有哪些品系？各有何特点？
10. 金针菇对空气、光照有什么特殊的要求？北方金针菇应选择什么季节栽培？
11. 简述金针菇袋栽的工艺流程，并对搔菌和抑制谈谈自己的看法。
12. 简述银耳袋栽的技术要点。

第四章　草腐型食用菌的栽培

草腐型食用菌是指生活在已死亡的农作物秸秆上，分解吸收禾草秸秆（如稻草、麦草）等腐草中的有机质作为主要营养来源以维持生存的一类食用菌。目前栽培的草腐食用菌主要有双孢菇、草菇和鸡腿蘑等。

第一节　双孢菇栽培技术

一、简介

1. 双孢菇的发展概况

双孢菇（*Agaricus bitoquis*）又叫洋蘑菇、白蘑菇、圆蘑菇等。真菌分类学中属担子菌纲、伞菌目、伞菌科、蘑菇属，属草腐菌，中低温性菇类。它是世界上栽培历史最悠久，栽培区域最广，总产量最多、栽培量最大的食用菌之一，也是我国食用菌栽培中栽培面积最大、出口创汇最多的"拳头"品种。目前世界上有 70 多个国家栽培，产量占食用菌总产量的 60% 以上。

双孢菇的人工栽培起源于法国路易十四时代，距今约有 300 多年历史。20 世纪初（1902 年）用组织分离法成功获取菌种，从此双孢菇的人工栽培技术从法国传到英国、荷兰、德国、美国并扩大到世界各地。20 世纪 50 年代，荷兰、美国、德国、意大利等国相继实现了双孢菇的机械化和工厂化生产。1936 年主要在西欧约有 10 个国家栽培，年产量约 4.6 万吨；1976 年有 80 多个国家和地区栽培，鲜菇年产量 67.5 万吨；目前已有 100 多个国家在进行双孢菇生产，鲜菇年产量超过 300 多万吨。

我国双孢菇栽培始于 1935 年，多在南方的一些省份。自 1958 年由牛粪代替马粪栽培成功后，栽培面积才扩大，并且迅速北移。后来又随着培养料两次发酵技术及杂交菌株的选育成功，栽培面积进一步扩大。至 90 年代中期，山东九发食用菌股份有限公司引进国外设备和技术，实现了工厂化、立体化、规模化、标准化、自动化周年生产，技术达到国际先进水平。生产量较大的省主要有福建、山东、广东、上海、浙江、江苏、四川等。福建省是双孢菇生产的最大省，占全国生产量的 50% 以上。我国栽培规模仅次于美国，名列世界第二。

2. 双孢菇营养价值和药用价值

双孢菇是有名的植物肉，不仅味道鲜美，色白质嫩，而且营养十分丰富。据测定，双孢菇中蛋白质含量是菠菜、白菜等蔬菜的 2 倍，与牛乳相当，但脂肪含量仅为牛乳的 1/10，比一般蔬菜含量还低。其热量比苹果、香蕉还低，不饱和脂肪酸占总脂肪酸的 74%～83%，并含有人体必需的 8 种氨基酸和多种维生素，例如维生素 B_1、维生素 B_2、维生素 C、尼克酸等。另外，双孢菇中磷、钠、锌、钙、铁等多种元素含量较高，因此，双孢菇是一种高蛋白、低脂肪、低热量的保健营养食品，符合当今人们对饮食结构的要求。

现代研究发现，双孢菇还有多种医疗功能和药用价值。双孢菇所含的酪氨酸酶能溶解胆固醇，对降低血压有一定的作用，所含的胰蛋白酶、麦芽糖酶等均有助于食物的消化。中医认为，双孢菇味甘性平，有提神消化、降血压的作用；其浸出液制成的"健肝片"、"肝血灵"等对白细胞减少、肝炎、贫血、营养不良具有显著疗效。因其是低热量碱性食品，不饱和脂肪酸含量高，可防止动脉硬化、心脏病及肥胖症等。此外，双孢菇所含的多糖化合物如β-葡聚糖和β-1,4-葡聚糖苷和异蛋白对癌细胞和病毒都有明显的抑制作用，具有一定的防癌、抗癌效果。近年来还发现其核酸也具有抗病毒的功效，具有抑制艾滋病毒浸染与增殖的作用。所以，双孢菇是一种良好的药用保健品。

二、生物学特性

1. 形态特征

双孢菇是由菌丝体和子实体构成的。菌丝体由担孢子萌发而来，呈蜘蛛网状，称为绒毛状菌丝体，其主要功能是从死亡的有机质中分解、吸收、转运养分；绒毛状菌丝体进一步生长发育，在覆土后的土壤间形成线状菌丝，线状菌丝遇到适宜的条件产生瘤状突起，称原基；而后发育成幼小子实体，称菌蕾；最后由菌蕾长大为成熟子实体（图4-1）。双孢菇子实体的菌盖伞状圆正，肉质肥厚，洁白如玉，表皮光滑，受伤后易变为浅红色。菌褶密集、离生、窄、不等长，由菌膜包裹，菌盖开伞后，才露出菌褶，并逐渐变为褐色、暗紫色，菌褶里面是子实层。菌柄短，中实，白色。子实体成熟开伞后散发担孢子。未成熟的担孢子为白色，逐渐变为褐色，其形状为圆形而光滑。

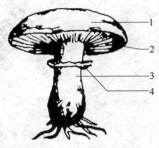

图4-1 双孢菇子实体形态
1—菌盖；2—菌褶；
3—菌柄；4—菌环

2. 生活史

双孢菇属次级同宗结合菌类，其生活史比较特殊。因为每个担孢子内部含有两个"＋－"不同交配型核，叫雌雄同孢。担孢子萌发后形成的是多核异核菌丝体，而不是单核菌丝体。这种异核菌丝体不需进行交配便可发育成子实体，子实体菌褶顶端细胞逐渐长成棒状的担子，担子中的两个核发生融合进行质配，进而核配形成双倍体细胞，随后进行一次减数分裂，产生四个核，其四个核两两配对，分别移入担子柄上，便可形成两个异核担孢子，至此，完成了双孢菇的生活周期。因为双孢菇产生的孢子中，除多数是含有"＋－"两个异核孢子外，还产生同核（"＋＋"或"－－"）孢子，同时也产生单核（"＋"或"－"）孢子。不同的孢子萌发后，形成双孢菇生活史中的不同分枝。同核孢子和单核孢子萌发后都形成同核菌丝体，不同性别的同核菌丝体经质配形成异核菌丝体，异核菌丝体在适宜条件下形成子实体，子实体成熟后又产生不同类型孢子（图4-2）。

3. 生长条件

（1）营养　双孢菇是一种腐生真菌，不能进行光合作用，完全依靠菌丝细胞分泌的胞外酶和有益微生物将培养料中的纤维素和木质素分解成可利用的营养物质而生长发育。它所需要的营养物质主要是碳源、氮源、矿物质、微量元素和生长素等。

① 碳源　双孢菇可以利用的碳源很广，主要有葡萄糖、蔗糖、麦芽糖、淀粉、维生素、半纤维素、果胶质及木质素等，而且必须依靠其他微生物以及双孢菇菌丝分泌的酶将它们分解为简单的碳水化合物后才能吸收利用。单糖类可直接被菌丝吸收利用，复杂的多糖类需经微生物发酵、分解为简单糖类才能被吸收。

② 氮源　双孢菇所需要的氮素营养可通过腐熟的牲畜粪等获得，可利用的氮源有尿素、铵盐、蛋白胨、氨基酸等。因此，配制培养基时，除了用粪草等主要原料外，还要按照一定的比例添加尿素、硫酸铵，以满足双孢菇生长发育的需要。双孢菇可利用有机态氮（氨基酸、蛋白胨等）和铵态氮，不能利用硝态氮。复杂的蛋白质也不能直接吸收，必须转化为简单有机氮化合物后才可作为氮源利用。

③ 矿物质元素及生长素类物质　双孢菇生长还需要一定的矿物质元素和生长素类物质，试验证明，维生素B_1、α-萘乙酸、三十烷醇都有刺激菌丝生长和子实体形成的作用。但因

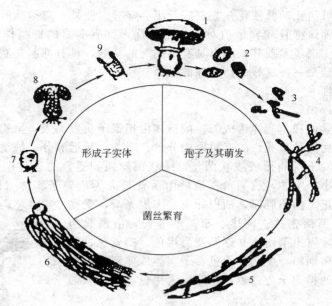

图 4-2 双孢菇的生活史

1—成熟子实体；2—担孢子；3—担孢子萌发；4——次菌丝；5—二次菌丝；
6—菌丝体及原基；7—菌蕾；8—小菇体；9—担子及担孢子的形成

需要量极少，在培养料主辅料中的含量完全能满足需要，不必另外添加。

双孢菇生长不但要求丰富的碳源和氮源，而且要求两者的配合比例恰当，即有适宜的碳、氮比（C/N）。实践证明，子实体分化和生长适宜的碳、氮比（C/N）为（30～33）：1。因此，堆肥最初的 C/N 要按（30～33）：1 进行调制，经堆制发酵后由于有机碳化物分解放出 CO_2，使 C/N 下降，发酵好的培养料 C/N 约为（17～18）：1，正适于双孢菇生长的要求。

因此，在双孢菇栽培中，常在作物秸秆、玉米芯、麦秸草、稻草等中加入适量的农家粪，如牛、羊、马、猪、鸡或人粪尿等。配料时，还需添加适量的石膏、碳酸钙、磷肥等以满足各种无机盐的需求。只有在丰富而合理的营养条件下，双孢菇才能优质高产。

（2）温度　温度是双孢菇生长发育过程中最重要的生活条件之一。但不同双孢菇品种和菌株，不同发育阶段，要求的最适温度范围有很大差异。一般而言，菌丝生长阶段要求温度偏高，其温度范围 6～34℃，最适生长温度 24～26℃，致死温度为 34～35℃。因品种温型不同，最适温度有所不同。在培养菌种过程中，若温度过高，易出现菌丝吐黄水现象；但温度也不能太低，低于 3℃菌丝便不能生长；10℃左右菌丝生长缓慢，生长周期长，菌龄不一致，高于 25℃菌丝生长虽快，但纤细无力，容易衰老；超过 32℃菌丝易衰或发黄，以致停止生长。只有在最适温度范围内，菌丝长速适中、健壮、生活力强。

子实体发生和生长的温度范围 6～24℃，以 13～18℃最适宜（温型不同有一定差异）；在此温度范围内，出菇期可维持 6 个月左右。温度高于 18℃，子实体生长快、出菇密，但朵形小，组织松软，柄细而长，易开伞；温度低于 12℃，子实体生长慢、出菇少、个体大、质量好，但产量低；温度低于 5℃，子实体便不能形成。在较低温度下所形成的子实体洁白、粗壮、菇形圆整、肉厚、产量高。在子实体形成期间，尤其是从幼蕾到幼菇阶段，温度最好维持不变，防止突然升温，否则会造成大批开伞菇或大量菇蕾萎缩死亡。因为菌丝在较低温时菌丝相互扭结，形成菇蕾，养分借助菌丝细胞中原生质的流动集中运往菇蕾供生长发育，若温度升高菌丝又把菇蕾中的养分输送给周围的菌丝，供菌丝蔓延生长，结果使大批菇蕾死亡。孢子散发的温度以 18～20℃ 为最好，若超过 27℃，就是相当成熟的子实体，也不会散发出孢子。孢子萌发的温度以 24～26℃ 为最佳，过高或过低都会延长萌发时间或不萌发。

（3）水分和湿度　水分指培养料的含水量和覆土中的含水量，而湿度是指空气中的相对湿度。双孢菇不同的生长阶段，对水分的要求也不同。培养料的含水量以 60%～65% 为宜，同时覆土的含水量为 16%～20%。若培养料的含水量低于 50%，培养料会造成"干发酵"，使发酵后的培养料变成碎屑状，播种后菌丝常因水分供应不足而生长缓慢，菌丝稀疏、纤细。子实体也因得不到足够水分而形成困难。若培养料含水量过大（高于 70%），培养料因水多而透气性差，会产生嫌气发酵，培养料就会发黑、发黏、变酸变臭，理化性质差，致使菌丝生活力下降，菌丝体和子实体均不能正常生长，并易感染病虫害而使蘑菇品质下降。

菌丝生长阶段要求环境空气适当干燥，空气湿度 75% 左右；超过 80%，易感染杂菌。子实体发生和生长要求适宜湿度 80%～90%。湿度长期超过 95% 可引起菌盖上积水，易发生斑点病；若湿度低于 70%，菌盖上会产生鳞片状翻起，菌柄细长而中空。出菇阶段，特别是当子实体长到黄豆大小时，空气相对湿度应控制在 85%～90% 之间，同时覆土层含水量要求达到饱和状态，一般含水量在 20% 左右。空气相对湿度若超过 95%，菌盖上会长期留存水滴，容易发生各种细菌性病斑；若低于 70% 会使菌盖表面变硬，甚至发生龟裂，易空心；若低于 50%，停止出菇，原有幼菇也会因干燥而枯死。

（4）空气　双孢菇是好气性真菌，在生长发育各个阶段都要通气良好。对空气中二氧化碳浓度特别敏感，菌丝生长期适宜的二氧化碳浓度为 0.1%～0.3%；菌蕾形成和子实体生长期，二氧化碳浓度 0.06%～0.2%。出菇阶段需加大通风量，菇房内二氧化碳浓度要下降为 0.03%～0.1%，当二氧化碳浓度超过 0.4% 时，就会抑制子实体分化，子实体不能正常生长，菌盖小，菌柄长，易开伞，出菇停止。因此，在双孢菇栽培过程中，一定要保证菇房空气流通而清新，供以充足的新鲜空气，有利于双孢菇的生长。

（5）光照　双孢菇与其他菇类不同，除原基形成时需要微弱光刺激外，蘑菇整个生长过程都不需要光线，在完全黑暗条件下也可进行。在黑暗环境下菌丝生长健壮浓密，长出的子实体颜色洁白、朵形大而圆整、肉肥嫩、菇形美观、质量较好。而在有光条件下，光线过亮或直射光太强会使菇体表面发黄变褐，菌柄细长，菌盖歪斜，使蘑菇品质下降。

（6）酸碱度（pH 值）　蘑菇菌丝在 pH 值 5.80～8.0 之间均可生长，最适宜的 pH 值是 7 左右。另外，由于菌丝体在生长过程中会产生碳酸和草酸，这些有机酸积累在培养料和覆土层里会使菌丝生活的环境逐渐变酸，pH 值下降。因此，偏碱性的培养料对菌丝体生长有利，另外，偏碱的培养料可抑制杂菌的生长。所以，在播种时，培养料的 pH 值应调节至 7.8～8.0；土粒的 pH 值调至 7.5～8.0，这样既有利于菌丝生长，又能抑制霉菌的发生。

三、栽培品种的选择

1. 双孢菇菌种种型分类

食用菌菌种的种型一般是按菌种所使用的培养料划分的，在我国双孢菇菌种生产实践中，常见的有粪草菌种、棉籽壳菌种和谷粒菌种三大类，但目前菌种生产厂家主要以谷粒菌种为主。

（1）粪草种　以适宜食用菌生长的粪草经过发酵或不发酵作为培养基原料生产的菌种。如双孢菇栽培种用麦秆或稻草加牛粪发酵后为培养基。

（2）谷粒种　以小麦、大麦、燕麦、谷子、玉米、高粱等禾谷类作物种子为培养基生产的菌种。其特点是利用率高，节约用种量，播种后很快形成发育中心，利于提高单产；但大、小麦由于营养丰富而容易污染杂菌。因此，这种种型菌种的制作过程要求麦粒的含水量适中，灭菌要彻底，接种环境要求无菌条件严格。

（3）棉籽壳种 以棉籽壳为主，加麦麸、白糖及其他辅料为培养基生产的菌种。棉籽壳菌种具有成本低、发菌快、制作方便及播种以后发菌中心多、封面快、不易感染杂菌的优点。

2. 主要推广品种

（1）AS 2796 目前生产上大面积推广的品种，该菌株菌丝白色，基内和气生菌丝均很发达，菇体圆整、盖厚、色白、商品性状较好。10～32℃菌丝均能正常生长，最适温度为24～28℃。出菇温度10～24℃，最适温度为14～20℃。耐肥、耐水和耐高温，适于用二次发酵培养料栽培，平均 $1m^2$ 产菇 10kg 以上。

（2）AS 3003 该菌株适应性广，产量高，菌丝灰白色，基内和气生菌丝发达，最适宜生长温度为24～26℃。子实体耐高温，菇色洁白，朵形圆整，菇体致密，不易开伞。较耐肥、耐水，适于二次发酵制备的培养料栽培。

（3）176菌株 176是国内最早大面积栽培使用的贴生型菌种，该菌株丰产性能比较好，抗病性较一般菌株强，较耐肥、耐水。菌丝最适生长温度为25℃左右，子实体生长温度为10～20℃，出菇整齐，朵形圆整，菇色洁白。产量一般在 10kg/m²。

（4）111菌株 该菌株属贴生型菌株，子实体圆整，柄粗短，菇体组织较疏松，菌褶浅棕色；水分不足时菌盖表面有鳞片；单产与176菌株相似。该菌株较耐肥、耐水、耐高温，需要养分、水分较多，栽培时要适当增加含氮辅料，可适当提早播种。

（5）浙农1号 该菌株是国内大面积使用的高产稳产菌株之一，属半贴生型菌株，菌丝浅白色，线状菌丝少，适应性能好，抗逆性强，耐肥、耐湿，出菇早，转潮快。菌丝培养适宜温度为20～25℃，出菇适温度为10～20℃。菇体圆整，菇色洁白，菇体中等偏大。栽培时结菇水要早喷、重喷。

（6）F56、F60、F62品系 该品种出菇密度大，菇体小而均匀，适合盐渍、出口及鲜销，产量 10～15kg/m²，市场价高于 AS2796。菇体洁白，圆正，质密，商品率高；转潮快，后劲足，抗杂力强，并且对培养料适应广泛，抗逆性强。

（7）褐菇 褐菇是双孢菇的一个品种，也是欧美市场最畅销的食用菌名贵品种。其特点是菌盖丰满，肉质感强，比白蘑菇更细嫩鲜美，香味比香菇更加浓郁适口。它吃起来有牛肉的味道，被誉为"素牛排"。在疯牛病和禽流感多发时期，褐菇作为肉的替代品备受青睐。褐菇除具备一般蘑菇所具有的高蛋白、低脂肪、低胆固醇特点外，还具有提高人体免疫力、防癌抗癌、保肝护肝、美容驻颜等作用。

四、栽培场地和栽培方式

1. 栽培场地

我国大多利用自然气温栽培双孢菇，所以栽培双孢菇的场所很多，可在室内栽培，也可在室外栽培。室内栽培一般因地制宜地利用空房、仓库、果品库、地下室等改造为菇房。室外栽培则可用有简易菇棚、塑料大棚、冬暖式大棚（日光温室）、防空洞等。目前随着北方种植规模的扩大，利用温室、大棚和简易拱棚栽培双孢菇的也越来越多。总体来讲，生产场地要求生态环境良好，水质优良，无有毒有害气体。

2. 栽培方式

（1）床架式栽培 是双孢菇栽培最主要的生产方式。其特点为占地面积小，空间利用率高，管理比较方便。床架通常采用竹、木、钢、水泥或硬质塑料等搭建，床架宽1～1.5m，高4～6层，层距60～70cm，床底层离地20～30cm，顶层距房顶1.3m左右。南北两面靠墙处走道宽约65cm；东西两面靠墙走道宽约50cm；床架之间走道宽60～70cm。每条通道两端各开上、下通风窗；上窗的上沿低于房檐15～20cm，下窗的下沿高出地面80～100cm，大小以宽35cm、高45cm为宜；窗上有16目的尼龙纱网。每条通道中间的屋顶设置拔风筒，筒高 1.3～1.6m，内径 0.3m。培养料分层铺放在床架上。

（2）箱式栽培　适合于机械化的三区制（一间发菌室配两间出菇室）周年栽培。培养料的配方、堆制发酵工艺均与床架式栽培法相同。栽培箱的规格要根据机械化的程度、菇房大小及方便操作进行设计，常用的有 40cm×60cm×20cm 和 50cm×80cm×20cm 两种规格。栽培箱可用木、铝合金或硬质塑料等制作，为便于贮藏、运输和消毒灭菌，一般都制成统一规格的活动箱。

把发酵并经处理的培养料装入栽培箱，料厚 15cm，播上双孢菇菌种，移入发菌培养室。培养 15～17 天后，覆上消毒处理过的土粒，调水后再培养 15～17 天，此时蘑菇菌丝已基本发满培养料，移进出菇室。出菇室温度控制在（14±2）℃，空气相对湿度 90%～95%。5～8 天后蘑菇菌丝开始扭结出菇，采收约 60 天结束。采收结束后将箱子移到室外，倒掉废料，消毒菇室，再从发菌室移进一批已经培养好菌丝的栽培箱，降温使其出菇，周而复始地连续生产。这种箱式栽培的三区制菇房，还需要装空调等制冷设备，一般每年可种 5 期蘑菇。

（3）畦式栽培　一般多利用冬闲田进行。在干稻田中，整地作畦，畦宽 1.5m，高 15～20cm，长则根据地形而定，在畦面上撒一层生石灰粉进行消毒。把堆制发酵成熟的培养料铺放于畦上，料厚约 10cm，整平后稍压实即可播蘑菇菌种。播种后用竹木材料做成框架，罩在菇畦上，覆盖黑色或深蓝色塑料薄膜。为了保湿和遮光，薄膜上再覆盖一层用稻草、茅草、蔗叶编织成的草帘。

在栽培管理过程中，要定期掀开部分薄膜进行通风换气，并根据天气情况而定，可选在中午或下午，清晨或夜间。换气时间的长短应根据菌丝的生长量，或畦上蘑菇子实体的多少，以及当天的天气情况，灵活掌握。

五、双孢菇栽培季节及原料的配制

1. 栽培季节安排

在欧美发达国家用智能调控温室工厂化生产，一年可栽培 5 个周期，不存在栽培季节的选择。我国目前双孢菇的栽培生产主要在自然气候条件下进行，一般秋季播种，秋冬季节为出菇高峰期，第 2 年夏初生产结束。但是因为我国南北方气候差异很大，在不同的地区具体的双孢菇播种时间会稍有差异，生产中必须根据当地气候特点，拟定培养料堆制时间。一般情况下，以长江为界，往北应早播种，往南应晚播种。例如，山东、河北、河南的双孢菇播种期一般在 8 月底至 9 月中旬；而上海、浙江、江西等地选择在 10 月播种；广东、福建、广西应选择在 10 月底至 11 月中旬播种。南方自然条件下一年可生产 3～4 个周期。而我们北方自然条件下可生产一个周期，设施条件栽培可生产 3 个周期。

总之，只要平均气温或菇房温度能稳定在 20～25℃即可播种，播种前 20～25 天为培养料堆制发酵期。用日光温室和塑料大棚栽培的，生产季节比常规应推迟 5～10 天。工厂化车间栽培可采取供暖、降温措施调控温度，进行周年循环生产。简易设施双孢菇栽培以秋季为主，一般播种期安排在 8 月份，也可以延至 9 月上旬。

2. 栽培料的种类

适合双孢菇生产的栽培料来源广泛，目前使用最普遍的是以粪肥（鸡粪、牛粪、马粪、猪粪）和稻草、麦草（麦秸）等为主料再配合一些辅料，如过磷酸钙、石灰、石膏和尿素。一般主料占总重量的 90%～95%，是双孢菇生长发育的主要营养来源；辅料虽占培养基的 5%～10%，但它能补足培养料中的营养成分，调节碳氮比例和酸碱度，改善培养基的理化性状，促进堆料中微生物的活动和繁殖，提高堆料的发酵质量。栽培双孢菇的主、辅材料及其作用如下：

（1）主料　鸡粪、牛粪含有丰富的氮素和矿物质，是双孢菇生长时氮素的最主要来源。稻草、麦秸含有丰富的碳素，是双孢菇生长时碳素的最主要来源。麦草要求新鲜、无霉变、质地坚挺具有弹性。被雨淋发热变质或霉烂的草料，不可能得到高产优质的双孢菇。新鲜草料的含碳量为 47%～48%左右。

（2）辅料

① 过磷酸钙 含有效磷酸 15%～20%，堆料中添加过磷酸钙可补充磷、钙素的不足，促进微生物的分解活动，有利于堆料的发酵腐熟，还能与堆料中过量的游离铵结合形成氨化过磷酸钙，可以防止培养料铵态氮的逸散。过磷酸钙是一种缓冲物质；具有改善培养料理化性状作用，磷本身又是子实体生长发育不可缺少的物质。一般用量为 1%～2%，通常在第二次翻堆时一次性加入。

② 熟石灰 石灰除用于调节酸碱度、补充钙元素外，还有降解培养料中农药残留量的作用。此外，石灰还常用作消毒剂、杀菌和防潮剂，被誉为双孢菇栽培的"万金油"。

③ 石膏 可直接补充双孢菇生长的硫、钙营养元素，虽然不含氮、磷、钾，但能使气态氮固定成化合态氮，能减少培养料中的氮素损失，还能加速培养料的有机质分解。培养料中添加石膏，可使草料脱脂软化，防止发料中的腐殖质凝结成颗粒结构，使黏结的料变松散，有利于氨气挥发，改善培养料的透气状况，促进微生物的繁殖活动，提高培养料的持水力和保肥力。石膏能中和双孢菇菌丝产生的草酸，一般用量 2%～5%，第一次翻堆时一次加入。

④ 尿素 主要补充培养料中的氮素。

3. 栽培料的配方

国内外常见培养料高产配方（以下均为 100m² 栽培所需培养料的量，配方中的稻草、麦草可单独使用，如混合使用，以稻草 70%、麦草 30%或稻草 50%、玉米秆 50%的比例混合效果最好，不仅在养分上能互补，而且还能改善物理性状，有利于提高产量）：

① 草料（稻草或麦秸）2500kg，干牛粪 1250kg，菜籽饼 175kg，尿素 15kg，过磷酸钙 40kg，石灰 50kg，石膏 75kg。

② 草料 2250kg，干牛粪 1000g，干鸡粪 250kg，菜籽饼 175kg，尿素 15kg，过磷酸钙 40kg，石灰 50kg，石膏 75kg。

③ 草料 2500kg，干牛粪 1500kg 或干鸡粪 1200kg，尿素 35kg，石膏粉 75kg，过磷酸钙 35kg，石灰 50kg。

④ 草料 2250kg，干鸡粪 750kg，菜籽饼 100kg，过磷酸钙 40kg，石灰 50kg，石膏 75kg。

⑤ 草料 4000kg，饼肥 100kg，硫酸铵 75kg，尿素 20kg，过磷酸钙 40kg，石膏 40g，石灰 40kg。

⑥ 棉籽壳（玉米芯）2500kg，干牛粪 1500kg 或干鸡粪 1200kg，尿素 15kg，硫铵 15kg，过磷酸钙 35kg，石膏 75kg，石灰 50kg。

⑦ 玉米秆 2500kg，干牛粪或干鸡粪 800kg，菜籽饼 100g，硫铵 10kg，尿素 10kg，石膏 40kg，过磷酸钙 30kg，石灰 50kg。

⑧ 稻草 2000kg，马粪 2000kg，饼肥 100～120kg，尿素 10～12kg，硅酸铵 10～12kg，石膏 50～75kg，过酸钙 50kg，石灰 12～15kg。

⑨ 猪、牛粪 550kg，稻、麦草 400kg，饼肥 30kg，石膏 10kg，过磷酸钙 10kg，尿素 5kg。

4. 培养料的堆制发酵

培养料的堆制发酵是双孢菇栽培中最重要而又最难把握的工艺。优质堆肥是双孢菇栽培取得高产优质的关键。堆积发酵就是将配方中的各种材料混合在一起，让其腐熟发酵的过程。其堆制发酵的原理是利用微生物（特别是专业菌种中的功能微生物，如金宝贝发酵剂中多种功能菌）的生长繁殖活动产生大量的热量，及其生化反应过程中产生的大量代谢产物来破坏禾秆或其他纤维类物料组织，使禾秆表面快速脱蜡软化，变得更方便更容易吸收水分。所加入的氮素营养物质被各种微生物利用后，变成微生物的蛋白质，当微生物死亡后，菌体也就成了双孢菇可利用的有机氮。发酵过程中释放的热可以杀死料中的病虫杂菌。经过发酵，堆料变得柔软、疏松、通气，具有优良的物理状态，并使各组分均匀混合，平衡营养。栽培料中纤维素的断裂主要取决于微生物的活动，微生物的活动主要受温度的影响，一般微生物分解纤维素的最适合温度是 $50\sim65℃$。当堆温超过 $70℃$ 时，一般纤维分解菌的分解活动即停止，当温度超过 $80℃$ 时大多数微生物能被杀死，同时在此高温下一些已经分解的养分易遭破坏或者逸散，水分大量蒸发。因此，利用食用菌发酵剂制作栽培料时应注意适当控制温度，并及时翻堆。其发酵方法如下：

（1）一次发酵法　是培养料在发酵过程中，经过数次翻堆后，将腐熟料直接上床播种，也称作前发酵。一次发酵包括预处理、建堆、翻堆几个过程。

① 预处理

a. 粪的预堆　在堆料前 1 周，把晒干的粪用水拌湿，100kg 的干粪中拌入 110kg 水，堆成堆（高 1m、宽 2m 左右），3～4 天翻堆一次。堆温 55℃ 左右。粪预堆后，氨气蒸发，臭味减少了，初步培养了一些有益的微生物类群，粪肥疏松，病虫得以初步消除，为进一步发酵打好基础。湿粪预堆要在堆料前 20 天左右，根据干湿情况决定加水多少（一般不加）。堆制时要尽量疏松，不要压紧，5 天左右翻堆一次，最后达到干粪预堆的效果。

b. 草的预湿　在堆料前 2～3 天，草要预湿。一般稻草可一截为二。小麦茎秆或玉米秆较硬，蜡质较多，必须压扁再预湿。可在沟、池塘里用水浸泡或在场地上逐层用水浇湿，并用脚踩踏。

c. 建堆前的准备　建堆前把过磷酸钙、尿素、石膏、碳酸钙粉碎后混合均匀，然后再与预湿好的牛粪、饼肥充分混合，配成混合料。用稻草加牛粪堆料期需要 20～25 天。

② 建堆　堆料时，先在堆料场上铺一层 30cm 厚、2.5m 宽的干草，草上铺一层 2cm 左右的粪。粪、草要铺平，这样一层草、一层粪各铺 10 层左右，堆高达 1.5m，四边上下基本垂直，堆顶成龟背形，最上面盖一层粪。下面的三层不加任何东西，也不浇水。从第四层往上要多浇水。另外，从第四层开始要加饼肥和尿素的全量和石膏的一半量，逐层加入直到第八层。堆好 10 层后，用叉子梳整齐。为通气好，在中部用竹筒插入，留 2～3 个通气孔。为保温保湿，堆顶覆盖草帘子，雨天要盖薄膜，雨后立即揭掉。堆料时，要使培养料湿到饱和的程度，周围要有水淌出来。在土地上堆料，要四周挖沟，四角挖坑，把渗到坑里的水再回浇到上面。堆料的第 2 天下午要测温，测 50cm 以内的温度。正常情况下，在堆料的第 2～3 天，料温会升至 70℃ 左右，如果达不到 70℃，查明原因，赶快采取补救措施。

③ 翻堆

第一次翻堆：建堆后 6～7 天进行第一次翻堆。翻堆的目的是要调整料堆粪草内外的位置，散发废气，改善堆内的空气条件，并调节水分使堆内微生物继续生长、繁殖、发酵，并再次升高堆温，使培养料更好地转化和分解。所以翻堆不是"移堆"，需要把草抖松，真正做到里翻外，上翻下，把原来的位置颠倒一下，仍然是一层草一层粪铺放均匀，仍然从第四层至第八层加入余下的一半石膏和一半过磷酸钙。第一次翻堆的重点是要浇足水分，翻堆前一天在料堆上部先浇水，翻堆时再逐层浇足水，堆好后在其周围要有少量水流出来。第一次翻堆后的 48h，料温最高可达 75～80℃，70℃ 以下不正常，75℃ 以上就表明成功了。

第二次翻堆：第一次翻堆后 5～6 天，进行第二次翻堆。要把里外上下彻底翻好，让氨气散发出去，再重新建堆。把余下的过磷酸钙和一半的石灰加进去，也是逐层加入。料堆适当窄一些。第二次翻堆水分进入了"二调"阶段，切忌浇水过多，以免造成料堆过湿。用手紧握培养料，可挤出 3～4 滴水为宜。雨天盖塑料布要用木棍支起来，使料里面透气，防止厌气发酵，料温达 60～65℃。

第三次翻堆：在第二次翻堆后 4～5 天，料温达 60℃左右进行第三次翻堆，方法同上。如果粪有块，要捣碎，充分打碎拌入，再加入余下的一半石灰。

第四次翻堆：在第三次翻堆后 4 天，进行第四次翻堆。检查含水量，用手紧握培养料时，指缝间滴 1～2 滴水为正好。水分不适，用 1％石灰水调节。同时配制 0.5％敌敌畏，喷洒灭虫。

第五次翻堆：在第四次翻堆后的 3～4 天，堆内温度仍在 50℃左右并趋向平稳，进行最后一次翻堆，使含水量达 60％～63％，pH 值 7.5～8.0。检查有无残存的氨气和害虫。氨味重用甲醛中和，如有虫喷 0.5％敌敌畏灭虫。

在北方，一般一次发酵的堆料时间 30 天左右；最后应达到的质量标准是：质地松软，手握成团，一抖即散；其草形完整，一拉即断，并有浓郁的料香味，堆料的颜色为棕褐色，含水量 60％～63％，无害虫及杂菌。

④ 堆料质量不好的处理方法

a. 偏生料　草秆还有弹性和硬度，料中有粪块并有氨味，原因是未达到完全腐熟，堆制时前期料温偏低，这种料应推迟播种，继续堆制。

b. 偏熟料　草秆黏性大，有酸败气味，深黑褐色，有虫害。原因是堆制时间过长，没有及时翻堆。发现后，要加入少量铡断的新鲜稻草（长度 3～6cm），增加透气。发现虫害，可用敌敌畏杀灭。

c. 湿腐料　草秆黑色有粪臭，堆内有杂菌害虫，用手挤有成串水滴下。原因是堆制过程中含水量大。堆温低或堆制中经雨淋湿。应在翻堆时多抖落几次或摊开晾一晾，散发水分并及时消灭病虫害。

d. 干腐料　草秆色淡，松散，堆料有霉味。原因是堆料过干，用手用力挤也不出水。应适当添加石灰水，继续堆腐。

e. 重氨料　堆料深褐色，有刺鼻氨味。原因是氮肥过多，加得过晚，料偏湿，翻堆时未充分抖落散开。测定堆料含有残存氨气的方法：用手握一把堆料，握紧后一下松开，闻之有强烈的氨水味。处理方法：一是翻堆时要充分抖落散发氨气；二是用甲醛吸收氨气；三是上床后，注意多次翻格子，加强通风，直到无氨味时方可播种。

（2）二次发酵处理法

① 二次发酵的原理　二次发酵是在控温条件下，利用好气嗜热微生物在 50～55℃温度下的活动，进一步分解利用简单的糖类和速效氮。同时也消除了培养料中的游离性和易引起杂菌发生的糖类。在二次发酵中还利用巴氏消毒原理，进一步将不利于双孢菇生长的杂菌、害虫杀死，同时培养了大量对双孢菇生长有益的微生物，最后使经过二次发酵的培养料成为只适于双孢菇生长的有选择性的栽培基质。

② 二次发酵法的优点

a. 防止出现杂菌和害虫，免除后顾之忧。二次发酵通过对培养料进行加温。相当于"巴氏灭菌"的过程，对双孢菇有害的微生物以及料中的虫卵、幼虫等都会消灭。栽培实践中常发现，进行二次发酵的培养料，一般没有任何杂菌污染，而一次发酵的培养料局部有霉菌污染。

b. 可提早出菇 2～3 天，提高产量，增产幅度一般可达到 20％～40％。经过二次发酵的培养料腐熟均匀一致，质地松软，通气性好，氨气消失，菌丝定植快。另外，经过二次发酵可使复杂的碳素营养转化为简单的可溶性养分，使菌丝生长旺盛，出菇早，产量高。栽培实践证明，进行二次发酵的培养料栽培双孢菇可比一次发酵提早出菇 3～4 天，增产率为

34.06%～36.6%，而且前两潮菇增产效果更为显著，可增加一倍的产量。

③ 二次发酵的具体方法

a. 先进行一次发酵，经过三次翻堆后，培养料的含水量达 65%～68%，pH 值 8 左右时趁热把料运进菇房，把门窗关好。

b. 料进房后最上和最下层床架不放培养料，都集中在中间的几层架，使厚度增加，容易保持温度。开始不要马上加温，让培养料本身产生自然热。5～6h 后，当料温不再继续上升再加温。加温方法可利用烧水，把蒸汽通入菇房，使菇房温度升高。

c. 二次发酵的全过程中非常关键的技术是后发酵中对温度的控制，温度应分以下三个阶段来控制：

ⅰ. 升温阶段　当培养料运进菇房后，产生的自然热使温度不再上升时便开始向室内通入蒸汽加温。升温要逐渐升到 60～62℃，维持 6～8h，达到"巴氏灭菌"的效果。

ⅱ. 持温阶段　"巴氏灭菌"后，将料温降至 50～55℃，维持 6～8 天（至少 5 天），在这个温度下，对双孢菇生长有益的腐殖霉、链霉菌等微生物类群会大量繁殖。这是二次发酵的主要阶段。

ⅲ. 降温阶段　持温阶段过后，将料温逐渐降至 45～50℃，打开门窗通气，使料温迅速降至 25℃左右，二次发酵处理即告全部结束。培养料经过二次发酵后，香味浓，看起来油光光的，水分正合适，手摸软软的，这种培养料叫选择性培养料，只适合双孢菇生长。

六、播种及发菌期管理

1. 播种前准备

（1）菇房消毒　培养料进菇房前，按每立方米甲醛 10mL、菊酯类农药 10mL 进行 1～2 次空菇房消毒。拱棚畦式栽培时，畦式菌床上洒干石灰粉，太阳曝晒 3 天以上杀菌、杀虫。菇房消毒后将发酵腐熟好的培养料及时铺放在菇房的床架（畦）上。培养料全部进房上床后，要彻底清扫地面杂物，最好紧闭门窗和拔风筒，再次进行熏蒸消毒，以最大限度地减少菇房的病原物。次日打开门窗和拔风筒，充分进行通风换气。

（2）翻料　在消毒和通风后，还要进行一次翻料，又称翻格。即将在菇床上铺好的培养料再上下、里外翻动，混匀拌松、翻平，排除料内废气，除去土块等杂质，使培养料松紧一致、厚薄均匀、床面平整，以免出菇不匀而影响产量。

（3）检查　播种前要对培养料的含水量、pH 值等再检查一次，特别是二次发酵的培养料，含水量往往偏低。这时就要边翻拌、边喷石灰水，以此来调节培养料的含水量，使其达到 65%～68%（手握紧培养料，指缝间有水渗出或滴下一滴）。最后调节 pH 值至 7.5 左右。

（4）工具处理　播种所用工具必须用 0.1%高锰酸钾溶液擦拭消毒。

（5）温度测定　播种前一定要检查室温和料温。室温在 20～25℃以下，料温稳定在 28℃以下，无再升温现象时才可播种。

（6）菌种检查　播种前应对栽培种进行严格检查，选择菌丝粗壮、洁白、无病虫害、菌龄适中的菌种。播种前要对菌种质量进行检查，选用优质菌种。优质菌种的标准是纯度高，菌丝浓密、旺盛、生命力强，粪草种的培养基呈红棕色，有浓厚的蘑菇香味，不吐黄水，无杂菌虫害。

2. 播种方法

（1）穴播法　粪草菌种最好采用穴播法。株行距为 10cm×10cm，深度视培养料的干湿程度与菇房的保湿性能而定，一般为 5～7cm。播种时用手指或木棍挖一穴，将菌种掰成核桃大小，放入穴内，用料将菌种块盖住，使菌种 2/3 埋在料内，1/3 露出料面。播种完毕，用料板轻拍料面一次，使菌种与料层紧密结合，便于保湿，以利发菌。此法优点是菌种在料面分布均匀，用种量较少；缺点是播种穴处会出现球菇。一般每瓶麦粒种可播种 1m²。

（2）条播法　在料面开一条宽 4～6cm、深约 8cm 的横沟，沟间距 10～13cm，均匀撒下菌种，并将料覆盖好菌种，轻轻拍打，使料种紧密接触。此法的优点是省工，菌种萌发成活快，缺点是用种量较多，且条沟处也有球菇出现。

（3）撒播法　麦粒或谷粒制作的菌种，可采用撒播。因这类菌种呈颗粒状，播后麦粒或谷粒上都会长出菌丝，均能吃料生长；同时，采用撒播的方式，由于菌种在料面上分散范围大，生长均匀，故菌种萌发吃料、生长和封面均较快。

撒播的方法是：先将菌种量的 2/3 撒于料面，然后用手或耙将菌种翻入料内，再将剩余的 1/3 菌种覆盖在料面，播种完毕，用木板将料面稍微拍平压实，使菌种充分与培养料接触。最后，在料面上盖上一层经石灰水消毒过的湿报纸或塑料薄膜保温保湿。

（4）混播法　麦粒菌种属于颗粒型，易分散，可采用混播法。即将培养料料层厚的 2/3 与菌种拌匀，再将培养料整平，轻轻拍实。先取菌种总量的一半，均匀撒播在料面上，后用手指插入料中，稍动几下，使麦粒落入料面下 2～3cm 处，然后把剩余的一半种子散在料面上，用木板或盆底轻轻地在料表面轻拍一下，用草纸或报纸盖在料的表面以保湿定植。播种时注意种块的均匀度。此法播种速度快，菌丝封面早，杂菌污染少，发菌整齐，不易发生球菇，但应注意发菌早期加强菇房保湿，且此法用种量较大。播种后 3～5 天要检查发菌情况，如发现个别菌丝不萌发的地方，应及时补种。如果发现杂菌，要注意通风，并在杂菌处撒石灰粉。如成批不萌发、不吃料，则应查明原因，采取相应措施。

3. 播种量

播种量主要以培养料的投料量为依据，结合培养料质量、菌种类型、播种迟早等灵活掌握。一般来说，每平方米菌种用量为：750mL 麦粒菌种 1～2 瓶，500mL 菌种瓶 2～2.5 瓶；发酵料菌种则需 20cm×33cm 规格熟料袋菌种 2 袋；而粪草菌种需 750mL 蘑菇菌种瓶 2～3 瓶。但需要注意的是，无论选用哪种方法播种，为防止杂菌污染，所用工具及操作人员的手都要严格消毒，菌种瓶表面及瓶口均用 0.1％高锰酸钾溶液消毒，近瓶口一层菌种不用。

4. 发菌期管理

发菌期管理指播种至覆土这段时间的菇床管理。播种后管理的重点是抓好菇房的温度、湿度和空气调节，以促进双孢菇菌丝在培养料中定植萌发和迅速生长，控制病虫害的发生。发菌期间分三个阶段分别进行管理。

（1）初期控温保湿　发菌期最初 3 天内以保湿为主，为使菌种与湿料接触，易于萌发，要紧闭门窗及拔风筒，不通风或微通风，以促进发菌。仅有背风的窗少量通风，潮湿天气可打开门窗通风。播种后菌丝生长使料温上升，因此要控制温度在 28℃ 以下，25℃ 左右较适宜。若温度超过 28℃，可在夜间通风降低温度。保持空气相对湿度 75％ 左右，以促使菌丝萌发。

播种 3 天后，种块菌丝已定植生长，可逐渐增加菇房通风量，温度在 25℃ 以上时，早晚通风，中午关闭门窗，以降低料温，并促使菌丝向料内生长。同时保持空气新鲜，并适度吹干料面，以防杂菌发生。播种 5～7 天后，菌丝已经伸入培养料；为了促进菌丝向料内生长，抑制杂菌发生，需加强通风，降低空气湿度。

播种后 2～3 天如发现菌种不萌发、不吃料或菌丝生长慢、菌丝少或退丝时，要及时查明原因，采取相应的补救措施。

（2）中期通风发菌　7～10 天菌丝伸入培养料一半左右时，可揭去薄膜等覆盖物，加强通风，促进菌丝进一步向料内生长，直至菌丝长到料底部。在此期间，料内的温度最好控制在 22～26℃，最高不能超过 28℃。如床面过干，可喷水于覆盖的报纸上，让料面逐步吸湿转潮。播种 7 天后要进行检查，如发现杂菌及病虫害，应及时处理。如发现培养料过湿或料内有氨气，为了使菌丝长入料内，可在床架反面打洞，加强通风，散发水分和氨气。

（3）后期管理　播种后 10～12 天，当菌丝吃料一半时，为增加料内通气，可用三齿钩斜插入料深 3/4 处，轻轻撬动几次，或从床底部向上顶动几次，把已经开始变硬结块的培养料撬松，加强通风，然后整平料面，促使菌丝向料底继续生长；也可用竹签在料面打些洞，促使菌丝向下生长。若培养料过干，则要适当向床面喷水。同时，检查有无杂菌、虫害发生，如料面有毛霉或螨等杂菌、害虫，要及时采用相应的防治措施。当菌丝生长到 3/4 至料底时，将培养料堆成波浪状，可以增大出菇面积，改善通气条件，防止料面出水。这样做可提早出菇 3～5 天，增产 20％以上。

（4）发菌期易出现的问题及处理方法

① 播种后，菌种不吃料或吃料缓慢

a. 原因　培养料偏干和偏湿是种子不吃料的主要原因。另外，培养料偏酸、培养料发酵不彻底（有氨臭味）或者培养料被杂菌污染等都会引起菌种不吃料。

b. 解决措施　调节培养料水分与酸碱度，使含水量达 7％，酸碱度 pH7～8；有氨臭味时，结合翻料并喷 5％的甲醛液；有杂菌污染时，可降低菇房内的温度及空气湿度，大量通风，将局部污染处用石灰粉撒施表面，或者用 5％的甲醛少量局部喷施，1 周后可进入正常管理状态。

② 播种后菌丝不萌发、生长不良的原因及解决措施

a. 菌种　所使用的菌种老化、退化，质量欠佳，受高温或高湿伤害，携带病虫原菌，温型不适等。

b. 培养基　培养料配制不当，碳氮比失调导致含氮不足或氮肥过量，使菌种难以定植生长并受伤害。应合理调制培养料，严格发酵工艺，含氮化肥要在第 1 次翻堆时加入，播种前要排除废气，并检查酸碱度。

c. 湿度　播种前培养基过干，菌丝吃料困难，失水萎缩。培养基过湿，造成菌丝供氧不足，活力下降，尤其播种后覆膜发菌的，如揭膜通风不及时，使表层菌种"淹死"。因此，要注意掌握培养料水分，第 3 次翻堆时，可采用加水或摊晾的办法进行调节。

d. 温度　后发酵不彻底，导致播种后堆温升高；播种前料温没降至 30℃以下；发菌期棚温过高等，均会造成高温"烧菌"。棚（料）温低于 8℃以下，菌种也很难生长。

e. 虫害　受螨、线虫等害虫的危害。当每平方米虫口密度达 50 万只时，会使菌丝断裂、萎缩、死亡。要严格发酵工艺，尤其是后发酵；对覆土要进行消毒。

③ 菌丝徒长，结菌块

a. 原因　培养料含氮量过高，22℃以上高温，高湿度时间过长，通气性差等。

b. 解决措施　调节碳氮比，降温、加强通风，降低床面及空间湿度。

④ 料层菌丝萎缩：

a. 原因　天气突然降温，碳氮比和 pH 值不适，用水过多、高温高湿加闷热，虫害等。

b. 解决措施　保温，调节碳氮比和 pH 值，加强通风，灭杀害虫。

七、覆土

在双孢菇栽培管理中，覆土是一项十分重要的技术措施。覆土不仅可以调节培养料的温、湿度，改善通气状况，调节养分供应，同时还可提供部分养分和其他有益物质，有利于双孢菇的形成。而且其子实体必须覆土之后才会发生，在覆土层中扭结长大。所以，覆土的土质、土粒大小、土层厚薄等质量的好坏，都会直接影响双孢菇的产量和质量。

1. 覆土前准备工作

（1）调节菌丝生长状况　菌丝细弱、生长缓慢的，覆土前喷洒三十烷醇、葡萄糖溶液等，促使菌丝旺盛生长；菌丝徒长时，覆土前喷洒比久（B9）、磷酸二氢钾等，抑制菌丝营养生长。

（2）病虫处理　覆土前检查菌床上是否有病虫害，若有，必须在覆土前彻底清除，否则覆土后更难处理。如果菌床发现线虫、菌蛆、螨类等害虫，覆土前喷洒除虫菊酯等农药杀虫。用磷化铝密闭熏蒸效果最好，但要注意安全。

（3）整平菌床　覆土前须整平菌床，可进行轻微"搔菌"。即用手轻轻地把培养料表面的菌丝抓一抓，搔动一下。

（4）吊菌丝　料面过于干燥，肉眼已很难看到菌丝时，应提前2天调水，进行"吊菌丝"处理，使菌丝返回培养料表面后再覆土。

2. 覆土作用

（1）诱导原基形成　覆土后，由于覆土层中有一种臭味假单胞杆菌的微生物，分泌的代谢产物可以刺激和促进子实体原基的形成。

（2）防止培养料失水干燥和病虫侵害　覆土可使料层表面始终保持一定的湿度，并供给子实体生长所需水分，同时覆土层内形成一个相对稳定、有利于出菇的小气候环境。

（3）支撑子实体生长　覆土层还有支持双孢菇子实体生长的作用。

（4）改善料层中二氧化碳和氧气的比例　覆土后料表氧气减少、二氧化碳浓度增加，覆土成为向培养料内供应氧气的通道，同时也能把料内二氧化碳排出空气，而且菌丝在覆土前受到机械的刺激可使菌丝扭结、长菇。此外，对外界温度还有缓冲作用，外界气温高时可隔热，气温低时可保温，从而有利于长菇和结菇。

3. 覆土材料的选择和方法

（1）覆土材料的基本要求

① 结构疏松，透气性好，有一定的团粒结构。

② 有较高的持水能力，以供应双孢菇子实体的生长。

③ 含有少量的腐殖质（5%～10%）和矿物质（起缓冲作用），但不肥沃。

④ 有适宜的酸碱度，以pH值7.2～8为宜，以抑制其他霉菌的生长。

⑤ 无害虫和病菌，而含有必需的有益微生物，如臭味假单胞杆菌等。

⑥ 含盐量低于0.4%。

（2）覆土材料的选择　覆土材料可分为两大类，即天然土和改造土。天然土包括各种田园土、泥炭土、草甸土、河泥和膨化珍珠岩等。改造土根据制作方法不同又可分为合成土和发酵土。田园土和泥炭土是最常用天然土的覆土材料。近十多年来，在覆土材料和覆土方法上有许多新的改进，改造土的配方和制作方法也有许多改进，有较明显的增产作用，现在应用越来越广泛。尽管各种改造土配方不同，但有一个共同特点，就是改造土中不应含有过多的有机质，否则会使菌丝旺发徒长，不能出菇。下面就几种不同的土质进行简单介绍：

① 田园土　理想的田园土应具有喷水不板结，湿度大时不发黏，干时不成硬块，表面不形成硬皮、龟裂等特点。因此选择双孢菇的覆土材料时主要在于土质结构，肥力不是主要的。最好选用能形成团粒结构的壤土（沙壤土或黏壤土），并含有少量腐殖质（5%～10%）。覆土最好不使用新土，因新挖泥土中含有二价铁离子（Fe^{2+}），对双孢菇菌丝有毒害作用。

② 泥炭土　泥炭土具有吸水性强、疏松、通气性好、不易板结等良好物理性状。国外双孢菇栽培和我国工厂化栽培广泛使用泥炭土。使用泥炭土需注意的是：因泥炭富含腐殖酸，酸性较强，因此使用前和出菇期间必须用石灰水调pH至8.0，才能保证菌丝"爬土"，顺利结菇。

③ 河泥稻壳土　是目前使用较广、效果较好的一种合成土。制作方法是取河泥800kg，摊放地面过夜，加石灰粉8kg、碳酸钙80kg，充分拌匀后，再和用石灰水浸泡一夜的稻壳40kg充分混匀，使每粒稻壳表面上均沾有河泥，即可上床覆盖。用河泥覆土时间掌握在菌丝吃料2/3时进行。为防止河泥含水量偏高造成培养料表面菌丝萎缩，覆土前菇房最好进行

一次通风，将料面吹干，再将覆土平铺在菌床上，约 2cm 厚即可。覆土切勿过厚，超过 3cm，因河泥透气性不好影响菌丝生长，推迟出菇时间，产量不稳；但也不宜过薄，如低于 2cm，则出菇早，菇质差，产量受到影响。

④ 黏壤土　是我国北方近年来大面积生产使用的覆土材料，其配方如下（按 100m² 菌床用土量）：

配方 1：壤土 4m³，钙镁磷肥或过磷酸钙 15kg，石膏粉 17.5kg，干发酵麦秸粗糠 75kg，石灰粉 15kg。

配方 2：壤土 4m³，钙镁磷肥或过磷酸钙及石膏粉各 17.5kg，麦糠（稻壳）50kg，石灰粉 15kg。

（3）覆土材料的处理

① 消毒处理

a. 阳光曝晒法。7～8 月份，将土粒薄薄地铺于水泥地面上，直接暴露在烈日下曝晒或用塑料薄膜严密覆盖，膜内的温度可达 50℃以上，3～4 周即可达到要求。

b. 甲醛、农药消毒法　覆土前 7～10 天，按每立方米土壤 5mL 甲醛、2mL 菊酯类农药的用量，甲醛稀释成 50 倍液，菊酯类农药稀释成 800 倍液，均匀喷洒在土粒上，用薄膜覆盖熏蒸 24～28h，然后去掉薄膜，扒开土堆并翻动土粒，让土中药液挥发，直至土粒上无药味（约需 3～5 天）为止。此外，根据需要可拌入 1％～2％的石灰，对杀灭线虫有很好的作用。

② 酸碱度调节　覆土的 pH 值要调至 7.5～8.0，可以用石灰粉直接拌入干土中或用石灰水上清液调节。

③ 湿度调节　覆土材料最佳含水量为 18％～20％，即手握成团、落地即散。可先一次性调节好水分再覆土，也可先覆干土再调节水分或将覆土调至半干半湿状态后覆土。覆土后 3～4 天后，床面每天要喷水 2 次，调足覆土层含水量，达到手捏土粒不黏不散为宜。

（4）覆土的时期和方法

① 覆土时期　适宜的覆土时期主要根据菇房条件、自然气候及料层内菌丝的生长深度来决定，一般要求是：当菌丝吃料 2/3 以上，大部分菌丝接近培养料底部时（在正常的栽培季节，一般播种后 16～20 天），便是覆土的最佳期。

② 覆土方法

a. 二次覆土方法　土粒分别制成粗土和细土两种规格，粗土粒直径 1.5cm 左右，细土粒直径 0.5～0.8cm。覆土时先覆一层粗粒土，以保持良好的透气条件，覆盖厚度为 2.5～3cm。覆完粗粒土后，2～3 天之内采取多次喷水的办法逐步将土层调至所需湿度，接着再覆盖一层细粒土，厚度为 0.8～1cm。粗细土覆土层总厚度在 3.5～4cm。也可以覆完粗粒土和调水后，待菌丝长入粗土近 1/3 时再覆细土。根据一般高产菇房的经验，覆粗土 7 天左右便应及时覆细土。覆细土后 10 天左右，便能见到菌蕾，所以覆粗土后约经 20 天便可出菇。

粗细土二次覆土法合理地保证了覆土层的透气性、持水性和保湿性。但由于粗细土制作麻烦，费工费时，现在生产上很多菇农已改用一次覆土法。

b. 一次覆土法　各种规格的土粒（0.5～1.5cm）混合在一起，待菌丝长好后，一次性覆盖在菌床上，覆土厚度在 3.3cm 左右。

4. 覆土后的管理

从覆土到出菇大约需要 15～20 天，这期间仍以菌丝生长为主。主要工作是调节菇房温度和湿度及其覆土层的水分，因此称为"调水"。调水时采取促、控结合的方法，使菇房内的生态环境能满足菌丝向培养料深层生长和土层中生长，以促进子实体形成，同时还要防止出现冒菌丝现象。

（1）覆土前期　覆土后2～3天，根据覆土层水分情况先调水，再通风，让土表水分散失，达到内湿外干状态，以防止污染。然后关闭门窗"吊菌丝"2～3天。一般情况下不通风，温度保持22～25℃，空气湿度保持80％～85％，促使菌丝向土层生长。

（2）覆土中期　当扒开土层见有菌丝，说明菌丝已长入土层，以后逐渐加大菇房通风量。一般在白天开对流窗，使空气流通，防止菌丝在土中徒长。若有冒菌丝出现，在菌丝处补盖一层薄薄的土，厚度以盖住菌丝即可。根据土中水分情况，经常向土中雾状喷水，保持土层湿润，喷水时要轻喷、细喷、勤喷，切忌过多水分流入料中。

（3）覆土后期　后期加大通风，增加空气相对湿度，使菇房湿度达到90％左右，菇房内温度控制在14～18℃，促使子实体迅速形成。并通过水分管理和通风换气控制子实体原基扭结在土层下1cm处，避免出菇部位太高或太低，影响双孢菇的产量和品质。

（4）覆土栽培容易发生的问题及其补救措施

① 覆土后菌丝不上土的原因及对策

a. 覆土层水分过多　调水过程没有控制好，调水过多过急，水流到培养料内，料面菌丝萎缩或死亡，造成菌丝迟迟不上土，可停水并打扒加强通风，使菌丝恢复生长。

b. 水分不足　虽然土表层水分合适但与培养料表面接触的土层较干，菌丝也无法上土，可增加调水量及次数。

c. 土层酸性过强　覆土材料pH不能低于5，否则菌丝不上土。可用石灰清水进行调节。

d. 土层含有有害物质　覆土被污染或含盐分过多，或者消毒时用药不当等也会使菌丝不上土。覆土层氨气含量过高也会使菌丝不上土。经过小面积菌丝爬土试验确定土层的确含有有害物质时，必须进行换土。如果氨气含量过高，也必须排除氨气或换土。

② 菌丝徒长　覆土调水后，菌丝生长旺盛冒出土层甚至布满土层，形成一种致密不透水的菌皮，且迟迟不出原基的现象就是菌丝徒长，生产上又称"冒菌丝"或"冒土"。菌丝徒长发生的原因及对策：

a. 菌株特性　气生型菌株特点是气生菌丝旺盛，因此更易发生菌丝徒长。发菌期应按气生型菌株要求严格管理。

b. 管理不当　培养料含氮量过高，覆土时土层不平，调水过快过急，调水后菇房温度在22℃以上、二氧化碳浓度在0.1％以上、空气相对湿度在90％以上、通风不良，使环境适于菌丝生长而不利扭结出菇，菌丝也会徒长。所以管理时要注意覆土薄厚均匀，调水时要慢不可过急。表层土要适当偏干一些，以促进菌丝在土层中生长。喷水在早、晚气温低时进行，加大通风，排除二氧化碳，降低温度，使菇房环境适于出菇而不适于菌丝生长。在菌丝生长到一定程度时，可加大通风，使菌丝倒伏，抑制菌丝向土面生长。控制菇房温度在出菇适宜温度，并及时喷结菇水，以利出菇。如气温较高不适于出菇或床面已轻度"冒菌丝"，可加盖一层薄土，待气温下降后再调水促菇。如果菌丝已经形成菌皮，可用刀片、钉耙、竹片等将菌皮刮去，适当补土，加强通风，并喷重水及1～2次0.5％石灰水，促使断裂的菌丝扭结出菇。如温度不适于结菇，最好连同菌丝及表层土一起扒掉，再覆一层细土，待温度适宜时再调水促菇。

八、出菇管理

双孢菇从播种到开始采收，一般需要35～40天，覆土后15～18天，经适当的调水，菌丝在土层内长足，增粗、扭结成线状菌丝，有个别原基时，就进入出菇期。在此期间，这些小菌蕾逐渐长大、成熟，这个阶段的管理就是出菇管理。出菇期间的管理工作主要有水分、温度、湿度管理、通风及追肥等。

1. 出菇期的温度管理

我国双孢菇主要利用自然温度出菇，如果播种季节适宜，一般出菇期间，自然温度能适合出菇温度。如果温度稍高，如 22℃ 以上，应结合喷水、通风进行降温。温度稍低，应减少通风以保温。由于春菇出菇期间气温变化较大，视气温情况，采取保温或降温措施。如在向阳一侧加厚薄膜上的覆盖物，并多开门窗通风降温。中午气温高时关闭门窗，晚间清晨气温低时再开窗通风，同时在地面或墙壁上适当喷水也可降温。同时注意当温差过大，出现"龟皮裂"、"硬开伞"和"死菇"现象。此阶段应加强防寒保温工作，要关闭菇房朝北面门窗及通风设施，并加设挡风屏障，严防北风进入。避免在低温的夜晚及清晨换气，中午外界气温较高时，可以开南面窗进行通风，有条件的菇房可以加温维持菇房温度稳定，以延长秋菇的产菇期，增加秋菇产量。

2. 出菇期的水分管理与空气湿度的调节

（1）水分管理　水分管理是出菇期间最重要的环节。水分管理是一项细致的工作，要根据气候的变化、菇房内的湿度、覆土厚薄、土层干湿、菌株特性、菌丝生长情况、床架位置等，综合考虑，灵活掌握，随时调整喷水时间和喷水量。

覆细土后 10 天左右，扒开上层细土，看到许多绿豆大小白色小菌蕾时，就要及时喷一次"重水"，称为"结菇水"，每天喷水 1 次，每次喷用 $1kg/m^2$，每次喷到土层发亮，连续 3 天，总的用水量 $2.5\sim3.2kg/m^2$，目的是促使菌丝大量扭结出菇。喷水增加细土湿度，同时也使粗土上半部得到水分，促使菌蕾迅速形成和长大，并使粗土层的菌丝粗壮有力。当菌蕾普遍形成并已长到黄豆大小时，需及时喷第二次"重水"，称为"出菇水"，方法与第一次"重水"相同，用量较第一次稍重，总的用水量 $2.7\sim3.6kg/m^2$。再次加大细土的湿度并使粗土得到水分，促使子实体迅速长大出土，这样出菇多、均匀，转潮快。喷"重水"后停水 $2\sim3$ 天，恢复正常喷水，即每天 1 次，气候干燥时可喷两次，每次 $0.25\sim0.36kg/m^2$，轻喷勤喷，少量多次，直到采菇。第一潮菇采收后，停水 1 天，以后继续喷水，直到下潮菇长到黄豆大时，再喷重水。如此反复循环，直到第三潮菇采收结束。前三批菇出菇间隔期间，一般称为"落潮"，此时应减少喷水，每天喷水 1 次，每次喷 $0.2kg/m^2$。前三批菇生育期间气温较高，喷水时间最好在早晚进行。喷重水后，即每天喷 $1\sim2$ 次，以后气温下降，出菇密度减少，潮次变得不甚明显，喷水量要相应减少。

喷水原则是：喷水要均匀、全面，不能有干湿不匀的现象。喷水雾点要细，喷雾器喷头朝上或侧喷，以减少对幼菇的冲击。移动时速度要均匀而有规律，高低一致。不能乱扫或忽高忽低，严禁停留在一个地方不动。喷水量和喷水次数要根据菇的多少、大小、天气等情况而适当增减，菇多时多喷、菇少时少喷；晴天多喷，阴雨天少喷；前期菇生长集中时多喷、勤喷，后期菇发生少时少喷。气温高于 20℃，早晚或夜间通风喷水，气温低于 15℃，中午通风和喷水。喷水后还要适当通风，不打"关门水"，使菇盖表面不积水。采菇前不喷水，以防止采菇手捏处发红，影响品质。

（2）空气湿度调节　出菇前期温度较高，出菇多，空气相对湿度应达到 $90\%\sim95\%$。如气候干燥，除床面适当多喷水外，需要在走道空间、墙壁和地面喷水，以增加空气相对湿度。菇房内空气相对湿度过低，子实体生长缓慢并容易产生鳞片和"空根白心"现象。但也不宜超过 95%；否则影响菌丝生长，并容易产生杂菌、锈斑等病害。采菇高峰过后，气温渐低，空气相对湿度可低一些，达 $85\%\sim90\%$，空中、地面不再喷水。当空气湿度低于 60%，菌床就会干燥，菇体变硬，就会出现鳞片，降低质量。

3. 出菇期的通风管理

双孢菇子实体生长阶段呼吸作用旺盛，出菇多，放出大量的二氧化碳，需氧量大。因此菇房要保持空气新鲜，需随时注意通风换气，保证菇体的正常生长和发育。

此时菇房通风的原则应考虑到以下两个方面：一是通风不提高菇房内的温度；二是通风不降低菇房内的空气湿度。在正常气候条件下，可采取长期持续通风的方法，即根据双孢菇的生长情况和菇房和结构、保温、保湿性能等特点，选定几个通风窗长期开启。这种持续通风的方法，能减少菇房温度和湿度在短时间内的剧烈波动，保证相对稳定的空气流通。如果遇到特殊的气候条件，如大风或阴雨天等，则通过增减通气窗的数量来调控通气量。有风时，只开背风窗，阴雨天可日夜通风。为了防止外界强风直接吹入菇床，在选择长期通风口时，应选留对着通道的窗口，不要选择正对菇床的窗口，同时要避免出现通风死角。通风换气要结合控温保湿进行，当菇房内温度在 18℃ 以上时要加强通风，当菇房内温度在 14℃ 以下时，应在白天中午打开门窗，以提高菇房内的温度。因此，菇房的通风应在夜间和雨天进行，无风的天气，南北窗可全部打开；有风的天气，只开背风窗。为解决通风与保湿的矛盾，门窗要挂草帘，并在草帘上喷水，这样在进行通风的同时，也能保持菇房内湿度，还可避免热风直接吹到菇床上，避免使蘑菇发黄而影响蘑菇质量。秋菇后期，气温下降，蘑菇减少，此时排出的二氧化碳和热量也相应降低，可适当减少通风次数。菇房内空气是否新鲜，主要以二氧化碳的含量为指标，也可从双孢菇的生长情况和形态变化确定出氧气是否充足，如在通风较差的菇房，会出现柄长、盖小的畸形菇，说明菇房内二氧化碳超标，需及时进行通风管理。

4. 转潮与养菌

（1）转潮　转潮速度快慢依菌株不同而异。转潮快是优质菌株的一个特征，能缩短栽培周期，减轻病虫害，降低成本，提高经济效益。影响转潮速度的主要因素是温度，在产菇温度范围内，温度越高，转潮越快。在 1～3 潮菇时，转潮时间为 4～7 天。3～4 潮菇后土层温度低于 10℃ 时，转潮时间可达 10 天或更长。

（2）养菌　在转潮过程中不仅要注意清理床面，还应注意养菌。养菌是在转潮过程中保证菌床菌丝生长良好、营养丰富的措施。菌丝长势好、营养丰富，转潮快，随着菌丝长势减弱及营养的消耗，转潮也转慢。所以每茬菇发生时间和数量都是菌丝生长活力和营养积累的体现。因此，养菌是再出菇、出好菇的基础。养菌期注意菌床情况，土层水要尽可能在喷"出菇水"时调足。养菌阶段床面尽量少喷水，应以调节空气相对湿度为主。菌床无菇转潮阶段，床面应停止用水，加大通风换气，在菌床上打扦透气，尽量改善菌丝生长环境，以利菌丝复壮和再生，也可以合理追肥或补充营养液，以提高后期产量。

5. 光照管理

双孢菇的菌丝体和子实体均不需要光，子实体在阴暗的环境下长得洁白光滑、肥大，若光线太强，长出的子实体表面硬化，畸形菇多，商品价值差。所以出菇期间光线要暗，在一般散射光的条件下还是可以生长的，但不能强光照射。

6. 覆土层管理

覆土层管理包括清除菇根、死菇、病菇及老菌索，并及时补土和打孔通气。每潮菇采完以后，床面上留下的菇根、死菇都应及时清理干净，以免引起腐烂，招致杂菌感染。在清除后的空穴处，及时补充湿润的细土，保持床面平整。出菇一个阶段后，由于覆土层重力及水分影响，培养料逐渐压实影响内部通气，可以打孔进行纠正。

7. 施肥管理

在双孢菇生长后期，由于培养料营养成分的消耗，常会出现长脚、细柄、硬开伞、空心等衰落现象，严重影响蘑菇的产量和质量。所以，在产菇中后期，床面合理追肥和补充营养液是夺取双孢菇高产，改善其品质的重要措施。

（1）生产上常用的追肥种类和施用技术

① 培养料浸出液　将每次上料时没有用完或预留的培养料晒干保存，将其搓碎，加水

10 倍左右在锅内焖煮 10～15min，待冷却后过滤，取其滤汁喷施，用量为 0.2～0.5kg/m²，每 2～3 天进行一次。由于腐熟的培养料中含有丰富的碳素、氮素及较全面的矿物质元素，能满足双孢菇生长对各种营养成分的要求，经常使用能延长出菇高峰期，使子实体肥厚、白嫩，这是一种既经济又安全的追肥方法。

② 菇柄熬煮液　将采收和加工过程中切下的菇根（去泥后使用）、菇柄洗净切成薄片，加水 4～5 倍，煮沸 15～20min，过滤后取其滤汁喷施，用量为 0.3kg/m² 左右。经常使用能延长出菇期，并使子实体肥厚。对提高产量和改善品质有良好的效果。

③ 牲畜尿液　将马、牛等大牲畜的新鲜尿液煮沸至泡沫消失，兑水 8～10 倍，每 3 天喷一次，用量为 0.3～0.5kg/m²，喷完后再用清水喷洗一遍，以免留下污迹，影响质量。

④ 豆浆水　黄豆加水泡软后磨汁，过滤取其滤液，加水 50 倍，再用 1% 的石灰水澄清，每 3 天使用一次，用量 0.1～0.2kg/m²，然后用清水喷洗。经常施用可使小菇肥厚洁白。

⑤ 酵母液　可用市场销售的鲜酵母配制，使用浓度为 0.5%～1%，也可用干酵母配制，浓度为 0.03%～0.05%。由于酵母含有丰富的蛋白质及 B 族维生素，经常施用可促进子实体的形成，增加小菇数量，并能加快生长速度，使菇体健壮，增加产量。

⑥ 化肥液　用 0.1%～0.2% 尿素液，或 0.4%～0.5% 硫酸铵溶液，或 0.5% 过磷酸钙溶液，每 2～3 天喷一次，有使子实体变肥厚的作用。

（2）施肥时应注意的问题

① 追肥最好在菇床落潮或在菇蕾期进行，喷施后要用清水淋洗子实体，以免留下污迹或导致细菌繁殖而影响质量。

② 各种肥液应交替使用，特别是营养成分比较单一的碳素或氮素肥液，更应如此。

③ 有机肥液应随配随用，不可久置。追肥要适当，切勿一次施肥过多。

④ 追肥应结合喷水进行，不能因追肥而使菌床培养料过湿，否则影响产量，增加污染的可能。

⑤ 追肥后加强通风，减小空气及培养料湿度。

8. 双孢菇的采收

（1）采收时间　双孢菇的生长周期为 45 天，一般接种一次可以采两潮，每潮 1m² 可采收 5kg。当菌盖长到 3～4cm 时，菌膜尚未胀破就应及时采收。过迟，双孢菇开伞，失去商品价值，而且子实体过大，会影响周围蘑菇生长。双孢菇旺盛生长期（如图 4-3），应该采取菇多采小、温高采小、质差采小的方法，才能保证双孢菇质量。旺产期一般每天采收两次，以保证质量。

（2）采收方法　采收方法不当也会影响双孢菇的产量和质量。为确保双孢菇的质量，创造较高的经济效益，除应在合适的时期采收外，还应遵循以下采收方法：

① 采收前　采收前床面不得喷水，以免降低双孢菇品质。如果直接喷水到快成熟的子实体上，

图 4-3　双孢菇旺盛生长期

将提高子实体代谢活动，使二氧化碳量增加，造成菇柄伸长、提前开伞。而且采收前喷水也会使菇体因采收时手捏菇盖而变红。在出菇旺期，应经常在菇房中观察，遇到已达标准的双孢菇应及时采摘，尽量做到早晨能采的、不留到下午，下午能采的、不留到第 2 天。温度高时更要及时采收，以免降低品质。

② 采收时　产菇初期，菇体发生密度高，采菇时要尽量做到菇根不带菌丝，不伤及周

围幼菇。一般宜采用旋转法：菇密时，采菇要用拇指、食指、中指捏住菇盖，轻轻旋转采下，以免带动周围的小菇。多个菇丛生在一起的球菇且菇体大小相差较大的，采收时要用刀小心地切下大菇留小菇，不能整个搬动，尽量不影响到要保留下的菇体，否则其他小菇都会死掉。如果"球"菇中大部分已达到采收标准，则可整丛采下。秋菇采收第二批后，出菇量逐渐减少，床面菇稀时，采收时左手按住土层，右手捏住菌盖，直接拔起全菇，将老根一齐拔掉，以减轻菌床整理的工作量。采收后在空穴处及时补上土填平。采菇时经常用湿手巾将手指上的泥土擦掉，采下的蘑菇应整齐地放入篮中，以免损伤。采收时另应注意，保持手与采收工具清洁，不能有污物，以保证双孢菇颜色洁白，尤其不可在菇上留下指甲印。

③ 采收后　双孢菇采收后，要及时用小刀把菇柄下端带有泥土的部分削去，且边采边切最好。应用清洁的小刀与菌柄成直角切断。切时要迅速，应一刀切下，避免机械损伤，刀要锋利，切口要整齐，避免斜根、裂根，这样菇柄平整，质量好。所留菇柄的长度，取决于双孢菇与菌盖直径的比例及收购所要求的标准。切掉菇脚的双孢菇应按标准分级。将不同等级的双孢菇分别放置于垫有纱布、棉垫或薄膜的光滑的塑料桶、箱内，上面盖上纱布，及时送到收购站交售。

另外，鲜菇质地脆嫩。在整个采收过程中要轻拿轻放，防止菇体挤压受伤，绝对禁止乱丢乱抛和剧烈震动，而造成机械损伤或折断菇柄。双孢菇损伤后，其体内的多酚氧化酶等很快氧化，生成红褐色物质，使双孢菇变红。成品菇应及时运走，如果需远距离运输还应适当进行保鲜、护色处理。如果是鲜销，可以不切菇根，以利于贮存和运输。

第二节　鸡腿菇的栽培技术

一、简介

鸡腿菇（*Coprinus comatus*）学名毛头鬼伞。因幼菇形态似鸡腿而得名，又称鸡腿蘑；欧美国家称瓶盖菇，日本称细裂一夜茸。它属于真菌门、担子菌亚门、层菌纲、伞菌目、鬼伞科、鬼伞属。

鸡腿菇是一种适应性很强的草腐型真菌，在我国的河北、河南、山西、江苏、云南及东北三省均有分布；在国外欧洲、美洲、东南亚等地也都有分布。野生状态下多为单生，一般个体肥大、鳞片偏多、通体色泽一致；菇肉洁白肥嫩，鲜美可口，营养丰富；干菇中含粗蛋白质25.4%，含有20种氨基酸（包括8种人体必需的氨基酸）。此外，鸡腿菇还是一种药用菌，味甘性平，有益脾胃、清心安神、降低血糖、治痔等功效，经常食用有助消化、增进食欲和治疗痔疮的作用。据《中国药用真菌图鉴》等书记载，鸡腿菇的热水提取物对小白鼠肉瘤180和艾氏癌抑制率分别为100%和90%。另据阿斯顿大学报道，鸡腿菇含有治疗糖尿病的有效成分，以每千克体重用2g鸡腿菇的浓缩物投给小白鼠，1.5h后降低血糖浓度的效果非常明显。

从20世纪60年代开始，英国、德国、法国及捷克斯洛伐克等国家的食用菌研究人员就开始了鸡腿菇的驯化栽培工作。他们采用发酵堆肥法进行栽培，并获得了成功。近些年来，德国、法国、美国、荷兰、日本等国都相继进行了开发性地生产，有些国家已进行大规模地商业化栽培。我国对鸡腿菇的栽培管理技术及加工等方面的研究是从1980年开始，现总结出了一整套适合我国国情的高产栽培技术，还选育出了一批鸡腿菇的优良品种。目前鸡腿菇在我国的福建、浙江、河北、山东、河南、湖南、湖北等省均有大量的栽培。

二、鸡腿菇生物学特性

1. 形态特征

（1）菌丝体　鸡腿菇的很多菌丝聚集在一起形成菌丝体，菌丝呈白色或者灰白色，绒毛状。在母种培养基上生长常向基质中分泌深褐色色素，从而使培养基变色；菌丝老化时分泌酱油色液滴，使菌丝局部变污褐色。在栽培培养料中的菌丝体覆土后，特化成菌索，菌索局部膨大可以发育成子实体。

（2）子实体　人工栽培的鸡腿菇子实体多数是丛生的，少数是单生的。子实体的高度一般为 6～22cm，它由菌盖、菌褶、菌柄、菌环等几部分组成（图 4-4）。其菌盖又称菌帽，位于子实体的最上部，菌盖表面初期光滑，后期表皮裂开，成为平伏的鳞片，初期白色，中期淡锈色，后渐加深。菌柄是支撑菌盖的部分，在初期菌柄为圆柱形，基部稍膨大，而且菌盖和菌柄连接紧密；在生长中期菌柄呈棒槌状；在后期菌盖边缘脱离菌柄，呈钟表状，最后菌盖平展呈一个伞形。菌褶是菌盖下面呈放射状排列的薄片，与菌柄离生，白色，后变黑色，很快出现墨汁状液体，它是产生孢子的地方。菌环白色，前期紧贴附在菌盖上，箍在菌柄上，待菌盖展开前，逐渐与菌盖边缘脱离，并能在菌柄上上下移动，最后脱落。鸡腿菇子实体在开伞前呈

图 4-4　鸡腿菇形态

白色或灰白色，菌盖有鳞片；在老熟过程中，先从菌盖下面的菌褶边缘出现粉红色、褐色，接着从下到上变为黑色，并逐步成墨汁状滴下，最后子实体"自溶"。

2. 生长发育条件

（1）营养　鸡腿菇依靠菌丝分泌各种酶，再利用酶分解基质从中获取营养物质，包括碳源、氮源、无机盐和生长素等。

① 碳源　鸡腿菇能够利用的碳源相当广泛，包括葡萄糖、木糖、半乳糖、麦芽糖、棉籽糖、甘露醇、淀粉、纤维素、石蜡等都能利用。其中，利用木糖比葡萄糖差，利用乳糖相当好，但不是最好；某些菌株利用半乳糖和乳糖好于甘露醇、葡萄糖、果糖；利用软石蜡能力较差。在实际栽培中，以麦秸、稻草、棉籽壳、甘蔗渣、木屑等作为原料，即可供给鸡腿菇生长所需的碳源。

② 氮源　主要是有机氮，蛋白胨和酵母粉是鸡腿菇最好的氮源。鸡腿菇能利用各种铵盐和硝态氮，但无机氮和尿素都不是最适氮源，在麦芽汁培养基中加入天冬酰胺、蛋白胨、尿素，菌丝生长更好。缺少硫胺素时鸡腿菇生长受影响。鸡腿菇适宜碳氮比，菌丝生长期碳氮比为（20～30）：1，子实体生长期为 40：1。以此，在实际栽培中，麦粉、玉米粉、畜粪都可作为栽培鸡腿菇氮的来源，在堆制培养料时，添加适量的尿素、硫氨等无机氮可加快培养料发酵和增加氮源。

③ 无机盐和生长素　无机盐主要有磷、钾、镁、钙等。一般含纤维素的原料中均含有磷、钾、镁、钙等元素。鸡腿菇生长发育还需要极少量维生素、核酸等生长调节剂，如维生素 B_1、维生素 B_2、烟酸等。如麦芽浸膏、玉米、燕麦、豌豆、扁豆、红甜菜、野豌豆、红三叶草、苜蓿等绿叶的煎汁，可以大大促进鸡腿菇菌丝的生长。研究发现，在麦芽汁培养液中，每升可以产生 25～28g 干菌丝体。在只含无菌水、磷酸盐和碳源的培养液中，鸡腿菇的菌丝也能生长。

（2）温度　鸡腿菇属中温型菇类，菌丝生长的温度范围在 3～35℃，最适生长温度在22～28℃。鸡腿菇菌丝的抗寒能力相当强，冬季 −30℃时，土中的鸡腿菇菌丝依然可以安全越冬。但是温度太低时，菌丝生长缓慢，呈细、稀、绒毛状；温度太高时，菌丝生长快，绒毛状气生菌丝发达，基内菌丝变稀；35℃以上时菌丝发生自溶现象。子实体的形成需要低温

刺激，当温度降到 9～20℃时，鸡腿菇的菇蕾就会陆续破土而出。低于 8℃或高于 30℃，子实体均不易形成。子实体最适生长温度在 12～18℃，如温度低，子实体生长慢，但菌盖大且厚，菌柄短而结实，品质优良，贮存期长。温度高时，生长快，菌柄伸长，菌盖变小变薄，品质降低，极易开伞和自溶。

（3）水分和湿度　菌丝生长阶段，培养料含水量 65％左右、空气相对湿度约 80％为宜。子实体生长期，培养料的含水量以 60％～70％为宜，空气相对湿度以 85％～90％为好。空气湿度低于 60％，菇盖表面鳞片反卷，高于 95％菌盖易发生斑点病等病害。覆土含水量要求在 20％～30％。

（4）光线　鸡腿菇菌丝的生长不需要光线，光线对菌丝生长有抑制作用，易使菌丝变为灰褐色。但菇蕾分化时和子实体发育长大时均需要 500～1000lx 的光照，即微弱光线。在这样光照下出菇快，品质好，产量高。

（5）空气　鸡腿菇是一种好氧型腐生菌，菌丝生长阶段只需少量氧气，而子实体生长阶段需充足的氧气，所以菌丝生长阶段和出菇期要加大通风量，以保证新鲜空气。通气不良时，菌丝和子实体生长缓慢，在菇房中栽培，子实体形成期间每小时应通风换气 4～8 次。

（6）酸碱度　鸡腿菇喜欢中性介质。虽然菌丝能在 pH 值 2～10 的培养基中生长，培养基初期的 pH 值 3.7～8，但经过鸡腿菇菌丝生长之后，都会自动调到 pH 7 左右。因此，无论是培养基还是覆土材料均以 pH 值为 6.5～7.5 时最适合。

（7）其他因子　鸡腿菇为土生菌类，其子实体的形成需要土壤中细菌类微生物及代谢产物的刺激，鸡腿菇具有不覆土不出菇和菌丝耐老化能力强的特性，因此，鸡腿菇栽培需要覆土。覆土的作用主要是刺激和保湿，还增加营养。

三、鸡腿菇栽培场所与栽培季节的选择

1. 栽培场所的选择

鸡腿菇适应性较强，可以在室内利用空闲房或菇房，也可在室外塑料大棚、半地下棚、人防设施及"菇洞"或土质肥沃、疏松、富含腐殖质、无病虫害、水源充足、相对潮湿的空地、果园、草地，还可在管理方便的室外整畦搭棚进行栽培。但各种不同的场所又具有各自的特点，应因地制宜进行利用和管理。由于塑料大棚增温、保温、保湿效果好，加上菇棚较高，可充分利用空间，能取得较高经济效益，为目前较理想的栽培场所。但不论何种设施条件，必须选地势高、平坦、排水良好、近水源、周围环境清洁的地方。另外，鸡腿菇保鲜期短，出菇场所离市场及加工厂近些为好。

2. 栽培季节

鸡腿菇属中温偏高型食用菌，子实体生长发育的最适温度是 14～22℃。人工栽培时，在没有增温、降温条件，纯粹利用自然气温的情况下，一般安排在 2～6 月份栽培，8～12 月份出菇，这是就国内范围笼统而论；但我国幅员辽阔，各地气候差异较大，安排栽培时间时应根据当地气候变化规律灵活掌握。一般情况下，可采用春、秋两季栽培。春季栽培自北向南逐渐提前，而秋季栽培则自北向南逐渐推迟。如中原地区一般在 8 月底和 9 月初播种秋菇，而南方地区则一般在 9 月上旬至 11 月上旬进行播种。夏季温度高，子实体保存时间较短，一般不宜栽培，但如果有降温条件，且能及时鲜销或加工，也可栽培。一般选择山洞、地下室等处栽培，其气温较低，适合鸡腿菇生长；也可利用与高秆作物（粮食、蔬菜等）及果树、树林等套种遮阳降温栽培。冬季如有加温条件，也可栽培，尤其采用日光温室等冬暖式大棚栽培，棚内温度较高，适宜出菇，采收后外界气温低，可抑制菇体继续成熟老化，解决了短期保鲜难题，具有重要推广价值。总之，只要能满足鸡腿菇生长发育所需的条件，一年四季均可栽培。从提高经济效益的角度考虑，反季节栽培优点更多，可以在增加少量投资的情况下，获取更高的销售收入。

四、鸡腿菇栽培料制备与处理

1. 生料栽培的培养料准备

生料栽培就是原料不经过加温灭菌处理、直接将其搅拌均匀后，进行栽培播种的栽培方法。

（1）配方　生料栽培最好选用干燥、无霉变、无病虫污染的原料，主料可用棉籽壳、废棉、玉米穗轴、玉米秸、麦秸、稻草、废菌糠等，辅料选用米糠、玉米粉、尿素、石灰等。生料栽培培养料配方如下：

① 棉籽壳94%、复合肥2%、生石灰3%、食盐1%。

② 玉米芯碎渣94%、复合肥2%、生石灰3%、食盐1%。

③ 杂木屑80%、麦麸14%、复合肥2%、生石灰3%、食盐1%。

④ 花生壳碎渣80%、玉米粉14%、复合肥2%、生石灰3%、食盐1%。

⑤ 酒糟76%、米糠18%、复合肥2%、生石灰3%、食盐1%。

⑥ 将栽过平菇、草菇、榆黄菇、金针菇、香菇、木耳等食用菌的废料晒干、过筛并称量。按干重加入木屑30%、玉米粉10%、干牛粪或干鸡粪6%、生石灰3%、草木灰2%、石膏粉1%。

（2）培养料处理　上述各配方中草料既可以粉碎也可不用粉碎。先将主料用3%石灰水浸泡12～24h，捞出沥干6～12h，再拌入辅料，即可使用，含水量为65%～70%，pH值7.5。

2. 熟料栽培的培养料准备

熟料栽培就是将原料搅拌均匀后，装在袋子里或者其他容器里，经过高压灭菌或者常压灭菌后，再进行接种栽培。

（1）配方　熟料栽培培养料也是由主料和辅料构成，主料主要包括棉籽壳、稻草、麦草、玉米芯等，辅料有麸皮、米糠、种菇后的下脚料、玉米粉、石膏、石灰、磷肥。常用配方如下：

① 稻草或麦草（切断或粉碎）60%，玉米粉8%，干牛马粪27%，复合肥3%，糖1%，石灰1%。

② 稻草、麦秆、玉米秸、玉米芯、芦苇等单一或混合物60%，麸皮25%，米粉8%，复合肥5%，糖1%，石灰1%。

③ 棉籽壳90%，麸皮5.5%，磷肥2%，尿素0.5%，石灰2%。

④ 棉籽壳87%，麸皮或米糠10%，石膏1%，过磷酸钙1%，石灰1%。

⑤ 玉米芯87%，麸皮或米糠10%，石膏1%，过磷酸钙1%，石灰1%。

⑥ 菌渣67%，稻草20%，麸皮10%，石膏1%，石灰2%。

（2）培养料配制　根据以上配方中的各种原料用量称取原料，先将干料混匀，再加水拌匀，加水量按照料水比为1:1.2，培养料充分预湿后堆制发酵，堆高1.5m，堆宽15m，长度不限，再于料堆顶部打通气孔，然后覆盖塑料薄膜升温发酵。料温在（45～60℃）维持3～4天，翻堆1次。料温再次升到（45～60℃）以后再保持2～3天之后散堆。调配含水量至65%，即用手握料时指缝间有水渗出但不下滴为度，pH值为7.5～8.0后直接装袋。

（3）装料、灭菌　将配制好的培养料装入宽16cm、长35～55cm或宽18～20cm、长38cm、厚0.05mm的聚丙烯塑料筒袋或低压聚乙烯塑料筒袋。筒袋一头先用细线或其他封口物扎紧，边装边用手压料，装料应松紧适度，料装得太松，菌丝生长松散无力；太紧，则透气性差，菌丝生长缓慢，出菇迟。袋重量基本一致，袋面光滑无褶、平整，收紧袋口用绳扎好。装好的袋应及时灭菌，用常压蒸汽灭菌，在100℃下灭菌10～12h，如用高压锅灭菌，0.14MPa压力灭菌2～2.5h。然后取出料袋，冷至30℃以下，即可进行接种备用。

3. 发酵料栽培的培养料准备

发酵料栽培是就是将原料搅拌均匀后，堆积起来，进行发酵处理。等到发酵结束后再进行栽培播种。

（1）配方　栽培鸡腿蘑的主料主要有富含纤维素、半纤维素、木质素的棉籽壳、玉米秸、稻草、杂木屑、豆秸、甘蔗渣、玉米芯等。辅料为麸皮、米糠、玉米面、饼粕、畜禽粪、复合肥、尿素、磷肥、石膏粉和石灰等。常用配方如下：

① 棉籽壳 48%，麦秸（或玉米秸）40%，麦麸 10%，石膏 1%，石灰 1%。

② 玉米芯 70%，豆秸（或花生秸）20%，麦麸 8%，石灰 2%。

③ 玉米秸 40%，稻草或麦秸 40%，马粪 15%，尿素 0.5%，磷肥 1.5%，石灰 3%。

④ 麦秸或稻草 50%，鸡粪 46%，石膏 2%，石灰 2%。

⑤ 杂木屑 40%，棉籽壳 38%，麦麸 16%，饼肥 3%，石灰 3%。

⑥ 豆秸 50%，棉籽壳 30%，麦麸 8%，干牛粪 10%，石膏 1%，石灰 1%。

⑦ 菇类菌糠（平菇、金针菇等）50%，棉籽壳 30%，牛粪或马粪 15%，复合肥 2%，石灰 3%。

⑧ 菇类菌糠 50%，玉米芯或其他秸秆料 25%，麦麸或玉米面 20%，饼肥 2%，石灰 3%。

（2）栽培料的预处理　栽培鸡腿蘑原料多为稻草、麦秸等作物秸秆，栽培前采取必要的物理和化学方法预处理，使茎秆软化，利于菌丝体的定植和对养分吸收利用，提高栽培成功率。而且因为栽培料极易在贮存期遭受杂菌污染，栽培前利用曝晒等方法对培养料进行预处理，可取得明显效果。

① 曝晒　将原料在阳光充足的水泥地上摊晒 2～3 天，边晒边翻打，晒匀晒透，利用阳光杀灭部分杂菌和虫卵。

② 碾压　对秸秆料碾压是不可缺少的预处理工序。将麦秸、玉米秸、稻草铺在干净地面（水泥地面更佳），用石碾反复碾压，使茎秆破碎，体积缩小，容易浸泡及粉碎。

③ 生石灰水浸泡　将麦秸、稻草等原料压扁破碎后，用 2% 生石灰水浸泡 1～2 天，此期间内，最好用脚踩踏 1～2 次，清除和破坏秸秆表皮细胞中的蜡质和硅酸盐，使麦秸变得柔软、紧实，并能充分吸水，浸泡后捞出，用清水冲洗至 pH7.5 左右，调节含水量并加上辅料后使用。

④ 粉碎　先将麦秸等原料压扁、破碎，通过约 2cm 的筛网粉碎，呈条片状，细薄而松散，体积缩小，易与其他辅料混合均匀，能充分吸水，单位面积内栽培量增加，产菇能力提高。

⑤ 沸水浸煮　将稻草放入沸水中 20min，待原料变色软化捞出，沥去多余的水分，含水量掌握在 70% 左右，降温至 30℃ 加入辅料，即可堆积发酵。

（3）堆积发酵

① 前发酵

a. 预堆　稻草用水预湿，均匀撒上 1.5% 石灰，堆好踏实，碾碎牛粪，均匀混入饼粉，加水预湿。

b. 建堆　底层铺 15～20cm 厚的稻草，宽度 1.6～1.8m，然后交替铺上牛粪和稻草，每层高度 15cm 左右，层数 10～12 层，一直堆到料堆高达 1.4～1.5m。铺放稻草和牛粪必须均匀，从第三层起开始均匀加水和辅料，其中水分逐层增加，掌握在堆好后有少量水流出为准。

c. 翻堆　翻堆应上、下、里、外，生料和熟料相对调位，各种辅料按程序均匀加入。用石灰水调节水分至手握有 7～8 滴水滴，pH 值为 7.5～8.0，料堆宽度应逐次适当缩小，但高度不变，第三次翻堆时应使粪草均匀混翻。

d. 杀虫　培养料进房前 1 天，用 0.3％苦参碱 2000～3000 倍液或其他高效低毒杀虫剂，喷洒一次并覆盖薄膜，以杀死潜伏在料面的害虫。

② 后发酵　把发酵的培养料迅速搬进菇房，让其自热升温，或稍加热使料温达 50～52℃，保持 2～4 天（视料腐熟程度而定），待料温趋于下降时再进行蒸汽外热巴氏消毒，使料、室温上升到 60～62℃，保持 4～6h。巴氏消毒后，如培养料仍有氨味，继续保持在 50～52℃培养至氨味消失。发酵好的培养料呈棕褐色、红褐色，有发酵香味，无异味和氨味，有白毛菌丝，质地柔软、疏松，无蚊蝇幼虫和螨虫等。

五、覆土材料选择与处理

鸡腿菇的一个重要特性就是不覆土不出菇，覆土材料选择和处理的好坏直接影响到鸡腿菇产量的高低和质量的优劣。因此，覆土是鸡腿菇栽培中一项十分重要的内容。

1. 覆土材料选择

不同的覆土材料，由于理化性状不同，将直接影响到鸡腿菇的产量和质量。优良的覆土材料，其结构和性状均能符合鸡腿菇生长的需要。其基本要求是：结构疏松，空隙多，透气性好，蓄水力强，有一定的团粒结构的沙壤土，土粒大小以直径 0.5～2cm 为佳；有较大的持水力；不含病原物，无虫卵、杂菌和有害物质，含有对鸡腿菇有益的微生物；含少量腐殖质（5％～10％），但不肥沃；中性或弱碱性（pH 值 6.8～7.6），含盐量低于 0.4％，含有钙质，具有缓冲性，能维持中性环境；干不成块，湿不发黏；喷水不板结，水少不龟裂。

2. 覆土材料的处理

覆土材料中可能潜伏着许多病原菌及害虫，所以，覆土前必须对覆土材料进行消毒，以最大限度地降低覆土材料中病原菌和害虫的含量，减轻或杜绝鸡腿菇栽培的病虫危害。常用的消毒方法有甲醛消毒法、曝晒消毒法、蒸汽消毒法、漂白粉消毒法等。

消过毒的土壤应放在严格消毒的房间里，不要让蝇虫及畜禽靠近，以防二次感染。土壤处理好以后应立即使用为宜，若要放置，一般不超过 5 天。

六、鸡腿菇栽培方法与管理技术

1. 室内床架式发酵料栽培法

（1）菇房设置的基本要求　采用床架式栽培鸡腿菇时，由于单位面积栽培空间内菌床铺放集中，菇体发生量大，所以对菇房的性能和结构要求都比较高。总的要求是保温、保湿性要强，通风换气条件要好，房内小气候要相对稳定，受外界气候影响要小，菇房内外环境卫生，污染源少，净化消毒容易。无论采用何种菇房，只要符合这一基本要求即可。

（2）菇房消毒　为防止杂菌污染和病虫危害，菇房使用前必须预先消毒，具体消毒步骤如下：

① 彻底清扫栽培场所和清洗用具。前茬菇栽培结束后，首先要将废弃的培养料及时清除，搬运至远离菇房处堆放，并将菇房的门窗打开，进行通风。能拆开的床架全部拆开，洗刷干净后放在太阳下曝晒。菇房腾空后进行全面清扫。墙壁、地面都要冲洗和打扫干净；地面和墙角处，可用 5％的漂白粉溶液冲刷。

② 消毒各类菇房的密封程度不同，其消毒方法也不相同。一般密封程度较好的菇房主要用熏蒸法，而密封程度较差的菇房用喷雾消毒法。熏蒸消毒法常用药剂有甲醛、高锰酸钾、硫磺粉、敌敌畏等，每 1m³ 空间用药量为福尔马林 10mL、高锰酸钾 5g、硫磺粉 10克，80％敌敌畏 2～3mL。这几种药剂的熏蒸组合一般有 4 种，即甲醛，或甲醛＋高锰酸钾，或甲醛＋硫磺，或甲醛＋硫磺＋高锰酸钾。敌敌畏视具体情况可加可不加。熏蒸前，把灯头和铁制器具移出菇房或用薄膜包严，以防药气锈蚀，然后用喷雾器喷水把整个菇房内部全部喷湿，以提高消毒效果。封闭好门窗和拔风筒，只留一扇门供出入。在房内选择几处放

药位置，不同药剂要错开放置，既要合理又要安全，以利药味均匀扩散。放药时，要有防护意识和措施，然后自里向外，边放药边退出。上述药物交叉使用，增强杀毒效果。在实施喷雾消毒时，要注意加强安全防护。二次发酵法的室内后发酵或室外床式后发酵阶段，在培养料进房前3～4天，必须对空菇房进行一次消毒，进料后就不必再消毒了；而采用常规一次发酵料或室外堆式后发酵料栽培的菇房，在预先对空菇房消毒处理的基础上，培养料进房后还需对菇房及培养料再进行一次消毒，以使菇房和培养料中的病虫基数减到最低限度。这次消毒最好增加敌敌畏或二嗪农等杀虫剂，以增强杀虫效果。

（3）翻料与播种　发酵好的培养料在菇房中需要进一步翻料，然后播种。翻料时若培养料的各项指标均已正常，则可按菌床培养所需要的规格进行铺放。铺放时，要使各部位培养料干湿均匀，松紧一致，整平后料层厚度应达15～20cm。

当料温下降到25～28℃，且气温呈下降趋势时，即可播种，用种量为0.4kg/m²。播种前，对菌种瓶外壁、操作用具以及操作人员的双手，均要用0.1％高锰酸钾消毒液清洗。菌种用多少掏多少，挖出的菌种捣成小块状，但不要捣得过碎，以免破坏菌丝体结构，削弱菌丝生活力。

播种方法一般采用混播。播种完毕，用手或木板轻轻拍平料面，再用薄膜封严，保湿发菌。

（4）培养料发菌期管理

① 控湿　播种后3天内以保湿为主，菇房要紧闭门窗及拔风筒，每天早晚各开小窗通风一次15～30min，使室内空气湿度保持在80％～85％，使菌丝能尽快萌发，定植于培养料中，并在料面迅速生长。若菇房保湿性差，要喷水保持湿度。3天后，当新生菌丝已经定植生长时，应逐渐加大通风量，以降低料温，使菌丝向料内深入，并抑制杂菌的发生。这时室内的空气湿度可保持在80％左右，并一直保持到发菌结束。

② 控温　鸡腿菇菌丝发育的最适宜温度为22～26℃，所以从开始播种后，就要把菇房的温度调节到22～24℃，但不能超过28℃，也不能低于15℃。若气温超过28℃，要在早晚开窗通风降温，若气温低于15℃，则需采取升温措施。播种3天后，菌丝的生长会使料温上升，甚至超过室温。这时，要把料温控制在24～28℃，不能超过30℃，以免烧坏菌丝。

③ 其他措施　整个发菌期间要保持黑暗环境，防止强光照射。同时做好病虫害的预防工作。在上述适温（22～26℃）条件下，播种后19天菌丝即可发到料底，因此，要在此前进行覆土。

（5）覆土及覆土后的管理

① 覆土的时间　覆土的具体时间主要是根据吃料程度来决定。一般要求：翻开培养料，当菌丝吃料2/3以上、大部分菌丝的生长部位已接近培养料底部时，就要进行覆土。

② 覆土前准备工作

第一、检查料内是否有病虫危害，一旦发现，必须在覆土前处理彻底。

第二、覆土前要用手把料面菌丝轻轻拉一拉，搔动一下，再拉平并轻轻拍平，这样覆土后，再生绒毛菌丝多，上土快。

第三、覆土前若发现料表层过于干燥，肉眼已难看到菌丝时，可提前2～3天先用pH值为8的石灰水轻喷，再喷健壮素1～2次，促使菌丝返回料表层后再覆土。

第四、覆土材料在用之前应调节好水分，其含水量应掌握在握之成团，抛之则散，外观潮润，中间无白心为度。

③ 覆土方法　覆土时可以先把覆土材料分成粗、细两种，先覆一层粗土，厚度约3cm，然后再覆一层细土，厚约2cm，粗细土的总厚度为5cm左右。也可以粗细混合土一次性覆

完，厚度 3.5～5cm。一般来讲，料厚则覆土略厚一些，料薄的覆土稍薄一些。覆土厚，出菇稍迟，菇体个大盖厚，但个数较少；覆土薄，出菇较早，菇密，但个体较小。如果播的是大粒肥厚型的品种，覆土层带薄些，以利于外销或加工；若是小粒密生型品种，覆土可厚些，以利于长得稀些，个大些。有机质含量多、孔隙度大的覆土材料，可稍厚些；而黏性大、孔隙度小的覆土材料，宜薄一些。

④ 覆土后至出菇前的管理　覆土至出菇约需 18～20 天时间，分两个时期管理。

a. 覆土前期　此阶段仍然属于发菌阶段，约为覆土后 7～10 天内，这个阶段室温控制在 21～25℃，空气相对湿度保持在 85％左右，室内保持较黑暗的环境。

b. 覆土后期　此阶段发菌已近结束，属于催菇阶段，已经开始形成原基，这时要将室温降到 18～20℃，料温降到 21～23℃，而相对湿度提高到 85％～90％。同时适量增加一些散射光，以促进原基的形成。当土层表面有大量米粒状原基出现时，即出菇阶段，可揭去盖膜。

（6）出菇管理

① 温度管理　鸡腿菇子实体生长的最适温度是 16～24℃，过高或过低均不利于子实体生长发育。因此，菇房温度要尽量控制在最适温度范围以内。如果室温超过 25℃，需要通过通风来降温，但是，白天中午气温过高，则不能开窗，以防热空气进入菇房；如果菌床处于长菇阶段，则要在降温的同时加大通风量和喷水量，同时及早采收。通风降温过程中，菇房地面、墙壁可适当喷水，利用水分蒸发带走部分热量。如果气温较低，则应加强菇房保温升温措施，使菇房温度维持在 15℃以上。有条件的还可利用多种热源，尽量使菇房温度控制在子实体的适温范围内，确保产量和质量。在维持适温的前提下，可采取增加昼夜温差的办法，以促使早出菇，出好菇。白天维持较高温度，夜里开窗通风，降低室温。如昼夜温差达 6～8℃，定能出好菇。

② 水分和湿度管理　水分管理的内容主要是抓好菇床喷水和调节好空气湿度。一般在原基和菌蕾期，不宜直接向菇床喷水，使喷头斜向上，向菇床上面的空中喷雾状水，让水滴自然落下，否则易造成原基或菌蕾大批伤、死现象。

随着幼菇渐长，喷水量和喷水次数要根据天气情况、气温高低、菇房保湿性能、床架所处位置、覆土层厚度来把握。一般一天 1～2 次，保持菇体和床面湿润就行，以床面不积水为度。但喷水前、后均应打开门窗适当通风，以免菇房过于闷湿。

出菇期间要保持较高的空气湿度，一般以 85％～90％为宜。菇房空气湿度过低，会加快菇床水分的散失，造成子实体生长减慢，单菇重减轻；如果空气湿度过高（长时间处于 95％以上），菇床会处于闷湿状态，影响菌丝的生活力，还会导致红根菇、锈斑菇的发生，并容易诱发病虫危害。为保证适宜的空气湿度，除向菇床喷水外，每天还要在菇房的地面、墙壁、走道空间等处喷雾水 1～2 次，以增加空气湿度。但在维持较高空气湿度的同时，要特别注意菇房温度的变化和通风降湿，绝不能让菇房同时处于高温高湿状态。

③ 通风管理　气温高时，应选择几扇能起对流作用地窗、高窗与拔风筒相配合，经常保持半开启状态，使菇房始终处于缓缓换气之中，但应避免强风直吹畦床（菇架），以免影响菇的色泽和质量。此时可在通风门窗上挂湿草帘，这样既能保持菇房内较高的空气湿度，避免风直吹向菇床，又可使菇房的温度、湿度处于相对稳定状态。然后再根据出菇情况和天气变化，适时增减通风门窗的数量，并通过改变通风门窗的位置和通风口的大小，来调节菇房通风量。当菇房温度较高时，背风窗应日夜常开，通风宜在夜间、雨天及早晚进行；无风的天气，南北窗可以全部打开；当菇房温度较低时，背风窗应日夜常开，夜间无风时应打开所有门窗；室内外温度相同时，只要风力小于 3 级，除中午前后将迎风窗关闭 3～4h 以外，都应常开对流窗。

④ 光照　鸡腿菇子实体的形成和生长需要适量的散射光，暗淡光线不利其出菇和生长。因此，理想的光照强度为 700～800lx，在四分阳、六分阴的光照条件下，鸡腿蘑生长发育好，出菇快，产量高，品质好，不易感染病害。但光照太强，子实体生长受抑制，质量差。

（7）采收

① 采收时期　通过采取上述措施进行管理，出菇约 7～10 天后即可采收。由于鸡腿菇子实体成熟的速度快，成熟后很快会开伞自溶，因此，应及时采收。一般是在子实体菌柄伸长到约 12～30cm，菌环尚未松动脱落，菌盖未开伞前为采收适期，此时菇品质好，产量高，不易破碎，商品价值高，保鲜期长，耐运输。若采收过迟，菌盖边缘会脱离，苗柄开伞自溶或变黑，从而失去了食用价值。

② 采收方法　采摘时手持菇柄，轻轻旋转拔起，勿带基部土壤，以免损伤菌丝，影响下潮菇的产量。如果是丛生菇，最好是等大部分菇适合采摘时，整丛一起采下，以免因采收个别菇而造成大量幼菇死亡。菇采下后按顺序摆放在浅筐内，切不可随意放置，以防菇脚泥土粘在菌盖或菌柄上。采下的鸡腿菇要及时用利刀削去泥根并清洗干净。切削时切口要平整，防止将菇柄撕裂。整理鲜销或加工。此外，采菇前，需提前几小时喷水通风后，才能采收。

（8）转潮管理　头潮菇采收完毕，应及时清除床面的老根、死菇、烂菇等杂物，铲除污染严重的土粒，然后用湿润的覆土补覆 1～2cm 厚，再用 pH 值为 8 的石灰水均匀喷洒，同时适时追肥，即喷施一定量多菌灵液或 1% 石灰水，再喷施 0.1% 尿素和 5% 麸皮水，并尽快用消毒处理过土补覆床面，恢复出菇前状态。使覆土层和培养料充分吸足水分，再覆盖薄膜，如此管理，大约经过 8～10 天又可出第二潮菇。如管理得当，一般可采鲜菇 4～5 潮。

2. 熟料袋式覆土畦栽法

熟料袋式覆土畦栽法生产流程：

原料预处理 → 培养料配制 → 加入部分发酵料 → 装袋 → 灭菌 → 接种 → 菌丝培养

采收 ← 出菇管理 ← 覆土 ← 菌袋搬入出菇场所、脱袋排放

（1）培养料准备、发酵、装袋、灭菌（参阅本节四、鸡腿菇栽培料制备与处理）。

（2）接种培养　在消毒过的接种箱（室）内，按无菌操作要求进行接种。采用两头接种法，两头加套颈圈并用无菌的报纸封口，接种量为干料重的 10%～15%。接种完毕，置于消过毒的发菌室内，遮光培养。在 22～30℃ 的适温下，经 25～30 天即可发满料袋。

（3）脱袋覆土　选择背风向阳、地势高燥、有清洁水源、排水通畅的地方，整地做畦。畦宽 1m，深 20～30cm，长 8～12m。畦床四周开挖宽 20cm、深 30cm 的排水沟。畦床做好后，先在畦底及畦床四周撒一薄层石灰粉灭菌杀虫，然后将发满菌丝的料袋剥去塑料袋膜，用利刀将菌棒切成两段，切面朝下排入畦内。菌棒间留有 2～5cm 空隙，用覆土材料填满，以利菌丝继续生长，再在菌棒顶部普遍覆盖一层 3～5cm 厚的土层，覆盖的土壤需要湿润，覆土完毕，即覆盖塑料薄膜保温保湿，并在畦上搭置拱棚，在拱棚上搭上草帘或遮阳网以控温、控湿、控光。

（4）出菇管理　覆土盖膜后约经 10 天左右菌丝即可布满畦床，并逐渐扭结形成丛生或单生的菌蕾，并形成子实体，此时即可揭去薄膜，加大通风换气量，保持空气新鲜。通过通风使温度控制在 15～20℃。此期管理的重点是避免空气干燥、日晒过度或喷水过量，以免使菌蕾顶端乳突干裂或表面鳞片变为褐色甚至坏死，影响品质及产量。每天照少量的散射光线，否则子实体表面鳞片增多降低质量，再经 7～10 天即可采收。

（5）采收　采收时期及采收方法与室内床架式发酵料栽培法相同，以后每采一潮菇补一次水，一般可采 3～4 潮菇。

3. 发酵料袋式覆土畦栽法

发酵料袋式覆土栽培生产流程：

原料预处理 → 培养料配制 → 堆制发酵 → 装袋接种 → 菌丝培养 → 菌袋搬入出菇场所→菌袋脱袋排放

采收←出菇管理←覆土

(1) 发酵料堆制（参阅本节四、鸡腿菇栽培料制备与处理）。

(2) 装袋接种 采用分层装料分层接种，一般三层料、四层菌种。选用厚度为 0.03mm 聚乙烯塑料袋，直径 20～24cm，截成 40～45cm 长的筒袋。装袋时，挑取无杂菌，菌丝粗壮、浓密的栽培种，放在经药剂消毒过的盆里，用手掰成小枣大小的菌块。将筒袋一端扎好后，先装一层菌种后，再将料装入袋中，边装边压，使菌种与料紧贴，装到 1/3 时，撒少量菌种，再继续装料，中间装 2 层菌种，即 3 层料、4 层菌种，而中间 2 层菌种只撒在袋的四周，袋口两端菌种均匀撒开，封住整个料面，使菌种占优势，以控制杂菌生长，袋口两端菌种用量占菌种总用量的 50%。装完料用直径 3cm 尖木棒从料袋中间穿一通气洞，并用绳扎好口。同时装袋当天用消毒过的毛衣针在各菌种层扎孔 8～10 个，以利通气。装好的塑料筒袋及时搬入干净、通风、经消毒过的室内或大棚内，室温 20～25℃ 为宜。每隔 7 天左右翻堆一次，30 天左右菌丝长满袋，再培养 7 天左右，菌丝体达到生理成熟，可搬到出菇场所覆土出菇，也可在 20℃ 以下的干净空房内暂时保存。

(3) 畦床建造与消毒处理 选择背风向阳、地势高燥、有清洁水源、排水通畅的地方，整地做畦。一般畦床宽 80～120cm，深 25cm 左右，长度按场地大小确定。两畦之间留 40～50cm 人行道兼排水沟，结合平整畦面，喷洒一些杀虫药驱虫，并撒适量石灰粉灭菌。播种或排放菌袋前 2 天，畦床灌足水，并喷洒生石灰粉及敌敌畏或敌百虫等农药，以达消毒和驱杀害虫的目的。

(4) 脱袋覆土 将发好菌的菌袋脱去薄膜，横排于畦床上，菌棒间距 2～5cm，根据菌袋大小调节菌棒间距，其间隙用消毒处理过的壤土填满，菌棒上覆 3cm 厚的粗细混合壤土。粗土粒直径控制在 0.8～1.0cm，细土粒中应有 50% 土粒直径小于 0.5cm。覆土的含水量以外观湿润，手握能成团，落地能散为宜。亦可分两次覆土，先覆粗土，然后再覆细土，覆土后第一次喷水量要大，使土与菌棒紧贴，然后盖薄膜或地膜保温保湿。畦床及大棚利用掀盖草帘来调温调光，脱袋覆土后要保持畦面湿润。

(5) 发菌管理 经常通风换气，及时清除杂菌污染菌袋，使袋内温度保持在 25℃ 左右。20 天后发好菌袋，便可进入出菇管理。

(6) 出菇管理 根据鸡腿菇不覆土不出菇的特性及市场需求，适时对菌袋覆土出菇。当菌丝长满表土时，隔 2～3 天就需要喷结菇水，刺激和促进菌丝扭结、分化子实体原基。每天喷水 2～3 次，使水分慢慢渗入土壤中，湿度以不粘手为宜。喷结菇水期间，要进行大通风，减少土壤表面水分，抑制菌丝的徒长。温度控制在 17～25℃，并保持 5～10℃ 温差。采取夜晚降温、白天保持适度高温，如果温度低于或高于鸡腿菇生长范围，应推迟喷结菇水，防止在土壤下面出菇。出菇阶段既要保持空气流通，又要保持空气湿度在 85%～90%。

(7) 采收 当现蕾后 3～7 天，菌盖上有少量鳞片，菌环刚刚松动时，即可采收。一潮菇采收后，要及时清理料面，清除死菇、烂菇、残菇及其他杂质。然后重喷一次水，再覆约 1cm 的土层，一般 10 天后可出二潮菇。二潮菇以后要喷施追肥，以提高后潮菇的产量和质量。如此管理，可出菇 3～5 潮，生物学效率在 150% 以上。

4. 生料或发酵料畦栽法

(1) 培养料准备（参阅本节四、鸡腿菇栽培料制备与处理）。

(2) 畦床建造 既可在露地整畦搭棚，也可在大棚内做畦。气温较高时一般选用阴畦，即在果园、林地等遮阳、通风处建畦；气温较低时宜选阳畦，即在背风向阳之地建畦，或在大棚内做畦栽培。一般畦深 20～30cm，长度不限，宽度则根据气温高低而定。气温高时，畦宽约 80cm，以利散热降温；气温低时，畦宽并搭拱形塑料小棚保温保湿。畦床建好后先浇透水，稍干后将畦底泥土翻松耙平整实，喷洒 5％石灰液或 0.1％高锰酸钾液等杀菌消毒，然后即可铺料播种。

（3）铺料播种　采用层播法。在整好的畦床内先铺一层培养料，厚约 5cm，其上撒一层菌种，再铺一层 5cm 厚的培养料，并拍平，再撒一层菌种压实。共铺 3 层料，播 3 层菌种，料厚 15cm 左右。每平方米铺料约 20～30kg，用种 3～4 瓶，用种量为干料重的 15％。播种时，上层用种多些，中层、下层用种少些，各层菌种所占菌种量的比例为：3∶3∶4。菌种最好呈蚕豆粒大小的块状，这样可造成表层的菌种优势，以促使菌丝尽早占领料面，减少杂菌污染。播种后，平整料面并压实，再覆盖 3～5cm 厚的疏松壤土，然后盖上地膜，保湿发菌。室外畦床要搭拱棚遮光控温控湿。

（4）发菌和出菇管理　发菌期间，应及时调控好棚内温度，尽量使其保持在 18～26℃。当畦床温度超过 26℃时，可覆盖草帘等降温；超过 30℃，可两头揭膜通风降温。阴冷下雨天和夜间温度低时，要将两头薄膜封好，并加盖草帘等覆盖物。大雨时，要注意排水，避免畦床内积水。这样经 3～4 天，菌丝即开始吃料，20～35 天后，覆土层表面即可出现白色子实体原基。此时应揭掉覆膜，并在棚上覆盖草帘等遮阳保湿保温。每天向菇床喷雾水，并及时通风换气，保持空气湿度为 85％～90％。

（5）采收　采收时期和采收方法与室内床架式发酵料栽培法相同。

5. 袋栽与畦栽相结合栽培法

如果栽培场地有限，为了充分利用栽培场地和节约原材料，提高经济效益，可选用袋栽与畦栽相结合栽培法。在鸡腿菇栽培中，采用此法，菇房每年至少可利用 3 次，每年有 9 个月（去除 7、8、9 三个月）的出菇期通过采用上述方式，不仅充分利用了空间场地，大大降低了成本消耗，而且使菇房的出菇能力大幅度提高，单位面积产量提高 2 倍以上，为鸡腿菇的高效栽培提供了一条可行的途径。现把此法的要点介绍如下：

（1）秋季畦栽　在我国北方一些地区，一般于 8 月中下旬堆制发酵料，8 月底 9 月初播种，9 月中旬覆土，10 月初现蕾出菇。采菇 3～4 潮后（11 月底 12 月初）将菇床表面的覆土清理干净，清除表面 3～5cm 厚的培养料，向料面喷 1％～2％的生石灰水以及追肥，每隔 15～20cm 打一通向料底的直径 2cm 的孔，以便向料内渗水。最后对菇房用甲醛熏蒸消毒，密封门窗一昼夜后打开门窗通风，以备下一期栽培。

（2）冬季袋式覆土栽培　将发好的鸡腿菇菌袋去膜后平放在上述准备好的培养料上，袋间距 2～3cm，袋间填发酵料或发好菌的袋料（不可填生料）。根据当年春节的早晚及菇房的增温设施等情况决定是否覆土，从而将产菇盛期赶在春节前夕。春节后继续管理，再出 1～2 潮菇后，约在 3 月中上旬将培养料及覆土全部清除，然后对菇房和床架进行彻底消毒，以备春栽。

（3）春季畦栽及袋栽　上述菇房清料消毒后可立即进行发酵料层播，此时关键是将菇房温度升至 15℃以上。覆土可在 3 月底 4 月初，4 月下旬可来头潮菇，5 月中旬采第二潮菇。6 月份如能降至 25℃以下，可将覆土及料表层 2～3cm 厚的培养料去掉，洒施营养液及 1％的石灰水，同时洒施杀虫、杀菌剂。待水渗入料后可在料表平铺一层厚约 5～8cm 的已发好的菌袋料，覆膜让菌丝愈合 3 天后覆土，6 月底 7 月上旬还可出菇。

6. 玉米地套种法

玉米地套种鸡腿菇，因玉米田保湿、透气、遮阳、通风，且玉米叶面光合作用强，释放氧气多，能满足鸡腿菇的生长需求，有利于鸡腿菇菌丝和子实体生长。

（1）地块与品种选择　应选用地势平坦、通风良好、水源方便、土质肥沃而疏松的沙壤土。选定后，施足底肥，深耕细耙，使田面平整，并在翻耕时，消灭地下害虫。玉米品种应选耐高温型、株型紧凑、抗病虫能力强、高产优质的品种。

（2）玉米播种　为使鸡腿菇出菇期与玉米相适应而又不影响播种，应在5月中旬播种玉米，垄宽1.2m，沟宽40cm。每垄种3行玉米，行距50cm，株距20cm。播后覆盖地膜，待幼芽顶土时，及时破膜，引苗出膜生长，两行玉米间相距有50cm，是鸡腿菇的菌床带幅。

（3）培养料制作　收集各种农作物秸秆或酒糟、醋渣、糠醛渣等，任选一种或几种作主料，约占70%，在配方中可添加辅料为20%粪肥（鸡粪、猪粪、牛粪），麸皮6%，生石灰3%，三元复合肥1%，加以混合后加入适量水，投入到搅拌机内搅匀，进行常规发酵。发酵成功的基料的标准为：料内外嗜热好氧微生物（如放线菌）生长均匀，料有特殊的酒香味为好。

（4）装袋接种与发菌　选17cm×35cm的聚乙烯筒袋，采用3层菌种2层料的层播方式进行接种，接种量掌握在15%左右。接种时菌种块大小适度，一般为花生粒大小。若菌种块过大，种料的接触面积小；菌种块过小，吃料力弱，菌丝连接困难。装袋时培养料要松紧适度。装袋后用钢钉沿袋两端和中间菌种部位环绕扎10～12个微孔，并把菌袋码堆，高度以2～4层为宜，置于遮阳、通风、凉爽的环境，控制温度在30℃以下，经20～30天白色菌丝即可发满菌袋。但需注意，发菌期间要倒袋，上下内外菌袋对调，促使发菌平衡，并发现杂菌及时处理。

（5）菌袋脱膜进田覆土　菌袋变硬成熟后，玉米也恰逢拔节后期。在抽雄穗时，玉米地已达到了一个很好的遮阳环境，这时可向地中灌大水一次，雨后操作更好。可将发好的菌袋脱去菌袋薄膜，竖向摆放在玉米行间，然后从作为人行道的另两行玉米间取土向菌袋上方覆土2～3cm，这一时期气候潮湿多雨，有利于菌丝向土中延伸。如遇干旱可用高压喷雾器的远程喷头喷水。经18天左右土中菌丝发满。

（6）套种后管理　土层菌丝生理成熟后即可扭结出菇，此时玉米地白天气温如在33℃以下，昼夜温差8℃以上时，最佳湿度为85%～95%，白色菇蕾就可以从土中冒出。在气候较干燥时，可采用高压喷雾器，也可安装小型喷雾设施，或向玉米地浇大水，提高其空气湿度。第一潮菇结束后，覆土1～2cm，有利于出菇整齐健壮。关键是要保持环境湿度，如遇干旱天气，应及时喷水，提高湿度。如遇阴雨，应在雨前加盖弓棚薄膜，注意田间不要积水，雨后及时揭除薄膜。玉米秆枯死时，可采取其他补救法，解决鸡腿菇后期遮阴问题。

（7）采收　高温季节，鸡腿菇生长很快，一般出菇4～6天；在菌盖未膨大松软，菇体紧实，呈保龄球状时采收，以免开伞自溶失去食用价值。采收时用竹片或小刀把根部泥土刮去，包入塑料袋内抽真空后低温保存7～10天。一潮菇过后，特别要清理好菇床，停水3～4天，再进行后潮菇管理。

7. 林地畦床栽培法

林地具有光线适宜、空气凉爽、湿润、氧气充足、杂菌污染少、保湿降温的特点，从而保证了鸡腿菇子实体在滋润的小环境中生长发育，同时保证了鸡腿菇子实体的商品质量。另外，利用林地春季栽培可延长生长周期，秋季栽培可提前半月出菇且不占用耕地，不与树林争夺空间，同时，林地种菇除产菇之外，还可以提高林地土壤的有机质含量及肥力。所以，林地栽培鸡腿菇，投入少、周期短、见效快、收入高，是充分利用森林资源，发展林区多种经营，增加林地经济、生态、社会总体效益的有效途径，可谓一举多得。林地自然条件下，鸡腿菇的出菇时间可安排在春季到初夏、早秋至初冬。

（1）林地条件　阔叶林树龄需5年以上，针叶树需8年以上，株行距为3m×4m，还要有方便的清洁水源。

（2）畦床建造　在林地间根据树距，选取一块场地，做成畦床，要求畦宽80～100cm，深 15～20cm，长 8～10m，挖出的土放在畦床两边，筑成畦墙，北高南低。畦床做成龟背形，再用 3％石灰水浸畦床底和四周。

（3）搭遮阳棚与防虫网　畦床上方用竹片搭拱棚，也可用木棍搭建棚，应因地制宜，因陋就简，起到保温保湿作用即可，且避免透光及淋雨。拱棚上又是林地极好的通风带，利于树木通风，拱棚内食用菌与树木达到互补互促的高效有机组合。另需设网防虫，遮阳棚四周最好用防虫网封闭，以防虫类进入。

（4）培养料制备与接种　可用生料或发酵料，具体方法可参阅鸡腿菇发酵料栽培。

（5）脱袋覆土　菌袋进林的时间一般要掌握在早晨或晚上 9 点后，场地要用石灰及杀菌药消毒。将塑料袋剥掉，卧放在畦床上，或将菌棒从中截断，使断面向下，竖立排放在畦床上，菌棒间留 2cm 左右距离。然后在畦床加盖覆土，覆土材料以肥沃沙质壤土为好，每1000kg 土中加入发酵的牛粪、鸡粪（或食用菌专用肥）各 200kg、尿素 10kg，充分拌匀后，喷施有机杀虫剂，然后覆膜，5～7 天后翻开土堆，加入 30kg 石灰粉，再拌匀覆膜，7 天后即可使用。按每 100m² 畦床用 2m³ 覆土的用量。覆土厚约 3～5cm，空隙处也要用覆土添满，覆土后用大水浇透再用细土找平畦面。覆土时间要在每天上午 10 点前结束。

（6）出菇管理　覆土后约 20～30 天后，覆土表面有鸡腿菇原基出现时，即可揭膜，进行出菇管理。做好降温、通风、保湿工作。

① 温度调节　鸡腿菇子实体最适温度 18～24℃，温度过高或遇连日干热风，需降低地表温度时，可在树上喷洒细水，水中结合喷洒杀菌剂。

② 湿度调节　湿度主要靠小拱棚、遮阳网及循环水道控制，遮阳棚下的空气湿度不宜过高，保持空气湿度 85％～90％。喷水保湿须多次、少量，尽量不使子实体积聚水珠，采摘前一天要降低空间及地面湿度。

③ 光照调节　树荫下的光线即可满足其需求。

④ 通风调节　通风要选择在晚上 10 点后及清晨 7 点半前结束，干热风时不要强通风；气温高时多通风，气温低时少通风。这样经过 7～10 天，即可采收头潮菇。采摘前要通弱风，保持菇体的水分适度。

（7）采收　林地栽培鸡腿菇 1 年可栽培两季。春季于 2 月底 3 月上旬播种，4 月中旬开始收菇；秋季于 9 月上中旬播种，国庆节后开始收，可收获 3～5 潮。

第三节　草菇栽培技术

一、简介

草菇 [*Volvariella volvacea* (Bull. ex. Fr.) Sing]，在真菌分类学中属真菌门、担子菌亚门、无隔担子菌纲、伞菌目、光柄菇科、小苞脚菇属，俗名有秆菇、麻菇、美味苞脚菇、兰花菇、稻草菇等。它是热带和亚热带地区夏季生长在稻草等禾本科草类和废棉等纤维上的一种腐生性高温型食用菌。目前，用于人工栽培的草菇主要有黑色草菇和白色草菇两大品系。

据史料考证，草菇的人工栽培，起源于我国华南地区，至今有 200 多年的栽培历史。有人证实，草菇的栽培技术和菌种，是由漂洋过海谋生的华人传至东南亚诸国，以及其他华侨居住的国家，所以在国际市场上称草菇为"中国蘑菇"（Chinese mushroom）。而且随着对草菇栽培技术的深入研究，草菇栽培区域也已越过长江、黄河，扩展到北方各个地区。目前，我国已经成为世界上草菇产量最高的国家，草菇的总产量占世界上人工栽培菇类的第 3位，占世界总产量的 60％以上。

草菇不但菌肉洁白肥嫩，味道鲜美，烘烤的干菇香味浓厚，而且还有较高的营养价值和药用价值。草菇子实体中含大量蛋白质（每 100g 干菇中含粗蛋白质 33.77g）、丰富的氨基酸（包括人体必需的 8 种氨基酸）以及大量的维生素 C（每 100g 鲜草菇含维生素 C 206.27mg）。此外，研究发现，草菇子实体中还有一种叫异种蛋白质的物质，能增强人体抗癌能力和免疫力。而且草菇中含有的脂肪不同于动物脂肪，能够降低血浆胆固醇的含量，有降血压的作用。同时，它的淀粉含量很少，是糖尿病人的良好食物。所以，草菇是一种既可口又具保健作用的食物，在国内外市场上极受欢迎。目前，草菇深受国内外人民的喜爱，无论是干制草菇、草菇罐头还是鲜草菇，均享有较高的声誉。

草菇的栽培主要用稻草等纤维素含量较多的原料，可利用稻草、废棉、玉米芯、麦秆、甘蔗渣、稻壳等农产品的下脚料，因此，草菇培养的原料来源十分广泛。草菇既可室内栽培也可室外栽培，同时栽培草菇不需要复杂的设备，栽培技术简单容易掌握。草菇是食用菌中收获最快的一种，从堆料栽培直至收获可在 2 周内完成。另外，由于草菇属于高温型菌类，适宜于一般菇类不能生长的炎热夏季，因而成为食用菌夏季生产及供应市场的一种珍品。草菇栽培见效快，经济效益高，还可改善生态环境，调节蔬菜市场供应。所以，草菇必将成为食用菌生产中经济效益高、具有发展前途的菇类。

二、草菇的生物学特性

1. 形态特征

（1）菌丝体和菌丝　草菇的菌丝体是由无数菌丝交织而成的网状体，它是草菇的营养器官，其主要功能是分解基质中的果胶、纤维素、半纤维素等有机物质，同时在基质中生长、繁殖，并起着吸收、运输、积累营养的作用。而草菇的菌丝则是由管状细胞组成的丝状物，它是由担孢子萌发而成，有横隔膜，细胞多为单核的初生菌丝。初生菌丝相互融合而形成次生菌丝，每个细胞含有两个核，菌丝浅白色，半透明，气生菌丝旺盛，并且多数次生菌丝能形成厚垣孢子。

（2）子实体　草菇子实体是由菌盖、菌柄、菌褶和菌托四部分组成（图 4-5）。菌盖是子实体的最上部分，近钟形，直径 5～19cm，完全成熟后伸展成圆形，中部稍凸起，边缘完整，表面有明显的纤毛，近边缘呈鼠灰色或褐色，中部色深，具有放射状条纹，菌肉白色，细嫩。

菌褶着生在菌盖下面，片状，是担孢子产生的场所，与菌柄离生。菌褶排列稍密、离生、不等长，有全片、四分之三片、二分之一片和三分之一片等。每片菌褶是由三层组织构成

图 4-5　草菇的形态

的，最内层为髓层，中层是子实基层，最外层是子实层。菌褶两侧面着生棒状担子，每个担子着生四个担孢子。担孢子椭圆形或卵圆形，表面光滑，幼期为白色，成熟后为浅红色或红褐色。

菌柄着生在菌盖下面的中央，支撑着菌盖，圆柱形，上细下粗，长 5～18cm，直径 0.8～1.5cm，白色或稍带黄色，光滑，幼时中心实，随菌龄增长，逐渐变中空，质地粗硬纤维化。

菌托位于菌柄基部，是子实体外包被的残留物，幼期起着保护菌盖和菌柄的作用，随菌盖的生长和菌柄的伸长而被顶破，残留在菌柄基部，杯状，上部灰褐色，向下颜色渐浅，接近白色。

2. 草菇的生活史

草菇的生活周期是从担孢子的萌发开始，经过菌丝体阶段的生长发育，形成子实体，并由成熟的子实体产生新一代的担孢子而结束（图 4-6）。

（1）菌丝体的形成　担孢子在适宜的环境条件下，水和营养物质通过脐点处冒出芽孢囊

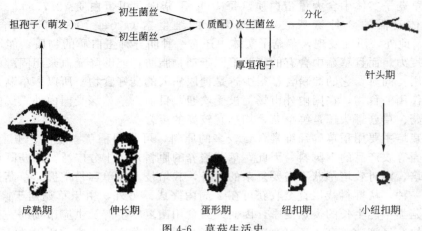

图4-6 草菇生活史

膨大，逐渐发展成芽管。芽管继续生长，进行分枝和形成隔膜。菌丝体由于形成了隔膜，成为多细胞菌丝，芽管里的单倍体核平均分配到每个细胞中，使每个细胞含有一个单倍体核，这样，芽管经过生长、分枝发展成初生菌丝体。初生菌丝体通过同宗配合发育成次生菌丝体。在养分充足和其他生长条件适宜时，菌丝体可以无限地生长，当条件不适宜时形成厚垣孢子。厚垣孢子呈圆球状，细胞壁很厚，多核性，无胞脐构造。它们在成熟后常与菌丝体分离，在温度和其他条件适宜时1～2天即可萌发。由于厚垣孢子的细胞壁厚薄不一，故萌发时会从孢子中冒出一个或多个芽管。厚垣孢子萌发后形成的芽管生长发育成次生菌丝体，并能长出正常的子实体。

（2）子实体的形成　一般播种后5～14天次生菌丝体即可发育成幼小的子实体。即子实体原基，再发育形成成熟的子实体。草菇子实体的发育可以分为6个阶段。

① 针头期　次菌丝体经过扭结，形成白色的小点，像针头突起，所以这一阶段称针头阶段。这时外层只有相当厚的白色子实体包被，没有菌盖和菌柄的分化。

② 小纽扣期　针头期后2～3天，针头继续发育成圆形或扁圆形小纽扣大小的幼菇，其顶部深灰色，其余为白色，所以称叫小纽扣期。这时组织有了很明显的分化，除去最外层的包被可见到中央深灰色，边缘白色的小菌盖，纵向切开，可见到在较厚的菌盖下面有一条很细很窄的带状菌褶。

③ 纽扣期　时间为1～2天，这时整个子实体结构仍被外包被包裹着，如果剥去包被，在显微镜下可以看到菌褶上已出现了囊状体。

④ 蛋形期　在纽扣期1天内，子实体迅速增大进入蛋形期。其外形像椭圆形的鸡蛋，顶部呈灰黑色而有光泽，向下色渐浅。这时菌盖露出包被，菌柄仍藏在包被里，但担孢子还未形成。

⑤ 伸长期　蛋形期过后几小时内，菌柄迅速伸长，为伸长期。这阶段是菌柄顶着菌盖向上伸长，子实体中菌丝的末端细胞逐渐膨大成棒状。在菌柄伸长期，产生担孢子，菌褶的颜色由奶白色逐渐变为粉白色。

⑥ 成熟期　伸长期后1～1.5天，子实体进入成熟期。此时，菌盖呈钟形，随后逐渐平展成平板状，菌盖表面银灰色，开有一丝丝深灰色条纹。菌柄白色，菌褶由白色变成肉红色，这是成熟担子的颜色。约1天左右即行脱落。在环境条件适宜时，担孢子又进入了一个新的循环。

3. 生长发育的条件

（1）营养　草菇生长所需的营养物质，主要是碳水化合物、氮素和各种矿物质，还需要一定数量的维生素。对于碳源的利用，以单糖为最好，双糖和多糖次之。在氮源方面，能利用的有铵态氮和有机氮，而对硝态氮利用很差。需要的矿物质为磷、钙、镁、钾、硫、铁、锌等。这些营养可以从稻草、枯草、棉籽壳、废棉中或从土壤中吸取，在上述原料中适当增加一定数量的辅料，如牛粪、鸡粪、麦麸、米糠、玉米粉等，既可补充氮素营养也可提供一定量维生素。在营养充足的情况下，菌丝体生长旺盛，子实体肥嫩健壮，产量高，质量好，产菇期长。在养分不足的培养料中，菌丝生长发育不良，子实体畸形或不形成子实体，产菇少，产菇期短。充足的营养是草菇生长发育的物质基础，是高产优质的重要条件。

（2）温度　草菇属于喜温性真菌。孢子在 40℃ 时萌发最好，菌丝生长适温为 30～39℃，最适宜温度为 36℃。低于 15℃ 或高于 42℃，菌丝生长受到抑制，10℃ 停止生长，5℃ 以下或 45℃ 以上菌丝很快死亡。子实体生长发育最适宜温度为 28～32℃，平均气温在 23℃ 以下，子实体难于形成。对外界的温度变化非常敏感。忽冷忽热的气候，对子实体生长极为不利。且气温 20℃ 以下或 45℃ 以上及突变的气候，对小菌蕾有致命的影响。

（3）水分与湿度　草菇生长要求很高的湿度。在多雨潮湿而气温又高的季节，草菇生长迅速，子实体肥大，数量也多。实践证明，空气湿度 80% 左右，培养料含水量在 60%～65%，适合草菇菌丝的生长；当空气相对湿度在 85%～95%，培养料含水量在 65%～80% 时，适合子实体生长。如低于此限度，则菇体生长迟缓，表面粗糙以致枯萎死亡。如空气相对湿度高于 95%，培养料含水量超过 80%，则通气不良，抑制呼吸，菇体易腐烂，导致杂菌多，小菌蕾易萎缩死亡。

（4）氧气　草菇是好氧性腐生真菌，足够的氧气是草菇生长发育的必要条件。氧气不足或二氧化碳积累过多，会使草菇呼吸作用受到抑制，导致生长停止，甚至死亡。因此，在栽培草菇的管理过程中，要注意通风换气，保持空气新鲜，但也要注意保持一定的空气相对湿度。一般来说，从营养生长到生殖生长的转折时期，对氧的需求量略低些，但子实体形成以后，由于旺盛的呼吸作用，需氧量又会急剧增加。空气对流缓慢的场所是栽培草菇的好地方，要避免在风头处栽培。因为通风过大，培养料水分容易散失，空气中难以保持对草菇生长有利的高湿度。

（5）光照　草菇孢子的萌发及菌丝体生长不需要光照，它们能在完全黑暗的条件下进行生命活动。但是子实体原基分化需要有一定的散射光。散射光能促进草菇子实体的形成，并使之健壮，增强抗病能力。草菇本身的色泽也与光照有关，光强时色深而发亮，光线不足时子实体灰色而暗淡，甚至白色，菇体组织也较疏松。这些说明光照能促进菇体色素的转化。但是强烈的直射光对菌丝和子实体生长有严重的抑制作用，而且使培养料温度升高，加速水分蒸发，损伤幼菇。因此，在露天栽培草菇时，要覆盖草帘，以免强光直射。

（6）酸碱度　草菇是一种喜偏碱性环境的食用菌。孢子萌发的最适 pH 值是 6～7.5，草菇菌丝体在 pH5～10.3 范围内均能生长，子实体在 pH8～9 仍能良好发育。因此，栽培草菇的培养料 pH 值调至 8～9，这样对一些杂菌不利生长，而对草菇子实体仍能良好生长发育，而获得高产。

三、草菇主要栽培品种

1. 黑菇品系

（1）V23　适于以稻草和废棉作培养料。其特点是：子实体较大，包被厚而韧，不易开伞，子实体产量高，但抗逆性差。

（2）V5　适于以稻草和废棉作培养料。其特点是：子实体较大，产量高，包被厚，不易开伞，对不良环境抗性强。

（3）V91　适于以稻草和废棉作培养料。其子实体产量与 V23 相当，但商品性状和质量优于 V23。

（4）GV34　适于以稻草、棉籽壳、麦秆和废棉等作培养料。其特点是：菌丝生长适温较低，比一般草菇低 4～6℃，子实体发育温度也较低，在 23～25℃ 下正常出菇。适于北方初夏和早秋季节栽培的优良菌株。

2. 白菇品系

（1）V17　适于以稻草和废棉作培养料。抗性较强，产量较高。其缺点是菌膜较薄，较易开伞，适宜气温较低的春秋季节栽培。

（2）屏优 1 号　适于以稻草和废棉作培养料。其特点是：子实体较大，灰白色群生，包被厚，不易开伞，抗逆性强，产量高。适于中国南方室内外栽培。

（3）VP53　适于以稻草和废棉作培养料。其特点是：子实体大，不易开伞，是一个较耐低温的品种。

四、草菇栽培季节和栽培场所的确定

1. 栽培季节的确定

草菇喜欢高温、高湿的环境，人工栽培时，在自然条件下，通常日均气温稳定在 23℃ 以上，空气相对湿度达到 80% 以上时是栽培草菇的适宜季节。但我国各地气候差异很大，要因地制宜选择适宜于本地区的栽培时间。如广东、广西及福建等地可在 4～9 月，黄河以北地区可从 6 月上旬至 8 月中旬栽培。如果栽培场所有温湿度控制设备，可以适当提前和延长栽培季节，进行室内栽培，甚至可以一年四季出菇。我国地域辽阔，气候各异，各地应根据当地的气候特点和自身的栽培条件，确定最佳播种期。

2. 栽培场地的选择

由于草菇喜欢高温、高湿的环境，故场地应选地势高，平坦，背风向阳，近水源，排水方便，远离畜禽棚舍、垃圾场、臭水坑，要求周围环境清洁。选土质疏松，富含有机质，肥力较高的沙质壤土，保温、保湿、透气性好，有利于草菇生长发育。场地选好后，先翻土曝晒，疏松土层，然后喷洒生石灰粉消毒和驱杀土中害虫。害虫严重的场地再喷洒 0.1% 敌百虫或敌敌畏等农药杀灭之。

北方地区春夏季节风多雨少，气候干燥，昼夜温差大，气温不稳定，温湿度等条件难以满足草菇生育要求，产量低。要获得高产、稳产，必须有保护性设施，如塑料大棚、地棚、阳畦，建造容易，费用较低，能达到保温、保湿、调节光照及通风的目的，给草菇生长发育创造适宜的小气候环境，特别是塑料大棚增温、保温、保湿效果好，加上菇棚较高大，可充分利用空间进行立体栽培，栽培期长，栽培量多，能取得较高的经济效益。

华南地区由于温差较小、气温较高，可在室外稻田中栽培；华北地区可采用冷床（阳畦）上盖薄膜栽培。夏初气温低时，畦地应选择向阳的地方；夏季气温较高时，应选择较阴凉的地方。但是室外栽培草菇除了华南地区外，只能在高温的夏秋季节进行。由于在室外栽培，受气候影响较大，产量不稳定。况且室外栽培用草量多，生产成本高，有的占用耕地，其生产技术也复杂，不容易掌握。

总之，有条件的情况下，可在菇房内安装温湿度自动调节器以及通风系统。草菇的室内栽培能人工控制其生长发育所需的温度、湿度、通气、光照及营养等条件，避免低温、干旱、大风、暴雨等自然条件的影响，全年均可栽培，一年四季均有鲜菇供应市场，可向工业化、专业化、自动化生产的方向发展。

五、草菇栽培技术

草菇是一种喜高温条件的速生菌，从种到收只需用 10 多天，一个生产周期 20 多天，具有很强的适应能力，并能在未腐熟的基质上迅速生长，因而生料、熟料、发酵料均可用来栽培。而且草菇培养料来源广泛，如稻草、废棉、棉籽壳、麦秆、蔗渣、玉米芯等均可为主料，其中，废棉最佳，棉籽壳次之，麦秆、稻草等稍差。栽培的辅料主要有麦麸、米糠、玉米粉、圈肥、畜禽粪、尿素、磷肥、复合肥、石膏粉、石灰等。但是，草菇有多种栽培方式，不同的栽培方法对培养料的选择和培养料的配制应有所区别。下面介绍的是我国目前常用的一些栽培方法与技术。

1. 草菇室外大田栽培技术

(1) 场地的选择　选择背风向阳、供水方便、排水容易、肥沃的沙质土壤作为菇床的场所。栽前5～7天要翻犁曝晒。然后灌水浸泡3～5天，可淹死地下害虫和杂草。排干水晒白，进行耕耙作畦，畦床1～1.2m宽，20～27cm高。畦沟60～70cm宽，畦面作成龟背形，东西向，四周挖好排水沟，且要在床四周留宽20cm的出菇面。栽前在早晨用1%的茶枯水泼浇畦面，驱除蚯蚓、蝼蛄，用10%的石灰水喷洒畦面及四周，进行消毒；同时搭好遮阴棚。

(2) 培养料准备　室外大田栽培多以稻草为主要原料，其中以糯稻草最好，晚稻草次之，早稻草最差。培养料配方：稻草77kg，米糠20kg，糖1kg，磷酸钙1kg，酸镁0.5kg，磷酸二氢钾0.5kg，水110kg。将新鲜、干燥、未发霉的金黄色稻草（未干透和发霉的均不宜用），浸泡在2%的石灰水中12～24h，吸足水后取出沥干，使稻草吸足水分并软化。并按照上述配方准备好辅料。

(3) 堆草播种　将吸足水沥干的稻草，扎成1kg左右的小把，然后一层一层地堆叠。堆叠方式有以下三种：

① 尾式堆草法　长稻草适用此方法，把浸好的稻草，用脚踩住根部，一手抓住草拧紧，向回弯到约离根2/3处，用几根稻草扎紧，另一头也用稻草扎紧，做成草把。堆叠时，将草把弯头朝外，一把一把紧靠排在畦床上，乱草填在中间，然后按比例均匀撒一层辅料。第二层比第一层缩进5～6cm左右，使菌堆呈梯形，并踩实。

② 扭把式堆草法　将浸好的稻草，一把一把扭成"8"字形，依序紧密地横摊在畦上，草头和草尾朝内，两边同时进行，叠草的宽度比畦窄7～10cm。叠完第一层后，普遍踩一次，一边踩一边淋水，这样易于发热，然后按比例均匀撒一层辅料。叠第二层草时向内收缩5～6cm，叠法如第一层。如此，直到第四层为止。

③ 斩草式堆草法　将浸好的稻草，从中间用轧刀切成两段，齐头放在畦的两边，草头草尾在畦中间，两边对放，一把紧靠一把，用脚踩紧。堆中间空低处填乱稻草，然后按比例均匀撒一层辅料，一般堆四层，每层周围均比第一层缩进3cm左右，菌堆呈梯形。

(4) 播种　播种与堆草是交错进行的。在整理好的畦面上，距边缘6cm处，撒上一圈草木灰，然后在草木灰内侧，撒播约3cm宽的草菇菌种，中间不播，以免高温烧死菌丝；再将经浸泡扭成把的稻草，用脚踩实，即为第一层。在第一层的草把距外缘5～6cm处，按上述方法撒草木灰，下种，再堆第二层。按此反复操作，直堆至4～6层。堆至最后一层时，在整平踏实撒灰土后，要全面撒上一层菌种（如盛夏气温高，要等草堆高温过后，约在播种后5天左右，再撒播菌种于堆面）。堆草完毕，应在堆面喷水直至四周有少量水渗出。最后盖上一层"草被"或塑料薄膜，以保温保湿，防风雨；用薄膜覆盖的要搭上环龙状支撑架，以利通气。

(5) 菌床管理　堆草后由于稻草本身发酵产生热量，第2天温度便上升，4～5天后中心温度可达55～60℃或更高，菇床表面温度也有30～40℃。这样的温度范围最适合草菇菌丝体发育蔓延。以后堆温便下降，在降至42～32℃时便产生草菇。要达到此条件，需要按照以下步骤操作：

① 复踩草堆　用纯稻草栽培草菇，刚堆好的草较为疏松，不利菌丝生长。堆草后3～4天应在堆上踩踏一次，以利于保温、保湿和菌丝生长；5天后不再踩草。

② 控制堆温　草菇堆好3～4天以后，堆温很快上升，如果堆温超过45℃，要掀开草被

或薄膜通风散热，或用喷雾器多次喷水降温，尽量使堆温控制在 32～35℃，不超过 40℃。正常情况下，1～2 天后堆温逐渐下降，若温度过低，白天可揭开草被晒太阳，夜间加厚草被，也可盖好塑料膜。

③ 调节湿度　若堆温适宜，堆草后 3～4 天不必浇水，从第 5 天起可按照天气和堆内含水量的情况适当浇水，使堆内含水量保持在 60%～70%。检查方法是：从草堆内中层抽出少量稻草，用手扭拧，如有水珠出现，表明含水适当；如果水珠连续下滴，说明太湿；无水珠说明太干。太干要及时浇水，太湿可揭去草被薄膜通风。浇水要用喷雾器进行，不能直接浇灌。掌握晴天多喷，阴雨天不喷的原则。

④ 适当追肥　草菇生长密集，菇潮集中，消耗养分多，往往有一部分密生菇蕾，因得不到养分供养而死亡。因此，在出菇期中，用淘米水或 1%～2% 的葡萄糖水喷施，可减少死菇，提高产量。采完一批菇后，堆温仍保持 33～38℃ 时，可用 0.5% 的尿素喷 1～2 次，补充氮素营养，促进下一批菇蕾的生长。

（6）采收　大约 3 天左右菌丝生满畦面，第 7～10 天可以见小白点状的幼蕾，10～15 天后可采收第 1 批菇。采收后停水 3～5 天再喷水和管理，5 天左右又可收二批菇，一般可收 3～4 批菇。

2. 草菇室外阳畦栽培技术

（1）选地作畦　在选好的场地上，先挖成东西走向的阳畦，畦长约 3～5m，宽 82cm，深 33cm。畦周围筑墙，北墙高于南墙，上面架置数根竹竿，便于盖薄膜和草被，控温保湿，播种前畦内灌透水。

（2）堆料与播种　用稻草作培养料，其培养料的处理方法与大田生产的处理方法相同。把浸好的稻草对腰拧成"8"字形，拧折处朝外，紧密排列在阳畦上，底层四周距畦框 5cm，中间填散草，距料四周边缘 5cm 撒播菌种，播幅 5～6cm，播完一层铺第二层料再播种。依次堆 3～4 层，每层内缩 4～5cm，使整个料堆呈梯形。最后一层料面全面播上菌种，再盖一薄层稻草。以棉籽壳、破籽棉作培养料的，应选择新鲜的棉籽壳或破籽棉，每 500g 干料加 600～750g 3% 石灰水拌和，使其含水量达 60%～65%，然后在畦床内铺料播种，底层四周播一层菌种，铺培养料 14～16cm，表层全面播上菌种，再盖一薄层料，略压实。最后架上竹竿，盖上薄膜与草帘，保温保湿。

（3）管理　播种后 4～5 天，可在料面覆盖 1～2cm 肥沃的土壤。7 天后出现白色粒状原基，适当掀开两端薄膜，进行通风。由于畦内湿度大，不需浇水，否则会造成烂菇。第一批菇采收后，盖上薄膜直至第二批蕾出现。畦内湿度以掀盖薄膜口大小和覆盖草帘来控制。

3. 草菇室内地面堆草栽培法

室内地面堆草法栽培草菇也要作畦，如果菇房是水泥地面，最好先铺一层肥沃的砂土，以利于地面出菇，培养料配制和处理同室外栽培一样，由于室内温度、湿度比室外易于人为调节，较为恒定，故草堆不宜过高，只要 3～4 层草把，甚至 2～3 层也行，而且无需盖草被。为了维持适当的温度，在堆草播种后的头几天可覆盖薄膜，以减少水分蒸发。出菇之前将薄膜去掉，视情况每天喷 1～2 次水，如堆草时加入含氮肥料，一定要注意通风，以防氨的积累影响草菇生长发育，出菇后应经常通风换气。采收方法同室外栽培一样。

4. 草菇室内床架式栽培法

（1）菇房准备　菇房基本要求是室内透气性好，能保温控湿。可专门建造，也可利用育秧室、温室、草棚、蘑菇房、地下室和花房闲置时栽培。菇房使用前，首先清理干净，打开门窗通风换气 2 天以上，然后用消毒剂，如福尔马林、烟雾消毒剂或硫磺等熏蒸进行空气消毒。对栽培过的旧菇房消毒更要彻底，必要时，需喷洒乐果或敌敌畏等杀虫剂。

（2）搭建床架　栽培床架可用木材、竹竿、钢材制成活动菇床，也可用钢筋水泥制成固定菇床。菌床四周最好不要靠墙，床架之间要留 70～80cm 的人行道。床面宽度 1m 左右，长度 2～3m，上下层间距 60cm，菇床层数为 3～4 层，最下一层可贴地面设立，便于操作和管理。菇床表面要求平整，最好用塑料薄膜垫底，也可用草帘或稻草铺垫。

（3）配料与发酵

① 培养料的配方

a. 稻草 90%，麸皮或米糠 7%，石灰 3%。

b. 稻草 81%，肥泥 16%，石灰 3%。

c. 棉籽壳 92%，麸皮或米糠 5%，石灰 3%。

d. 破籽棉 94%，麸皮或米糠 3%，石灰 3%。

e. 蔗渣 87%，麸皮或米糠 10%，石灰 3%。

f. 玉米芯（或玉米秆、高粱秆、麦秸、葵花籽皮）98%，尿素 1%，过磷酸钙 1%。

② 培养料的处理　上述原料中稻草和各种秸秆需切成 3～8cm 的小段，玉米芯和葵花籽皮需碾碎，粗细搭配。取上述配方中任意一种，浸入石灰水过夜（配方中如无石灰的则浸入清水中），捞出拌入麸皮或米糠及其他配料，加适量水拌匀至含水量 70% 左右。然后堆成 1m 宽，0.8～1m 高的长方形堆，上盖薄膜，四周用砖石压住，以起到保温保湿的作用。料较少时，应堆成圆形堆，才有利于升高温度。堆积发酵 2～3 天后翻堆一次，再堆 2～3 天，堆温升高到 60℃，趁热运入菇房。未浸石灰水的，此时用石灰水调节水分和酸碱度，就可上床进行后发酵。具体做法是：将室外发酵的培养料运进菇房关闭门窗，即通入蒸汽，在 3h 内使温度上升到 60℃，保持 12～16h，然后降温，进行轻微通风，温度降至 35～37℃ 时即可铺料播种。若料堆中出现大量的螨虫时，在翻堆时喷克螨特等农药，然后盖严塑料薄膜密闭 1～2 天，就可杀灭螨虫等害虫。如料中有大量的氨气味，可以喷甲醛液或过磷酸钙液来消除，因为氨会抑制草菇菌丝生长，诱发大量鬼伞菌的发生。如果堆内过干，加 2% 石灰水调节料的含水量达 70% 左右，pH 值为 9～10。

③ 二次发酵　后发酵的目的一方面是进一步杀灭培养料中的杂菌和害虫；另一方面是使培养料发酵一致，转化培养料的营养，使草菇菌丝容易吸收。将经过堆制的培养料拌松、拌匀、搬进菇房，铺在床架上。废棉渣或棉籽壳培养料，一般铺料厚 7～10cm，切碎的稻草培养料铺料 12～15cm，长稻草铺料 20cm。夏天气温高时，培养料适当铺薄一些，冬季气温低时培养料适当铺厚一些。铺料后，关闭门窗，向菇房内通入蒸汽或点燃煤炉加温，使室内温度升到 65℃ 左右，维持 4～6h，然后自然降温。降至 45℃ 左右时打开门窗，将发酵好的培养料进行翻抖，排除料内有害气体，使料厚薄均匀，松紧一致，待料温降至 35～37℃ 左右时播种。

（4）铺料与播种

① 平铺式铺料法　将发酵后的培养料均匀地铺在床架上，培养料表面除中间略现龟背式外，其余部分平整。培养料的厚度依气温高低而有区别，如气温 30℃，用棉籽壳作培养料的厚 10cm，用稻草作培养料的厚 17cm；气温高达 33℃ 时，用棉籽壳的 7cm，稻草的 13cm；气温 25℃，棉籽壳的 13cm，稻草的 20cm。

② 波浪式铺料法　将已发酵好的培养料搬上菇床后，按照菇床排列的纵向方向，做成形似波浪式短小小埂菌床。小埂高 15cm，两小埂之间约 5～7cm。这种形式的优点是增加了出菇面积，通风良好，菌丝生长迅速，出菇早，菇体整齐。但如喷水不当，小埂中部常被水渍，影响菌丝生长和出菇。

③ 播种　当料温降至 35℃ 左右时趁热播种（低温反季节时 38～40℃），参照双孢菇播种方法，可穴播、条播、撒播或混播。

a. 穴播　把床面整平，先按 7～8cm 的距离挖穴，再塞入一团掰成胡桃大小菌种为宜，并轻轻压平穴口。

b. 条播　在床面按 10cm 的距离挖一条宽 3cm、深 3cm 的播种沟，把菌种均匀地播入，后轻轻压平。

c. 撒播　把菌种均匀撒在料面，播后覆盖一薄层培养料，再用一块木板把料面轻轻压平，最后覆盖薄膜保温保湿，促进发菌。

d. 混播　穴直径 2～2.5cm，穴距为 10cm×10cm，料面上撒播的菌种要分布均匀。播种后用手或木板轻压料面，使菌种和培养料结合紧密，然后在料面上盖塑料薄膜，以利于保温保湿。

（5）发菌管理

① 覆土　接种后一般 3 天内不揭膜，以保温、保湿、少通风为原则。床面菌丝开始蔓延生长时，就可在床面盖一层薄薄的火烧土或草木灰；也可盖疏松肥沃的壤土，并喷 1% 的石灰水，保持土壤湿润。

② 控温　要每天检查温度，使气温保持在 30～34℃，料温宜保持在 33～38℃；当料内温度超过 40℃ 时，要及时揭膜，通风，换气，或在菇房内空间喷雾和地面洒水的方法散热降温，防止高温抑制菌丝生长；料温低于 30℃ 时，要设法提高棚内和料内温度。接种后第 4 天左右，揭去薄膜，夏天高温季节也可提早一天揭去薄膜。播种后 4～5 天喷出菇水，使料面的气生菌丝贴生于料面，喷水后适当通风换气，避免喷水后关闭门窗，导致菌丝徒长。

③ 控湿　菌丝生长阶段，如果气温高，料面容易干燥，播种后 3～4 天应视情况向床面轻喷 1～2 次水，促使菌丝往下吃料。当菌丝吃透培养料时，揭去薄膜，喷足料中水分，称结菇水。如各种条件适宜草菇生长的情况下，一般播种后一天菌丝即能长满整个床面，2～4 天可吃透培养料，而且下床比上床长得快。

④ 通风与控光　喷结菇水后要适当增加通风，增加光照（最好夜间照射日光灯），以促进菇蕾分化。

（6）出菇管理　在正常情况下，播种第 7 天左右可明显地看到白色小粒状草菇子实体原基，即针头期。此时应注意保温保湿，并适当通风透气。当开始形成原基后，增大湿度，以向空间、地面喷水为主，尽量不要将水喷洒到料面的原基上，因为原基对水特别敏感，喷量稍大，原基沾上水珠即容易死菇。喷结菇水后，应密切注意菇房内温度、湿度、通风这三个最关键的环节。室内温度应控制在 28～32℃ 范围内，空气相对湿度应控制在 85%～95%，料面及料内干燥时要喷水，水温以 30℃ 左右为宜。此外，要加大通风量，降低棚室内二氧化碳浓度，以免出现畸形菇。为了保持菇房内的湿度，最好通风前向空间及四周喷水，然后再打开门窗进行通风，风的强弱以空气缓慢对流为好。

以稻草为栽培原料时，培养料较厚，喷出菇水要比用废棉渣栽培推迟 2 天。此外，稻草保水性能较差，要特别注意菇房的空气相对湿度不能太低，必要时可以覆土保湿。稻草栽培，草菇的生产周期一般比废棉渣栽培长 3 天左右。

（7）采收　如果管理适当，草菇正常生长发育，一般播种后第 11 天左右就可以采收。草菇生长极快，往往一夜之间就会开伞，故必须适时采收，以免影响草菇加工质量。一般在早晚各采收一次，必要时中午及午夜还要加采一次。采收的方法是，一手按住草菇基部的培养料，另一手把住菇体左右旋转，轻轻摘下。如果草菇丛生，可用尖刀逐个割取，或当一丛中大多数菇体适合采收时，可一起采下。采菇时切忌拔取，那样会牵动菌丝，弄乱培养料，影响以后出菇。采大留小，小心采摘，注意不要损伤周围幼小菇蕾。采摘期一般为 3 天。

5. 草菇室内畦式栽培法

（1）整地做畦　选择好场地后开始做畦，要求畦面宽 1m 左右，畦深 15～20cm，长 5～6m，畦与畦之间过道宽 50cm，畦底做成龟背形，或者畦的中间做成宽、高各 10cm 左右的土埂，以便多出菇。畦床做好后，先在畦底及畦床四周撒一薄层石灰粉灭菌杀虫。

（2）配料与发酵

① 培养料配方

a. 废棉 96％，石灰 4％。

b. 甘蔗渣 86％，麦麸 9％，石灰 3％，石膏 2％。

c. 稻草 81％，肥泥 16％，石灰 3％。

d. 稻草 48％，棉籽屑 48％，石灰 4％。

e. 棉籽屑 71％，干牛粪 9％，稻草粉 11％，麦麸 7％，磷肥 1％，石灰 1％。

f. 棉纺屑 75％，火土灰 15％，麦麸 8％，石灰 1％，石膏 1％。

② 培养料发酵　按选定的配方称取适量各种原材料，加入 0.1％多菌灵，充分拌匀，加入适量水，再翻拌均匀，堆成高 100cm、宽 150cm 的堆，堆上覆盖塑料薄膜，以起到保温保湿的作用。堆积 2～3 天后，翻拌 1 次，再继续堆积 3～4 天散开。用石灰和水将料的含水量调节为 70％左右，pH 值为 9～10，备用。

（3）铺料播种　将发酵好的培养料摊开降温，温度降至 35～37℃时即可铺料。先在畦底撒一层菌种，上面铺一层发酵料，如此下去，一层菌种一层料，总共铺 3 层料，播 4 层菌种，料厚为 13～15cm。若为稻草或麦草原料，料厚为 20～25cm，并且踩紧培养料，因为草料较疏松，如不踩紧，菌丝生长不好，影响草菇产量。最上面的一层菌种，用量要大，约占整个用种量的 1/3。也可以在最后一层料面打直径为 2～2.5cm 的穴，穴距 10cm×10cm。穴播与层播结合进行播种，使料面有较强的菌丝优势，以利于防治杂菌，并尽量做到均匀一致。菌种播完后用木板轻拍，使菌种和培养料结合紧密，以利定植。

（4）覆土　覆土材料要求土质疏松，腐殖质含量丰富，沙壤质，含水量适中，即手握成团、触之即散的程度，土粒直径 0.5～2cm 为宜。覆土材料加入 2％的生石灰调 pH 值至 8 左右，再加入 0.1％多菌灵，经堆闷消毒、杀虫后使用。处理好的覆土材料应及时使用，不宜长时间存放。若一时用不完，应放在消过毒的房间内，存放时间不超过 5 天。覆土厚度 1cm 左右，覆土后喷水至土壤湿润，达到湿而不黏、干而不板的程度，盖上塑料薄膜保温保湿。室外栽培时，则用竹片、木棒或钢丝等搭成小拱棚，棚架高 40～50cm，拱棚上覆盖塑料薄膜，膜上再盖上草帘或遮阳网，以便更好地控制温度、湿度、空气和光线。

（5）发菌管理　接种后一般 3 天内不揭膜，以保温、保湿、少通风为原则。但要每天检查温度，气温宜保持在 30～34℃，料温宜保持在 33～38℃，温度不能超过 40℃也不要低于 30℃。接种后第 4 天左右，揭去薄膜，通风 20～30min 后向料面喷雾状水，以料面湿润为宜。

（6）出菇管理　第 5 天左右喷出菇水，水量可稍大一些，喷水后要适当通风换气。保持适当的温度、湿度，增加散射光照，诱导草菇原基形成。管理方式基本同床架栽培。

（7）采收　头潮菇采完后，应及时整理床面，清除菇脚和死菇，喷洒 1％的石灰水，以调节培养料的酸碱度和湿度，适当通风后覆盖塑料薄膜，3～4 天后，可出第二潮菇。

【知识链接】　酷暑种草菇的技巧

　　1. 营养充足

　　草菇生长发育所需要的营养主要是氮源、碳水化合物、矿物质等。在营养充足的菌床或草堆中，菌丝体生长旺盛，子实体肥大，产菇期长，产量和质量均好。因此，须选择优质、呈金黄色的稻草、麦秆、并加入一些黄豆秸秆及鸡鸭牛粪便干粉等有机物，以补充氮源。

　　2. 水分适当

　　水是构成草菇的重要组成部分，营养物质只有溶解在水中才能被菌丝吸收利用，草菇的代谢产物也要溶解在水中才能排出体外，水分不足，将阻碍草菇的生长发育，甚至使其干枯死亡。但如果水分太多，会影响培养料的通气，抑制呼吸过程，导致菌丝和菌蕾大量死亡。因此，培养料的含水量以 60％左右较适合菌丝的生长发育。菇床四周的相对湿度以 85％～90％最适合草菇子实体生长。

3. 阴阳和谐

草菇的孢子萌发及菌丝生长，一般不需要阳光，子实体的形成需要散射光，它可以促进其子实体生长健壮，增强对病虫害的抵抗能力，促进色素的转化积累，使子实体的颜色较深。但强烈的直射光对子实体有抑制作用，因此，露地栽培草菇需覆盖草被，场地以三分阳七分阴的稀疏林下为宜。

4. 温度合适

草菇是一种高温型伞菌，菌丝体生长 20～40℃，最适 32℃左右，子实体生长最适 30～32℃。因此，当菌丝体或子实体在生长过程中低于或高于适宜的温度范围时，因立即采取措施，保持其正常生长温度。

5. 通气缓流

草菇是喜欢空气的腐生菌，足够的氧气是草菇正常生长发育的重要条件。若氧气不足，二氧化碳积累太多，菇蕾因呼吸受到抑制而导致生长停滞或死亡。但如通气量过大，水分丧失太快，对草菇生长不利，因此最好选空气缓慢对流的地方栽培草菇。

6. 酸度适中

酸碱度是影响草菇生长发育的一个重要因素，草菇菌丝生长发育最适 pH 值 7.2～7.5，子实体形成与生长的最适 pH7.4～7.6。如酸度过大，会影响草菇的正常生长发育。

思 考 题

1. 双孢菇的培养料怎样堆制发酵？应注意哪些问题？
2. 双孢菇播种有哪几种方式？具体做法如何？
3. 怎样掌握适时覆土？覆土后应怎样管理？
4. 出菇前怎样用好结菇水？
5. 产生畸形菇的原因是什么？应怎样防治？
6. 什么是双孢菇菌丝徒长？如何防治？
7. 双孢菇生长后期为什么要补料和追肥？
8. 鸡腿菇的生活条件与其他菇相比有哪些特殊点？
9. 畦栽和袋栽法在覆土时有哪些不同？
10. 鸡腿菇栽培方式有哪些？
11. 简述鸡腿菇生料、熟料及发酵料栽培的优缺点？
12. 草菇子实体的发育经历哪几个时期？
13. 草菇何时采收最好？
14. 简述室内床架栽培草菇出菇期管理要点。

第五章　药用菌栽培

【学习目标】
1. 了解药用菌的开发利用价值及目前人工栽培的新进展。
2. 掌握常见药用菌的生物学特性和栽培及管理技术。

第一节　灵芝栽培技术

一、简介

灵芝（*Ganoderma lucidum*），又名灵芝草、仙草、神草、瑞草、丹芝、神芝、万年蕈等。在分类学上属于担子菌亚门、层菌纲、多孔菌目、多孔菌科、灵芝属。灵芝属在全世界已知的有 120 多种，在我国有 85 种，广泛分布于各地，比较常见而著名的有赤灵芝、紫灵芝、松杉灵芝、黑灵芝、白灵芝（雪芝）、黄灵芝、紫光灵芝等。20 世纪 70 年代以前，灵芝主要为野生，80 年代开始随着对它的药用价值的利用，人工栽培面积逐渐扩大。

灵芝在我国已有 2000 多年的药用历史，其药用价值很高。据分析，子实体内含有甘露醇、腺嘌呤、尿嘧啶、尿嘧啶核苷、麦角固醇、腺嘌呤核苷、硬脂酸、苯甲酸、海藻糖、虫漆酸，还富含多种人体必需微量元素、14 种氨基酸及多种维生素、激素、酶类等，尤其所含的灵芝多糖和苦味三萜具有抗癌作用，已引起国内外医学界的高度重视。由于这些珍贵成分的存在，根据它的药理作用和临床应用证明，它是滋补强壮、扶正固本的珍贵药品，具有"入心生血，助心充脉"、"补肝气"、"益肺气"、"益精气"、"益脾气"等功效。现代科学家对灵芝药用价值的研究又有新突破，发现灵芝子实体最珍贵的成分之一是有机锗，其含量比人参高 3～6 倍。锗能使血液循环畅通，增强红细胞运氧能力，促进新陈代谢，增进食欲，延缓衰老，并能与体内污染物、重金属相结合而成为锗的有机物排出体外。灵芝含有的高分子多糖体能强化人体免疫能力，提高人体对疾病的抵抗能力，在防癌治病中发挥良好的作用。灵芝对于治疗神经衰弱、头晕失眠、慢性肝炎、支气管哮喘、高血压、冠心病、胃病、白细胞减少、血清胆固醇高以及癌症都有不同程度的疗效。目前已制成功并在临床上应用的有灵芝酒、灵芝片、灵芝精、灵芝口服液等，灵芝又被制成灵芝保健饮料、灵芝保健食品和美容化妆品等。

二、灵芝生物学特性

1. 生态习性

（1）地理分布　灵芝品种多样，分布广泛，我国大部分省份均有分布。一般适宜在 300～600m 海拔高度山地生长，特别是热带、亚热带杂木林下均可找到它的踪迹。

（2）生态环境　灵芝在野外多生于夏末秋初雨后栎、槠树等阔叶林的枯木树兜或倒木上，亦能在活树上生长，故属中高温型腐生真菌和兼性寄生真菌。

2. 形态特征

（1）菌丝体　灵芝的菌丝呈无色透明、壁薄、原生质浓而均匀，直径为 1～3μm，不同部位的细胞有着形态结构上的差异，最窄的菌丝尖端只 1μm，也是它最活跃的部位。

（2）子实体　灵芝子实体由菌柄、菌盖两部分组成（如图 5-1）。成熟的子实体木质化，皮壳组织革质化，有红褐色光泽。菌盖为扇形、肾形、半圆形或椭圆形，盖宽 3～20cm，表面有环状棱纹和辐射状皱纹，边缘较薄稍卷，其背面是多孔的子实层，有无数管孔，白色或浅褐色，管内产生大量的孢子。菌柄近圆柱形，侧生或偏生，少中生，长度一般为 10～20cm，粗一般为 2～5cm，呈紫褐色，表面似漆样光泽，中实，组织紧密，木质化。子实体的初期是白色、浅黄色，随着成熟度增加颜色加深为红褐色，最后为暗紫色，并发出油漆似的光亮。子实体的形状、颜色视菌种培养条件的不同而不同。灵芝个体大小差异较大，大的达 20cm×10cm，厚 2cm；野生灵芝有的半径达 50cm，一般为 4cm×3cm，厚 0.5～1cm。由于灵芝种类较多，其形状和颜色也各有不同。

图 5-1　灵芝形态

3. 灵芝的生长发育周期

灵芝的生长发育周期分为两个阶段：第一阶段是菌丝体生长阶段，灵芝担孢子在适宜的温度、湿度等条件下，发育成菌丝，扭结成菌丝体；第二阶段是子实体生长阶段，当菌丝聚集密结，积累了足够的营养时，开始向子实体生长转化，在一个点或者几个点上，着生子实体。

灵芝子实体的生长又分为三个时期，分别是菌蕾期、开片期和成熟期。种植灵芝从接种开始，菌丝生长 45 天左右，进入菌蕾期。菌蕾是由菌丝发育而成、乳白色疙瘩状的突起，菌蕾期一般 15 天左右，进入开片期。开片期的特点是菌柄伸长、菌盖发育成贝壳状或扇状。开片期也是 15 天左右，灵芝进入成熟期。灵芝成熟的标志是菌盖下方弹射孢子，在成熟灵芝的表面，会看到一层细腻的孢子粉。

4. 生活史

灵芝的生活史就是灵芝一生所经历的生活周期。灵芝孢子均有"＋""－"之分，菌丝性别与担孢子本身的性别是一致的，灵芝孢子从菌管中释放出来，遇到适宜的环境条件即开始萌发，为单核菌丝。单核菌丝生长细弱，不能形成子实体，两个相亲和的单核菌丝通过细胞质配合，形成具有两个细胞核的菌丝，叫双核菌丝。这种菌丝粗壮，生命力强，进一步发育达到生理成熟，形成子实体。子实体成熟时产生担子，每个担子顶端发育成四个担孢子，担孢子从菌盖的子实层上弹射出去，又重新开始新的生活周期。

5. 生长发育条件

(1) 营养　灵芝既是一种木腐菌，也是兼性寄生菌。灵芝对木质素、纤维素等物质有较强的分解与吸收能力，适应性较广，大多数阔叶树及木屑、树叶、农作物秸秆、棉籽皮、玉米芯等，配加适量的麦麸或糠麸都可以作为培养基的原料。

(2) 温度　灵芝属高温性菌类，在 15～35℃之间均能生长，适温为 25～30℃。子实体在 10～32℃的范围内均能生长，但原基分化和子实体发育的最适温度为 25～28℃，低于25℃，子实体生长缓慢，皮壳色泽也差，高于 35℃，子实体会死亡。

(3) 湿度　灵芝生长需要较高的湿度。菌丝生长期，要求培养基含水量为 55%～60%，空气相对湿度为 70%～80%。子实体发育期，空气相对湿度要求在 90%～95%。如果低于80%，子实体会生长不良，菌盖边缘的幼嫩生长点将会变成暗灰色或暗褐色。

(4) 空气　灵芝是好气性真菌，它的整个生长发育过程中都需要新鲜的空气，尤其是子实体生长发育阶段，对二氧化碳更为敏感，当空气中二氧化碳含量增至 0.1% 时，子实体就不能开伞，长成鹿角状分枝，含量达 1% 时，子实体发育极不正常，无任何组织分化，形成畸形。

(5) 光照　灵芝在生长发育过程中对光线非常敏感，光线对菌丝生长有明显的抑制作用，无光黑暗条件生长速度最快，当照度增加到 3000lx 时，生长速度只有全黑暗条件下的一半。子实体生长发育不可缺少光照，在 1500～5000lx，菌柄、菌盖生长迅速，粗壮，盖厚。

（6）酸碱度　灵芝喜欢在偏酸性的环境中生活，要求 pH 范围在 3～7.5，最适宜的 pH 为 5～6。

三、栽培技术

1. 代料室内栽培

代料栽培灵芝就是利用木屑、玉米芯、玉米秆或棉籽壳来代替段木进行灵芝栽培。代料栽培可节约树木资源，充分利用农副产品，对农业资源的再利用具有重要意义。在南方可以和香菇轮作，在北方则利用日光棚或暖棚来栽培灵芝，可以提高菇棚利用率。灵芝代料栽培有多种方法，这里重点介绍瓶栽和塑料袋栽培法。

（1）瓶栽　瓶子一般用罐头瓶或用 750mL 菌种瓶作栽培瓶。培养料以杂木屑、农副秸秆、米糠、麦麸等为主。

① 原种与栽培种培养料配方

a. 杂木屑 78%，麦麸或米糠 20%，蔗糖 1%，石膏 1%。

b. 杂木屑 75%，米糠 24.8%，另加硫酸铵 0.2%。

c. 棉籽壳 44%，杂木屑 44%，麦麸或米糠 10%，蔗糖 1%，石膏 1%。

d. 杂木屑 80%，米糠 20%。

② 培养料配制　根据当地资源，选好培养料，按比例称好，拌匀，加水至手捏培养料只见指缝间有水痕而不滴水为宜。

③ 装瓶、灭菌、接种　将拌匀的培养料及时装入瓶内，边装边适度压实，使瓶内培养料上下松紧一致，料装至瓶肩再压平，并在中间扎一个洞，以利接种。随即将瓶口内外用清水洗干净，塞好棉塞，进行高压或常压间歇灭菌。灭菌后，温度降至 30℃ 以下时，移入接种室（箱），进行无菌操作接种，然后移入培养室培养。

（2）塑料袋栽培　塑料袋栽培灵芝有室内栽培和室外仿野生栽培两种出芝方式。这两种栽培方式其配料、接种、料袋培养要求完全相同，在出芝时前者将料袋置于室内床架上或叠放室内地上，后者将料袋埋在室外荫棚下的土中，仿野芝生长环境，灵芝从土中长出。

① 季节安排　代料塑料袋栽培灵芝生产季节安排对灵芝的产量、质量有密切的关系。根据灵芝生长发育对温度的要求，黄河流域一般安排在 4 月下旬至 5 月中下旬。秋季栽培因产量低，子实体形态差而不常采用。

② 塑料袋的规格　要求选用耐高温、韧性强、透明度好、厚度 0.045～0.055cm、宽度为 17cm 的聚乙烯菌袋，长度可采用 30cm 或 35cm 两种规格，短袋每袋可装干料 0.5kg 左右，长袋装 0.75kg 左右。若采用高压灭菌，应采用聚丙烯菌袋。

③ 培养料配方

a. 杂木屑 78%，米糠或麦麸 20%，蔗糖 1%，石膏粉 1%。

b. 棉壳 78%，麸皮 20%，蔗糖 1%，石膏粉 1%。

c. 玉米芯粉 75%，过磷酸钙 3%，麸皮 20%，白糖 1%，石膏粉 1%。

d. 玉米芯粉 50%，木屑 30%，麸皮 20%。

e. 木屑 40%，棉籽壳 40%，玉米粉（麸皮）18%，石膏粉 1%，蔗糖 1%。

f. 稻草粉 45%，木屑 30%，麸皮 25%。

g. 稻草粉 35%，麦草粉 35%，米糠 25%，生石灰 2%，石膏粉 2%，蔗糖 1%。

h. 豆秸粉（花生壳、棉秆粉）78%，麸皮 20%，蔗糖 1%，石膏 1%。

　　将上述配方中的稻草、麦草、玉米芯、豆秸等去除杂质和霉变部分晒干粉碎，锯木屑、石灰、过磷酸钙等过筛，按规定比例分别称好，混合均匀。把蔗糖用清水溶化后徐徐加入混合料中，搅拌均匀，使含水量达 60%～65%。用手紧握一把料，手指间有水印而不滴下即为适宜含水量。

　　④ 装袋与灭菌　培养料拌好后应及时装入袋中，以免杂菌繁殖，培养料变质。一般应掌握当天拌料，当天装袋灭菌。装袋前，将料袋一端用线绳扎紧，系一活扣，以利解袋接菌种。培养料装袋有机械和手工两种。机械装袋培养料松紧度一致，进度快，质量好；手工装袋要求边装边用手压实，应掌握合适的松紧度，当袋子装到料离袋口 7～8cm 时，用线绳扎紧并系一活扣。搬动时应轻拿轻放，装好的料袋应及时送入灭菌灶灭菌。常压灭菌时要求温度在 100℃，连续灭菌 8h 以上；高压灭菌在 1.4～1.5kgf/cm^2 压力下保持 1.5h。

　　⑤ 接种与发菌　灭菌后当料温降至 30℃ 以下时，将袋子移入接种箱或无菌室，以无菌操作方式解开两端袋口，装入蚕豆块状菌种，接种量应为干料重的 1/10 左右，然后扎好袋口进行培养。培养室要门窗齐全，地面以水泥、砖地为佳。在投入使用前应打扫干净，进行常规消毒。接种后的料袋送入培养室培养架上或码在地上，培养室温度应保持在 25～30℃，空气相对湿度 65%～70%，从培养的第 3 天开始应每天检查一次菌丝生长情况及有无杂菌污染，发现杂菌污染的菌袋，应及时拣出并进行处理。经 15～20 天培养后，可松开袋口，让新鲜空气进入袋内，加速菌丝生长。当灵芝菌丝长到袋长的 2/3 后，增加培养室湿度，促进原基形成和子实体发育，这样的栽培袋可在 1 个月内长满菌袋，比不松口培养法可提前 15～20 天出芝。

　　⑥ 出芝期管理　当菌丝长满料袋，气温达到 22℃ 以上时，就应解开袋口，增强通气，增加光照，促进子实体形成，进行出芝期管理。灵芝塑料袋代料栽培根据出芝场所不同可分为室内和室外栽培两种。室内栽培灵芝由于温度、湿度、光照等环境条件容易控制，子实体生长快，虫害少，产量高。室外栽培增加了管理难度，但由于环境中空气好，光线均匀明亮，生长速度慢，所产子实体肉厚，质坚，光泽足，质量接近野生灵芝，在市场上更受欢迎。室内栽培灵芝可采用单层卧放层架式和墙式层叠式放置两种。

　　a. 单层卧放层架式栽培　层架宽 140cm，层距 55cm，底层离地面 30cm，层数不超过 6 层，顶层距屋顶不少于 120cm，层架间走道宽 70cm。菌袋摆放时，袋口朝向走道，在层架上放置两排，袋与袋之间相距 3cm，菌袋朝上面每隔 10cm 用刀片划十字形出芝孔，划痕长度 1.5cm 左右，每袋划 2～3 个出芝孔，然后在划孔上覆盖较薄的塑料薄膜，使出芝孔内保持稳定的温湿度和空气环境，待菌蕾形成后再揭去薄膜。

　　b. 墙式层叠式栽培　在地面上每隔 70cm 宽放一行两砖宽的单层砖，菌袋放置在砖上面，袋口朝向走道层叠放置，一般菌墙堆 10～12 个袋高。近年来采用菜园肥土和泥，将菌袋一层泥一层袋砌成菌墙的栽培方式，由于产量能大幅度提高而被广泛采用。但在砌菌墙前用针在发好菌丝的菌袋表面扎刺多个通气孔，然后用泥砌菌袋形成菌墙。注意袋与袋之间离 1cm 左右空隙，中间用泥填实，使每一菌袋都有肥土包围。菌墙顶端用泥叠一洼槽，用地膜铺在洼槽上，上用大头针均匀地刺成小孔，以保持菌墙湿润状态。干时在水槽内灌少许 0.5% 尿素和磷酸二氢钾水溶液，让其缓慢下渗。这种方法由于能保持水分，供应养分，管理容易，产量能提高 30% 以上。

　　室内栽培灵芝温度应控制在 25～28℃，散射光应充足，空气相对湿度 90% 以上，墙式栽培经 10 天左右，在塑料袋口的培养基表面出现黄豆粒大小的白色突起，即为灵芝原基。此时应剪开两端袋口，加强管理，创造适宜的灵芝子实体发育条件，以获得优质高产。

　　2. 代料室外覆土栽培

　　(1) 场地选择　选择地势高燥，水源就近方便，富含有机质、矿物质的中性偏粘土壤，施入腐熟的有机肥来补充营养。也可以选择蚕桑地、树荫下的中性土壤，易于控制空气湿度，便于运输菌种袋、覆盖物和进行水分管理，有利于灵芝生长，利于长出优质高产灵芝。

（2）菌袋准备　室外覆土栽培一般于3月中旬开始生产，4月下旬至5月初开口出芝，6月上旬可以进入旺盛生长期，6月底至7月初收获；接种后放入塑料大棚发菌或培养室发菌，空气相对湿度保持80%，有条件的可用空调加温，定期通风换气，降低CO_2浓度。

（3）覆土栽培

① 阳畦覆土栽培　阳畦栽培是指在向阳通风的地方开挖半地下式保护地进行灵芝栽培的方法。据测试畦内平均气温比外界高3～5℃，湿度高15%～19%，适用于北方气温较低的地区。阳畦一般应东西向，畦宽1.0～1.2m，长8～10m，地下挖0.4～0.6m，挖出的湿土沿畦面南北边垛成0.5m高的土墙，用细竹在墙上扎成拱形骨架，竹子之间距离0.5m，拱高0.8m，棚高1.6～1.8m，拱架用薄膜覆盖后秸秆或草帘遮阴。在架下东西向筑畦两行，畦间走道宽0.7m左右。

② 荫棚覆土栽培　荫棚一般宽3～3.5m，高2m，长度视栽培数量而定。棚架用毛竹或木棍作立柱，间距2m左右，棚顶、柱子用竹竿相连。棚架用铁丝捆扎结实，上用茅草或稻秸遮阴，能抗大风及阴雨天气。内挖两畦，畦宽1.3m左右，畦长不限，畦间走道60cm。

畦床要求床底平整，床壁拍实，栽植前用杀虫剂和pH10的石灰水喷洒地床及周围。然后将发好菌的栽培袋脱去塑料膜，直立摆放在地床内，菌筒之间相距5～6cm，上端保持平整，均匀覆上腐殖质丰富的土壤，填满所有空隙，床面覆土厚2～3cm，轻压平整土层。栽植完地床要浇一次透水，覆盖草帘保温保湿，温度控制在25～30℃，有利于子实原基的形成和生长。

（4）覆土后的管理　栽植后阳畦和荫棚内温度要基本稳定，温差不宜过大，以26～28℃最为适宜。由于灵芝需要温度偏高，阳畦内湿度较大，采用日光暖棚栽培灵芝一定要掌握好空气流通，防止闷气、闭气，若空气不好，子实体的原基不生长，易发生杂菌污染。经过10天左右的管理，可形成灵芝原基。13～15天后原基可陆续长出地面，20天左右原基分化成菌柄。这一阶段每天要把畦床上的薄膜底脚揭开，每天通风2～3次，每次通20～30min，并逐渐加大通风量。如果覆土发白，可结合揭膜通风时进行喷水，喷水量以覆土含水量25%左右、土粒无白心为宜。

① 调光控温　灵芝属向光型真菌，在出芝期间，芝盖正常生长与光照有很大关系，因而要有三分阳的透光率，最好固定在一定的光源位置，光照强度在3000～5000lx，可利用遮阳网或草帘来控制光照，避免阳光直射导致温度过高。子实体生长期温度应保持在27～29℃之间。如果在15～22℃时，会出现菌柄徒长，子实体多呈鹿角状丛生；当温度超过22℃后，在鹿角状顶部又能正常分化形成菌盖。温度超过30℃时子实体生长虽快，但菌盖较薄，质量差。温度低于24℃时，菌盖虽厚，但产量较低。

② 保湿通风　在原基形成后，空气湿度要保持在85%～90%，低于80%对子实体生长不利，幼嫩的菌蕾易死；但长期湿度超过95%时，又容易感染杂菌或因缺氧而造成畸形，影响产量和品质。过高采取通风降湿，过低要进行喷水保湿，要根据勤喷、少喷、喷匀的原则来调控暖棚的空气湿度。灵芝好气性强，随着原基的分化增大，要加大通风量，保持暖棚内空气清新，在管理上既要保温保湿，又要通风透气。如通风不好，暖棚内CO_2浓度过高，会导致菌盖不分化，出现鹿角状分枝，产生畸形灵芝。由于拱棚内空间小，CO_2浓度容易增高，为了便于通风，拱棚四周底膜不必密封，随时可揭开通风。每天通风2～3次，每次30min以上。

③ 适时采收　当灵芝菌盖已充分展开不再长大，边缘浅白或浅黄色消失，边缘色泽与菌盖中间颜色相同，菌盖变硬有光泽，弹射棕红色担孢子时即为成熟，这时应及时在灵芝子

实体下铺上塑料薄膜并停止喷水，收集孢子粉，待灵芝充分成熟后，先将子实体连柄一齐拔出，塑料袋内的子实体残留部分用小钩掏出，剪去菌柄下端带有培养基的部分，及时晾干或烘干，装塑料袋内保存，并注意经常检查，防虫防霉变。如采收过早，子实体幼嫩，菌盖小而薄，质量低。过迟采收，子实体衰老，药效较差，不利于第二茬生长。

3. 灵芝段木熟料栽培技术

(1) 段木准备及灭菌　熟段木栽培灵芝因段木经灭菌后菌丝发育迅速，故接种应比生段木晚 20 天左右，3 月上旬将适宜灵芝生长的（直径 6～15cm）段木截成长 12～15cm 的短段，用塑料袋包装，塑料袋一般长 25～30cm。装袋时先用竹片或铁丝圈成比袋直径稍小的圆圈，将段木塞入圈中，塞紧，整捆段木装入袋中，两端横断面要平整。装好后袋口束拢、扎紧，口外再用纸包住放入灭菌锅中灭菌。高压灭菌 1.5kgf/cm² 保持 1.5h，常压灭菌 100℃保持 12～14h，让其自然降温，待温度降至 30℃左右时出锅。

(2) 接种及菌材培养　接种按照常规要求，先将接种室或接种箱清理干净，搬入灭菌后的段木袋以及接种用具，用烟雾消毒剂作熏蒸消毒处理，待消毒完毕后，放入表面用消毒液擦拭过的菌种。接种方法：将菌种钩出适量放入段木表面，并稍压，使之紧贴于段木表面。一般一瓶栽培种可接 10～12 个菌袋。要求接种技术熟练，操作动作要快，以减少杂菌污染。每立方米段木用种量为要 80～100 瓶（750mL）。接种同时检查菌袋有无破损，若有破损及时用透明胶密封。接好后袋口仍按原要求束拢、捆扎，然后送培养室发菌。菌材培养的温度、光照、空气湿度与代料栽培相同。培养中当菌丝生长缓慢或菌材表面出现皮状菌膜时可用针尖在袋口处刺孔来增加袋内的氧气，刺孔后袋上用清洁的报纸覆盖防止杂菌进入。

菌材接种后 30～40 天，菌丝已充分长入菌材内部，菌材表面有少量子实体原基出现时即可埋于土中栽培。埋土法栽培管理同室外代料栽培。

4. 灵芝段木生料栽培技术

(1) 段木准备　能够栽培灵芝的树种很多，但以栎、枫香、槐、榆、桑、悬铃木等木质较硬的段木栽培灵芝产量高，材质疏松的杨、枫杨、桐等产芝期短，产量低。一般 2 月份准备段木，段木直径要求 10～15cm，长 1～1.2m 左右，井字形堆起架晒。约经 40 天左右当从段木截面看由木质部中心向外有放射状裂纹，树皮和木质部交界处出现深色环带时，即可接种。

(2) 接种与发菌　3 月上中旬钻孔接种，接种穴深 1.2～1.5cm，直径 1～1.2cm，穴距 6～8cm。接种后用相应大小的树皮块盖于穴面或用溶解的固体石蜡油涂于接种穴表面，以防菌种干萎、死亡。

接种后的段木要堆垄覆盖塑膜，控制适宜的温湿度，使其迅速发菌。堆垄前底部四角应先各用两块砖垫起，然后段木以井字形堆放发菌，每根间距 1～2cm，堆高 1m，堆后盖塑膜及草帘。为保持发菌一致，应每隔一周翻堆一次，上堆半月后塑料薄膜留出孔隙，以利通气。堆内温度应保持在 26～28℃，空气相对湿度保持在 80%左右，以塑膜内有水珠出现为宜。若条件适宜约 5～6 周，在段木接种穴口有白色菌丝，菌落直径 7～8cm 或子实体原基出现时菌棒即可埋于土中出芝。

(3) 室外埋土栽培　生段木栽培灵芝培养方法与室外代料栽培管理方法大致相同。具体方法：选择环境清洁的地方挖一宽 1.2m、深 0.20m、长度根据需要而定的浅坑，上面排放发好菌或出现子实体原基的菌棒，段木之间留出一指宽缝隙，中间用细土填实，然后在段木上再覆盖 2～3cm 土，保持与地面平或稍高，然后喷水，使土壤保持湿润而不沾手为宜。正常情况下 30 天左右可以出芝，四周开排水沟，上建 30～40cm 遮阴棚，上盖塑膜，再盖草帘以遮阴及防雨冲刷。生段木栽培灵芝一般可长 2～3 年，其中第 2 年产量最高，每 100kg 段木可产干芝 3kg 左右。

四、灵芝盆景制作

1. 灵芝素材的获得

可采集野生的或人工栽培的灵芝。人工栽培时，人为控制温度、光线及空气，可培育出形态多样、姿态多变的灵芝素材，如图 5-2。

（1）栽培时间　宜安排在当地气温稳定在
25～28℃，往前倒计时 26 天左右接瓶（袋），使整
个子实体生育期内室温处于 28℃左右。

（2）栽培容器的选择　一般采用 750mL 蘑菇
瓶，14cm×28cm×0.005cm 和 17cm×33cm×
0.005cm 的聚丙烯折角袋。若需培养长柄芝，宜采
用酒瓶等长颈瓶；若需培养大菌盖，则需大容量瓶
或塑料袋；若需菌柄繁多、簇拥如丛，则采用大口
的罐头瓶或棕色广口的投药瓶；若采用段木埋土栽
培，则易得到大型壮观的群体材料。

图 5-2　灵芝盆景图

（3）造型方法

① 选题设计　选题设计制作观赏灵芝之前，
通过构思、策划确定主题，根据主题选用灵芝的素材或根据已有的素材确定主题，然后起个
含意深远、恰到好处的名称。例如，单株长柄灵芝形似如意，可起名"吉祥如意"，两个完
整无缺的菌盖连在一起可称做"同心相映"，选用许多不同种类的灵芝汇集一盆内，可取名
"仙芝荟萃"等。拟定主题后应设计构图，并依一定比例绘成图纸，然后根据图纸准备灵芝
造型素材和配件，如盆盎、山石、填充物、绿草等，进行制作。

② 造型技术

a. 控制生育条件造型

ⅰ. 营养　选用适于灵芝生长的原料配方、适合的碳氮比，装料稍紧实，容器容量稍
大，培养出的子实体健壮、厚实、色深、光亮，具有大型的菌盖；以松杉木屑或作物秸秆为
原料，分装时较松散，容器较小，则培养的子实体瘦弱，菌盖也偏小。

ⅱ. 温度　25～28℃是灵芝菌丝生长和子实体原基分化的最适温度。25℃时，子实体
生长较慢，但质地致密，色泽光亮。30℃时子实体生长快，但致密度和色泽均较差。温
度低于 20℃或高于 30℃或日温差大、温差变化剧烈，易形成长柄、粗柄、瘤状物、菌盖
菌柄不分、菌盖不规则、子实层菌孔上翻等畸形。根据温度的变化和子实体发生的关系
可采用变换温度造型，如原基形成后降低温度，抑制原基分化，周围形成皮壳和老化，
当原基向上延伸成菌柄后再将温度调至正常范围，柄端则分化成菌盖。若间断性地调节
温度，在单株上会出几个长短不同的分枝，当菌盖分化扩展时，经常大幅度调节温度，
菌盖会形成鼓槌状。

ⅲ. 湿度　当空气相对湿度低于 70%时，子实体生长慢，个体小，直至僵化。已形成的
菌盖，其生长圈很快变黄停止生长。相对湿度超过 95%时，子实体易形成畸形。

ⅳ. 空气　空气新鲜，菌盖生长发育正常，菌盖大，空气中二氧化碳浓度提高到 0.3%，
原基多点发生，柄细长，多分枝，顶端呈杵状且颜色浅。将已形成菌盖并继续生长的灵芝放
在通气不良的环境下培养，菌盖下面不断增生，形成的菌盖比一般厚 1～2 倍，如果将加厚
菌盖的灵芝继续培养，其加厚部分会长出一个至数个菌柄，然后加强通气，柄端会分化出小
菌盖形成母子芝。当空气中二氧化碳浓度很高，已分化的原基不能正常发育，成为不规划的
柱状物，若再增加新鲜空气，在柱状物上能形成丛生的菌柄和菌盖，温、湿、光照均正常，
而二氧化碳积累过多时，菌柄上会出现许多分枝，越往上越多且变细，形成鹿角状分枝。

Ⅴ．光照　　光照是灵芝原基分化发育最敏感的条件，也是最活跃的物理因素，主要表现在以下几个方面：

● 色泽的深浅　　光的强弱，能明显地影响皮壳色素的形成和深浅。通过不同的光照强度和光质，可获得浓淡不一，色泽多变的个体。

● 向光生长特性　　灵芝菌柄顶端和菌盖边缘白色生长圈均有明显的趋光性，菌盖始终朝向光源方向伸展。改变光源方向，灵芝子实体顶端会相应地伸曲转向，可获得任意伸向、多姿多态的芝体，在进行鹿角状分枝培养时，固定光源，常改变培养容器的方位或容器固定不变而改变光源的照射方向，其菌柄则形成盘根错节的枯枝状。

● 光控造型　　在遮光或黑暗条件下，灵芝的菌盖生长发育不正常，可培养出柄长而黄白色的杵状灵芝。

以上对生育条件的控制必须在原基分化至发育成熟，前后约1个月内完成。

b. 强制造型　　正在生长中的灵芝用物理、化学或机械损伤等方法达到造型目的。如用不同的塑料片包扎成弯曲、结疤、开心和简单的几何图形，用透气、透光的塑料或石膏制成"龟"、"十二生肖"等模型，套封在刚发生的原基上，经培养，成为所需的造型，但难度较大。将烫制成的塑料弯管或弧形管纵锯开，用时把管合拢，管口放在菌袋料面上，袋口与管壁贴紧扎牢，原基从管口发生并分化成菌蕾，这时增加湿度和适宜温度促进菌柄在管内伸长，达管口后打开袋口，拆去塑料管，就形成弯曲或弧形的菌柄。若增加光照，则顶端会形成菌盖。当菌盖边缘生长圈近成熟时，用经消毒的小刀挑破边缘皮壳，形成若干个疤痕，在适宜条件下继续培养，能从疤痕处长出短柄和小菌盖。用卵石压菌蕾生长点上，使之形成双头造型，成为菌盖双联体，形如"永结同心"。

利用某些化学药品造型，如幼嫩菌盖上涂抹少许脱水剂，可使菌盖脱水，抑制菌盖的扩展，按设计需要变形，在生长中的菌柄先端涂抹酒精，会出现柄粗、分枝、扁枝、结疤或下陷成双形菌盖，矮壮素可使子实体生长缓慢，菌柄变得粗壮，赤霉素可使菌盖局部生长加快，可按预定设计需要进行造型。

除此，还可采用粘接造型，从灵芝生产中挑选所需的畸形芝，或从商品芝的等外级中挑选形态古趣奇特的灵芝，按照主题和设计，通过裁剪粘贴制作成千姿百态的灵芝精品。也可借粘接弥补生物、物理、化学等造型中之不足，达到锦上添花的效果。

2. 盆景制作

(1) 盆盎选择　　常用有瓦盆、陶盆、釉盆、瓷盆、水泥盆、木盆、塑料盆等作为盆盎。按灵芝的种类、色泽、大小、形态等选择不同类型的盆盎，一般以暗色陶瓷盆较好，不宜选用与灵芝色调相同或近似的盆。如赤芝、松杉灵芝、黄芝等以棕色、紫砂色盆较协调和古奇雅趣。紫芝、黑灵芝可选用白色的瓷盆或塑料盆，以较强的反差突出灵芝的形态特征。盆内的填充物和固盆物可用白石子、泡沫塑料等。

(2) 干燥上漆　　造型灵芝无白色生长组织后，将栽培容器移至通风阴凉干燥处继续培养1周，切不可急于采收，以免影响子实体的饱满度。干燥后适当进行打磨、修饰和清理干净，然后用漆刷薄薄涂上一层清漆，晾干后再涂刷1次，共3次，以增强光泽和起到防霉、防虫蛀的效果。涂料不可太厚，以免龟裂和失真。

(3) 入盆固定　　盆内填充沙泥或泡沫塑料，将白石子与乳胶或玻璃胶拌和放入盆的上部，然后栽入造型灵芝，干燥后即固定于盆内；也可将泡沫塑料板剪成盆口大小，板面打孔，把菌柄插入固定后再嵌入盆内，大的灵芝造型则用石膏黏合。

(4) 设景配件　　为反映出综合艺术美和体现和谐自然美，还可设置山石、亭阁、小桥、花木、草皮、晒干的苔藓、枝状地衣、卷柏等不易碎烂的植物等配件，以丰富其形式和内容，体现传统盆景的风格。菌柄很短或无柄的灵芝，具有大型菌盖，制作盆景更方便，制作时将灵芝基部整平后黏结于盆中即可。这些灵芝因菌盖面大且较平展，可以在其上面书写诗文或绘画山水风景人物，还可雕刻各种图案。在盆中摆放时，可以单个或几个镶嵌而放或重叠在一起。其表面涂以透明漆，可长期保存和观赏。

(5) 盆景命名 给做好的盆景起个恰当而又含意深刻的名称，是制作盆景中的艺术手法之一。名称起得好，可以起到"画龙点睛"的作用；反之，则给人以"画蛇添足"之感。命名可根据预定的主题设计，也可根据所用材料具备的形态来确定。如果是单株灵芝，生长健壮，形似如意，便可起名"吉祥如意"；如是两个完整无缺的灵芝并连在一起的盆景，即可起名"同心相映"或"永结同心"。

(6) 盆景保存 灵芝的子实层和菌管易被虫害侵入产卵、蛀蚀，平时宜摆放在通风干燥处，盆内放樟脑丸等防虫剂。一旦发现虫害应进行熏蒸、冷冻或曝晒处理，已被侵害或具虫处，可用酒精滴注，然后用石蜡或透明胶带封堵，以防害虫侵入繁殖，但要注意不要在灵芝表面喷涂酒精，否则会损伤表面而失去光泽。为防止灰尘或害虫入侵，还可用玻璃罩或透明软塑料罩罩在盆景外面。久存的盆景表面因附着尘埃和脏物而失去光泽，可清洗晾干后，涂刷清漆翻新。

第二节　桑黄栽培

一、简介

桑黄（*Phellinus igniarius*）是一种珍稀药用真菌，为担子菌亚门、层菌纲、多孔菌目、多层孔菌科、针层孔菌属。天然桑黄生长于中国、日本、菲律宾、澳大利亚和北美等少数地方，而且往往寄生于桑树的枯木之上，子实体为多年生。木质桑黄的菌伞呈圆锥形或伞状，也有马蹄形的，表面初期有暗褐色的毛状物所覆盖，不久脱毛后呈黑褐色，其菌伞及下部为鲜黄色，这可能就是其被称作桑黄的原因。由于桑黄的生长周期相当长，要长成适合药用的大小，需要 20～30 年的时间，加上近年来掠夺性地开发，天然桑黄已濒于绝灭，而人工栽培桑黄的生物技术一直到了近几年才获得突破。

桑黄菌是目前国际公认的生物抗癌领域中效果最好的真菌，日本和韩国对其开发研究较早，已经形成规模产业，在我国少数地方有野生桑黄菌存在，但一直作为原料产品被日韩收购。在我国医学专著《神农本草经》及李时珍的《本草纲目》为代表的古代医药学典籍中已经有"桑耳"、"桑黄"、"桑臣"、"胡孙眼"等记述。认为桑黄辛行甘和，入血分以化瘀，瘀血循经而行出血止，有化瘀之功效，用于治疗血崩、血淋、脱肛泻血、带下、闭经、脾虚泄泻等。在古代就有"如果得到附生于桑树上的黄色疙瘩（桑黄），死人也可复活"的传说，民间把它作力一种治疗肝病、癌症的绝药。中国《中药大辞典》也有它的药用记载。日本《原色日本菌类图鉴》则记载桑黄可治偏瘫一类中风病及腹痛、淋病；《神农本草经》将桑黄描述为"久服轻身不老延年"；还有解毒、提高消化系统机能的作用。桑黄也因其良好的疗效而被誉为"菌中极品"。

二、桑黄生物学特性

1. 形态特征

(1) 子实体 子实体为多年生，呈马蹄形至扁半球形，无柄，硬而木质化。初期有细行，颜色黄褐色或咖啡色，以后光滑，变暗灰黑或黑色，老熟后龟裂，无皮壳（图 5-3），有同心环棱，管孔多层，与菌肉同色，子实层中通常有大量的锥形刚毛存在，刚毛基部膨大，顶端渐尖。

(2) 菌丝体 菌丝的特征：生长新区的菌丝壁薄，透明，有一主干，呈树状分枝，具不明显的简单分隔，直径 3.0～6.0μm，内含物丰富。气生菌丝像生长新区的菌丝，纤维菌丝

枯木上生长的桑黄

人工栽培的桑黄

图 5-3 桑黄

或多或少具加厚的壁，微绿色到黄色到褐色，稀少分枝，无分隔，直径 1.0～3.0μm，在菌丝上有连续的不规则膨大的表皮细胞，念珠状，薄壁，偶尔呈直角分枝，内含物丰富，直径 5.0～7.0μm。基内菌丝像生长新区的菌丝；无刚毛、无厚垣孢子和晶体。

（3）菌落形态　菌落生长均很慢，生长新区锯齿状，白色，轻微升起的气生菌丝体延伸到生长区的边缘；菌落白色到微带奶油黄色、黄褐色、蜜黄色；边缘绒毛状，较老的部位为棉花状和羊毛状、毡状；生长新区反面无变化，老区反面奶油黄色到黄褐色；气味轻微或无。

2. 生长发育的条件

（1）营养　桑黄菌是兼性寄生，但以腐生为主。具有很强的纤维素、木质素分解能力，生长需要碳、氮、矿物质元素、生长素等营养。人工栽培中，碳源营养主要用木屑、棉籽壳、甘蔗渣、玉米芯粉等为主要原料。氮源由麦麸、米糠、豆饼或者玉米粉等提供。矿物质需要钾、镁、钙、磷等，还需要少量的维生素 B，尤其是维生素 B_1。

（2）温度　桑黄属于高温型药用真菌，菌丝生长温度以 24～28℃ 为最佳，其出菇温度在 25～30℃，温度低于 25℃、高于 30℃ 子实体生长缓慢，甚至停止。子实体最佳生长期在春秋两季，夏季需要人工控制温度子实体方可正常生长。变温处理，如昼夜温差的刺激，利于子实体的发生和生长。

（3）湿度　培养基的水分多少，对桑黄菌丝生长和子实体分化有着密切的关系。水分过少子实体不能分化；水分过多则菌丝体生长受到抑制。桑黄菌丝体生长基质适宜含水量为 65% 左右，桑黄菌子实体的形成需要高湿的条件，土壤湿度达 50%～60%，空气湿度达 90% 以上，有利于子实体的形成和生长。

（4）光照　桑黄生长发育不同阶段，对光照的要求也不同。菌丝可以在无光照的条件下生长，黑暗状态下菌丝生长旺盛，较强光对菌丝生长有抑制作用。子实体生长需适宜的光照，以散射光为宜，光线不足或过暗会造成子实体细小、盖薄，容易形成畸形桑黄。同时也避免强光直射，光照太强则子实体的形成受到抑制。

（5）空气环境　桑黄是好氧腐生菌，菌丝体生长阶段及子实体发育阶段均需要充足的氧气，当通气不畅、供氧不足时，则发育缓慢或停滞，生长萎缩，颜色变黄，容易感染杂菌，还容易出现畸形桑黄。所以在子实体生长期间必须加强通风，补充新鲜氧气以满足生长发育的需要，这是很重要的。

（6）酸碱度　桑黄喜欢在偏酸性的培养基上生长，在培养基 pH 3～7.5 范围内菌丝均能生长，最适宜的 pH 值为 5～6。pH 值在 4 以下菌丝生长细弱，不易形成菌蕾；pH 值在 8 以上，菌丝易提前老化，甚至萎缩。

三、人工栽培技术

1. 菌材的准备

（1）树种的选择　杨树、桦树、柞树、桑树等阔叶树都是栽培桑黄的良好树种，但桑树上生长的桑黄子实体入药最佳，因为桑树自身是中药材的一种，桑黄在利用桑树上的营养进行生长发育时，可以吸收桑树中的有效成分，所以桑树桑黄优于其他树种栽培的桑黄。

（2）最佳采伐期　树木休眠后至第 2 年萌发前，此期树干的营养最丰富，为最佳采伐期。采伐树木主要采用砍伐枝丫材或间伐两种方式，将采伐的树木放在通风阴凉处，以免长杂菌。在使用之前，将采伐下的树木和枝丫材截成 15～20cm 长的木段，并对木段表面进行修理，有树结的地方易长杂菌，且易扎破塑料袋，因此将其修平，去掉毛刺，避免造成生产中不必要的损失和浪费。

2. 菌种与菌棒的制备

（1）母种的制备　制备桑黄母种的培养基：桑树枝 30g，葡萄糖 30g，磷酸二氢钾 1.0g，硫酸镁 0.7g，麸皮 15g，黄豆粉 10g，琼脂 20g，水 1L。在无菌条件下接入桑黄菌种，在 28～30℃温度下培养。

（2）原种的制备　选干净麦粒，用热水浸泡后，装瓶进行高压灭菌，在无菌条件下接入良好的桑黄母种，于 28℃的恒温室内培养。优良的桑黄菌株一般 30～45 天即可长满菌种瓶。由于桑黄菌株极易退化，因此，接种前一定注意选择生长旺盛的菌株，否则如使用了退化的菌株，不但生长速度慢，且易染杂菌，给生产带来不必要的损失。

（3）菌棒的制备　选用直径 (17～25)cm×(40～45)cm 的聚丙烯菌种袋，将锯好的木段用水浸泡后，装入聚丙烯菌种袋中，细的枝丫材扎成直径 16～24cm 的把，扎实，以免刺破菌种袋，粗木段直接装入菌种袋中，木段的两头填充一些麦麸和木屑的混合物，这样既利于发菌，又可避免木段断面的木刺刺破菌种袋。菌棒经灭菌后，接入优良的二级麦粒菌种。将接种后的菌棒置于 25℃恒温的培养室中发菌。桑黄菌最适合的生长温度为 28℃，由于桑黄菌丝生活力比较弱，菌棒发菌时间长，如将菌棒放在 28℃下培养，大量的菌棒堆在发菌室中，杂菌繁殖快，菌棒极易被污染，造成浪费。因此，将菌棒放在 25℃的条件下可减少污染。桑黄菌在菌棒发菌阶段，应在黑暗条件下进行，有光，菌丝很快变黄老化。空气相对湿度要求 50%～60%，每天通风半小时，每隔 5～7 天菌棒上下翻动一次，一般经 25～32 天左右，菌棒便可长满菌丝。个别菌棒菌丝发育不匀，可挑出单放。桑黄菌不宜与其他药用菌、食用菌同室发菌，由于药用菌、食用菌均为好气菌，而桑黄菌生活力弱，与其他菌同室发菌，无法与其他菌竞争培养室中的氧气，造成生长速度减慢，易染杂菌。

3. 栽培场地的选择和大棚的搭建

（1）栽培场地的选择　栽培场地应选在易管理，水、电使用比较方便的地方，有树荫处、靠近水源的地势平坦及缓坡地均可。接下来整地，去除土中的石块。为了减少病虫害的发生，在菌棒下地前，在土中撒些生石灰。

（2）建造桑黄棚　桑黄栽培主要采用塑料大棚，建造合理的桑黄棚是取得桑黄高产的重要条件。根据桑黄的生物学特性，建造保温、保湿、通风良好、光线适量、排水顺畅、方便操作管理的桑黄大棚，要求桑黄棚地面清洁，墙壁光洁耐潮湿。桑黄棚大小要根据培养料多少而定。大棚上覆盖遮阳网或者覆盖草席，有利于温度的控制。如果条件允许，最好采用可以控温的大棚。

菌棒入棚前要严格消毒，每立方米空间用甲醛 10mL 和高锰酸钾 5g 密封熏蒸 24h 之后使用。东北、黄淮地区利用自然温度栽培,春种以4～5月份最佳,夏种以9～10月份最好。

4. 出菇和栽培管理

大棚搭建好后,可以将菌棒成"品"字形或正方形埋在处理好的土中,一半埋在土中,一半露在土面上,菌袋可采用全脱袋或环割两种方式。全脱袋菌棒易干,应在菌棒上方盖一些保湿效果好的湿沙,环割一般保湿效果好。也可以采用室内层架结构进行栽培。

桑黄菌的出菇管理与灵芝等药用真菌基本一致,主要包括温度、湿度、光照、通气、除草、防杂菌等几个方面,但具体管理上又存在差异。由于桑黄菌生活力比较弱,因此管理上应细心、认真,做到随时出现问题随时解决。

(1)温度管理 桑黄属于高温型药用真菌,其出菇温度在25～30℃,温度低于25℃或高于30℃子实体生长缓慢甚至停止。子实体最佳生长期在春秋两季,夏季需要人工控制温度,子实体才可以正常生长。采取变温处理,比如昼夜温差的刺激利于子实体的发生和生长。需注意早春、晚秋季节,将遮阳网放在棚内,既可遮阳,又利于棚内温度提高;菌棒发菌快。夏季高温季节,将遮阳网放在棚外,在遮阳的同时起到降温的作用。

(2)湿度管理 桑黄菌子实体的形成需要高湿的条件,土壤湿度达50%～60%,空气湿度达90%以上,有利于子实体的形成和生长。甚至将桑黄菌棒的一端浸泡在水上,菌棒顶部同样会有桑黄子实体形成和生长。但切忌把水直接喷到子实体上,以免导致菌体霉烂。

(3)光照 桑黄子实体的发生需要有一定的光照,子实体发生期的光照应适宜。光照太强,一方面子实体的形成受到抑制;另一方面,棚内温度升高,也抑制子实体的生长。一般棚内光的透射率以10%左右为佳。

(4)通风 桑黄菌与其他药用真菌一样,通风是子实体形成的重要环节,氧气不足,子实体生长受到抑制,子实体颜色由亮黄色变为暗黄色。每天早晚通风换气各1～2h,特殊情况还应具体分析,若温度低于20℃,通风可在中午进行。如棚内温度高达30℃时,除喷雾降温外,也可以通风换气的方式降温。通风不良易长畸形桑黄,出现畸芽要及时割掉。

(5)采收 当菌盖颜色由白变浅黄再变成黄褐色,菌盖边缘白色基本消失,边缘变黄,菌盖开始革质化,背面弹射出黄褐色的雾状型孢子时,表明桑黄子实体已成熟,即可及时采收。

采收后的桑黄子实体可先在太阳下晾晒,然后在烘房内以50～60℃的温度烘干。烘干时要加强通气,防止闷热而霉烂,使水分控制在12%左右为宜。烘干后的桑黄要及时装入防潮性能好的大塑料袋内密封贮藏,并要随时检查防霉防蛀。

第三节 猪苓栽培技术

一、简介

猪苓[*Grifola Umbelleta*(pers. ex. fr)pilat],别名枫树苓、地乌桃、黑猪粪。在真菌分类学上隶属于担子菌亚门、层菌纲、非褶菌目、多孔菌科、奇果菌属。

1. 野生资源及其分布

野生猪苓主要生长于茂密的森林或一些灌木丛林地下,以椴树、栎树、桦树、枫树、柞树等丛林中为最多,在纯松林中未发现有猪苓分布,阔叶林、混交林、次生林、竹林中均有野生猪苓分布,但以次生林生长猪苓最多。近年来随着中药的普遍应用,需求量骤增,国内外市场供不应求,野生资源日趋枯竭。因而在20世纪70年代中期,我国就开展了猪苓人工驯化栽培技术研究,并获得成功。猪苓在我国分布较广,北至黑龙江,南至贵州、云南,东至福建、浙江,西至甘肃、青海均有分布,但以山西、陕西、河南、四川、甘肃、云南出产最多,在数量上以云南产量最大,在质量上以陕西为最好。在国外,猪苓主要分布于欧洲和北美洲，日本也有分布。

2. 药用价值

猪苓是一种特殊的药用菌，它含有蛋白质、氨基酸、碳水化合物和多种维生素，其地上部分的子实体"猪苓花"可食，是一种美味可口的佳肴；地下菌核为药用部分，含有麦角甾醇、α-羟基-二十四碳酸、生物素、猪苓聚糖等，因而具有很高的药用价值。据《神农本草经》记载："猪苓主痎疟，解毒盅注"，"久服轻身耐老"。中医常用于治疗小便不利、水肿、淋浊、带下等症。现代医学提取"猪苓多糖"治疗肿瘤效果良好，因此，猪苓的开发价值极大。

二、生物学特性

1. 形态特征

猪苓菌核形成于地表下，子实体由菌核生长，伸出地面，多为丛生，俗称"猪苓花"（如图5-4）。菌核有猪屎块状，不规则，表皮黑褐色，内肉近白色或淡黄色，干后坚而实，手按发软，轻如软木。菌盖圆形，宽1～4cm，中央脐形，有淡黄色的纤维状鳞片，菌肉白色至浅褐色，无环纹，边缘薄而锐，多内卷，肉质，干后硬而脆。菌管长约2mm，与菌肉同色，下延。管口圆形至多角形。菌柄基部相连多次分枝，形成一丛菌盖，总直径可达20cm。孢子无色，光滑，圆筒形，一端圆，另端具歪尖，$(7\sim10)\mu m \times (3\sim4.2)\mu m$。

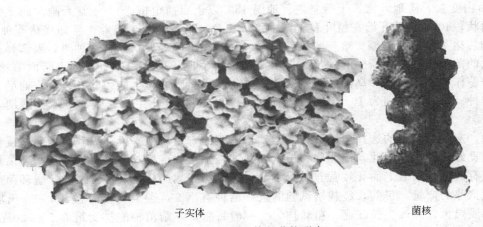

子实体　　　　　　　　　　菌核

图5-4　猪苓子实体与菌核形态

2. 生长发育条件

（1）营养

① 猪苓与蜜环菌的关系　在自然条件下，野生猪苓多生于疏松、湿润的阴坡或阳坡上，但以半阴半阳的二阳坡生长最多，坡度以20°～25°的缓坡地分布较多。猪苓属好气性真菌，喜生长于富含腐殖质的表层土壤，深度一般在0～40cm处，以桦树、杨树、柳树、椴树、槭树等树旁最多，其发育过程要依靠蜜环菌提供营养物质，属单利共生关系。蜜环菌侵入猪苓菌核，蜜环菌的代谢产物及蜜环菌侵染后期的菌丝体都成为猪苓的营养。因猪苓不能直接寄生于树木上，必须依靠蜜环菌提供养料。蜜环菌的营养来源是林间枯枝落叶，同时也寄生于活树根上，寄主植物以枫、桦、柞、槲、槭及山毛榉等树的根际为多。

② 蜜环菌的生物学特征　蜜环菌分为子实体和菌丝体两大部分。蜜环菌的子实体高约5～15cm；其菌柄细长圆柱形，基部常膨大，菌柄上部接近菌褶处有一较厚的菌环，由于菌盖表面呈蜜黄色，菌柄上部有环，所以叫"蜜环菌"。其菌丝体是蜜环菌的营养器官，可交织成绳索状的组织结构——菌索，其主要起运输营养、水分和氧气的作用，同时不断进行增殖、延伸和寻找新的营养源。

（2）温度　猪苓对温度变化敏感，当气温在 8℃ 以下、25℃ 以上时上即停止生长，进入休眠状态，生长期最适温度为 15～24℃。其菌丝在 10～30℃ 都能生长，以 22～25℃ 最适宜。菌核在 9.5℃ 时开始萌发，18～22℃ 生长最快，超过 28℃ 生长受到抑制。

（3）湿度　猪苓生长的适宜土壤湿度为 30%～50%。生长旺季空气相对湿度 65%～85%。

（4）pH　栽培猪苓应选择 pH 值为 5～6.7 的微酸性或近中性沙壤土。猪苓对氮、磷、钾肥要求不高，种后一般不需施肥。

三、栽培技术

1. 栽培时期

在 12 月份冰冻之前，春季 3 月解冻之后直到 5 月均可栽培。总体说来，冬栽比春栽要好得多，因为冬栽使蜜环菌与猪苓有充足的时间接触，蜜环菌有充足的时间进行结合和吃树木营养进行发育。所以，蜜环菌生长，菌核才能生长。

2. 菌种培养与选择

（1）猪苓种子（菌核）培养　选择相对湿度 80%～90%、遮阳度 80%～100% 的坡地进行猪苓种子培养。用直径 5cm 以下树枝，截成 15～20cm 小段，挖坑撒播，1 层树枝 1 层种苓，种植 2 层为宜。1m² 用阔叶树叶及椴木 40～50kg，猪苓菌种和蜜环菌各 1～2 瓶（包）。猪苓菌丝应洁白粗壮，表面有网状菌根，培养基内有大小不等的球形菌核，初为白色，10～20 天由白变灰，质地致密，干后坚硬。地温 15℃ 以上点播定植，15～20 天菌丝向土中延伸呈根网状，40～60 天开始在树叶及土层中形成白色球形的菌核，培养 1 年即成猪苓种子。

（2）猪苓菌核的选择　猪苓菌核有猪屎、马屎和鸡屎等形状，在选种时，要选择猪屎和马屎状的菌核作种苓。新生的一年菌核灰黄色，用手捏压发软，压有弹性，断面菌丝色白、嫩的鲜苓作种，不要选择乌黑、质坚实的菌核，乌黑质坚的再生能力弱，只能作商品，不能用于作种。选种的时间为 10～12 月份，此时核浆定型，停止生长，基本进入休眠期，含有机物多。

（3）蜜环菌菌种的选择　选蜜环菌索生长旺盛的寄生树根木段，以利猪苓菌核接触菌索而得到良好的营养。因此，选择和培植蜜环菌就是生产栽培猪苓的重要一环。蜜环菌种类很多，但有些菌种易衰老而导致营养供给不足，造成猪苓减产或无产量。因此，蜜环菌质量直接影响猪苓的产量。目前，经栽培试验的蜜环菌种有京 234 号，自然存放 40～60 天后菌丝色泽呈浅黑色，菌丝生长旺盛、粗壮均匀。一般每瓶蜜环菌菌种能扩大培养 50～60cm 长的菌材 10～15 根。

3. 栽培方法

（1）场地的选择　次生林半阳半阴的山地，坡度在 30°～40°，腐殖质含量高而又排水良好的沙质土壤，兼能蔽阴之地最为理想。

（2）培养菌枝　选取直径 1～2cm 的阔叶树枝条，斜砍成 7～10cm。挖深 30cm、长宽为 60cm 的坑，先在坑底平铺一薄层树叶，然后一根靠一根摆两层树枝，接种蜜环菌菌种，覆土后在菌种上再摆两层树枝，用同法培养 6～7 层，最后顶上覆土 8cm 左右，再盖一层树叶。40 天菌枝可以长好。

（3）菌材培养　选择直径 3～5cm 的椴木、桦木、枫杨木等树种的树干，锯成 30cm 左右长的树棒，在树棒的两面 5cm 左右，砍一鱼鳞口，砍透树皮到木质部。在选好的场地挖深 30cm、长宽为 60cm 见方坑，一般每坑放 100～200 根树棒。底铺一层树叶，平摆树棒一层，两根树棒间加入菌枝 2～3 根，用土填好空隙，摆放 4～5 层，顶层覆土 10cm。

（4）种核栽埋　猪苓生长靠蜜环菌，而蜜环菌生长具有兼性寄生的特点，即在分解枯枝落叶的同时，可寄生在活树根上。因此，将猪苓种于活树根旁，活树根作蜜环菌的长效营养源，蜜环菌又作为猪苓的营养源，这样既可降低生产成本，又可提高猪苓产量。因此，人工栽培选在灌木树丛旁边挖深 10cm 左右、长 30cm 的小坑，能见到有较粗的树根及纵横交错生长的须根。在坑底先铺一层潮湿树叶和树枝，平放入一根培养好的小菌材和 1~2 个菌核。猪苓菌核有大有小，将大块菌核由离层或菌核的细腰处掰开（切忌刀切），成 100~150g 的小块，每穴下种 1~2 块。猪苓菌核夹在树根与菌材之间，然后再盖一层树叶，覆土填平穴，穴顶再盖一层较厚树叶。

另一种方法是挖窖培养，把砍过鱼鳞口的新材段和蜜环菌菌材段在窖内相间隔放，其窖深 30~40cm，用腐殖质填充菌棒空隙，菌核种放在蜜环菌棒与新菌材之间的鱼鳞口处。每窖用菌核种 10~15 个，约 250g 重，放好后覆腐殖质于菌核之上，然后再放一层菌材和新材，如此相间隔放，即菌核两层，菌材三层。坑窖上面覆土成弓背形，能排水并提高地温。

（5）管理 猪苓菌核生命力很强，并具有顽强的抗逆性，一般年份干旱、雨涝、高温、低温只能影响菌核的生长和产量，而不会威胁其存活。一般半野生栽培猪苓的方法，不需要特殊管理，自然雨水和温度条件及树根上寄生的蜜环菌能不断供给营养，猪苓便可旺盛生长并获得较高产量。只是每年春季在栽培穴顶加盖一层树叶，它可大大降低土壤水分蒸发，对防旱起良好的效果，同时树叶腐烂后，又可补充和增加土壤中的有机质，提高土壤肥力和猪苓产量。刚下种的窖坑上方不宜脚踏畜踩，菌棒也不宜扒土翻动。到了夏秋季节，要进行一次检查，小心取出上层中的 1~2 根菌柴，看蜜环菌是否生长健壮。如干旱就要洒水保湿，若渍水可开沟及时排除，窖内如有蚂蚁蟛虫，可用药剂毒杀。

（6）采收与加工 猪苓是多年生菌类，栽后前一两年内产量不高，特别在北方和较寒冷的高山地区，生长速度较慢，栽培后三四年生长旺盛，产量较高，应在栽后第三年或第四年秋季收获，若栽培第五年以后再收，菌材已腐烂，影响猪苓的生长。采挖时，挖出栽培穴中全部菌材和菌核，色黑质硬的称为老核，即为商品猪苓；色泽鲜嫩的灰褐色或黄色猪苓，核体较松软，可作种核。收获时要去老留幼，将已采收的猪苓菌核去杂刷洗，置阳光下自然晾晒。

第四节 云芝栽培

一、简介

云芝 [*Coriolus versicolor* (L. ex Fr.) Quel.]，又称白芝，系彩色覃盖菌，属孢子菌纲、多孔菌科、覃盖菌属。云芝原产于我国，为传统的药用真菌，具有特殊的药理功能。云芝具有扶正固本、补益精气的功能。从云芝的液体发酵菌丝体中提取的结合蛋白多糖——云芝糖肽（PSP）具有一定的抗肿瘤作用，可有效防治肿瘤病人化疗、放疗后产生的毒副反应，它能显著改善肿瘤患者的临床症候，提高生存质量，改善患者神疲乏力、食欲不振、恶心呕吐、口干咽燥、心烦失眠、自汗盗汗等气阴两虚、心脾不足症状，对患者放、化疗所致的白细胞减少及免疫功能低下有保护和改善作用。研究还发现，PSP 不仅对多种肿瘤有预防及治疗作用，对其他疾病也有良好疗效，如保肝、抗氧化、抗炎、镇痛、抗溃疡、抗动脉粥样硬化、增强学习记忆功能等。因此，云芝已成为扶正祛邪的东方医药之宝。云芝还是一种有多种代谢产物的真菌，含有蛋白酶、过氧化酶、淀粉酶、虫漆酶以及革酶等，其经济用途广泛。

二、生物学特性

1. 形态特征

云芝子实体半圆伞状（如图 5-5），硬木质，深灰褐色，外缘有白色或浅褐色边。菌盖长有短毛，无柄，有环状棱纹和辐射状皱纹，盖下色浅，有细密管状孔洞，内生孢子，管口每毫米 3~5 个。孢子圆柱形，无色。云芝覆瓦状排列，相互连接，长 1~10cm。

2. 生境分布

云芝多生长在潮湿的林中及多种阔叶树木桩、倒木和枝上，发生于每年的夏秋季节，是一种适应性很强的真菌。世界各地森林中均有分布。

3. 生长发育条件

（1）营养 云芝可利用纤维素、半纤维素、淀粉、果胶、糖类、有机酸类等有机碳，能直接吸收利用氨基酸、蛋白质、尿素等小分子有机氮和铵盐、硝酸盐等无机氮。对无机氮的利用率低于有机氮。人工栽培时，可利用麦麸、米糠、饼粉、蚕蛹、酵母及豆类制品作为氮源。云芝生长还需要一定量的钾、钙、镁、磷等无机盐和维生素、生长素类物质，通过培养料中的天然物质均可得到满足。

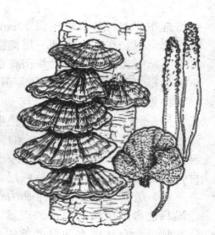

图 5-5　云芝形态

（2）温度 云芝菌丝在 5～35℃ 范围内都能生长，最适生长温度为 25～28℃，35℃ 以上生长速度减慢或停止生长。子实体生长发育阶段，原基分化期以 18～30℃ 为宜，最适温度为 24℃ 左右。子实体形成后温度在 14～26℃ 为宜。

（3）水分 菌丝生长的基质适宜含水量为 60%～70%，环境中的空气相对湿度为 70% 较适宜。子实体生长发育期间，要求环境中的空气相对湿度为 85%～90%，低于 60% 时生长停止，甚至死亡。高于 95% 时会影响通气和蒸腾，导致子实体死亡和腐烂。

（4）空气 菌丝生长阶段对氧气的需求量不太严格，子实体生长发育阶段，则需要充足的氧气，否则会使子实体畸形或停止生长。

（5）光照 菌丝生长阶段不需要光线，在黑暗环境中生长良好，子实体生长发育阶段要求一定的散射光照。

（6）酸碱度 云芝菌丝在 pH 值为 3～9 范围内均可生长，最适宜的 pH 值为 5～5.5。

三、云芝的栽培技术

云芝现多采用木屑袋栽，在室内架层栽培或室外畦床覆土栽培，具体技术如下：

1. 栽培季节

云芝属高温型菌类，春栽夏收。菌袋制作常在 3～4 月份进行。原种扩大和栽培种培育需提前 80～90 天进行。一般 5～6 月份开始出芝管理。

2. 培养基配方

① 杂木屑 78%、麸皮 20%、石膏粉 1%、蔗糖 1%。

② 棉籽壳 99%、石膏粉 1%。

③ 棉籽壳 40%、杂木屑 40%、麸皮 19%、石膏粉 1%。

④ 杂木屑 60%、玉米芯 20%、麸皮 19%、石膏粉 1%。

⑤ 甘蔗渣 50%、杂木屑 25%、麸皮 20%、玉米粉 1.5%、石膏粉 1.5%、蔗糖 1%、过磷酸钙 1%。

以上配方培养料含水量为 65%，pH 自然。实际栽培中，生产者可根据当地的原料资源来选择合适的配方，以充分利用当地资源。配方中的麸皮也可用米糠或玉米粉代替，用量以 10%～15% 为宜。

3. 装袋灭菌

栽培袋规格为 17cm×33cm 或 20cm×38cm。装好料后，袋口两端用绳扎好，放入蒸灶内，以 100℃ 保持 10h 后卸袋冷却。

4. 接种发菌

当料温下降到 30℃ 以下时开始接种，在无菌室中进行，按香菇栽培袋的接种方法，在菌袋上打 5 个洞穴，接入菌种。1 瓶栽培种大约接 10 袋左右。接种后，套上外袋，以防菌种干枯和杂菌污染。然后移到培养室内，保持温度在 25℃左右，空气相对湿度为 70％，遮光培养。培养 25～30 天，菌丝便可长满袋。

5. 出芝管理

（1）室内床架式栽培　当袋内有原基突起时，将菌袋平卧排放在层架上，袋间距离 15cm 左右，除去袋口棉塞。同时，在袋上划一个交叉口，方法与木耳栽培相似。亦可在床架上铺一层 6cm 左右的沙或沙壤土层，然后将菌袋薄膜除去，把菌筒放在沙或沙壤土上。菌筒的 1/3 埋在沙内，菌筒间距离约 10cm。排放好后，要求温度 25～28℃，增大空气相对湿度（以 85％～90％为宜）、适当增加漫射光和通风，促使子实体发生。子实体发生后的管理方法与灵芝袋栽相似，一般情况下，云芝可采收 1～2 批。

（2）室外畦床覆土栽培　当菌丝成熟时，把菌袋搬到菇棚内。4 月下旬至 10 月中旬均可安排出芝。云芝覆土时不能全脱袋，应在一头留一部分菌袋，其余部分全脱，然后覆土。土覆至袋口 0.5cm 以下。每平方米 50 袋，袋间距 2cm。覆土后用喷壶洒水，冲掉袋头余土，2 天后剪掉袋口。芝畦宽以 80cm 为宜。覆土整理后，控温在 23～30℃，空气相对湿度控制在 85％～90％，增加光线，通气。

6. 采收加工

云芝从接种至采收需 40 天。成熟时，菌盖由薄变厚，盖菌管内散发出少量孢子粉。成熟的云芝已停止生长，抗逆抗杂菌能力减弱，加上芝棚的温湿度较高，易感杂菌，故应及时采收。采收时可用利刀从芝柄根部割下或用手直接拧断芝柄，采下的云芝及时放在干净的水泥场上晾晒，严防杂物黏附。也可以 40～60℃烘干，使含水量降至 12％。

第五节　猴头栽培

一、简介

猴头（*Hericium erinaceus*）又称为猴头菇、猴头蘑、菜花菌、刺猬菌、对脸蘑、山伏菌等，在日本称为山伏茸。隶属真菌门、担子菌亚门、非褶菌目、猴头菌科、猴头菌属。

猴头菌是名贵的食药两用菌。猴头菌营养丰富，据测定，每 100g 干猴头菌含蛋白质 26.3g、脂肪 4.2g、碳水化合物 44.9g、粗纤维 6.4g、水分 10.2g、磷 856mg、铁 18mg、钙 2mg、维生素 B_1 0.69mg、维生素 B_2 1.89mg、胡萝卜素 0.01mg，还含有 16 种氨基酸，其中 7 种为人体必需氨基酸。

猴头菌不仅营养价值高，而且具其独特的药用价值，中医认为猴头性平、味甘，有助于消化，利心脏。可治消化不良、胃溃疡、胃窦炎、胃痛、胃胀及神经衰弱等疾病。近年来，更引人注目的是其抗癌作用。经鉴定，病人服药后，症状改善，食欲增加，疼痛缓解。对部分肿瘤病人还有提高细胞免疫功能，缩小肿块和延长生存时间的疗效。

二、生物学特性

1. 形态特征

子实体是猴头菌的繁殖器官，通常为单生，肉质；新鲜时颜色洁白，或微带淡黄色，干燥后变成淡黄褐色，块状。直径 3.5～10cm，人工栽培的有达 14～15cm，甚至更大。子实体由许多粗短分枝组成，但分枝极度肥厚而短缩，互相融合，呈花椰菜状，仅中间有一小空隙，全体成一大肉块，基部狭窄，上部膨大，布满针状肉刺。肉刺上着生子实层，肉刺较发达，有的长达 3cm，下垂，初白色，后黄褐色。整个子实体像猴子的脑袋，色泽像猴子的毛，故称为猴头菌，如图 5-6。

猴头菌菌丝体在试管斜面培养基上，初时稀疏，呈散射状，而后逐渐变得浓密粗壮，气

图 5-6　猴头菇子实体形态

生菌丝短，粉白色，呈绒毛状。放置时间略长，斜面上会出现小原基并长成珊瑚状小菌蕾。在木屑培养料中，开始深入料层，菌丝比较稀薄，培养料变成淡黄褐色，随着培养时间的延长，菌丝体不断增殖，菌丝体密集地贯穿于基质中，或蔓延于基质表面，浓密，呈白色或乳白色。在显微镜下，猴头菌菌丝细胞壁薄，有分枝和横隔，直径 $10 \sim 20 \mu m$，有时可见到锁状联合的现象。

2. 生长发育条件

（1）营养　猴头是一种木腐生菌，在其生长发育过程中，必须不断地从培养基中吸收所需要的碳水化合物、含氮化合物、无机盐类和维生素等。猴头菌的营养菌丝在生育过程中能分泌一些酶类，将培养基中的多糖、有机酸、醇、醛等分解成单糖作为碳素营养；并通过分解蛋白质、氨基酸等有机物，吸收硝酸盐和铵盐等无机氮，作为氮素营养。据试验，以葡萄糖为碳源，菌丝前期生长较快，以红薯淀粉为碳源，则后期生长较好。以酵母膏和麦麸等作氮素营养效果较好。许多含有纤维素的农副产品，如木屑、蔗渣、稻草、棉籽壳等都是栽培猴头菌良好原料；但松、杉、柏等木屑，因含有芳香油或树脂，未经处理不能利用，这是由于这些物质有抑制猴头菌生长发育的作用。

猴头菌对碳源、氮源及矿物质等的吸取是有一定比例的。为了有利于前期菌丝的生长，常在培养料中加少量葡萄糖或蔗糖，其配方中所占比例一般不超过 2%。因过高会提高培养基的渗透压，当其渗透压大于菌丝内部渗透压时，会造成菌丝的干涸而致死。培养基的含氮量以 0.6% 为宜，自然界树皮中氮含量较心材高，可满足其生长需要。但人工代料栽培时需在木屑中加些麦麸或米糠。

（2）温度　温度是猴头菌生长的主导因素。菌丝生长温度范围在 $12 \sim 33℃$，但以 $25 \sim 28℃$ 最适宜，高于 30℃ 生长缓慢，且菌丝体易老化，35℃ 以上则停止生长。温度低则生长慢，但比较粗壮。置于 $0 \sim 4℃$ 的低温条件下保存半年仍能生长旺盛。子实体在 $10 \sim 24℃$ 的范围都能生长，而以 $16 \sim 20℃$ 为最适宜，温度低发育慢，生长健壮、朵大，高于 25℃ 生长缓慢甚至停止，即使能形成子实体也难长大。

（3）湿度　猴头菇生长需要的湿度为两个方面，菌丝生长以培养基含水量 65%～70% 最好。空气相对湿度保持在 85%～95% 时，子实体生长迅速，颜色清白。湿度低于 60%，不仅子实体的形成和发育受到抑制，而且颜色变黄，甚至很快枯萎干缩。但空气相对湿度高于 95% 时则菌刺过长，同时影响通气，易污染杂菌和产生畸形猴头菌。

（4）空气　猴头菌是一种好气性真菌，菌丝体生长阶段对空气条件要求不严格，培养基中微量的空气即可满足。但在原基形成阶段，对二氧化碳的反应极为敏感，当菌蕾开始形成时，要加强培养室的通风换气，瓶栽的还应及时拔去棉塞或封口膜，否则子实体从基部起就分叉，并在主枝上又不规则多次分枝成珊瑚状畸形。若通气良好，则子实体生长快，球心大，形状好。

（5）光照　猴头菌属于好光性菌类，但菌丝体生长阶段对光照条件的要求不很严格，甚至能在完全黑暗条件下生长。子实体发育阶段则需要一定的散射光；一般光照强度为 200～400lx 时，子实体长得健壮洁白，过强的直射光则使子实体发育受阻和出现颜色变红等不良情况。

（6）酸碱度　猴头菌属喜酸性菌类，菌丝中的酶系要在偏酸条件下才能分解有机质。因此，只有在偏酸性培养基中，猴头菌才能正常生长发育，而在弱碱性条件下则受强烈抑制，不仅菌丝生长缓慢，而且对原基的形成也有不良影响。一般在 pH 值 3～7 的范围内菌丝都能正常生长，但以 pH 值 4～6 最适。据试验，菌丝的生长速度以 pH 值 4～6 时最快，子实体的形成和增大以 pH 值 4～5 为最好。配制培养基时 pH 值可在 6 左右，经消毒灭菌后会自然下降。另外，菌丝生长时会分泌一些有机酸使培养基 pH 值降低。为防止培养基过度酸化，从而抑制自身生长，一般常在培养基里加 1％石膏粉，既能为猴头菌提供钙质营养，又对酸碱度起缓冲调节作用。

三、栽培管理技术

猴头生产主要采用熟料栽培法，常见的有瓶栽和袋栽 2 种方式，瓶栽多用于工厂化层架立体栽培，袋栽最为常用。

1. 熟料袋栽

（1）栽培季节　栽培季节应根据猴头菌的生育特性和当地的气候条件确定，一般从当年9月至次年5月为栽培猴头菌的适宜季节。但由于各地自然条件不同，气候各异，应根据当地气象台、站历年来的温度记录以及有关气象资料，掌握温度变化情况，选择最适宜的栽培季节。在秋季栽培由于前期气温高，后期气温低，应选择气温在 25～27℃；经 1 个月后气温会下降到 22℃以下时，即可进行栽培。冬季和春季气温一般都不会超过 20℃，故随时都可进行栽培，但菌丝生长阶段要求温度较高，应进行保温培养。利用地下室、地道、防空洞等作栽培场所，还可适当延长栽培期。如果有调温调湿设备，可进行周年生长。

（2）培养料配制　栽培原料应根据当地资源合理采用。较好的配方有：
① 棉籽壳 85％，麸皮 12％，糖、过磷酸钙、石膏粉各 1％。
② 木屑（以壳斗科树种最好）78％，米糠 10％，麸皮 8％，过磷酸钙、石膏粉各 2％。
③ 蔗渣 80％，麸皮 10％，米糠 8％，过磷酸钙 2％。
④ 酒糟 50％，木屑 30％，麸皮 10％，米糠 8％，过磷酸钙 2％。
⑤ 玉米芯屑 56％，木屑 20，麸皮 12％，米糠 8％，过磷酸钙 2％，糖和石膏各 1％。
按配方投料，加水拌匀，含水量掌握在 68％～70％，pH 值严格控制在 4.5～5.8 之间。

（3）接种发菌　塑料袋制作、装料、灭菌与银耳袋栽法相同，灭菌后，待料温降至30℃时在无菌室或无菌箱中严格按无菌操作进行。但由于猴头子实体发育生长快，而且塑料袋各个部位都可生长子实体，因此，最好采取双面打穴接种，即在塑料袋上下两面各打 4 个接种穴。这样接种后菌丝体能迅速生长蔓延，子实体发生集中，且数量多，有利于缩短栽培周期。若为节省菌种和简便接种操作，也可在塑料袋一面打 4 个接种穴，或在两头或一头接种，但接种后发菌慢，年产周期相应延长。

接种后的料袋应立即搬进事先经消毒、干燥、通风、光线暗的发菌室中培养。料温控制在 23～28℃。10 天后，待菌丝在接种穴四周蔓延 8～10cm 时，可揭开纸胶一角以增加氧气，加速菌丝生长。发菌过程中要经常检查，发现问题及时处理。一般 20～30 天，菌丝长至料的 2/3 处时，菌丝已达生理成熟，此时可移到室外进行出菇管理。

（4）建畦排场　在通风、地势平坦、排灌方便的地方，按南北向建宽120cm、长不限的畦床。畦床上用竹竿搭排袋架，间距15～20cm。再在整个栽培场地搭高约2m的荫棚，创造"三阳七阴"的环境。畦床和四周均喷撒敌敌畏和石灰消毒杀虫。当菌袋现原基时，即可搬入菇场。排场时，先揭去菌袋一面的封口胶纸，让这面向上斜靠在横竿上，再在畦床上每隔1.2m插一弓形竹条，用黑膜盖紧。

（5）出菇管理　具体管理要点：菇棚温度要控制在18～20℃。如温度过高，子实体生长快，但结球小而松软，并常分枝，色黄；如温度过高，要采取必要的降温措施，如加厚顶棚覆盖、通风换气、喷水降温等。尤其当猴头菇菇蕾幼嫩时，空气相对湿度要保持在95%左右；当菌刺长至1cm时，湿度要降至90%。子实体生长前期每天要喷水1～2次。若湿度低于70%，子实体瘦小干缩，呈黄褐色，菌刺短而卷曲，这时应向空中喷雾，增加湿度。同时要保持菇棚内空气通畅，每天均要开窗通风，通风时间根据气温而定，气温较适宜时，早、晚通风；气温较低时，白天开窗通风，气温高时可于晚上通风。另外，注意光照的调控，散射光利于猴头子实体的发育。虽然子实体在黑暗条件下也能形成，但常发育不良，易畸形。

（6）采收　当猴头菇子实体上的菌刺长达1cm左右时，要及时采收。采收后，清除业面菇根，让菌丝恢复2～3天再翻面进行出菇管理。收菇两潮后，可用注水器材补足料中散失的水分，并可结合补水追施一些营养液，以提高产量。

（7）覆土栽培　对出过2～3潮菇的菌袋，可采用覆土畦栽的办法，其方法是：在棚内挖宽1.2m、深25cm的畦，将菌袋脱去塑料袋，3～4个一束竖置畦中，上盖约2cm厚的细壤土，浇透水，以后保持畦内潮湿状态，约经15天左右，可出一潮菇。应用此法可将出菇期延长。该方法也可用于未出菇的猴头菌袋栽培，当发现袋内有菌蕾形成时，脱去塑料袋，进行覆土栽培，增产效果亦十分明显。

2. 熟料瓶栽法

用瓶子栽培猴头菌管理方便，成功率高，质量也好，但缺点是用瓶子多，花工大，成本高，而且产量较低。其栽培方法是：

（1）装瓶灭菌　瓶栽以用750mL，口径4cm的栽培瓶为好。口径小于4cm，会导致菇体小、形差，部分出现黄色。装瓶时将搅拌均匀的栽培料装入洗净的菌种瓶内，稍微压实，整理干净瓶口，用捣木在料中心处戳1个圆洞，以利于通气。料装好后，整理料面至瓶口的距离，以1.5cm为宜，不可以太深，否则影响正常出菇；并用棉塞或用封口膜封口。装料后采取高压或常压灭菌。

（2）接种发菌　灭过菌的栽培瓶冷却后，在无菌室（箱）内接入菌种，然后转入培养室进行培养，发菌管理同袋栽。

（3）出菇管理　当菌丝长满瓶时，要及时将培养室温度降至20～22℃，并同时给予较强的散射光条件，以促进猴头原基形成。当菌种瓶内菌丝上形成子实体原基达到黄豆大小时，及时将菌瓶移到出菇室（如以培养室就地作为出菇室可不移动）。此时，应将瓶子棉塞或封口膜去掉，如不及时开口，子实体将出现畸形。将菌瓶移到消毒过的出菇室后，按一定距离摆放，每瓶应隔15～20cm以上。瓶子可卧放或立放，若立放，在喷洒水时，注意以不使瓶内积水为宜。菌瓶固定位置后，不要随意移动，以免引起菌刺弯曲生长，影响子实体外观。出菇室要求人工控制，低温（15～21℃），并有散射光的照射，也可在瓶上面盖上湿布或湿报纸。一见到菇蕾就将湿布或湿报纸去掉，这样培养的猴头洁白、菇形好、头大、刺均匀。保持空气相对湿度在90%左右，可用喷雾保湿，也可在出菇室墙壁四周及地上洒水保湿。猴头子实体需要较强的散射光及缓慢地进行通风换气。有条件的地方，将培养菌丝体及子实体出菇室分开，因为这两个不同阶段，所要求的温度、湿度差异较大，故管理时应按不同发育阶段满足其生长要求。总之，保湿、保温、通风换气要求三者协调管理，达到三者矛盾的统一。

另外，也可采取野外培养。当大部分瓶中的菌丝长到全瓶的 3/5 时，给以一定的散射光，加强通风换气，5 天左右可出现原基，然后移到野外。在野外选择干净树荫下的野草丛生地，浇透水后，揭开菌瓶封口膜，将瓶横放在地上，以利吸收水分满足猴头生长所需的湿度。如果发现幼嫩的猴头子实体微带红色，说明光照过强，则要遮光；如果发现猴头菌刺粗长，说明湿度不够，要在地上浇水，但一定要防止培养容器被水浸泡。一般温、湿、光均适合，10 天左右就可收第一批猴头。为了提高猴头产量，每收一批后可注入少量 2%～3% 葡萄糖液。注水量以保持培养料湿度在 70%～75% 为宜。这样培养出来的猴头大而洁白，菌刺短，产量高。

3. 畸形猴头的防治

(1) 常见的畸形

① 珊瑚型　子实体基部起长分枝，在每个分枝上又不规则地多次分枝，成珊瑚状丛集，基部有一条似根状的菌丝索与培养基相连，以吸收营养。这种子实体有的早期死亡，有的继续生长发育，小枝顶端不断壮大，形成具有猴头形态的一个个小子实体。

② 光秃型　子实体呈块状分枝，由各分枝生长发育而成。但子实体表面皱褶，粗糙无刺；菌肉松软，个体肥大，鲜时略带褐色，香味同正常猴头。

③ 色泽异常型　这种子实体与正常猴头无多大差别，只是菌体发黄，菌刺短而粗，有时整个猴头带苦味；有的子实体从幼小到成熟一直呈粉红色，但味不变。

(2) 发生原因与防治

① 培养料不恰当，二氧化碳浓度过高，就会产生珊瑚型猴头。猴头菌生长完全靠培养料中的营养。如果培养料中含有芳香族物质或其他有害物质，菌丝体的生长发育就会受到抑制或异常刺激。因此配制培养料时，应注意不要混放松、柏等树种的木粉及其他有毒物质。猴头菌对二氧化碳很敏感。当空气中二氧化碳浓度超过 0.1% 时，就会刺激菇柄不断分枝，而抑制子实体的发育。因此，在出菇阶段在注意温、湿度的同时，还要注意通风换气。如果已形成珊瑚状子实体，可以在猴头幼小时，连同培养料一起铲除，以重新获得正常的子实体。

② 水分湿度管理不善，会产生光秃无刺型猴头。据实验，一个直径 6～11cm，体积 70～150mL 的猴头子实体，每天要蒸发 2～6g 水分，温度越高，蒸发量越大。因此，当气温高于 25℃ 时要特别加强水分管理，要保持 90% 的空气相对湿度，此外，通风换气要避免让风直接吹到子实体上，以减少水分蒸发。

③ 温、湿度过低是子实体变红的主要原因。当菇房温度低于 10℃ 时，子实体即开始变红，随着温度的下降，子实体颜色变深。因此，培养期间保证适宜的温、湿度是防止子实体变红的有效措施。另外，光照度在 1000lx 以上时，也易使猴头变红。子实体发黄是一种病态，子实体是苦的，其菌刺粗而短，一旦发现病菌污染，应迅速连同培养料一起铲除，并重新调整培养条件抑制病菌，促进新的子实体发生。

【知识链接】 灵芝组织分离小技巧

采用灵芝母种培养时长出的原基进行组织分离的菌种，优于菌丝扩接的菌种，而且菌丝粗壮，浓密，洁白，整齐，一致，生长速度快，其成功率 100%。具体做法：在灵芝母种培养时，有的试管斜面尖端长出原基，在扩接母种时，将母种尖端的原基，用接种钩取豆粒大小的小块，移接到斜面培养基上，经培养后再将母种进行扩接，组织分离的菌种明显优于菌丝扩接的试管。

【知识链接】 猴头纯菌种分离小技巧

　　取数根健壮的正在产生孢子的菌刺，以无菌水冲洗干净，粘少许琼脂培养基，贴附于培养基上方的试管壁上，在20℃左右温度下培养1～3天，当菌刺释放出的粉状担孢子落到斜面上后便移出试管，将试管在25℃条件下培养1周，斜面上就会出现星芒状白色菌落，即可转管纯化得母种。

　　另外，还可从猴头中部块状组织里，用无菌操作取绿豆大一块菌肉，移植于PDA培养基斜面试管里或培养皿的培养基上，放置时要使菌肉紧密贴近培养基，也可半埋于培养基便于其萌发。

思 考 题

　　1. 简述灵芝的形态及种类。

　　2. 简述灵芝段木栽培的过程。

　　3. 简述鹿角灵芝的形成原因。

　　4. 灵芝盆景制作的要点有哪些？

　　5. 灵芝生产中防治杂菌污染的措施有哪些？

　　6. 桑黄的形态特征主要有哪些？

　　7. 简述桑黄生长发育所需条件及栽培方法。

　　8. 桑黄采收的标准是什么？

　　9. 简述猪苓生长发育条件及栽培方法。

　　10. 简述云芝、猴头栽培关键技术。

第六章　珍稀食用菌栽培

【学习目标】
1. 了解珍稀食用菌的生物学特性、栽培季节、品种的选择、培养料的配制理论及对生活条件的要求。
2. 掌握珍稀食用菌的栽培管理技术及栽培方式的选择，尤其是出菇阶段的几个技术环节。

第一节　姬松茸栽培

一、简介

姬松茸（*Agaricus blazei* Murill.）又称巴西蘑菇、小松菇、柏拉氏蘑菇、抗癌松茸等，分类上属真菌门、担子菌亚门、蘑菇目、蘑菇科、蘑菇属，是双孢菇的近缘种。原产于巴西、北美南部、秘鲁等海边草地上，1945年，姬松茸被美国真菌学家A. Murrill首次发现，但并未进行深入研究。1967年，由比利时的海涅曼博士鉴定为新种，并命名为*Agaricus blazei* Murill，1965年被引进日本驯化试种，1978年进行商业化栽培。1992年我国福建省农科院从日本引进该菌种，经多点示范栽培，目前已在各地逐渐推广，成为我国人工栽培的新菇种。

姬松茸具有浓郁的杏仁香味，菌盖嫩，菌柄脆，口感极好，味纯鲜香，其营养价值很高。每100g干品中含粗蛋白40～45g，可溶性糖类38～45g、粗纤维6～8g、脂肪3～4g、矿物质元素5～7g。其中人体必需氨基酸占总氨基酸的42.8%，高于其他食用菌。所含的矿物质元素中，大约一半左右是钾（2.97%），其余为磷、镁、钙、钠、铜、硼、锌、铁、锰、钼等。姬松茸维生素含量丰富，每100g干菇含维生素 B_1 0.3mg、维生素 B_2 3.2mg、烟酸49.2mg。此外，姬松茸含有丰富的维生素D原（麦角甾醇0.1%～0.2%），经常食用可改善和防治骨质疏松症。同时，姬松茸具有很高的药用价值，在增强人体免疫力方面居食用菌之首，它含有具抗癌活性的多糖、核酸、凝集素（ABL）等物质，具有抗肿瘤、抑癌的作用。

二、生物学特性

1. 形态

（1）菌丝体　姬松茸菌丝在不同培养基上，其菌落形态有比较明显的差异。在粪草培养基上，菌丝呈匍匐状，而且菌丝整齐粗壮；在马铃薯、葡萄糖培养基上，菌丝呈白色绒状、纤细，无明显色素分泌。两种培养基上，菌丝在前期有的会形成细索状，而后期呈粗索状，并形成菌皮；不论在哪种培养基上，菌丝的爬壁力都很强。

（2）子实体　姬松茸子实体粗壮，单生或群生，菌盖扁圆形至半球形，直径5～11cm，顶部中央平坦，表面有淡褐色至栗色的纤维状鳞片，盖缘有菌幕的碎片，菌盖中心的菌肉厚，边缘的薄，白色，受伤后变橙黄色；菌褶呈浅褐色并且离生，密集，宽8～10mm。菌柄圆柱状，基部稍膨大，始期粗短，以后逐渐变得细长，菌柄实心，长4～14cm，直径1～3cm，表面近白色，手摸后变为近黄色；菌环着生于菌柄的上部，膜质，白色；菌环以上的菌柄乳白色，菌环以下有栗褐色、纤毛鳞片状，如图6-1。

（3）孢子　姬松茸的孢子印是浅褐色至黑褐色的。孢子光滑，宽椭圆形至球形，没有芽孔。

2. 生长发育条件

（1）营养　姬松茸喜欢生长在含有畜粪的、阴湿的草地上。生长发育需充足的碳源、氮源和适当的碳氮比，还需无机盐、生长素等。姬松茸菌丝体能利用蔗糖、葡萄糖等作为碳源，不能利用可溶性淀粉，可利用硫酸铵、硝酸铵等作为氮源，不能利用蛋白胨；

图6-1　姬松茸形态

在生产中姬松茸能分解利用农作物秸秆，如稻草、麦秸、玉米秆、棉籽皮等和木屑作为碳源；豆饼、花生饼、麸皮、玉米粉、畜禽粪和尿素、硫酸铵等作氮源。

（2）温度　菌丝发育温度范围 10～37℃，适温 23～27℃。子实体发生温度范围 17～33℃，适温 22～25℃。

（3）水分和湿度　栽培料水分控制在 55%～60%。出菇期菇蕾发生时菇棚相对湿度控制在 85%～95%，子实体发育时则以 80%～85% 为宜，稍低于多数食用菌。

（4）光照　姬松茸发菌期间应闭光，直射光易对菌丝体造成损伤，甚至导致自溶。子实体生长期间允许微弱的散射光，光照度在 500～1000lx 之间，不可过强，尤其不可有直射光。

（5）通气　姬松茸是一种好气菌，发菌阶段应将菇棚内二氧化碳浓度控制在 0.3% 以下，出菇阶段应调控至 0.1% 以内，尤其子实体膨大期，一定要保持菇棚内空气清新，人进入菇棚内几乎感觉不出食用菌的特殊气味，更不能有诸如氨味、臭味等气体。如果管理精细的话，可在幼菇阶段菌盖直径大于或等于 2cm 时，适当提高棚内二氧化碳浓度至 0.15%～0.25%，并维持 2 天左右，可有效提高其长速，菇体膨大迅速、色泽鲜亮，但该法如掌握不好浓度和时间，结果将会适得其反。因此，在尚未具备条件的情况下，还是提倡保持棚内空气新鲜为好。

（6）酸碱度　姬松茸菌丝体可在 pH 为 5～8 的基质中生长，一般配料时可调至 8，经过发菌阶段后，培养料 pH 被菌丝体自动调至 7 左右，此时恰好合适。

（7）覆土　姬松茸属粪草生食用菌，子实体在形成过程中，需要土壤中多种有益微生物的共同作用才能形成，故要对姬松茸覆土，这样不仅能增加环境的湿度，而且覆土还能给予姬松茸菌丝一定的刺激，有利于菇原基的形成。

三、栽培管理技术

1. 栽培季节

（1）低海拔地区一年可栽培两季

① 春栽：1～2 月建堆，2～3 月播种。

② 秋栽：7 月下旬至 8 月上旬建堆，8 月中下旬播种。

（2）高海拔地区一年可栽培一季：2～6 月底皆可建堆，3～7 月底皆可播种。

2. 菌种制作

（1）原种制作　一般采用木屑米糠培养基。配方为：木屑 77.5%、米糠 20%、糖 1%、石膏 1%、石灰 0.5%，另加水 120%～130%。

制作方法：将木屑、米糠、石膏、石灰按比例称好，拌和均匀，再将食糖溶于少量水中，把糖水加入清水中，倒入木屑料内，边加边拌，充分拌匀，然后装瓶，清洁瓶口和外部，塞棉塞，1.5kgf/cm² 灭菌 2h，冷却待用。选长势良好、无污染母种，通过无菌操作接入瓶中，每管可扩接 4～6 瓶。适温培养 3～4 周，菌丝长满全瓶，即为原种。

（2）栽培种制作　一般采用谷粒培养基（小麦、黑麦、高粱、小米等均可作为谷粒）。

制作方法：先将谷粒去除瘪粒、杂质，淘洗干净，取谷粒 12kg，加水 17kg，煮沸 15min，于沸水中浸 15min，滤掉水分，稍晾干。取谷粒（熟）11kg，加石膏粉 120g，碳酸钙粉 40g，拌匀后装瓶，在 1.5kgf/cm² 灭菌 2h 冷却待用。选长势良好、无污染原种，通过无菌操作接入瓶中，每瓶可接 15～20 瓶，适温培养 3～4 周，菌丝长满全瓶，即为栽培种。

3. 培养料选配

姬松茸属于草粪生菌类，以纤维类为主要养分，其原料来源甚广，稻草、麦秆、甘蔗渣、棉籽壳、玉米秆、高粱秆、野草等均可任选一种或几种混合，辅以牛粪、禽粪、少量化肥、石灰粉、碳酸钙等辅料。所用的原料一般要求晒干并新鲜。如下配方可供参考：

① 稻草 70%、干牛粪 15%、棉籽壳 12.5%、石膏粉 1%、过磷酸钙 1%、尿素 0.5%。

② 稻草 42%、棉籽壳 42%、牛粪 7%、麸皮 6%、磷肥 1%、碳酸钙 1%、磷酸二氢钾 1%。

③ 稻草（或麦秸）65%、干粪类 15%、棉籽皮 16%、石膏粉 1%、尿素 0.5%、石灰粉 1%、过磷酸钙 1%、饼肥 0.5%。

④ 芦苇 75%、棉籽壳 13%、干鸡粪 10%、混合肥 0.5%、石灰粉 1.5%。

⑤ 玉米秆（或麦秸）80%、牛粪粉 15%、石膏粉 3%、石灰粉 1%、饼肥 1%，另加尿素 0.4%或硫酸铵 0.8%。

⑥ 玉米秆 36%、棉籽壳 36%、麦秆 11.5%、干鸡粪 15%、碳酸钙 1%、硫酸铵或尿素 0.5%。

⑦ 甘蔗渣 80%、牛粪 15.5%、石膏粉 2%、尿素 0.5%、石灰粉 2%。

4. 建堆发酵

姬松茸总的栽培工艺与双孢菇相同，培养料的建堆发酵同双孢菇，可参照前文。

5. 菇棚建造

姬松茸栽培一般在菇棚中进行，采用二层覆膜，则棚内升温快且持续时间长，保温效果好，可为姬松茸栽培成功提供重要的温度条件。

棚内设床架，每架 4～6 层，层间 50～60cm，层架宽度 1.4m，底层距地面 20cm，顶层离屋顶 1m，层架之间走道为 80cm，层架两端走道为 100cm。床面铺小竹或竹片及少量茅草，走道两头设置上窗和下窗（33cm×40cm），下窗高出地面 6cm。菇房四周及床架刷石灰浆。

6. 消毒进料

进料前先将菇房打扫干净，墙壁涂刷石灰水，并且按每立方米 10g 硫磺或 10mL 甲醛加 5g 高锰酸钾消毒，用药后密闭菇房 24h，排除菇房内的药味，方可进料。

当料温降至 30℃ 以下时，要趁热运至菇床内，培养料先铺上床，从上到下，逐层铺满，要均匀地、不松不紧地铺入菇床，厚度以 20cm 为宜。进料后，再以进料前的消毒方法进行一次消毒，待料温降至 28℃ 时播种。

7. 播种及管理

目前，大都采用谷粒菌种。其方法是把麦粒菌种轻轻掰碎，2/3 均匀撒在培养料面上，用叉适当抖动将菌种落入料内，1/3 撒在床面上，再盖上一层预先留下的含粪肥较多的优质培养料，厚度以看不到谷粒菌种为度。一般每平方米料面播种 1～2 瓶（750mL）菌种，播种后用木板轻轻抹面，并轻按压，使菌种与基料接触紧密，并使料面平整。播种后关闭门窗和通风口，前三天不通风，第四天起注意菇棚内的温度变化，既要保温保湿，又要使新鲜空气通入菇房，以人进入菇房时不感到气闷为宜，但不得有光照尤其是直射光进入。播种后菇房的温度一般掌握在 25～27℃，最高不超过 30℃，最低不低于 18℃，空气相对湿度以 75%～85% 为宜。通气良好，暗或微弱光。发菌管理的重点是，控制温度，保持湿度，适时通风。20 天左右菌丝即可长至料底。

8. 覆土

（1）覆土的作用　姬松茸子实体的形成离不开土壤，覆土是子实体栽培过程中必不可少的重要环节。覆土的作用主要表现在以下几个方面：

① 覆土层内土壤微生物活动能刺激诱导姬松茸子实体的形成，同时，土壤中含有的水分对培养料能保持相对稳定的湿度，从而减少培养料水分的散失，有利于姬松茸菌丝的生长。

② 覆土后，料面和土层的通气性能降低，菌丝在代谢过程中所产生的二氧化碳不能很好地散发，改变了氧气和二氧化碳的比例。一定浓度的二氧化碳可促进子实体的形成。

③ 覆土对料面菌丝的机械刺激和喷水的刺激都可促进子实体形成，并支持菇体。

（2）覆土的方法　料面的覆土应预先备好。对覆土材料的选择，要求选用保水通气性能较好、不含肥料、新鲜的土粒用作覆土，不能用太坚硬的沙土。可取用耕作层以下的土层，主要原因是该土层杂菌基数低，易于处理，对预防后期某些病害有明显效果。备好覆土材料后，应摊开充分曝晒，然后按 0.5%～1% 比例加入石灰粉，拌匀堆闷，维持时间约 10 天左右，再配制多菌灵溶液边喷洒边拌匀，至土粒上均有药液沾附时，重新堆闷，1 周后即可随用随取了。

在适宜的温度条件下，播种后 20 天左右菌丝开始蔓延至培养料的 2/3，此时进行覆土。覆土分两次进行，先覆粗粒土，厚约 2～2.5cm，不重叠不漏料，用木板轻轻拍平，向土粒上喷水，使土粒无硬心。隔 5～7 天覆 1cm 细土，补匀、喷水。要求覆土厚薄一致，表面平整。

覆土后通风 1 天，然后喷水，喷水要采取少量多次的方法，使其含水量保持在 18%～20%。调水可用 1% 的澄清石灰水或自来水。在调水时要加大通风量，调水后适当减少通气量。覆土和调水既能提供菇蕾形成所需的温度和湿度，又可刺激菌丝扭结形成菇蕾。菇蕾形成以后要给予适宜条件，使菇蕾健壮生长。

9. 出菇管理

覆土后 10～15 天，拨开泥土见大量洁白的索状菌丝时，便可定量喷水催菇，水分管理主要是往覆土层喷水，向斜上方喷，保持土层湿润，通常不让水流向料层，保持料面泥土含水量 22%，并保持棚内空气相对湿度 85% 以上，1 周内土面即有白米粒状菇蕾现出，继而长至黄豆大小，就进入出菇阶段。出菇阶段要消耗大量氧气，并排出二氧化碳，因此必须加强通风换气，每天开窗通风 1～2 次，每次不少于 30min，气温较高时早晚开窗通风，气温较低时中午开窗，阴雨天可长时间通风，以保持菇棚中空气清新、不闷气。在通风的同时注意菇床土层的湿度，确保菇棚内空气湿度在 85%～95%，培养料含水量 60%～65%，菇床温度在 20～25℃。大约 3 天后菇蕾发育生长至直径 2～3cm 时，应停止喷水。当床面长出大量的小菇时，要注意气温的影响，料温保持在 20℃ 最适宜，出菇温度最适宜在 26～28℃。气候闷热，气温偏高易导致小菇死亡。所以这阶段管理的重点是保温保湿和通风，同时结合喷水、通风来调节，以利菇体健壮生长。

四、采收加工

姬松茸每潮菇历时约 8～10 天，其子实体的生长很快，要适时采收。当姬松茸子实体七成熟、菌盖直径 4～10cm、柄长 6～14cm、未开伞、表面淡黄色、有纤维鳞片、菌幕未破时，及时采收。在夏季温度适宜时可一天采收两次，采收前 2 天应停止向菇体喷水。采摘时，用拇指、中指捏住菌盖，轻轻旋转采下，以免带动周围小菇。采收过程中要轻拿轻放，以防柄盖分离和机械损伤。采收后应及时用土填补好菇脚坑，每采收一潮要向料内补充水分，并加强通风换气，待下一潮菇长出后再进行出菇管理。鲜菇不宜久置，要及时进行加工处理，鲜销或盐渍或干制销售。

第二节　真姬菇栽培

一、简介

真姬菇［*Hypsizigus marmoreus*（Peck）Bigelw］又名玉蕈、斑玉蕈、离褶伞，是适于北温带栽培的优良食药用菌。在分类上隶属于担子菌亚门、伞菌目、白蘑科、玉蕈属。

真姬菇是一种稀奇珍贵食用菌，菇形美观，质地特别脆嫩，味道鲜美独特，口感极佳。它味比平菇鲜，肉比滑菇厚，质比香菇韧，还具有独特的蟹香味，而且营养成分丰富，经测定蛋白质中氨基酸种类齐全，包括 8 种人体必需氨基酸，其中赖氨酸、精氨酸含量高于一般菇类，对青少年智力、身高增长起着重要作用。真姬菇的蛋白质含量比普通蔬菜或水果高 5 倍，维生素 B_1 和维生素 B_2 的含量比同重的鱼和奶酪还高，而脂肪含量大大低于其他食品，而且多是不饱和脂肪酸，所以是一种理想的保健食品。

真姬菇还有很高的药用价值，其子实体中提取的 β-1,3-D-葡聚糖具有抗肿瘤活性，而且从真姬菇中分离得到的聚合糖酶的活性也比其他菇类要高许多；其子实体热水提取物和有机溶剂提取物有清除体内自由基作用。因此，常食真姬菇有抗癌、防癌、提高免疫力、预防衰老、延长寿命的功效，其对肺癌的抑制率达 100％。

二、生物学特性

1. 形态

（1）菌丝体　真姬菇菌丝生长旺盛，发菌较快，抗杂菌能力强。在 PDA 斜面试管上，菌丝洁白浓密，棉毛状、粗壮整齐、气生菌丝少、不分泌色素、不产生菌皮，在培养过程中能产生节孢子和厚垣孢子；菌丝成熟后呈浅灰色。培养条件适宜，菌丝 7～10 天长满试管斜面，条件不适宜时，易产生分生孢子，在远离菌落的地方出现许多星芒状小菌落，培养时不易形成子实体。单核菌丝纤细，细胞有分隔，无锁状联合，直径 $1.1～1.8\mu m$；双核菌丝直径 $1.8～2.6\mu m$，细胞狭长形，横隔相距较远，有锁状联合。木屑培养基上菌丝生长齐整，前端呈羽毛状，会在培养基外层形成根状菌索，抗逆性强，不易衰老；在自然气温条件下避光保存 1 年后，扩大培养仍可萌动。

（2）子实体　真姬菇子实体粗壮，且丛生，每丛 15～50 株不等，有时散生，散生时数量少而菌盖大。其子实体由菌盖和菌柄两部分构成，形态如图 6-2 所示。菌盖幼时半球形，边缘内卷后逐渐成馒头形，最后为平展，顶部中央平坦，表面有淡褐色至栗色的纤维状鳞片，边缘的菌肉薄，菌肉白色，质密而脆，受伤后变微橙黄色。菌褶离

图 6-2　真姬菇形态

生，密集，近白色，后变为黑褐色。菌柄圆柱状，中实，偏生或中生。菌环大，上位，膜质，初白色，后微褐色，菌环以上最初有粉状至绵屑状小鳞片，后脱落成平滑，中空。

（3）孢子　真姬菇孢子阔卵形至近球形，$(4～5.5)\mu m×(3.5～4.2)\mu m$。无色，光滑，内含颗粒。显微镜下透明，成堆时白色，没有芽孔。担子棒状，其上着生 2～4 个担孢子。

2. 生活条件

（1）营养　真姬菇是一种木腐菌，分解木质素、纤维素能力很强，生产中主要分解利用

农作物秸秆,如稻草、麦秸、玉米秆、棉籽皮等和木屑作为碳源,豆饼、米糠、花生饼、麸皮、玉米粉、棉籽仁粉、畜禽粪和尿素、硫酸铵等作为氮源。培养料的碳氮比在(30~34):1较适宜真姬菇的生长,最适碳氮比为32:1左右。

(2)温度 真姬菇是低温变温结实性真菌,在自然条件下多于秋末、春初发生。菌丝体适宜在较高的温度条件下生长,子实体适宜在较低的温度条件下生长,8~10℃的温差刺激有利于其子实体的快速分化,并增加菇蕾密度。真姬菇不同菌株对温度的需求略有差异。菌丝生长温度5~30℃,最适温度20~25℃。菇蕾分化温度10~15℃,子实体生长温度以13~18℃最理想,在8℃以下、22℃以上难以长出子实体。成盖期以后的子实体,在5~8℃的低温和22~25℃的高温条件下,仍能缓慢生长,但长期处于这种环境条件下,子实体往往会出现变态现象,影响子实体的品质和产量。

(3)湿度 真姬菇是喜湿性食用菌。培养基质含水量低于45%,菌丝生长稀疏无力且易衰老,高于75%生长速度明显减慢,含水量过高则停止生长。基质含水量50%以下时子实体分化早而密集,子实体黄化,菌柄长中空,菌盖小而薄,易老熟散孢。栽培真姬菇培养料的含水量以65%为宜,因发菌时间长,从接种到菌丝生理成熟约需85~100天,培养料易失水,因此,出菇前栽培袋应适当补水。在菇蕾分化期间,菇房的相对湿度应调节到90%~95%,催蕾期间空气湿度不足,子实体难以分化。子实体生长阶段,菇房的相对湿度应调到85%~90%,长期过湿环境(长时间高于95%)也会导致子实体生长缓慢,易产生黄色斑点,且质地松软,其菌柄色泽发暗,有苦味产生,易发生病虫侵扰。

(4)空气 真姬菇是一种好氧性真菌,在菌丝生长、菇蕾分化、子实体长大过程中都需要大量新鲜空气。培养料的粒度要粗细搭配,防止过湿。菌丝对空气不敏感,但在不透气的环境中,随着呼吸时间延长,二氧化碳浓度提高,菌丝生长速度也会减缓。菇蕾分化时对二氧化碳浓度非常敏感,因此要求菇房的二氧化碳浓度为0.05%~0.1%,在原基(菇蕾)大量发生时,应注意通风换气(每天4~8次)。子实体长大时二氧化碳浓度为0.2%~0.4%。良好的通风换气条件,有利于促进菌丝体的生理成熟。实际操作中,往往通过减少换气把二氧化碳浓度提高至适当浓度,关窗盖膜来间歇地延缓开伞、促进长柄,提高品质和增加菇的产量。但如果菇房二氧化碳浓度长时间高于0.4%,子实体易出现畸形。

(5)光照 真姬菇菌丝生长阶段不需要光线,直射光线不仅会抑制生长,而且会使菌丝色泽变深;但菇蕾分化阶段和子实体发育阶段应有弱光刺激来促使原基的正常发育,而且一定的弱光光照与原基发生量有一定的相关性,光线不足,菌芽发育少且不整齐,菌柄延长,盖色浅淡,菌盖小而薄,黑暗中真姬菇易白化,导致产品质地不佳。子实体生长时有明显的向光性,如在地下室或山洞栽培真姬菇,菇房应有300~1000lx的光线,生产中应每昼夜开日光灯10~15h。

(6)pH值 真姬菇菌丝体喜在偏酸环境中生长,在碱性基质中生长不良,但在一定范围内(pH5.0~8.0)对酸碱度要求不严格,真姬菇菌丝生长的最适宜pH值为5.5~6.5。生产上考虑到高压蒸汽灭菌及菌丝生长过程中分泌酸性物质均造成pH值下降,因此,在实际栽培拌料时,应把pH值调至8左右为宜,适当提高培养料的pH值,还有一定的促进菌丝体生理成熟和促使子实体提早分化的作用。

三、栽培管理技术

1. 栽培季节

我国南北纬跨度比较大,气温差别大,真姬菇菌丝体和子实体生长发育过程缓慢,应根据当地气候条件和真姬菇生长发育期对温度不同要求的特点来安排。真姬菇的人工栽培过程,自菌种准备到采收完毕,整个栽培周期需200天左右的时间,而真姬菇菌丝长满基质后不能很快出菇,需要一定的后熟培养期,多在40天以上。北方人工栽培时,利用自然环境温度，在一个适温季节完成整个栽培过程很难获得理想的效果。因此，多采用春秋两季栽培，以越夏和越冬的时间满足这一出菇的生理需要。我国南方高温高湿，不适合春播越夏秋季出菇，多数采用秋播越冬春季出菇。因此南方省份在每年 9 月份气温稳定在最高气温28℃以下时制菌包，9～11 月发菌及后熟培养，11～12 月份最高气温 18℃以下时出菇。山东、河南、河北大部分地区一般在 8 月下旬开始制菌包，8～10 月发菌及后熟培养，11 月中下旬至 12 月中下旬出菇。甘肃、宁夏等省份一般在每年 5 月份以前接种，6 月中旬开始制菌包，7～9 月发菌及后熟培养，9 月下旬至 10 月中下旬出菇；东北地区则相应更早。应该引起注意的是，春播栽培接种时间应尽量提早，以保证在高温到来之前，给菌丝体培养留有充足的时间，否则将会给管理带来许多不便，甚至造成栽培的失败。有空调菇房，则主要根据市场需求安排生产。

2. 栽培方式和场所

真姬菇采用熟料袋栽（或瓶栽）为好。以温度较稳定较易于控制的菇房、菇棚和半地下菇棚栽培适宜，有条件的可用专业菇房栽培。

3. 菌种制作

真姬菇菌种制作分 3 级，一般地区可安排冬季或年初开始生产，经 3～4 个月时间，即可用于栽培生产。

(1) 母种制作

① 常用培养基配方

配方一：马铃薯 200g，小麦 150g，白糖 30g，磷酸二氢钾 3g，硫酸镁 2g，蛋白胨 5g，酵母膏 3g，维生素 B_1 2 片，琼脂 15～25g，水 1300mL。

配方二：棉籽壳 100g，小麦 150g，白糖 20g，磷酸二氢钾 3g，硫酸镁 2g，蛋白胨 3g，食母生 4 片，维生素 B_1 1 片，琼脂 15～25g，水 1600mL。

配方三：阔叶木屑 200g，小麦 200g，其余辅料同配方二。

② 配制方法　小麦加水浸泡 6h 左右，然后煮汁，约 15min 后，取滤液；马铃薯去皮、去芽眼并切小块，煮沸 25min 后，取滤液：棉籽壳流水冲洗至无泥沙、无棉仁杂质，加水约 800mL 清水煮沸 30min 后，取滤液。按不同配方将滤液混合后加入琼脂，加水定容到1000mL，全部溶化后，再加入其他辅料，充分搅拌使之溶化。此后分装试管、扎把、灭菌、摆斜面，经无菌接种、适宜条件培养、菌丝发满试管斜面后再维持培养约 7～10 天，即可用于生产。

(2) 原种与栽培种制作　原种与栽培种可选用的基质材料很多，如棉籽壳、木屑、谷壳、小麦等可单独使用，亦可配合，各地应根据自身条件予以选择并进行合理配方。

配方一：棉籽壳 85kg，麦麸 5kg，玉米粉 5kg，黄豆粉 5kg，碳酸钙 3kg，过磷酸钙、石灰粉各 2kg，水 130～160kg。

该配方生产出的菌种，因抗老化程度稍差，不太适合长途运销，故适合自产自用。

配方二：小麦 100kg，麦麸 8kg，石膏粉、碳酸钙各 1kg，硫酸镁 0.2kg。

小麦加水没过浸泡，气温在 20℃以下时加入 0.5～1kg 石灰粉，约 10h，待麦粒泡透后，流水冲洗，开水煮透，捞出并沥水后拌入其他辅料，即可装瓶。

配方三：木屑 70kg，麦麸 20kg，玉米粉、黄豆粉各 5kg，石灰粉 1.5kg，过磷酸钙3kg，红糖、石膏粉、碳酸钙各 1kg，水 130～160kg。

该配方抗老化能力强，适于长途运输。

上述配方可任意选用，容器以选用 750mL 标准瓶为佳，该类种瓶配套有瓶盖，并通气孔，既可满足菌丝发育所需氧气，又可防止杂菌进入。装袋（瓶）、灭菌、接种等工序及操作同常规。

4. 培养料配方及制作

真姬菇栽培原料较广，但最适合且较高产的原料为棉籽壳。真姬菇栽培含氮量要求高于多数木腐菌（如香菇、木耳、金针菇），因此棉籽壳配方中，常加入 10% 的麦麸和玉米粉，或加入 3% 的黄豆粉或饼肥粉。

真姬菇培养料的选择不仅要从营养方面考虑，也必须充分考虑培养基的持水和孔隙率，培养基的孔隙率（透气性）决定了菌丝生长速度和健壮程度。营养添加剂的质量对真姬菇的菌丝生长发育和菇体的品质、产量都有很大的影响，但在实际生产中还要在进行成本核算的基础上，决定使用营养添加剂（辅料）的种类和数量。可供选择的培养料配方较多，要根据各地条件选择主料及辅料。

① 棉籽壳 88%，麦麸和玉米粉 10%，石膏粉 1%，石灰 1%。
② 棉籽壳 48%，木屑 35%，麸皮 10%，玉米粉 5%，石灰 1%，石膏粉 1%。
③ 玉米芯 30%，棉籽壳 46%，麸皮 16%，玉米粉 5%，石灰 1.5%，石膏粉 1.5%。
④ 玉米芯 65%，棉籽壳 15%，麸皮 12%，玉米粉 5%，石膏粉 1.5%，石灰 1.5%。
⑤ 玉米芯 40%，木屑 40%，麸皮 12%，玉米粉 5%，石膏粉 1.5%，石灰 1.5%。
⑥ 玉米芯 80%，麸皮 12%，玉米粉 5%，石膏粉 1.5%，石灰 1.5%。
⑦ 木屑 79%，米糠或麸皮 18%，白糖 1%，石灰 1%，石膏粉 1%。

按当地原料情况就近取材，选择配方，准确称量，加水拌匀，用石灰水调整 pH7.15～8.15，含水量 65%。以上配方可添加硫酸二氢钾 0.2%、硫酸锌 0.1%，同时加入多菇丰 1500 倍液拌料，以控制发菌期间破袋污染。

配制方法：以配方①为例，装料前一天下午，将经过翻晒的主料和辅料按比例称好，翻料均匀，再把 1% 的石灰称好，放入容器内加水，搅拌，使石灰溶解，取其澄清液，按比例混入应加水中，然后一边拌料一边加水，将应加的水全部加进去后，打成圆堆，盖上塑料薄膜过夜。次日把堆摊开，上下翻拌均匀，以手握法试水分（即指缝有二三滴水为度），并调 pH 值到合适为止。

5. 装袋灭菌

真姬菇以袋栽为主，一般采用 17cm×33cm×0.05cm 低压聚乙烯袋或 30cm×15cm×0.05cm 的聚丙烯袋装料。装袋时要小心，防袋破损，边装边压，松紧适度，装料至袋长 50% 左右即可，袋中央用直径 2.0cm 木棍打一个圆柱形的孔道，距袋底 3cm 处，打孔时，不要动作过快，应匀速打正，并在木棍上作好深度标记，以免打破袋底。袋装好后，及时套圈，用包装线扎紧袋口，随即进行灭菌。常压灭菌 100℃ 维持 10～12h；高压蒸汽灭菌，需在 1.5kgf/cm³ 下保持 2h。灭菌结束后，搬出料袋。当袋内料温下降至 30℃ 时即可进行接种。

6. 接种及发菌培养

接种可用木屑菌种或麦粒菌种，菌丝长满瓶到 90 天都可以使用，但菌种太嫩，将来真姬菇产量较低，培养时间太长，杂菌感染的机会较高，生理变质的可能性也高，因此菌丝长满瓶后 7～10 天使用最为合适。麦粒菌种，用量省，定植快，750mL 菌种瓶原种可接 30～50 袋。

菌袋接种后应及时搬到发菌室发菌，袋栽采用井字形多层式排列。切忌大垛堆积，以免高温烧菌。培养室温度保持在 20～23℃，空气相对湿度保持在 60%～65%，比较适宜菌丝生长。发菌期间要定期翻袋，及时清除污染袋。培养室的温度超过 30℃，菌丝生长受阻；相对湿度超过 80%，真姬菇的菌丝容易长到棉塞或瓶盖上，致使通气不良。发菌期间培养室二氧化碳浓度要控制在 0.4% 以下，高于此浓度不仅菌丝生长缓慢，生理受到障碍，而且菇蕾也会长得很少。黑暗或弱光培养 50 天左右菌丝即可满袋。

7. 菌丝后熟培养

真姬菇的菌丝长满料后不会马上扭结分化菇蕾，必须再培养 30～50 天左右达到生理成熟和贮存足够的营养物质，并在适宜温度下才能出菇。菌袋生理成熟的标志是：菌袋菌丝由洁白转为土黄色；菌袋失水，重量变轻；基质收缩成凹凸不平的皱缩状；无病虫害。当后熟培养结束后，若仍处于高温季节而不适宜出菇时，要越季保存，将菌袋移至较阴凉、干净、通风、避光处存放，待气候适宜时再行出菇。

8. 出菇管理

（1）搔菌和注水　搔菌的目的是搔去料面四周的老菌丝，促使原基从料面中间接种块处成丛形成，使以后长出的幼菇向四周发展，形成菌柄肥实、菌盖完整、菌肉肥厚的优质菇。搔菌作业的好坏，直接影响到子实体的形成和产量。具体做法：取出培养袋，将菌袋两头在地上轻揉一下，使袋膜与料面分离，再解开袋口，用带锯齿状小铁片搔去料面的厚菌苔（0.2cm 的老菌丝），随手将两头袋口薄膜轻轻拉直自然张口，并向料面注入清水，也可直接浸入水池中自行吸水，约 2h 后，将多余清水倒出，然后移入栽培棚，进行催蕾。催蕾需要较高的湿度，所以先在棚内向空间喷雾，把空气相对湿度提高到 90%～95%。排放方法多样，有立放于床架的，也有卧倒叠放于地沟两侧的。

（2）催蕾　搔菌注水后的菌袋放置整齐后，袋口覆盖无纺布或报纸，并喷水保湿，催蕾时温度、湿度、光照、CO_2 浓度的管理要特别小心。菇房的温度高，会显著地促进真姬菇的生长，菌盖很快展开，菌肉变薄，色泽变白。菇房湿度太大，菌盖色泽加深，有水滴和细菌存在时，子实体易形成淡黄褐色的斑纹；从而使品质降低，质地变软，上市后子实体易长气生菌丝。催蕾初期要求室温在 13～16℃，光强度 500～1000lx，保持空气新鲜、湿润，相对湿度 90%～95%，二氧化碳浓度 0.5% 以下。当针头状菇蕾分化出菇盖时，室温保持在12～14℃，空气相对湿度调至 85%～90%，光照 250～500lx。在这种稍低温、不过湿、光线适宜的条件下培育出的菇肉质脆嫩，菇盖肉厚，菇色好，菇柄粗，质量好，产量高。

（3）育菇　菇蕾出现后，揭去覆盖物，控制菇房温度为 13～18℃，采取向周围和地面喷水的办法保持空气相对湿度为 85%～90%，切勿直接向菇蕾喷水。每日多通风，以勤、慢、小、常为主，始终保持棚内空气新鲜；控制二氧化碳浓度在 0.1% 以下，光照强度为200～500lx，促使菇蕾发育长大。

四、采收

从现蕾到采收一般需 8～15 天（视温度而定，温度高则加快，温度低则延期）。当子实体约八分熟时，菌盖上大理石斑纹清晰，色泽正常，形态周正，具旺盛的生长态势，菌盖直径 1～3cm，柄长 4～8cm，最长 9～12cm，粗细均匀，即可采收。采收时间宜在夜晚或清晨进行，避免中午或午后采收。采收前 3 天，空气相对湿度应在 85% 左右，以延长采收后的保鲜期。采收后应清理料面，去除残留的菌柄、碎片和死菇，停水 3 天，覆盖湿的无纺布，让料面菌丝恢复后再喷水保湿催蕾，约 20 天后可形成第 2 潮菇。

第三节　杏鲍菇栽培

一、简介

杏鲍菇（*Pleurotus eryngii*）又称为刺芹侧耳，因其在野生条件下主要发生于伞形花科、刺芹属、刺芹枯死的植株上及周围土层中，所以得名。分类学上属担子菌亚门、伞菌目、侧耳科、侧耳属。其子实体洁白如雪，所以又叫雪茸，又因其菌体肥厚，脆嫩滑润，香味浓郁，并有独特的杏仁香味，是侧耳属中味道最好的一种，故被誉为"平菇王"，在福建和台湾等省称为杏仁鲍鱼菇。

　　杏鲍菇主要分布于西欧国家以及南亚、中东一带和我国的新疆、青海、四川地区。目前美国、泰国和我国台湾都已开始商业化生产。在我国杏鲍菇是近年来开发栽培成功的集食用、药用、食疗于一体的珍稀食用菌新品种。杏鲍菇的营养丰富均衡，肉质脆嫩，富含蛋白质、脂肪、碳水化合物以及多种维生素等，特别是含有人体必需的 8 种氨基酸，是一种高蛋白、低脂肪的营养保健品。

　　杏鲍菇不但味美，其保健功能十分显著，有益气、杀虫和美容作用，而且可促进人体对脂类物质的消化吸收和胆固醇的溶解，可以提高人体免疫功能，并对肿瘤也有一定的预防和抑制作用，是老年人和心血管疾病及肥胖症患者理想的保健品。

　　杏鲍菇保鲜期长，采收后可在 2～4℃ 低温冷藏保鲜 10 天不变质，10℃ 保鲜 5～6 天不变质。由于杏鲍菇具有较高的耐贮藏、耐运输性，使其保鲜性能及货架寿命大大延长，因此深受市场欢迎；加之价格相对较高，因此大力开发杏鲍菇商品具有广阔的前景。

图 6-3　杏鲍菇形态

二、生物学特性

1. 形态

　　子实体单生或群生，单生个体稍大（如图 6-3），单菇重常达 100g 以上，群生时偏小。菌盖初呈弓圆形，后逐渐展平，成熟时中央浅凹至漏斗形、圆形或扇形，直径 2～12cm 不等，表面有丝状光泽，平滑，干燥，细纤维状，幼时盖缘内卷，呈淡灰墨色，成熟后呈破浪状浅黄白色，菇盖中心周围常有近放射状褐色细条纹，成熟后呈波浪状或深裂；杏鲍菇的菌肉为纯白色，具杏仁味，无乳汁分泌；菌褶延生，即菌褶一直延长至菌柄，密集，与其他菇相比显得略宽，乳白色，边缘及两侧平滑，有小菌褶。菌柄长 2～18cm 不等，偏生至侧生，中间实心，不等粗，基部膨大，呈棒状到球茎状，横断面圆形，表面平滑，无毛，浅黄白色，无菌环或菌幕，肉白色，纤维态，但质地脆嫩，不像平菇那样纤维化。孢子椭圆形至近纺锤形，平滑；孢子印白色。

2. 生活条件

　　（1）营养　在野生条件下，杏鲍菇菌丝体只能依靠缓慢分解基质而得以延续和生长，但杏鲍菇是高营养型菌类，人工栽培时为了获得较高的产量与品质，需要较丰富的氮源和碳源。杏鲍菇本身是一种分解纤维素、木质素较强的菌类，栽培材料非常广泛，如麦草、木屑、玉米芯、棉壳等均可使用。杏鲍菇氮源越丰富，菌丝生长越好、产量越高，生产中为保证其分生数量和生长质量，必须适量增加氮源（一般以不超过 30％ 为宜），配料中适量添加麦麸、米糠、玉米粉等以满足菌丝体生长的氮素需求。

　　（2）水分和湿度　杏鲍菇是一种草原和干旱地区的食用菌，所以它既耐干旱，又需要充足的水分。杏鲍菇虽耐干旱，但培养基和空气的水分条件对它的优质高产影响较大。菌丝生长的培养基含水量宜 60％～65％，空气相对湿度 70％ 左右（子实体生长期，保持 80％～90％ 为宜）。湿度太低、子实体会萎缩，原基干裂不能分化；湿度太高，又会引起病虫害发生。因此，在子实体生长期要调控好湿度。

　　（3）温度　杏鲍菇菌丝体对温度的耐受范围较宽，在 5～35℃ 之间都可以生长，但最适温度为 25℃ 左右；原基形成的最适温度为 12～16℃；子实体发育因品种不同而不同，一般适宜温度在 10～21℃ 之间，但有的菌株不耐高温，以 10～17℃ 左右为宜，有的菌株以 20～23℃ 为适宜温度。因此，在引种和安排生产时要明确所用菌株的温度特性，气温是杏鲍菇栽培成败的关键。

（4）光照　杏鲍菇菌丝生长阶段不需要光线，可以避光培养。子实体形成和发育阶段需要适量散射光刺激，生产中一般将光照度控制在 500～1000lx 范围内，既可满足子实体生长需要，又可使产品色泽正常，商品价值得到提高。

（5）通风　杏鲍菇在菌丝生长阶段，瓶、袋中积累的二氧化碳对菌丝生长有促进作用，但在原基、子实体生长形成阶段则需较充足的氧气；如通风不良，菌丝生长缓慢，原基分化延迟，菇蕾萎缩，畸形菇多。因此，原基形成阶段和子实体生长发育阶段要常通风。

（6）pH 值　杏鲍菇菌丝喜微酸性条件，最适宜的 pH 值为 5～7，培养基配制时调节 pH 值在 7.5 左右，灭菌后可下降到 7 以下。子实体生长最适酸碱度为 pH5.5～6.5。

三、栽培管理技术

1. 栽培季节

杏鲍菇为中低温性食用菌，出菇最适温度是 10～15℃，一般利用自然环境条件进行栽培，因而必须按照出菇温度要求安排生产季节，温度太低和太高都难以形成子实体。杏鲍菇第一潮菇蕾如果不能正常形成，将影响第二潮正常出菇。南方 9～10 月播种，11 月至 1 月开始出菇；北方要在保湿较好的各型温室内栽培，秋栽在 8 月中旬至 9 月中旬播种，10 月中旬至 1 月中旬出菇，春栽 1 月初至 1 月底播种。

2. 栽培场所

杏鲍菇栽培场地应选在干净、通风的房舍、简易菇棚、温室等一些条件较好的靠近水源、电源及交通方便的地方，半地下温室及人防地道也可作为出菇场所。由于不同园艺设施的保温保湿性能不同，不同地区、不同气候、不同季节要灵活掌握使用。

3. 栽培工艺流程

（1）原料选择　要根据当地资源选择新鲜、无霉变、无虫蛀的培养料，如棉籽壳、木屑、玉米芯、甘蔗渣、豆秸秆等作主料，主料必须粉碎过筛以便于拌料装袋（瓶），辅料可添加麦麸、米糠、玉米粉、碳酸钙、白糖等。

（2）常用配方

① 原种配方

配方一：棉籽壳 70kg，阔叶木屑 15kg，麦麸 15kg，蔗糖 1kg，碳酸钙 1kg，石膏粉 0.5kg，料水比 1：（1.5～1.7）。

配方二：阔叶木屑 70kg，麦麸 20kg，玉米粉 10kg，蔗糖 3kg，过磷酸钙 2kg，食母生 100 片，碳酸钙 2kg，石膏粉 1kg，料水比 1：（1.6～2.0）。

根据各地资源情况，可灵活选择生产用配方。培养基的制作及接种培养方法与其他菌种制作相同。

② 栽培种配方

配方一：杂木屑 73%，麸皮 25%，石灰 1%，石膏 1%，含水量 60%～65%。

配方二：棉籽壳 88%，麸皮 10%，石灰 1%，石膏 1%，含水量 60%～65%。

配方三：木屑 45%，玉米芯 35%，麦麸 18%，石膏 1%，碳酸钙 1%，含水量 60%～65%。

配方四：木屑 35%，棉籽壳 40%，麦麸 20%，玉米粉 3%，石膏 1%，蔗糖 1%，含水量 60%～65%。

（3）配制和拌料　原料使用前先曝晒 2～3 天，按配方称取原材料，将主料混合，加水搅拌均匀，将拌好的料堆成梯形长堆，堆（闷）一夜，次日将辅料拌入。拌料要求做到"三均匀"，即主料与辅料混合均匀、干湿搅拌均匀、pH 值均匀。准确掌握含水量，灵活调水，杏鲍菇培养料含水量以 60%～65% 为适。

（4）装袋灭菌　杏鲍菇可瓶栽、袋栽，也可压块栽培，以袋栽管理简便，且生产成本相对较低，故主要介绍袋栽方法。

杏鲍菇栽培一般选择 (15～18)cm×33cm×0.045cm 或 12cm×55cm×0.045cm 规格的聚丙烯折角袋，或者低压乙烯折角袋，要求聚丙烯折角袋薄厚均匀，袋底部要封严、不硬、不脆。采用人工或装袋机装袋，装袋前要采用吹气法或装水检查塑料袋是否漏气，装料时边装边用手压实，使袋中料与料、料与膜之间没有空隙，装料要松紧适度且上下一致，料袋中间要打一洞，以利于灭菌和菌丝生长透气。装完袋后，将袋内外擦干净，袋口套塑料颈圈、加棉塞或直接扎口，装好的料袋就可以送入灭菌室灭菌了。灭菌可以采用高压蒸汽灭菌，也可以采用常压灭菌。

(5) 接种与发菌　接种的整个过程都应该按无菌操作进行，能否做到无菌操作是接种成败的关键。接种室中的全部菌袋必须一次性完成接种，接好种的菌袋就可以移入培养室进行发菌培养。发菌期间培养室温度保持在 22～24℃，湿度 70% 左右，不可太湿，发菌前期不用通风，10 天后应结合温度高低进行通风换气，避光培养。培养头 7 天对菌袋进行一次倒袋粗检，以后每隔 10～15 天倒袋 1 次，观察菌丝生长状况，并及时发现处理污染菌袋。一般 40 天左右，菌丝可发满全袋。

(6) 栽培管理

① 松袋催蕾　杏鲍菇菌丝发育达到生理成熟时才能催蕾。菌丝发育成熟的栽培袋不仅产量高，而且菇体质量好，抗病虫害的能力也较强。根据实践经验，杏鲍菇菌丝达到生理成熟主要从长势、色泽、pH 值三个方面来判断。

首先菌丝必须长满袋。当菌丝发满袋后再继续培养 10 天左右，使其营养成分得到更充足的积累，也就是菌丝的后熟。如果培养时间虽然很长，但由于其他因素的影响菌丝尚未长满菌袋，则未达到生理成熟，不能进入出菇管理。从色泽和 pH 值上进行判断，当菌丝长满袋后，在菌袋原种接入部位不断分泌出黄色水珠，用 pH 试纸测试黄色水珠，pH 在 4 左右，说明菌丝已达到生理成熟。达到生理成熟的菌袋就可以松袋催蕾了。其方法：去掉袋口的扎绳，沿袋长方向轻轻地拉扯袋端，使塑料膜与料端面间产生间隙和空间，形成既能通气又利保湿，便于菌丝扭结现蕾的小气候。

催蕾时培养室的温度一定要稳定在 16～18℃，当气温高于 20℃ 以上时不宜开袋。湿度维持在 85%～90%，并适当增加散射光，以 100～200lx 为宜，每天通风 2～3 次，每次 30min，保持空气新鲜。经过 8～15 天，袋口料表面即有白点状原基形成，原基数量不断增加，继之连片，随之原基分化，幼蕾现出。此时应该将培养袋开大口。

杏鲍菇的出菇有一个特点，第一茬菇出不好，将影响第二茬菇，这是杏鲍菇栽培的关键所在。而在温度、湿度、氧气、光照四个环境条件中，因湿度控制不好造成生产失败的情况比较常见，因此不论在松袋还是菌袋开大口时，一定要确保培养室湿度稳定在 85%～95%。

如果菇蕾太多，长成的子实体就像平菇，柄短、盖薄、盖大、开伞快，商品性较差。疏蕾是确保优质高产的重要技术环节，操作得当，可提高商品率。具体方法是：菇蕾长至 2cm 大小时，保留 2～5 个较大、强壮、正常的菇蕾继续生长，剩余菇蕾用刀或用手清除掉。完成疏蕾操作后，及时对棚内墙体、地面、通风口等处喷洒一遍 100 倍漂白粉溶液，以防疏蕾的伤口感染病原体。

② 出菇管理　当菇蕾形成玉米粒大小、呈淡灰色时，即可进行出菇管理。

a. 幼菇催生　在幼菇生长初期，应该创造适宜的条件，促使幼菇菇盖迅速长大，菌柄迅速分化，形成幼菇生长优势。此阶段要保证有良好的通风，同时湿度要控制在 90% 左右，喷水时尽量不要把水喷到菇体上，温度控制在 10～22℃，并适当增加光照。

b. 中菇抑生　菌柄分化后，进入生长期，生长期要适当减少通风，利用较高的二氧化碳浓度抑制菇盖生长，刺激菇柄增长变粗，以增加杏鲍菇的商品品质。此阶段要减少通风的次数和通风时间，同时温度要保持较低水平（12～15℃），因为在低温条件下可延长产菇期（杏鲍菇产量主要集中在第一潮菇），长成的子实体细致洁白。光线以散射光为主，强光会影响菇体的色泽和质量。空气湿度保持在80％～85％，可根据温度变化确定喷水次数和时间。

c. 成熟控湿　当菇体充分长大，将要符合采摘标准时，以控制棚内的湿度为主。湿度过大，可使菇体变黑，尤其是棚温高时，更容易使成熟的菇体发生病害。

四、采收

杏鲍菇的采收一般在现蕾后15天左右，子实体菇盖即将平展，孢子尚未弹射，此时为采收适期。

五、覆土转潮

覆土栽培可显著提高杏鲍菇的产量、提高杏鲍菇的商品价值。生产上一般在采收第一茬菇后的菌袋上进行覆土出菇。覆土栽培应注意三点：①覆土时菌袋要竖放，以控制菇蕾的形成数量；②覆土层压实后要达到2～3cm；③覆土后要浇一次透水。

第四节　大球盖菇栽培

一、简介

大球盖菇（*Stropharia rugosannulata*）又名皱环球盖菇、酒红球盖菇、皱球盖菇、裴氏球盖菇，属担子菌亚门、层菌纲、伞菌目、球盖菇科、球盖菇属。大球盖菇主要分布在欧洲、南北美洲及亚洲的温带地区，我国云南、四川、西藏、吉林等省均有野生分布，该属我国已知有10种。

大球盖菇菇朵大，色泽艳丽，肉质滑嫩，柄爽脆，口感极好，干菇香味浓，可与花菇相媲美。其营养丰富，富含多种人体必需的氨基酸、维生素及对人体有益的糖类、矿物质元素。经常食用大球盖菇，可以有效防治神经系统、消化系统疾病和降低血液中的胆固醇，还有助消化、解除疲劳等功效，另外，其子实体提取物对S180、艾氏腹水癌的抑制率均为70％以上，因此，大球盖菇是一种食药兼用菌，深受消费者青睐。加之大球盖菇栽培技术简便，抗杂菌感染能力强，适应温度范围广，栽培周期短，产量高，生产成本低，售价高，经济效益可观，具有广阔的市场前景及商业生产潜力。

二、生物学特性

1. 形态

大球盖菇子实体单生、群生或丛生，它们的个头中等偏大，单个菇团可达数千克重，形态如图6-4所示。菌盖近半球形，后扁平，直径5～10cm，菌肉白色肥厚，菌盖初为白色，常有乳头状的小突起，随着子实体逐渐长大，渐变为酒红色或暗褐色，老熟后褐色至灰褐色，表面光滑，有纤维状或细纤维状鳞片，湿润时表面有黏性，菌盖边缘内卷，常附有菌幕残片。菌褶是直生的，而且排列非常密集，刀片状，稍宽，裙缘有不规则缺刻；初为污白色，后变成灰白色，随菌盖平展，逐渐变成褐色或紫黑色。菌柄粗壮，近圆柱形，靠近基部稍膨大，菌柄早期中实有髓，成熟后逐渐中空，柄长5～15cm，柄粗0.5～4cm。菌环以上污白，近光滑，菌环位于柄的中上部，菌环较厚或双层，膜质，白色或近白色，上面有粗糙条纹，深裂成若干片段，

图6-4　大球盖菇形态

裂片先端略向上卷，易脱落，在老熟的子实体上常消失，菌环以下带黄色细条纹。

孢子印紫黑色；孢子光滑，棕褐色，椭圆形，有麻点，顶端有明显的芽孔，厚壁，褶缘囊状体棍棒状，顶端有一个小突起。

2. 生长发育条件

（1）营养　大球盖菇能够利用的碳源物质有葡萄糖、蔗糖、纤维素、木质素等，生产中常用稻草、麦秆、木屑等作为培养料，但粪草料以及棉籽壳并不适合作为大球盖菇的培养料。大球盖菇可直接利用的氮源物质有氨基酸、蛋白胨及一些无机氮素，但不能直接吸收利用蛋白质、硝态氮、亚硝态氮，生产中常在栽培料中添加麸皮、米糠、豆粉作为大球盖菇氮素营养来源，不仅补充了氮素营养和维生素，也是早期辅助的碳素营养源。大球盖菇正常菌丝生长和出菇还需要 Ca、P、K、Fe、Cu 等矿物质元素，一般栽培大球盖菇所采用的农作物秸秆原料中含有的矿物质元素就能完全满足其生长所需，不需添加任何有机肥和化肥；但子实体生长需要的微量元素来源于土壤，没有土壤难形成子实体。

（2）温度　大球盖菇属中温型菇类，孢子萌发的适宜温度为 12～26℃，以 24℃孢子萌发得最快。菌丝体生长温度范围较广，最适温为 23～27℃，一般在 5～34℃均能生长，但在 12℃以下、32℃以上菌丝生长缓慢，超过 35℃菌丝停止生长，持续时间长时会造成死亡。菌丝有超强的耐低温能力，-20℃冻不死。原基形成的最适温度为 12～25℃，当气温超过 30℃以上时，子实体原基即难以形成。大球盖菇子实体形成所需的温度范围是 4～30℃，在此温度范围内，随着温度升高，子实体的生长速度增快。但在较低温度下，子实体发育缓慢，形成的菇品菌盖大且厚，柄短，菇体紧密，不易开伞，品质好；在较高温度下，子实体生长速度太快，形成的菇品朵形较小，菌柄细长，菌盖变小，易开伞，菇质较差。子实体生长最适温度为 16～21℃，在此温度内子实体出得最整齐，产量最高，气温低于 4℃和高于 30℃子实体难以形成和生长。

（3）水分和湿度　培养基适宜的含水量是栽培成功的保证，基质中含水量高低与菌丝生长及长菇量有直接的关系。菌丝体生长要求培养料含水量 65%～70%为宜，发菌期应保持环境空气相对湿度在 65%～75%，以防培养料失水。如果培养料中含水量过高，会使菌丝生长不良，表现为菌丝稀疏、细弱，甚至还会使原来生长的菌丝萎缩；培养料含水分量过低（低于 55%）时菌丝体生长无劲，不浓白，且产量低。原基分化需要较高的空气湿度，一般要求在 85%～95%，因为菌丝从营养生长阶段转入生殖生长阶段必须提高空间的相对湿度，方可刺激出菇，否则菌丝虽生长健壮，但空间湿度低，出菇也不理想。子实体生长阶段空气湿度以 85%～95%为宜，此时子实体生长快，且盖大肥嫩，如湿度不足，子实体生长缓慢且瘦小，菌柄变硬。

（4）空气　大球盖菇是好气性菌类，新鲜而充足的氧气是保证其正常生长的重要因子之一。在菌丝生长阶段只需少量氧气，随着菌丝生长，对氧气的需求逐渐增加，在原基形成及子实体生长发育阶段要求有充足的氧气。要求空间的二氧化碳浓度要低于 0.15%，需特别注意通风换气，如通风不良，则子实体生长迟缓，菇盖变小，变薄，菌柄细长，易形成畸形菇，因此出菇时应每日通风 2～3h。

（5）光照　大球盖菇菌丝的生长可以完全不需要光线，在黑暗的条件下菌丝生长旺盛，较强的光照反而对菌丝生长有抑制作用，而且会加速菌丝体的老化。原基分化和子实体发育则需要一定的散射光（100～500lx），散射光对子实体的形成有促进作用。在实际栽培中，栽培场所宜选半遮阴的环境，栽培效果更佳。但是，强光对子实体也有抑制作用，如果较长时间的太阳光直射，造成空气湿度降低，会使正在迅速生长而接近采收期的菇柄龟裂，影响商品的外观。

（6）酸碱度　大球盖菇菌丝在 pH 值 4～9 之间均能生长，但微酸性环境更适宜生长，最适宜的 pH 值范围为 5～7。由于菌丝在新陈代谢的过程中，会产生有机酸，使培养基 pH 值下降，因此栽培时常将培养料的 pH 值调高。子实体生长时的基质培养料 pH 值宜 5～6；覆土材料的 pH 值以 5.5～6.5 为宜。

(7) 覆土　大球盖菇菌丝营养生长结束后，需要覆土促进子实体的形成，这和覆盖层中的微生物有关。覆盖的土壤要求具有团粒结构，保水透气性良好，质地松软，含有腐殖质，具有较高的持水率，生产中常用森林表层土、果园中的壤土，切忌用沙质土和黏土。覆土在使用前需经消毒，pH 值以 5.7～6 为宜。

三、栽培管理技术

1. 栽培场地的选择

大球盖菇可在室内外人工栽培，产量无明显差异。室外栽培是目前栽培大球盖菇的主要方法。北方栽培最好在林地或果园里建塑料大棚，也可建在房前屋后或大田地里，或人为地创造半阴半阳的生态环境。在塑料大棚内采用高畦栽培，高 10～15cm，床宽 100cm，长度 1.5～7.0m，畦与畦之间的距离 40～50cm，畦床在使用前要喷施 500 倍的敌百虫杀灭虫害。

2. 栽培季节

栽培大球盖菇一个生产周期大约要 3～4 个月，一般春栽气温回升到 8℃ 以上，秋栽气温降至 30℃ 以下即可播种，各地可根据具体的气候特点安排播期。如果有栽培设施，则除严冬和酷暑外，均可安排生产。

3. 菌种制作

大球盖菇母种和原种可通过组织分离法和孢子分离法获得，大量栽培所需的栽培种也可通过从供种单位引入原种再进行扩繁获得。

(1) 母种制作

① 麦芽糖酵母琼脂培养基（MYA）：大豆蛋白胨（豆胨）1g、酵母 2g、麦芽糖 20g、琼脂 20g，加水至 1000mL。

② 马铃薯葡萄糖酵母琼脂培养基（PDYA）　马铃薯 300g（加水 1500mL，煮 20min，用滤汁）、酵母 2g、豆胨 1g、葡萄糖 10g、琼脂 20g，加水至 1000mL。

③ 燕麦粉麦芽糖酵母琼脂培养基（DMYA）　燕麦粉 80g、麦芽糖 10g、酵母 2g、琼脂 20g，加水至 1000mL。

按菌种制作的常规方法配制培养基、分装、灭菌，严格无菌操作接种，适宜条件下培养。为了缩短原种培养时间，提高成品率，最好选用蛋白胨葡萄糖琼脂培养基作母种培养基，对保存的菌种要先进行复壮，再采用多点接种方法克服菌种培养时间长（一般 60 天左右）、污染率高等问题。

(2) 原种和栽培种制作　制作大球盖菇原种和栽培种的培养基原料以麦粒最好，常用配方：小麦或大麦 88%、米糠或麦麸 10%、石膏或碳酸钙 1%、石灰 1%、含水量 65%。培养基制作好后，在无菌条件下采用多点式接种，或尽量铺满料面，以免杂菌污染。在 24～28℃ 条件下，暗培养 7～10 天，菌丝萌发生长至直径 4cm 左右的菌斑时，立刻对菌丝进行人工搅拌，搅拌时接种点的菌丝被搅断受刺激，同时由于开瓶口（在超净台上进行）实际上给菌丝起增氧作用，有利于菌丝迅速生长，一般整个培养过程需 25～30 天可长满瓶。

(3) 栽培料的准备

① 栽培材料的选择　栽培大球盖菇的原料来源很广，农作物的秸秆都可以使用，不用加任何有机肥，大球盖菇的菌丝就能正常生长并出菇，添加化肥或有机肥菌丝生长反而很差。大面积栽培大球盖菇所需材料数量大，不同地区可根据具体条件就地取材，提前收集贮存备用。

② 栽培材料的处理　生产中常用生料栽培，这里以稻草生料栽培为例介绍栽培料的处

理方法。

a. 稻草浸水　将稻草直接放入水沟或水池中浸泡，边浸草边踩草，浸水时间一般为 2 天左右，不同品种的稻草和不同的原料，浸泡时间略有差别，充分泡透的草料呈柔软状，稍变褐黄色，翻动草堆无"草响"，此时含水率约为 75% 左右。如果用水池浸草，每天需换水 1～2 次，以防酸败。除直接浸泡方法外，也可以采用淋喷的方式，具体做法是：把稻草放在地面上，全天喷水 2～3 次，并连喷 6～10 天，期间还需翻动数次，使稻草吸水充足均匀。

浸泡过或淋透了的稻草，自然沥水 12～24h，让其含水量达最适宜湿度 70%～75%。可以用手测法判断含水量是否合适，具体方法是：抽取有代表性的稻草一小把，将其拧紧，若草中有水滴渗出，而水滴是断线的，表明含水量适度；如果水滴连续不断线或无水滴渗出，则表明含水量过高或偏低，可通过延长沥水时间或补水调整到适宜的含水量之后才可以建堆播种。

b. 预堆发酵　在大多数情况下，如果气温稳定在 20℃ 以下，基质预湿后，一般可不必经过预堆发酵，可以直接铺床播种；只有当白天气温高于 23℃ 以上时，为防止建堆后草堆发酵，温度升高，影响菌丝生长，才需要进行预堆。发酵的目的是利用高温杀死杂菌和病虫害，并消耗掉竞争性杂菌可以利用的部分可溶性物质，降低杂菌污染，同时软化秸秆，增加基质紧密性，调节含水量和 pH 值。具体做法是：将浸泡过的稻草放在较平坦的地面上，堆成宽约 1.5～2m、高 1～1.5m，长度不限的草堆，要堆结实，隔 3 天翻一次堆，再过 2～3 天即可散堆调节水分，使含水量达 75% 左右。尤其是堆放在上层的草常偏干，一定要补足水分后才能播种建堆，否则会造成建堆后温度上升，影响菌丝的定植，同时调 pH 至 6～7，就可以入床铺料播种了。

（4）建堆播种　将准备好的栽培料均匀地铺在畦床上，每平方米用干草量 20～30kg，用种量 600～700g。铺料、播种要分层进行，一般分三层，铺一层草，播一层种，每层草厚约 8cm，前两层用种量各占 25%，最上面一层的用种量占整个用种量的 50%。播种完毕，料面上的菌种用木板压一压，使菌种与培养料紧密接触。铺草播种要掌握两个关键技术：一是入床铺料一定要压平按实，松软的菌床往往导致失水和升温，不利于菌丝定植和生长；二是菌种块不要掰得过碎，一般以鸽蛋大小为好。播完种后，在草堆面上加覆盖物，覆盖物可选用旧麻袋、无纺布、草帘、旧报纸等。旧麻袋片因保湿性强，且便于操作，效果更好，一般用单层即可。大面积栽培时用草帘覆盖也行。草堆上的覆盖物，应经常保持湿润，防止草堆干燥，可以直接在覆盖物上喷雾水，以喷水时多余的水不会渗入料内为度。

（5）发菌管理　发菌期间应加强管理，温度、湿度的调节是大球盖菇栽培管理的中心环节。大球盖菇在菌丝生长阶段要求堆温 25℃ 左右，培养料的含水量和空气相对湿度为 70%～75%。在播种后，应根据实际情况采取相应调控措施，保持其适宜的温度、湿度指标，创造有利的环境，促进菌丝恢复和生长。

建堆接种后，每天早晨和下午定时检测畦床草料温度变化，要求料温控制在 20～30℃，最好 25℃。当堆温在 20℃ 以下时，在早晨及夜间加厚草被，并覆盖塑料薄膜，待日出时再掀去薄膜，料温高于 30℃，应采取揭膜通风、在料面覆盖物上喷冷水、在料面上打散热孔等措施使之降温。播种后 3 天内，可采取密闭大棚的管理办法，使菌种伤口愈合，一般 3 天后菌丝开始萌发，此后可采取逐步适量加大通风的管理措施，同时注意保持棚湿。发菌期前 20 天不喷水或少喷水，平时补水只是喷洒在覆盖物上，不要直接喷水于菇床上，不要使多余的水流入料内；发菌期间要严格闭光，更不允许有直射光进入。20 天后菌丝占整个料层 1/2 以上，此时料面局部变干发白，应局部喷水增湿，菇床的不同部位喷水量也应有区别，菇床四周的侧面应多喷，中间部位少喷或不喷。如果菇床上的湿度已达到要求，就不要天天喷水，否则会造成菌丝衰退。

一般经 30～35 天的培养，大球盖菇的菌丝在料下生长达到 2/3 时，就可以覆土了。

（6）覆土催菇　菌丝基本接近长透培养料时，就可以去掉覆盖物覆土了。菇床覆土一方面可促进菌丝的扭结，另一方面对保温保湿也起积极作用。覆土的选择前面已经介绍过了，生产中常用森林表层土、果园中的壤土，切忌用沙质土和黏土。覆土在使用前需经消毒，pH 值以 5.7～6 为宜。具体的覆土时间应结合不同季节及不同气候条件区别对待，如早春季节建堆播种，如遇多雨，可待菌丝接近长透料后再覆土；若是秋季建堆播种，气候较干燥，可适当提前覆土，或者分两次覆土，即第一次可在建堆时少量覆土，第二次覆土待菌丝接近透料时再进行。覆土厚度为 2～4cm，最多不要超过 5cm，覆土含水量 36%～37%，即用手捏土粒，土粒变扁但不破碎也不粘手为宜，覆土后继续加盖覆盖物。覆土后 3 天可见到菌丝爬到土层，此时要调节好覆土层的湿度。为了防止内湿外干，最好采用喷湿上层的覆盖物，喷水量要根据场地的干湿程度、天气的情况灵活掌握。菌床内部的含水量也不宜过高，否则会导致菌丝衰退，同时注意通风换气，控制空气湿度 85%～90%。覆土后约 20 天左右菌丝就可长满土面，此时应及时揭去覆盖物，加大通风量，降低空气湿度，约半天时间，爬出土面的气生菌丝基本全部倒伏。该现象即为现蕾前的重要环节，目的是控制菌丝徒长，迫使菌丝由营养生长进入生殖生长，这时土层内菌丝开始形成菌束，扭结大量白色子实体原基。为保证原基能顺利分化形成子实体，此时应着重加强水分管理，使畦面的空气相对湿度保持在 85%～95%。喷水掌握少喷勤喷，表土有水分即行。

（7）出菇管理　大球盖菇从原基分化到子实体成熟一般需要 5～8 天，出菇期间的重点是调控好温、湿、气、光等环节。

① 温度调节　出菇期间温度宜控制在 14～25℃，最适温度为 15～18℃，大棚内日夜温差不宜大，棚内温度宜相对稳定。在适宜的温度下，大球盖菇发育健壮有力，出菇快，整齐，优质菇多。当温度低于 4℃ 或超过 30℃，均不长菇。温度高，大球盖菇的生长速度比较快，但是色泽、性状不是很理想，应尽量使棚温保持下限水平，以使子实体个头均匀、肥大，商品质量高。气温低于 14℃ 以下，应采取增设拱棚、增加覆盖物、减少喷水等措施以提高料温。进入霜冻期，在增加覆盖物的同时停止用水，使小菇蕾安全越冬。

② 湿度调节　大球盖菇出菇阶段空气的相对湿度为 90%～95%。气候干燥时，因湿度太低，菇体往往不能正常发育而干僵，子实体容易因干燥而菇盖破裂，要注意菇床的保湿，经常保持覆盖物及覆土层呈湿润状态。若采用麻袋片覆盖，可将其浸透清水，去除多余的水分后再覆盖到菌床上，每天处理 1～2 次即可；若采用草帘覆盖，则可用喷雾的方法保湿。掀开覆盖物时，同时检查覆土层的干湿情况，若覆土层干燥发白，必须适当喷水，使之达到湿润状态。喷水不可过量，多余的水流入料内会影响菌床出菇。若堆内有霉烂状或挤压后水珠连续不断线，即是含水量过高，应及时采取停止喷水、掀去覆盖物、加强通气、开沟排水、从菌床的面上或近地面的侧面上打洞、促进菌床内的空气流通等措施补救。

③ 光照调节　大球盖菇生长期需散射光，散射光对大球盖菇的形成与发育有促进作用，在菌丝倒伏后，选择气温较低、阳光不强的时间，揭开棚顶草苫，增加棚内光照量，以刺激现蕾整齐一致，光强控制在 1000lx 左右，时间约 3h 左右。菇蕾出现后仍以闭光管理为好，其生理需要的光线，在人进入棚内观察、管理时的光线即可满足。

④ 空气调节　大球盖菇子实体生长需新鲜空气，通气的好坏也会影响菇的质量与产量，二氧化碳的浓度较正常高时，菇盖的生长被抑制，而促进菇柄的生长，导致长而小的子实体出现。相反，氧浓度较正常高时，子实体的性状就会变成菇柄短而粗、菇盖大而厚的优良商品性状。当畦面有大量子实体发生时，更要注意通风。

四、采收

适时采收的子实体形态是菌膜刚刚破裂，菌盖呈钟形时，最迟应在菌盖内卷，菌褶呈灰白色时采收。采收后，除去菇床上残留的菇脚，留下的洞穴要及时填上细土补平，补足含水量再养菌出菇。经 10～12 天，又开始出第二潮菇，管理方法同第一潮菇，可连续采 2～4 批菇，每潮间隔 15～20 天，以第二潮菇产量最高，鲜菇产量一般 6～10kg/m²。

第五节　杨　树　菇

一、简介

杨树菇，学名 *Agrocybe aegerita*（Brig.）Sing，别名柱状田头菇、柳菇，英文名 southern poplar mushroom、black poplar mushroom Swordbelt Agrocybe。分类地位隶属于真菌门、担子菌纲、伞菌目、粪锈伞科、田蘑属。

杨树菇春至秋季生于油菜、柳等树干的腐朽部分，资源稀少，十分珍贵，民间称为"神菇"，被列为国家"九五"星火规划发展项目，是出口的"拳头"商品。其外观怡人，盖肥柄脆，味纯芳香，菇盖润滑，营养丰富，富含人体必需的 8 种氨基酸，每 100g 含氨基酸总量达 81.33mg，其中赖氨基酸含量高达 1.75%，比金针菇的含量还高，是一种食用价值很高的伞菌。经常食用，能增强记忆；民间用于治疗腰酸痛，胃冷，肾炎水肿，疗效甚佳；中医用于利尿、健脾、止泻、降血压；还具备抗癌效果，是一种不可多得的高档珍稀食、药兼用菌。

二、生物学特性

1. 形态特征

子实体中等大小，连生或丛生（如图 6-5）。菇盖半球形至扁平，中部稍突出，表面光滑，幼时暗红褐色，后渐变为褐色或浅土黄褐色，边缘淡褐色，有浅皱纹。菌肉污白色，中部较厚，边缘较薄。菌褶白色，后变咖啡色，密集，直生，不等长。菌柄长 3～9cm，粗 0.4～1cm，污白色，向下渐呈淡褐色，具纤毛状小鳞片，内实至松软，多弯曲和稍扭转、脆嫩。菌环膜质，白色，表面具细条纹，生于菇柄上部，往往因布满孢子而呈褐色。孢子印褐色。

图 6-5　杨树菇形态

2. 生活史

杨树菇由担孢子萌发形成菌丝体，单孢菌丝体自孕形成子实体，产生担子及担孢子，从而完成生活循环。在杨树菇的生活史中，除担孢子－担子－担孢子的有性循环之外，还存在菌丝体－厚垣孢子、节孢子－菌丝体的无性循环。在人工栽培条件下，完成其生活史一般需 60～80 天；但在不同生活条件下，生活周期的长短有所不同。

3. 生长发育条件

（1）营养　杨树菇是木腐菇类，靠吸收腐木的营养生长繁殖。在自然条件下，生于活立木的死亡部分、伐桩及暗根上。分解木材能力中等，比平菇、香菇等分解能力弱，但可引起活树心材白色至淡黄色腐朽，使树干形成空洞。人工栽培适宜的树种有白杨、黑杨、拟赤杨、柳树、山毛榉等质地比较疏松的树种的段木及其木屑。杨树菇菌丝体生长的最适碳源为葡萄糖、甘露糖、麦芽糖、可溶性淀粉、羧甲基纤维素；在果糖、半乳糖、乳糖上生长不良；以甘露醇为碳源时菌丝生长最差。最适氮源为蛋白胨、谷氨酰胺、半胱氨酸及酪蛋白水解物，以氯化铵、酒石酸铵、硝酸钠为氮源时菌丝生长最差。杨树菇在较大的碳氮比（C/

N）范围［(25～70)：1］均能生长，最适碳氮比为60：1。在培养料中添加适量钾、镁等无机元素，可促进菌丝生长，获得高产。袋栽和瓶栽时，除阔叶树木屑之外，还可利用棉籽壳、玉米秸秆、玉米芯、麦秸、甘蔗渣、花生壳、木糖渣等工农业加工副产物作为栽培原料，但必须添加适量含氮物作为辅料，如新鲜米糠、麦麸、脱脂豆粉（豆饼粉）、花生饼粉、棉籽仁粉、茶籽饼粉，以补充其氮素营养。

（2）温度　杨树菇为中温性菌类。菌丝生长温度范围5～35℃，最适25～27℃。原基分化温度10～16℃，子实体发育温度13～25℃，出菇不需要降温刺激。但适当的温差对子实体发育有一定促进作用，当昼夜温差在10℃以上时，从现蕾到采收只需2～3天；昼夜温差小于5℃时，从现蕾到采收需4～5天。目前，生产上所使用的经过选育的菌株，其子实体发生温度有差别，中温偏低型的菌株，其子实体发生适温为13～18℃；中温偏高型的菌株，其适温为16～28℃，以24℃最为适宜。

（3）湿度　杨树菇属喜湿性菌类。菌丝生长阶段，培养料含水量在46％～80％之间均能正常生长，以64％～67％最为适宜。子实体生长需要较高环境湿度，以85％～90％最为适宜。

（4）空气　杨树菇为好氧菌，生长阶段需要充足氧气的供应，氧气不足易出现畸形菇。菌丝生长阶段，二氧化碳浓度应控制在0.15％～0.2％，原基分化时在0.05％～0.08％，子实体生长在0.03％～0.05％，超过上述浓度要及时通风换气。但在出菇期间，料面局部有稍高的二氧化碳，有利于菌柄伸长，这种现象和金针菇栽培时情况相同。

（5）光线　光线能抑制杨树菇菌丝生长，因此接种后要避光发菌；当菌丝达生理成熟，原基形成时要求有150～200lx散射光刺激，而子实体分化生长发育期需500～1000lx的较强散射光，但在25～300lx的弱光照下仍能正常生长。如果需要盖小柄长的杨树菇产品，则可以利用杨树菇有明显趋光性的特点，采取像培育金针菇那样套纸筒的方法，可获得菌柄长、菌盖小的优质产品。

（6）酸碱度　杨树菇喜欢在中性偏酸的环境中生长，pH值在4.0～6.0之间菌丝均能很好生长。杨树菇的菌丝在代谢过程中产生的有机酸甚少，在出菇阶段培养料的pH值变化不大，大约保持在5.7～5.8之间，因而在出菇过程中一般不需调节酸碱度。

三、栽培管理技术

袋栽杨树菇是我国目前普遍采用的栽培方式。根据商品生产目的不同，在栽培袋规格的选择、出菇方式上有一定差别。如产品用于外销或进入超市，多选用规格稍大的栽培袋（如17cm×33cm），装料多，营养充足，保水性好，可采收两潮优质商品菇；如用于内销或作为深加工原料，一般选用规格稍小的栽培袋（16cm×34cm），可缩短发菌时间，延长采菇期。

1. 栽培季节

杨树菇属中温型菌类，春季栽培一般2～3月制袋，3～4月出菇，秋栽为8～9月制袋，9～10月出菇。各地可因地制宜安排生产。

2. 栽培料配方

① 甘蔗渣38％、棉籽壳36％、麸皮20％、黄豆粉2％、石灰粉0.5％、蔗糖0.5％、碳酸钙2.5％、复合肥0.5％。

② 木屑80％、麸皮15％、石灰粉1％、红糖1％、石膏粉3％。

③ 棉籽壳80％、米糠15％、黄豆粉2％、石灰粉0.5％、蔗糖1％、石膏粉1％、复合肥0.5％。

3. 装袋灭菌

装袋可采用人工装料或用装袋机装料。栽培袋通常采用规格为17cm×33cm×0.05cm的聚丙烯或聚乙烯（只适用于常压灭菌）塑料袋。边装料边压实，料高度15～18cm，压平料面，如用木棒在料中扎一孔，有利菌种块上下一起生长，缩短发菌时间。立式出菇袋装料后清洁袋口，套上塑料颈圈，加棉塞。圈的直径 4～5cm，高约 1.5cm。卧式出菇袋两端出菇，封口可采用三角折叠法封闭袋口或绑口。装好料袋采用高压（或常压）灭菌。

4. 接种发菌

将灭菌后的料袋趁热移到接种室，用气雾消毒剂消毒。待料温降到 30℃后方可接种。常规操作菌种可放入一部分于孔穴内，一部分在料面，以利菌丝尽快封闭料面，减少杂菌污染机会。接种后将菌袋移入培菌室。菌袋堆放在架上，或直接堆放在地上，厚度不超过 5 层。培菌时应经常检查菌袋中层的温度及有无杂菌污染，发现污染了杂菌的菌袋应立即清除，以免杂菌蔓延。另外，杨树菇在菌丝生长阶段应给予适当的散射光。菌丝体在 15～25℃室温下，经 28～35 天即可长满菌袋。菌丝长满菌袋后，打开所有的窗加大通风，继续培养 10～25 天，当料面有黄褐色水珠出现，菌丝体由纯白色变成微带褐色或有褐色斑块时，表明菌丝已进入生理成熟。应取下封口的牛皮纸和颈圈，进行催菇处理。

5. 出菇管理

（1）菇棚床架上立式出菇　采用立式出菇，出菇整齐，菇形好，柄直立，商品质量高；如采用卧式出菇，由于杨树菇子实体生长时具正向地性，向光性的特点，在生长过程中，子实体往往向上弯曲，并且在采收过程中，菌盖极易脱落，商品菇比率相对较低。其立袋式出菇的管理方法如下：

① 束口法催蕾　将菌丝已达生理成熟的菌袋移入菇棚，去掉棉塞与塑料环套，竖立排放在床架 3～5 天，栽培袋口不要撑开，使栽培袋表面有较高的空气相对湿度，同时又增加了新鲜空气交流，在高温、氧、光的诱导之下，有利于子实体原基的形成及菇蕾的发育。当幼菇形成后即可撑开袋口出菇。

② 搔菌法催蕾　当菌丝达到生理成熟，个别菌袋已开始分化原基，菌袋两头及中间部位基料空隙有微黄色水珠分泌时，打开袋口，用自制的小铁耙将原接菌种块扒出，并顺手将袋口基料表层厚约 0.2cm 的菌皮及基料扒掉、倒出，并将料面压平。搔菌处理后即行催蕾，或不经搔菌打开袋口直接催蕾。催蕾时，控制室温在 20～25℃，提高湿度至 85%～90%，并在袋口盖上灭菌报纸或纱布保湿，光照强度控制在 250～300lx，根据室外气温情况，每天开窗通风 2～3 次，每次 0.5～1h。经约 3～5 天菌袋即全部分化出菇蕾。

③ 出菇期管理　幼蕾出现后，即将菌袋拉直，每天将袋口的纱布喷湿并通风，以利幼蕾分化及生长，如遇气压偏低时，以中午前后通风为好，注意适量通风又不影响室温，使温差保持在 5℃范围内，经约 2～3 天，菇蕾成长为幼菇，此时需氧量及需水量较蕾期要多，须根据情况实施管理。如袋内出菇过多，可以进行疏蕾使每袋保留 6～8 株，有利于生产优质菇。出菇期要有充足散射光，可使子实体生长健壮，加深色泽，提高品质。另外，杨树菇的子实体表层吸水性差，料面的保水性也差，所以为了满足子实体的生长发育需要，要经常给予补充水分。水可直接喷到料面上，以保持栽培房的空气相对湿度在 90%左右。是否向菇体喷水，应视菇体的干湿情况而定，适当喷雾状水，若菇体失水过于严重时，可向菇体适当喷雾状水。

（2）卧袋码垛出菇　接种后的菌袋横码在地上或层架上，层数或堆高视气温而定，气温高时，堆要低，气温低时，堆宜高。待菌丝满袋达到生理成熟后，拔掉棉塞和套环，尽量把袋口撑开，打开门窗，进行空气和水分的调控。这种栽培方式的特点是空间利用率高，栽培容量大，管理采菇方便。但长出的子实体菌柄细长且因趋光而弯曲，菌盖颜色较浅，产品形状不佳。

（3）脱袋出菇　在出现菇蕾后脱去塑料袋，使菌块完全暴露于外。采用脱袋栽培法，可增加出菇面积，提高出菇率，在菌块四周均可形成新原基。若菌块上原基分布不够均匀，局部过密时，要进行疏蕾，以利幼菇在生长时能获得足够的营养，长成朵形较大的优质菇。

（4）半脱袋覆土　开袋时去掉棉塞、环套，剪去高于料面5cm上的塑料袋，同时用锋利刀片在菌袋中部割一周，去掉下半部的塑料袋，而后直立排放在畦面上。每袋相隔2～3cm，中间用沙壤土填充。这种出菇方式的优点一是能提供充足的水分，不会造成培养基质干燥，覆土不但能有效地防止培养料水分散失，还有刺激现蕾的作用；二是喷水时，泥土不会沾到菇体，菇脚也不带土，保证了菇品的质量。

6. 采收后管理

待菇体长到八分成熟，菇盖呈半球形，菌膜未破裂，菇盖未开伞，为采收适期。杨树菇质较脆，菇盖易碰破，柄易折断，可在采菇前喷雾状水，以增强菇体韧性，然后用手护住菌袋，将子实体单朵或整丛一起轻轻拧下，单朵采时要注意防止伤及幼菇。采收后及时清理料面，并根据菌袋失水情况确定补水与否，然后停止喷水降低湿度，提高室温，使菌丝恢复生长。经约10天以后，出菇面生出一层密密的菌丝时，可进行催蕾处理，此后进入再生菇管理。

第六节　黄伞栽培

一、简介

黄伞 ［*Pnoliota adiposa* （Fr.）Quel.］又名柳蘑、黄蘑、多脂鳞伞、刺儿蘑等，隶属担子菌亚门、层菌纲、伞菌目、球盖菇科、鳞伞属。原为野生食用菌，秋季8～10月常野生于半枯或枯死的柳树上，在杨、桦的腐桩上也时有发生，有时也生于针叶树杆上。分布于河北、山西、吉林、浙江、河南、西藏、广西、甘肃、陕西、青海、新疆、四川、云南等地。近年已人工栽培成功，形态与滑菇相似，为中型子实体的食用菌。

黄伞子实体色泽鲜艳呈金黄色，菇盖菌肉肥厚，滑嫩爽口，可与牛肝菌相媲美；菌柄清脆、幼嫩、香味浓郁，是一种风味独特、别具一格的珍菇。该菇富含蛋白质、碳水化合物、维生素及多种矿物质元素。研究结果表明，黄伞子实体蛋白质含有17种氨基酸，必需氨基酸占氨基酸总量的40%。黄伞菌还含有麦角甾醇等多种生物活性物质，可用于防治软骨病。黄伞子实体表面有一层黏液，经生化分析证明是一种核酸，对人体精力、脑力的恢复有良好效果。子实体经盐水、碱溶液、温水或有机溶剂提取可得多糖体甲，该多糖体对小白鼠肉瘤180和艾氏腹水癌的抑制率达80%～90%，此外还可预防葡萄球菌、大肠杆菌、肺炎杆菌和结核杆菌的感染。因此黄伞不仅具有较高的营养价值，还具有重要的药用价值，是一种食药兼优、极具开发潜力和应用前景的食用菌。

黄伞是一种中低温型食用菌，黄伞子实体培育，原料低廉易得，生产工艺简单，产量较高；黄伞菌丝体的液体发酵生产，生产周期短，产率高，产品质量易控制；黄伞多糖的提取，工艺简单，生产技术易掌握。因此，黄伞多糖的提取生产和产品开发蕴藏着无限商机，并且非常适合产业化生产，黄伞的规模生产有着广阔的前景。

二、生物学特性

1. 形态特征

黄伞子实体单生或丛生（如图6-6），一般中等大小，菌盖直径5～12cm，菌肉白色或淡黄色，初期半球形，边缘常内卷，后渐平展，有一层黏液；菌盖色泽金黄至黄褐色，附有褐色近似平状的鳞片，中央较密；菌褶浅黄色至锈褐色，直生或近弯生，不等长，较密集；菌柄纤维质，长5～15cm，粗1～3cm，圆柱形，有白色或褐色反卷的鳞片，黏或稍黏，下部常弯曲；菌环淡黄色，毛状，膜质，生于菌柄上部，易脱落。

孢子椭圆形或长椭圆形，光滑，锈色，（7.5～10）μm×（5～6.5）μm；孢子印深褐色；

囊状体无色或淡褐色，棒状。

菌丝初期白色，逐渐浓密，生理成熟时分泌黄褐色素。

2. 生活条件

（1）营养 黄伞属木腐性菌类，对原料选择不严格，凡富含纤维素、半纤维素、木质素和淀粉的农副产品均可作栽培，如玉米芯、木屑、刨花、稻草等均可用于栽培。辅料以玉米面最佳，其次为麦麸，米糠较差。用玉米面作辅料产量高，出菇周期短均优于麦麸，添加一定量的矿物质，如石膏等，能提高产量。

图 6-6 黄伞形态

（2）温度 黄伞分生孢子萌发的最适温度，随培养时间的延长而逐渐降低，具体为培养 24h 分生孢子萌发的最适温度为 23～26℃，培养 48h 为 15～20℃，培养 72h 为 10～15℃；黄伞菌丝生长的温度为 5～32℃，最适 23～27℃，超过 28℃变黄，菌丝生长会受到抑制；子实体在 8～30℃均能形成，是广温型菌类，子实体形成与发育适温在 15～20℃范围，18℃时原基分化较快，超过 21℃时有的品种子实体形成困难，温差刺激有利于原基形成。

（3）通风 黄伞是典例的好氧菌，在菌丝生长阶段及子实体生长阶段均需要充足的氧气，尤其是出菇阶段，良好的通风可促使子实体质肥大、色艳，明显提高产量。

（4）光照 发菌阶段无需光照，出菇必须有充足光线，适宜光照温度为 300～800lx。

（5）湿度 培养料中含水量以 60%～65% 为宜，发菌阶段空气相对湿度 70% 以下，出菇阶段则提高到 85%～90%。

（6）pH 值 黄伞菌丝在略偏酸性的环境中生长良好，pH 值范围为 4.0～7.0，以 5.5～6.5 最合适。

三、栽培管理技术

1. 栽培季节

黄伞菌菌丝生长适温为 23～27℃，出菇适温为 18℃左右，自然条件下南方可秋接种冬长菇，北方可提前在 8 月中旬接种，10 月出菇。黄伞品种较多，有少部分黄伞品种的后熟期较长，各地区应根据当地的气候条件及品种特性，合理安排生产季节。

2. 栽培方式

黄伞菇采用熟料袋栽，室内层架栽培或室外棚栽。

3. 菌种制作

菌种制作和一般食用菌一样，可用马铃薯综合培养基，或麦芽汁琼脂培养基，在 25℃下培养 10～15 天左右长满斜面，菌丝长好后可放在 4℃冰箱内保存，8 个月左右需转管一次。菌丝初期白色，后期淡黄色。

4. 培养料的配制与装袋

（1）原料选择 培养料以杂木屑、棉籽壳、玉米芯、甘蔗渣等为主料，以麸皮、豆饼粉、玉米粉等为辅料，碳氮比以（20～30）：1 为宜。

（2）常用配方

配方一：棉籽壳 70%，麦麸 20%，玉米粉 8%，石膏粉 1%，糖 1%；

配方二：木屑 35%，棉籽壳 35%，麦麸 20%，玉米粉 8%，糖 1%，石膏粉 1%。

（3）配制 按照配方称料，将各种原材料加水充分搅拌均匀，玉米芯等颗粒较大、不容易吸水的原材料用 1%～2% 石灰水预湿处理 12～24h，培养料含水量 60%～65%，pH6～

6.5。配制好培养料后，可立即装袋，也可进行 3～5 天的短期堆积发酵，中间翻堆一次，装袋时根据需要再用清水或石灰水调整酸碱度和含水量。

（4）装袋　栽培袋选用高压聚丙烯薄膜袋。规格：幅宽 17～20cm，袋长 38～40cm，膜厚 0.03～0.05cm。先把袋底的两角折入袋内，开始装料，装料要求上下均匀一致、松紧适度，以手捏料袋有弹性为宜，装好后用直径 2cm 的圆形木棒在袋中间打孔。装袋完毕用布把袋擦干净，袋口用绳子扎好，或套塑料颈环用棉塞包牛皮纸封口。

5. 灭菌与接种培养

（1）灭菌　灭菌要及时，当天装袋，当天灭菌。常压灭菌 100℃ 以上，保持 15～20h；高压灭菌在 147Pa（1.5kgf/cm^2）的压强下维持 1.5～2h，自然冷却后就可以接种了。

（2）接种培养　选用优质高产、抗逆性强的菌种在无菌条件下进行接种。接种后置于培养室内发菌，菌袋在培养室的码放方式和高度应根据当时的气温决定，秋季常出现气温超高时，应密切观察，及时稀码堆叠，疏袋散热，加强通风降温。发菌室温控制在 23～25℃，空气相对湿度控制在 60%～70%。遮光培养，发菌培养阶段忌强光直射，防止原基过早出现。发菌期间注意通风换气，保持室内空气新鲜。10～13 天翻袋 1 次，发现杂菌污染及时处理。菌丝前期走势缓慢，后期较快，一般经过 50～60 天的培养，菌丝可长满袋。

6. 出菇管理

菌丝长满袋后移入菇房，采用地面墙式排袋，每排码放 6～7 层，两排菌袋之间留 60～70cm 的人行道；或采用层架式排袋，每层架子上排放 2～3 层菌袋。

当袋内菌丝由浅黄变深，出现浅黄色水珠时，表明已达到生理成熟，这时要解开袋口拉直成筒状，并向地面和空中喷水，增加室内空气相对湿度，保持在 80%～90%。温度控制在 13～18℃，结合通风，加大温差刺激，散射光可使菌丝由营养生长转入生殖生长；温差越大，原基形成越多。一般经 1～2 天管理，袋内料面形成一层白色气生菌丝，菌丝伸展 1～3cm 长时，针状带毛的原基即可在料面出现，继续生长，其中有 3～5 粒黄色覆有褐色鳞片的指状原基突起出现。再经 1～2 天培养原基变长变粗，并分化成菌柄和近球状菌盖，进而菌柄不伸长，菌盖迅速长大。

原基形成期靠基内水分和自然空间湿度即可正常生长，不可喷水，否则会导致菇蕾霉烂，一般菌袋解口 12 天左右，子实体形成后可向菇棚地面及空中喷雾状水，空气相对湿度保持在 85%～90% 之间，以利子实体生长。

四、采收

当子实体菌盖呈半球形，颜色变黄，呈现出野生子实体成熟的形态，菌膜未破裂之前，及时采收。

五、采后管理

头潮采收后，应消除料表残余菇脚及枯萎幼菇，并扎口保温，使菌丝复壮，积累营养，3～5 天后，再拉大温差刺激出菇，以后重复上述管理。一般冬季可收 2～3 潮，占整个产量 70%～80%，第 2 年春回大地，进行补水管理，可再收 1～2 潮。

第七节　阿魏菇栽培

一、简介

阿魏菇（*Pleurotus ferulae* Lanz.），又名阿魏侧耳，因其生长在伞形花科植物阿魏的根茎上而得名，商品名亦称白灵菇。在分类上属担子菌亚门、层菌纲、伞菌目、侧耳科、侧耳属。野生阿魏菇分布在南欧、北非、中亚内陆及我国干旱草原上，在我国仅分布于新疆伊犁、塔城、阿勒泰和木垒等地区。

阿魏菇人工栽培是近几年驯化成功的优质食用菌。子实体具有很高的食用价值，其菌肉肥厚、颜色洁白、质地脆嫩、柔润可口、味道鲜美，被誉为"草原上的牛肝菌"，深受中高档宾馆、酒店的欢迎。

阿魏菇还具有较高的营养价值，子实体含有丰富的蛋白质、多种维生素和矿物质，其中蛋白质含量占干重的20%，是平菇的两倍，粗蛋白含量明显高于肉类；含有人体所需的8种氨基酸，且占氨基酸总量的35%，尤其是赖氨酸和精氨酸含量比金针菇高10倍以上，是名副其实的"增智菇"。维生素含量亦很高，其中维生素D的含量较其他菇类高3～4倍，并且含有多种矿质元素，对于平衡和补充人体营养有着难以替代的作用。超氧化物歧化酶（SOD）含量高于普通蔬菜一倍多，具有抗衰老、增强机体免疫力的功效，脂肪含量仅占干重的4.0%。因此，阿魏菇是一种高蛋白、低脂肪、维生素丰富，并含多种矿物物元素的优质食用菌。

图6-7　阿魏菇形态

阿魏菇的药用价值也很高：因其含有丰富的维生素D，可防治小儿佝偻病和软骨病，丰富的矿物质及营养可有效地增强人体免疫力。野生阿魏菇具有与中药阿魏相同的医药疗效，即有消积、杀虫、镇咳、消炎、防治妇科肿瘤等功效。特别是阿魏菇真菌多糖的含量是其他食用菌的3～5倍，阿魏菇真菌多糖具有增强人体免疫力和调节人体生理平衡的作用，是一种天然营养保健食品。

栽培阿魏菇的原料广泛，技术易掌握，生产周期短，产量较高，品质好，且易于加工保鲜，是一种具有广阔发展前景的珍稀食用菌，将成为今后几年食用菌生严中高档珍稀菇类的主栽品种之一。

二、生物学特性

1. 形态特征

（1）子实体　子实体单生或丛生，形态为侧耳状（如图6-7）。野生阿魏菇朵形较小，而人工栽培的阿魏菇子实体大，菌盖直径6～12cm，盖厚2～4cm，单朵鲜重50～150g，最大可达360g，为中大型食用菌；菌盖初凸起，呈扁半球形，后渐平展，中央逐渐下陷呈歪漏斗状，初期褐色，菌盖表面常带有浅褐色条纹，后渐呈白色，并有龟裂斑纹，菌肉白色，中间厚，边缘渐薄，在0.3～6cm之间，盖缘微内卷；菌褶密集、延生，有的菌褶长到菌柄的中下部，白色，后呈淡黄色；菌柄偏生，内实，白色，粗4～6cm，长3～8cm，上粗下细或上下等粗，表面光滑，色白。

（2）孢子　孢子印白色，孢子无色，光滑，椭圆形或长椭圆形，孢子大小为$(12～14)\mu m \times (5～6)\mu m$，有内含物。

（3）菌丝体　在试管斜面上的阿魏菇菌丝体较侧耳属的其他种更浓密洁白，菌苔厚且较韧，在显微镜下观察，菌丝亦较粗，锁状联合结构明显。

2. 生长发育条件

（1）营养　阿魏菇是一种寄生或腐生菌，人工栽培的阿魏菇能利用一般糖类，即蔗糖、葡萄糖、淀粉以及纤维素、半纤维素、蛋白质、氨基酸和某些维生素、矿物质，生产中可用木屑、棉籽壳、稻草、甘蔗渣、玉米芯、麸皮等为原料。

（2）温度　阿魏菇是一种中低温型食用菌，菌丝在5～32℃均可生长，但生长最快是24～26℃，超过35℃菌丝停止生长；菇蕾分化温度0～13℃；子实体生长温度15～18℃，在这一温度范围内生长较快、产量高、品质好。

（3）湿度　人工栽培阿魏菇，培养料合适的含水量是 60%～65%。阿魏菇个头大，菌肉厚，抗干旱能力比其他蕈菌强，因此空气相对湿度在 60% 左右，子实体也能生长发育，但生长进度慢，子实体小，产量低，并且菇盖易龟裂，菌盖表皮形成鳞片状。最适宜子实体生长发育的空气湿度是 85%～95%。

（4）光照　阿魏菇菌丝体生长不需要光线，在完全黑暗的条件下生长良好；但菇蕾分化和子实体生长发育需要一定的散射光，对光线的要求因品种而异，一般在 200～1500lx。

（5）空气　阿魏菇是好气性菌类，菌丝和子实体生长发育都需要新鲜空气，尤其是子实体形成时期，代谢旺盛，呼吸强烈，对氧气的需求量较大。通气不良时子实体生长缓慢，容易产生畸形，甚至产生羊肚菌状子实体，若碰上高温高湿，还会引起菇体腐烂、发臭，降温通风后子实体又可恢复生长。

（6）pH 值　阿魏菇的菌丝可以在 pH5～11 的基质上生长，最适 pH 值为 7.5～8.5。

三、栽培管理技术

1. 栽培季节

选择适宜的出菇季节是阿魏菇生产得以顺利发展的重要基础。根据阿魏菇对温度的需求特性，应将出菇阶段安排在自然气温 10～20℃ 的季节，各地应根据阿魏菇出菇温度及当地气候条件、设施条件来安排栽培季节。如果在有制冷设备的空调菇房也可以周年栽培，按市场需求安排。

2. 栽培场所

阿魏菇对栽培场所无特别要求，只要是能保温保湿、通风透光、水源方便、周围环境清洁的场所都可用来栽培阿魏菇。生产中要因地制宜，可利用专用菇房，也可利用地下室、人防地道、普通民房来栽培。菇房内可放置多层床架，提高菇房单位面积的利用率。菇房使用前必须打扫干净，用硫磺熏蒸，或用 2% 煤酚皂液喷洒杀菌处理，再喷洒 0.5% 的敌敌畏溶液杀虫处理，喷洒后闷一夜，经杀虫灭菌处理即可使用。

3. 栽培方式

阿魏菇栽培可采用塑料袋熟料栽培、广口玻璃罐头瓶熟料栽培。在栽培场所内有单层直立出菇即平面栽培、架层式直立出菇、立体栽培两头出菇等方式。

4. 菌种制作

菌种也分为母种、原种和栽培种三级，制作方法同常规。

5. 栽培料的制备

（1）栽培料的选择　生产中应根据各地资源情况灵活选择原材料，就地取材，尽量降低生产成本，既为提高产量和质量打下基础，又不可过多添加一些速效营养成分，力争做到科学、合理。常用的材料有棉籽壳、木屑、甘蔗渣、棉秆、玉米芯、麦草、稻草等，再配以麦麸、碳酸钙、糖、过磷酸钙、石膏粉等。这些材料均要求新鲜、无霉变、没有受潮结块。

（2）常用配方　阿魏菇栽培料以多种原料混合料为好，这样营养较全面，料的物理性状也较好。

配方一：棉籽壳或杂木屑 78%，麸皮 20%，红糖或蔗糖 1%，石膏粉 1%，酵母片和过磷酸钙少量。

配方二：棉籽壳 55%，玉米芯粉 30%，麦麸 8%，棉饼粉 3%，玉米粉 2%，石膏粉 1%，生石灰 1%。

配方三：木屑（阔叶树）40%，棉籽壳 40%，麸皮 15%，玉米粉 2%，糖 1%，石膏粉 1%，过磷酸钙 1%。

配方四：棉籽壳或木屑（阔叶树）50%，玉米秸秆粗粉 25%，麸皮 20%，玉米粉 3%，石膏粉 1%，过磷酸钙 1%。

以上配方的料水比均为 1：(1.3～1.5) 左右，pH 值自然。

（3）拌料　提前 2～3 天将原料进行曝晒处理，生产时按配方准确计量后予以拌料。拌料时先将石膏粉和糖等用水溶化，然后与主、辅料混合，加水混拌均匀，料水比为 1：(1.3～1.5) 左右。拌匀后建堆闷 24h 以上，以使基料充分吸水并软化，然后晾堆装袋，装袋前再次将料拌匀，重新调整含水量。

（4）装袋灭菌　阿魏菇菌袋可采用聚丙烯塑料袋或低压聚乙烯塑料袋，规格为 15cm×20cm 或 17cm×32cm，一头扎口或热压封口。装料要松紧适度，袋口扎得稍松一些，以使进入少量氧气，促进菌丝体健壮生长。

装袋后应及时对料袋进行灭菌处理，高压灭菌 0.15MPa 压力下 2h，或常压锅灭菌 100℃ 以上 12～14h。灭菌后自然冷却至 30℃ 或常温（夏季）时可装入接种箱，进入接种程序。

6. 接种培养

接种按无菌操作规程进行，选用的菌种要求菌丝发满瓶，菌丝体洁白健壮，无杂菌污染和老化现象。由于阿魏菇菌丝发育能力偏低，长势较差，故接种量应稍加大一些，以减少污染，这就是所谓的"集团优势"。实际生产中一般每瓶 500mL 菌种可接 8 袋，或者每 750mL 菌种接 12 袋左右，或者每袋（重约 800～900g）菌种接 20～25 袋。培养室温度保持在 25℃ 左右，定期通风，避光培养，一般经 35～40 天菌丝可长满菌袋。发菌期间要定期检查菌袋，发现霉菌污染袋要及时挑出处理。此外，培养室内应经常喷洒杀菌药物，如多菌灵等，浓度不必太高，除对杂菌污染有一定的预防作用外，同时也可增强室内空气湿度。

7. 出菇管理

把上述长满菌丝的栽培菌袋放入已经杀菌杀虫处理后的菇房栽培架上，晚上揭棚膜数小时，给以 5～7℃ 变温处理，加大光照，光照度约 500lx，增加空气相对湿度在 85%～90%，2 天后调整棚温至 12～15℃，棚湿 90% 左右，约 1 周后，菌袋接种处即有原基现出，且较整齐一致。解开袋口，适度半敞，用无纺布覆盖保湿，同时菇房保持湿度和温度，每天进行通风，保持栽培空间有充足的新鲜空气，待原基长大到 2cm 左右，拿掉覆盖物，剪去菌袋上部多余的塑料袋，侧面出菇的地方也要将袋撕破，加大通风和照光，二氧化碳浓度不得大于 0.1%，散射光强度为 800lx 左右，适当降低湿度，继续保持温度，使子实体迅速长大。

四、采收

在正常的温度下，一般开口后 15 天左右即可采收。其子实体菌盖边缘由内下卷渐趋平展状，而尚未全部展平时，此时约有七八分熟，即可及时采收。阿魏菇一般只收获一次，但收完第一茬菇后，脱袋进行畦床覆土处理还可以二次出菇。

第八节　金福菇栽培

一、简介

金福菇，又称洛巴口蘑、巨大口蘑，日本称白色松茸，是珍稀的食用菌新品种。在分类上属担子菌亚门、层菌纲、伞菌目、白蘑科（口蘑科）、白蘑属（口蘑属）。

金福菇子实体大型朵块，菌肉肥嫩，香气浓郁，味甜而鲜，风味独特，营养丰富，每 100g 干菇中含粗蛋白 27.56%，粗脂肪 7.85%，总糖 38.44%，粗纤维 8.2%，还含有多种氨基酸、维生素和矿物质元素。尤其菇体的耐储性好，10℃ 条件下可保鲜 30 天左右，其色、形、味如同初采，普遍受到消费者和生产者的共同追捧。业内专家预言：未来市场上，金福菇将会发展成我国食用菌的主导产品；尤其在夏季菇品市场短缺的情况下可以独领风骚。由于其出菇温度较高，适宜在春末至中秋间栽培，解决了目前菇房实施周年栽培的品种搭配和夏季食用菌栽培面积少、品种少、不能满足市场需求的问题。因此，金福菇被誉为食品中的"旷世奇珍"，发展前景广阔。

二、生物学特性

1. 形态特征

金福菇子实体单生或丛生，菌盖小，柄粗大（如图 6-8）。菌盖初期半球形，白色，光滑，直径 3～8cm，菌肉白色，较厚；菌褶灰白、稠密、孪生、不等长；菌柄棒状至球茎状，横断面圆形，肉质紧实，菌柄长 5～10cm，粗 1.5～4.6cm，担孢子卵形至阔椭圆形，有一个油球；其菌丝有锁状联合。

图 6-8　金福菇形态

2. 生态习性与分布

金福菇是热带地区的一种大型食用菌，生态习性与大多数和树木共生的菌根菌不同，与多数已人工栽培的木腐菌也不同，是可以人工驯化的腐生菌。菌丝以土壤中半熟腐的牛马粪、木屑、甘蔗渣等堆肥为营养源。在非洲、亚洲热带地区（印度，孟加拉，中国南方的福建厦门、香港、台湾，日本），能生长在甘蔗田或凤凰木附近肥沃的土壤中。

3. 生长发育条件

（1）营养　金福菇是一种草腐土生菌，能利用相当广泛的碳源以及氮源。各类作物秸秆、出菇废料、棉籽壳、麸皮、米糠等均可以作为它的培养料。

（2）温度　金福菇子实体只发生在高温季节。一般经常在 6～8 月发生，其菌丝生长温度 15～35℃，以 26～28℃为最适温度，子实体生长温度 15～32℃，最适 26～28℃。

（3）水分　培养料含水量为 60%～70%，因其菌丝生长周期长，菇蕾（原基）发生量多，但子实体生长速度较缓慢，因此要求覆土层的含水量较高，空气相对湿度要大，若菇蕾表面的蒸发量大于子实体的吸水量，就会抑制菌盖的发育，形成畸形菇。

（4）光照　金福菇发菌期不需要光照。但子实体生长发育需要一定的散射光。适量的散射光可以促进原基分解，改善品位。

（5）空气　金福菇菌丝生长以及子实体发育都需要新鲜的空气。子实体生长时间如果透风不良，菇蕾发育迟缓，菌盖不容易分解，易形成畸形菇。

（6）酸碱度　菌丝在 pH5～10 条件下均可生长，最适 pH6.5～7。

（7）覆土　金福菇为土生菌，子实体发育需要土壤中的微量元素和伴生菌刺激，覆盖的土壤要求富含腐殖质。

三、栽培管理技术

1. 季节安排

金福菇属高温品种，菌丝生长温度 15～35℃，以 26～28℃较适宜。子实体最适生长温度为 26～28℃，发菌时间约 30 天左右，发满菌丝后 10 天左右开始出菇。因此，各地区可根据当地实际温度安排生产时间。

2. 生产场地

金福菇同平菇一样，适应性很强，既可在室内外层架或垒墙立体栽培，也可在野外平面栽培，还可与蔬菜、速生林、果园间作套种，以提高单位面积的经济效益。

3. 原料的选择与处理

栽培原料应选择干燥、无霉变的当年或上一年保存的上等好原料，特别是玉米芯，因其含糖量较高，极易受潮霉变，所以收获后必须及时收晒、贮藏，防止雨淋变质。玉米芯在使用前，用去掉箩底的粉碎机，粉碎成玉米粒大小的碎块；豆秸则用孔径 1cm 的锤式粉碎机加工成细糠，麦秸用孔径 2～3cm 的粉碎机加工成片糠状。

（1）栽培料配方与拌料

① 棉籽壳 40%，麸皮 20%，木屑 25%，米糠 11.5%，生石灰 2%，石膏粉 1%，过磷酸钙 0.5%。

② 棉籽壳 50%，麸皮 12%，刨花下脚料 20%，香菇废菌棒 15%，生石灰 2%，石膏粉 1%。

③ 棉籽壳 70%，麸皮 12%，木屑 10%，益菇粉 7%，生石灰 2%。

④ 棉籽壳 96%，石膏粉 1%，石灰 2%，过磷酸钙 1%；或玉米芯 50%，棉籽壳 46%，石膏粉 1%，石灰 2%，过磷酸钙 1%。

⑤ 稻草 76%，棉籽壳 20%，石灰 2%，石膏 1%，过磷酸钙 1%。

⑥ 玉米芯 60%，豆秸粉 15%，草木灰 5%，玉米面 4%，树皮 8%，石膏 2%，生石灰 5%，食盐 0.5%，尿素 0.2%，微量元素肥料 0.3%。

⑦ 麦秸 64%，麸皮 18%，豆粕 6%，玉米面 4%，石膏 2%，生石灰 5%，食盐 0.5%，尿素 0.2%，微量元素肥料 0.3%。

拌料时，将玉米芯、豆秸等主料和树皮、玉米面、豆粕、草木灰、石膏等不溶于水的辅料干拌均匀，食盐、尿素、微量元素肥料等易溶于水的原料放入水中，溶解后拌入上述原料中，拌均匀，使料中的含水量在 65% 左右。

（2）建堆发酵（同双孢菇）

4. 装袋接种

（1）直接接种　装料一般采用层播法，即将 30cm×55cm 塑料袋一头用绳扎紧，在袋底先放一把菌种，再放一层料，并压紧，如此共放五层菌种四层料，菌种用量为干料的 10% 左右，播完最后一层菌种扎口打微孔后即可移入发菌室发菌。

（2）灭菌接种　料袋采用 15cm×55cm，装袋后要及时进行灭菌，以免培养料变酸。灭菌结束后，待温度降至 60℃ 以下才可取出料袋。当袋料温度降至 28℃ 以下时，尽量在无菌操作下进行接种。

5. 发菌

发菌的重点是调控温度、注意通风换气，防止烧菌，防止杂菌感染。接种后，搬入清洁、通风好、光线暗的培养室发菌，使菌丝生长阶段室内相对湿度保持在 70% 左右。料袋按"井"字形排放，并按温度高低决定排放层数，温度高时可立放，较高时可排放二层；温度低时可放 3～5 层，将温度控制在 16～30℃ 以内。为防止杂菌侵染，发菌室内最好 5～7 天喷 1 次灭菌药物。整个发菌期应每隔 2～3 天翻袋 1 次，并加强通风换气，做到勤翻、勤检查，发现问题及时解决。该品种一般在 30 天左右，菌丝即可长满袋。

6. 菇棚搭建和出田排场

（1）菇场选择及菇棚搭建　选在水源充足、环境卫生、交通便利的田块，以偏沙性为好。荫棚高 2.3～2.5m，柱间长宽均为 2m，用多叶树枝、茅草等作棚顶遮阳物，棚四周用稻草、茅草等围实，再在荫棚下加盖大棚薄膜，创造一个光照少、阴凉潮湿、通气性好的生态环境，菇床上盖塑料薄膜。

（2）翻耕与消毒　场地要提前清理翻耕灌水，并撒施生石灰 50～100kg/亩，进行杀菌和促进土壤通气。待排场前半个月重新做畦，用 500 倍辛硫磷液杀虫，覆膜密闭 3 天，再按

25kg/亩石灰撒施畦面。

（3）脱袋覆土　金福菇属土生菌，子实体需要土壤中的细菌及各种酶的作用，才能出菇，因此当菌丝满袋后，料面呈白色，袋内有少量黄水时，便可排畦覆土。出田时将菌袋塑料膜剥去紧密排放于地面畦上，然后进行表面覆土。选用沙壤土，含沙量40％左右为宜。经曝晒过筛，加1％～2％石灰液喷洒拌匀后进行覆土，土层厚度3cm左右。

7. 出菇管理

覆土后适当减少通风换气，保持土壤湿润。待菌丝爬上土壤表面，较均匀分布于土表时，喷水促使菌丝倒伏，防止气生菌丝徒长影响出菇。菌丝体由营养阶段转入生殖阶段，菌丝扭结形成原基发生菇蕾，一般覆土后15～20天开始现蕾。当菇蕾呈米粒大小时，不能直接向菇蕾喷水，可向空中轻喷水雾；同时加强通风换气和光照强度。当子实体有3cm左右时，应增加喷水次数，保障有足够的新鲜空气，提高覆土层含水量为20％左右，保持空气湿度85％～90％。

8. 采收

当金福菇子实体达到7～8成熟，即菌膜完整尚未破裂，菌盖尚未开伞，菇体肥厚结实时，应及时采收。

9. 采收后管理

采收后应及时清理料面，并扎袋养菌，2天后用注水器补足水分，养菌，其他管理技术同第一潮菇。

第九节　灰树花栽培

一、简介

灰树花（*Grifola Frondosa*），又称栗子蘑、舞茸、千佛菌、云蕈等，由于灰树花的子实体非常像盛开的莲花，所以又被人们叫做莲花菇。夏秋季生于栎、板栗、栲树等壳斗科树及其他阔叶树的树干、树桩周围，在日本、俄罗斯、北美地区、中国的长白山区域和四川、河北、云南、广西、福建等地都有分布。在分类上属担子菌亚门、层菌纲、非褶菌目、多孔菌科、树花菌属。

灰树花是具有松蕈样芳香，肉质柔嫩，味如鸡丝，脆似玉兰，口感鲜美，香味独特的珍贵高档食用菌；其营养十分丰富，经测定，100g灰树花干品含蛋白质22.75g，氨基酸23.58g，氨基酸含量比香菇高一倍以上，并富含维生素C、维生素B_1、维生素B_2及有机硒等。同时灰树花具有极高的医疗保健功能和药用价值，灰树花多糖具有抗癌活性与免疫调节作用，并有增强肝功，改善脂肪代谢和治疗糖尿病，抑制肥胖，双向调节血压，治疗动脉硬化和脑血栓等症的功效，还有抗衰老、增强记忆力和灵敏度的作用，是极具发展前景的食、药兼用高档蕈菌。

二、生物学特性

1. 形态特征

灰树花子实体呈珊瑚状分枝（如图6-9），末端生扇形至匙形菌盖，短柄，十至几十片重叠成丛，形成覆瓦状的大型菌丛，大的丛宽40～60cm，重量可以达到3～4kg。菌盖直径2～7cm，灰色至浅褐色。表面有细毛，老后光滑，有反射性条纹，菌盖的边缘非常薄，并且边缘内卷，幼嫩时，菌盖外沿有一轮2～8mm的白边，是菌盖的生长点，子实体成熟后白边消失。当子实体幼嫩时，菌盖背面为白色；子实体成熟后，菌盖背面出现蜂窝状多孔的子实层，管孔延生，孔面白色至淡黄色，管口多角形，平均每毫米1～3个。菌肉白色，肉质，厚2～7mm。菌柄多分枝，侧生，扁圆柱形，并且稍有弯曲，每个菌柄都与基部相连接，中实，灰白色，肉质（与菌盖同质），成熟时，菌孔延生到菌柄。

灰树花菌丝白色绒毛状，菌丝壁薄，分枝，有横隔，无锁状联合。灰树花孢子无色、透明，表面光滑，卵圆形至椭圆形，孢子大小为 $4.5\mu m \times 6.5\mu m$ 至 $2.7\mu m \times 3.5\mu m$。

2. 生长发育条件

(1) 营养

① 碳源　利用葡萄糖最好、果糖较差；纤维素、半纤维素、木质素等大分子糖类也能被分解利用。

图 6-9　灰树花形态

② 氮源　以有机氮最适宜菌丝生长，不能利用硝态氮。维生素 B_1 是子实体正常生长发育必不可少的营养物质。

人工栽培时凡含有纤维素和木质素的有机物都可以作为生产灰树花的培养料，如禾谷类秸秆、棉籽壳、蔗渣、稻草、豆秆、玉米芯、葵花盘、花生壳、木屑（特别是栗子树的木屑）等，添加玉米粉、麸皮、蛋白胨、大豆粉等增加氮源。

(2) 温度　灰树花是中温型菌类，菌丝生长发育的温度范围比较宽，在 $5\sim35℃$ 范围内均能生长，菌丝耐高温能力较强，在 $32℃$ 时也可缓慢生长，$42℃$ 以上菌丝开始死亡，最适温度为 $25\sim30℃$；原基形成温度为 $15\sim25℃$，$20℃$ 左右最适宜；子实体发育温度范围 $15\sim27℃$，最适宜 $18\sim20℃$。在适温范围内，如温度较低子实体生长相对较慢，菌肉厚、颜色深，而温度较高，子实体生长明显变快，但盖薄、质松、色淡。

(3) 水分和湿度　在菌丝生长阶段，空气的相对湿度不宜太高，一般培养基含水量为 $50\%\sim55\%$，环境相对湿度以 $60\%\sim65\%$ 为宜；在子实体生长阶段，它们对湿度的要求较高，空气相对湿度应保持在 $85\%\sim95\%$ 之间，当空气相对湿度低于 80% 时，子实体容易干死，超过 95% 以上，往往因通气不畅而使菇体腐烂，应尽量保持在 90% 左右。

(4) 光照　菌丝生长阶段对光照的要求不太严格，在黑暗条件下也能正常生长；当菌丝扭结成原基时，必须有一定强度的光照，以促使原基变色。子实体生长发育时，栽培场所的光照要保持在 $200\sim500lx$ 才能刺激菌盖的分化，促使它们正常生长，使子实体颜色变深。光照不足易形成畸形菇，且色泽浅，风味淡，品质差，并影响产量。灰树花子实体具有向光性。

(5) 空气　灰树花属好氧型真菌，无论菌丝生长还是子实体发育都需要新鲜空气，特别是子实体发育阶段对氧气的需求量高于其他食用菌，要求经常保持对流通风，菇房每天需要全部更换空气 $5\sim6$ 次，并有一定数量的对流窗口，以保持良好的通风换气环境。如果通气不好，严重缺氧时，子实体会发育不良，停止生长，甚至出现霉烂的现象，氧气不足时，子实体菌盖呈珊瑚状畸变，开片也会比较困难，色泽也不正常，因而出菇多在通风较好的室外进行。子实体生长阶段，调节好通气与保湿这对矛盾，是灰树花栽培管理的关键。

(6) 酸碱度　灰树花菌丝在 pH 值 $3.4\sim7.5$ 范围内均可生长，但适宜在微酸性的环境中生长，pH 值以 $5.5\sim6.5$ 之间为最佳。子实体生长阶段 pH4.0 为宜。培养料配制时 pH 值调到 $5.5\sim6.5$ 之间，随着培养时间延长而下降，有利于子实体发生和生长。

三、栽培管理技术

1. 产地环境要求

与其他食用菌一样，栽培场所可利用闲置平房、简易菇棚、日光温室、塑料大棚、地沟等。

2. 栽培季节

灰树花属中温型菌类，季节安排应以出菇温度为基准，相应安排制袋、制种的时间。灰树花子实体生长温度范围比较窄，生产季节安排的关键是将子实体发生阶段的温度控制在 $10\sim20℃$。灰树花菌丝的生长周期较长，一般需 $50\sim65$ 天，所以制袋时应比最适宜出菇时间提早 2 个月左右进行。常规栽培是在春、秋两季，在每季期间，可多批生产。一般北方地区春季栽培 $4\sim6$ 月出菇，秋季栽培 11 月出菇；南方春季安排在 $3\sim5$ 月出菇，秋冬安排在 $10\sim12$ 月出菇。如果生产量大，发菌室不够用，也可提前到 10 月份利用秋温发菌，灰树花菌丝耐寒，菌袋可度冬贮存。

3. 栽培方式

灰树花抗杂菌能力很弱，目前，普遍采用袋栽技术进行生产。

4. 菌种制作

不同菌种和菌种质量对灰树花的产量和质量有决定性的作用，因此，一定要选用抗逆性强，生长快，产量高的优良菌种。无论是引进的还是自己分离的菌种，在大规模扩接前都应进行出菇试验。

(1) 原种的常用培养基配方

① 栗木屑 80%，麸皮 8%，石膏和糖各 1%，沙壤土或壤土 10%。

② 棉籽皮 80%，麸皮 8%，石膏和糖各 1%，沙壤土或壤土 10%。

(2) 栽培种培养基的配方　棉籽壳 30%，木屑 30%，细土 20%，麦麸 10%，玉米粉 8%，蔗糖 1%，石膏粉 1%。

培养基配水拌匀，含水量 60%，拌好后按常规方法装瓶（袋）、灭菌、接种，在 $25\sim26℃$，湿度、氧气、光照适宜的条件下培养。培养期间要经常对种袋进行检查，如果发现发霉、变质的种袋要及时将它们捡出，进行统一清除。当菌丝长满菌瓶（袋）时，经质量检查，菌丝粗壮，无杂菌污染的就可以作菌种了。

5. 培养料的制备

(1) 培养料配方

① 杂木屑 73%、麸皮 10%、玉米粉 15%、糖 0.8%、石膏 1.1%、过磷酸钙 0.1%。

② 杂木屑 38%、棉籽壳 38%、麸皮 7%、玉米粉 15%、糖 1%、石膏 1%。

③ 杂木屑 30%、棉籽壳 30%、麸皮 7%、玉米粉 13%、糖 1%、石膏 1%、细土 18%。

灰树花发菌需要较多的氧气，木屑的粒径大小对通气有影响，颗粒大小 $0.5\sim2mm$ 较为适宜。0.5mm 以下颗粒过细，容易出现畸形子实体；2mm 以上颗粒过粗，又容易使产量下降。因此，在细木屑中添加 30% 左右的粗木屑（玉米粒大小），木屑要过孔径 5mm 筛，清除杂物及尖刺木片，以免穿破料袋。辅料以麸皮和玉米粉搭配使用较好，麸皮与玉米粉的比例为 1：2 左右为宜，辅料添加量一般占总干料重的 20%～30%，过量添加容易出现畸形菇。

(2) 培养料配制　配方确定后，按配方比例称足原料，干料先混合均匀，糖溶于水后掺入料中，加适量水混拌均匀后堆闷 1h 左右，检查调整料的含水量和 pH 值。要使培养料的含水量调整到 60%～63%，以手捏料指缝间有 $1\sim2$ 滴水流出即可。pH 值调整到 $5.5\sim6.5$，过酸用石灰调节，过碱用过磷酸钙调节。要特别注意，培养料的含水量合适与否对菌袋发菌的成功率有重要影响。含水量适宜，菌丝生长健壮，现蕾早，出菇快。料过湿，则缺氧，发菌慢；过干则出菇困难产量低。必须强调拌料均匀，不能有干料团，否则灭菌不彻底，易感染杂菌。

(3) 装袋灭菌

① 装袋　选用耐高温的聚乙烯或聚丙烯塑料袋，常用规格为：$(17\sim18)cm\times(33\sim34)$

cm，厚 0.05～0.06mm。装袋应虚实适当，手托菌袋，两端不下垂、手握菌袋有弹性为宜，直至近袋口 3～5cm 左右压平料面，中央打孔穴至近袋底，装料后套上套环、塞上棉塞，或将袋口收紧后用绳子捆绑。

② 灭菌 装袋后马上灭菌，灭菌时温度尽快升到 100℃，常压灭菌 100℃维持 8～10h，高压灭菌 121℃保持 1.5～2h。灭菌结束后，待温度下降至 40℃以下时搬出菌袋，放在干净的室内冷却。

6. 接种发菌

(1) 接种 待袋温降至 30℃时，趁热接种。接种要在无菌室内严格无菌操作，选取优良菌种，将菌种搅碎或用手掰碎，放在料面上，在菌袋一端接种，使菌种布满料面和中央孔穴。一袋栽培种大约能接 25～30 袋。

(2) 发菌 接种完毕后，把菌袋搬进发菌室排放，袋与袋之间隔离 3～4cm，以保证通气良好，并有利散热。

培养室内条件要求：

① 温度 在发菌期间温度管理应该遵循逐渐降低的原则，即发菌初期（接种后至菌丝生长 1/4）25～28℃，中期（菌丝生长 1/4 至走透）23～25℃，后期（菌线走透后）22℃左右。

② 湿度 湿度管理原则为随菌丝生长逐渐增加空气相对湿度，具体为初期 60%，中期 65%，后期 70%。

③ 通气 发菌前期菌丝对 CO_2 浓度不敏感，但后期一定要注意通风换气，CO_2 浓度不能超过 0.3%。

灰树花是一种强好氧的菇类，因此通风换气是灰树花发菌过程中一个不可忽视的环节，通风不良会使菌丝生长速度缓慢，颜色发黄，生长线不齐，表现干枯，易感染杂菌，因此，必须强调通风换气。但在大量通风时注意保湿，在温度较高，通风大的情况下，发菌室内容易过度干燥，引起培养料失水，影响菌丝的正常生长。因此，要随时注意培养室内空气相对湿度的调节，协调好温度、湿度和通风是栽培成败的关键之一。

④ 光照 发菌初期、中期不需要光线，以暗培养为好，15 天后加散射光，光照强度 10～50lx，30 天后菌丝即长满袋。

(3) 催蕾 菌丝满袋后，应增加光照强度，为 200～500lx，适当降低温度，并给以 2～3℃的变温刺激，促使原基形成并使原基发生一致。经过 7～10 天的催蕾管理，菌袋表面逐渐形成菌皮，呈馒头状隆起，隆起部分产生皱褶，并由灰白色渐变为深褐色，有水滴凝成，此时就可转入出菇管理了。

发菌期间应 3～5 天翻堆 1 次，发现污染菌袋应随时拣出及时处理。

7. 出菇管理

出菇方式有袋式出菇和仿野生出菇两种。

(1) 袋式出菇 挑选出原基长大、水珠较多的菌袋，在袋肩上用小刀作"十"或"V"形切破袋膜，排放在出菇室的层架上，增加漫射光亮度，光强为 600～800lx，叶片伸展和色泽都比较正常，控温 20℃左右，室内相对湿度增至 90%～95%，同时加强通风换气，室内始终保持空气清新。生长后期为促其生长健壮温度降至 16～18℃，空气湿度降至 80%～85%，这样生长时期相对较长些，但肉质好，有弹性和韧性，能够提高菇品质量。整个管理关键在于保湿和通气，在袋口上覆盖报纸，可向纸上喷水保湿，千万不要直接对着原基喷洒，喷水要做到"勤、细、匀"，每天通风 2～3 次，每次 1h，注意，在刮大风的日子不要通风。

经过半个月左右管理，子实体逐渐长大，从脑状至珊瑚状并出现幼小朵片和覆瓦状重叠，从切口处长出，条件适宜越长越大，菌盖颜色由深变浅，菌盖下白色子实层逐渐发育出现菌孔，上翘的菌盖逐渐平展，即标志着子实体已成熟。

(2) 仿野生出菇　也称为拱棚小畦栽培，它解决了室内袋栽朵形小、畸形菇多、不易转潮、风味差等问题，一个产季能出 3～5 茬菇，产率突破了 100%，最高可达 128.5%。这种方式远远优于袋式出菇。

① 产季　仿野生出菇受外界气候影响较大，所以一定要安排好出菇时间。北方地区一般安排在春季气温明显回升，5cm 地温达 10℃ 左右时脱袋出菇，从春分到夏至也就是 4 月初至 6 月底前都可以进行栽培，但以早春栽培最为合适；南方地区排菌下地期在 11 月至次年 4 月底，太早或太晚脱袋入地都会造成减产或栽培失败。

② 场地　一般来说，除盐碱地外都可作为栽培灰树花的场地，但在不同土壤环境条件下，栽培灰树花的产量差异很大。栽培场地要选择背风向阳、地势高燥、不积水、近水源、排灌方便、远离厕所或畜禽圈的地方，土壤以壤土、黄沙土为好，土质须持水性好，并具团粒结构，纯沙土效果差。选腐殖质含量低，弱酸性土壤（pH 值 5.5～6.5），非耕作的生地较好。

③ 挖畦　在选好的场地内，挖成东西走向的小畦，长 250～300cm，宽 45～55cm，深 25～30cm 的畦，畦间距 60～80cm，畦的行间距 80～100cm，可当作人行道，亦有排水功能。畦做好后曝晒 2～3 天，栽培前一天，要先灌一次大水，目的是保墒。水渗后在畦底和畦边撒 1 层石灰，以地见白就行，撒石灰的目的是增加钙质和消毒；再在沟底和沟帮撒一薄层敌百虫粉，以防虫害；然后向畦内回填 2～3cm 浮土，以便栽菌块时找平。

④ 脱袋排菌　当料面原基出现皱褶伴有黄色水珠分泌时，就应排袋。开袋必须及时，太早或太迟均会影响子实体的形成和产量。将发好菌丝的菌袋全部剥去塑料袋，将菌棒整齐排放在事先准备好的畦内，相邻菌棒要挨紧，每 4 个菌棒之间要有一个空隙，同时要用畦中的回填土，使排放在沟内的菌棒上表面齐平。在搬动菌袋和开袋操作时，都应轻拿轻放，切勿抛摔，不能损伤袋中灰树花的原基。脱袋入畦要选在晴天无风的早晚进行，边排袋，边覆土，边浇水，边遮阴，防止菌块长时间暴露在阳光下直射。

⑤ 覆土　菌棒排好后立即覆土，用于覆土的土质含有机质要少，以壤土为宜，含水量 20%～22%，一定要呈粒状，否则会因透气性差影响原基的分化与生长。覆土在使用前应用甲醛和敌敌畏杀菌杀虫。覆土时先放四周再放中间，尽可能将菌块间空隙填满。覆土分二次进行，第一次覆土厚 1.5cm，以刚好覆盖住隆起的原基为度，然后在畦面上喷水，使覆土湿透、沉实，切忌灌大水，等水渗后进行第二次覆土，进一步将菌块间空隙填满并保持菌块上覆土厚 1.5cm 左右。覆土完毕后，用喷雾器均匀喷水，掌握少量多次的原则，及时调节覆土的水分，在 1～2 天之内，将覆土层调节到适宜的湿度，即用手捏土粒成团、不粘手为度。

⑥ 架设小拱棚　在每个畦的表面上，都要做一个略大于畦的小棚，可做成拱型或坡型，高度 20～30cm，拱棚上面放好塑料布，北面不固定，便于通风换气、浇水观察等方面的管理。畦的东西两端要留有通风孔，向阳的方向用草帘盖住，这样既避免阳光照射，又有背阴散射光。

⑦ 出菇管理　出菇期间协调好光、温、水、气因子，创造适宜的生长发育条件是灰树花高产的前提，其中水分和通气管理是关键。

a. 水分管理　覆土后至原基没有出土之前大约 7～10 天，不能放大水，保持地面不干燥，保持室内空气相对湿度 60%～70%，促进菌丝后熟及联合；10 天以后可适当增加喷水量，使棚内空气相对湿度提高到 70%～80% 左右；发现菇蕾后，要进一步增加水量及喷水次数，使地表保持相当湿润，棚内空气相对湿度达到 85%～90% 左右，避免向原基直接喷水，表面积水会造成细菌污染，子实体腐烂。灰树花长大后可以在菇上喷水，要用喷雾器喷成雾状，采菇前1～2天，不要直接向菇体上淋水，只能向周围洒水，以保证其适宜的含水量，提高商品价值；灰树花采收后3天内，不向根部喷水，以利菌丝复壮，再长下潮菇。每日喷水量和喷水次数要根据天气情况和棚的保湿能力决定，高温季节还需要往草帘和过道空地洒水，增湿降温；低温季节喷水和灌水时最好用日光晒过的温水，以利保温。雨季降雨充足，可以少喷水或不喷水；干旱燥热天气需在白天中午增喷一次大水。

b. 通风管理　在喷水的同时注意通风，菇蕾分化时可少通风多保湿，但菇蕾生长期对氧气需求量增加，要多通风。每天通风2～3次，每次1～2h，保持棚内空气新鲜，但应避免强风直接吹到菇体上。通风和保湿是相互矛盾的，须结合水分管理进行通风，通风一般选在无风的早晚温度较低时进行，在上水的间隙将北侧薄膜掀起，通风0.5～1h。除定时通风外，在棚的东西两端要留有永久性的通风口，在干旱季节，通风口要用湿草把遮上，使畦内既透气又保湿。注意低温时和大风天气要少通风，高温和阴雨时要多通风，早晚喷大水前后，适当加大通风。

c. 温度管理　灰树花是一种中温型食用菌，原基形成适温18～22℃，子实体生长最适温度15～20℃。温度管理应根据不同生长发育时期合理调整，如果超过20℃生长会较快，但肉质会失去弹性，品质下降，此时就要通过加厚遮阴物、上水和通风等措施降温。

d. 光照管理　散射光对灰树花的原基分化和子实体色泽深浅有很大的影响，原基形成阶段需要光的刺激，发育才能正常；子实体生长阶段光线太暗，则分枝形成较少，长成无菌盖或菌盖扁长的长柄菇，且颜色浅，无菇香味。因此，在出菇期间应该增加散射光的强度，原基分化期光强200～300lx，子实体生长期光强300～500lx，这样才以利于菇体形成灰色或浅灰色，提高产品质量。具体做法是：每天早晚阳光不强时掀起草帘照光20min至1h，每天1～2次，生产上不采用过厚的草帘，以保留稀疏的直射光，但要避免强光直射。

e. 铺砾　出现幼菇后在幼菇四周撒1～2.5cm的小石砾，或出菇前整个撒一层小石子，托起子实体，减少子实体与土壤的接触机会，使子实体干净，商品性提高。

四、采收

1. 采收时期

覆土后，在适宜条件下，经15～20天培养，土面形成幼嫩的子实体，菌盖重叠生长，当菌盖充分展开，菌孔伸长时即可采摘。适时采收的灰树花香味浓，肉质脆嫩，有一定韧性，商品价值高；过迟或过早采收都会影响菇品的质量和产量。灰树花品种和栽培的环境因子不同，从现原基到采菇的时间也不同，应根据子实体生长状况来定。当灰树花的扇形菌盖外缘无白色生长端，菌盖平展，颜色呈浅灰黑色，整朵菇形像盛开的莲花，并散发出浓郁的菇香时，为采摘最佳时期，此时菇体达到7～8成熟。

2. 采摘方法

采收时，不要损伤菌盖，保证菇体完整，具体方法是用手托住菇体的底面，用力向一侧抬起，用小刀从灰树花基部切下，不留残叶，不损伤周围的原基和幼菇。注意不要弄伤菌根，有的菌根可以长出几次子实体。采收后，用小刀将菇体上沾有的泥沙或杂质去掉，以免沾污其他菇体，捡净碎菇片，保证子实体干净、无杂质，轻放入筐，成丛排好。

采收后，应及时平整料面，2天后喷1次重水，照常保持出菇条件，过20～40天就可出下潮菇。一般可连续采3潮菇。

第十节　鲍鱼菇栽培

一、简介

鲍鱼菇（*Pleurotus abalones* Han et al.），又名黑鲍耳、台湾平菇、鲍鱼侧耳、高温平菇等，在分类上隶属于担子菌亚门、层菌纲、伞菌目、侧耳科、侧耳属，是发生于热带和亚热带地区的一种木腐性高温菇种。我国主要分布在台湾、福建、浙江等省。

鲍鱼菇子实体肉质肥厚，菌柄粗壮，清香浓郁，具鲍鱼风味，营养丰富。据分析，干菇含粗蛋白 19.20%，脂肪 13.48%，可溶性糖 16.61%，粗纤维 4.8%，氨基酸总量占 21.87%，其中必需氨基酸 8.65%，均高于其他侧耳，略高于金针菇，蛋白质含量高于大多数蔬菜，富含维生素及矿物质。鲍鱼菇含糖量非常低，适用于糖尿病人食用，对肥胖症、脚气病、坏血病及贫血患者，也是一种食、药兼用的理想食品。从鲍鱼菇子实体及菌丝体中提取的有机物质，在动物功能学实验中具有较强的抗疲劳、延缓衰老及提高机体免疫力的作用。

鲍鱼菇系高温型食用菌，适宜我国北方春末至初秋（5～9月）高温季节栽培，可填补北方市场上食用菌鲜品的空缺，是实现食用菌周年生产的理想的接茬品种。此外，鲍鱼菇的菇体韧性强，比其他食用菌易于保藏和适宜长途运输，故也是保鲜出口的理想品种。鲍鱼菇也同平菇属的其他种类一样，是栽培较粗放的一种菇类，因此具有较高的经济价值和广阔的开发前景。

二、生物学特性

1. 形态

子实体单生或丛生（如图6-10），菌盖直径为 5～20cm，厚度为 1～2cm，扇形或半圆形，菇盖无表皮分化，表面干燥，暗灰色至污褐色，中央稍凹；菌褶间距稍宽，褶缘有时呈明显的灰黑色，最后褶片下延与柄交接处形成黑色圈；菌柄短小，白色，菌柄内实，质地致密，偏生或侧生，长 5～8cm，直径 1～3cm；担子上有 4 枚担孢子，担子 (50～65)μm×(7～8)μm；担孢子 (10.5～13.5)μm×(3.8～5.0)μm，光滑；孢子印奶白色；菌丝白色气生，宽约 2μm，有锁状联合。该品种有一个显著特点：在双核菌

图6-10　鲍鱼菇形态

丝培养基上会形成黑色的分生孢子梗束，正是黑色的分生孢子梗束的产生，驱避了菇蝇的干扰，虫害发生相对较少，使之成为夏季无蝇危害的绿色食品。

2. 生长发育条件

（1）营养　鲍鱼菇是木腐型菇类，但其分解木材的能力较弱。在实际栽培中，以棉籽壳、废棉、稻草、麦秆、甘蔗渣、玉米芯、杂木屑等作为碳源，以米糠、麸皮、玉米粉、大豆粉、花生及油菜籽饼粉作为氮源。在培养料中添加磷酸二氢钾、碳酸钙等无机盐类，钙、磷、镁、钾、铁等矿物质元素以及维生素 B_1、维生素 B_2，来满足生长所需的矿物质和维生素。

（2）温度　温度是影响鲍鱼菇菌丝生长和子实体形成的一个重要因子。鲍鱼菇属中高温菌类，菌丝生长发育的温度范围为 20～33℃，最适宜温度是 25～28℃；子实体发生的温度范围是 20～32℃，最适宜温度是 27～28℃，低于 20℃或高于 35℃菇蕾不会发生。温度还会影响鲍鱼菇子实体的颜色，在自然条件下，气温 25～28℃子实体呈灰黑色，28℃以上呈灰褐色，20℃以下呈黄褐色。

（3）水分　鲍鱼菇为喜湿性菇类，抗干旱的能力较弱。菌丝生长培养料最适含水量为 60%～65%，但鲍鱼菇是在夏季栽培，培养料中的水分散失快，因此在配制培养料时，含水量应适当调高至 70%，发菌期空气相对湿度以 65%为宜。菌丝达生理成熟后，栽培室的空

气相对湿度保持在 90％左右有利于原基形成和菇体的生长发育。

（4）空气 菌丝生长阶段对空气 CO_2 含量不敏感，往往高浓度的 CO_2 还能刺激菌丝的生长，但当 CO_2 浓度积累大于 3％时，菌丝生长就会受到明显抑制，这时需要通风换气。一般培养室的空气含量均能适合鲍鱼菇菌丝生长。原基分化和子实体生长发育阶段，需要一定的氧气，随着子实体的生长，氧气的供应量应不断增加，如果通气不良，CO_2 浓度高，鲍鱼菇子实体容易产生柄长、菇盖小或不发育，容易形成畸形菇，降低商品价值。

（5）光照 菌丝生长期间不需要光线，可避光发菌，但子实体分化和生长阶段则需较弱的散射光，光照强度在 200～1000lx，但应严禁阳光直射，在黑暗条件下菇盖不分化。

（6）pH 值 鲍鱼菇菌丝在 pH 值 5.5～8 的培养基中均能生长，以 pH 值 6～7.5 最适宜。

三、栽培管理技术

1. 栽培季节

鲍鱼菇的栽培季节，应根据本地的自然温度合理安排，安排在当地气温 25～30℃之间的季节出菇，在选定出菇季节之后，还要具体安排菌种生产的时间。鲍鱼菇的一级种培养需要 10 天，二、三级种需要 25～30 天，菌袋培养需要 30～35 天，菌床 20cm 厚的培养料层播菌种需 35～40 天，由此可以依次安排具体操作程序。在华北地区以春末至中秋（5～9 月）为适宜的栽培季节，春夏季栽培可于 2～4 月制菌种，4 月中下旬制作栽培袋，栽培袋在塑料大棚内培养发菌，5 月下旬至 6 月下旬为出菇采收期。一般栽培可选择室内或荫棚出菇；夏秋季栽培可于 6 月中下旬制作栽培袋，在室外荫棚内培养发菌，7 月下旬至 8 月下旬为出菇期，可利用塑料大棚延长生产期。中国南方地区可春、夏、秋三季多批栽培。春季栽培安排在 2 月接原种，加温室内培养，3 月中旬制作栽培袋，加温室内培养，4 月下旬至 5 月出菇。这时自然温度已达到出菇要求的温度；夏季栽培安排在 5 月制作栽培袋，6 月下旬出菇；秋季出菇安排 7 月制作栽培袋，8 月下旬至 9 月出菇，这时污染率低，菇质较好，商品价值较高。

2. 栽培料的准备

（1）菌种制作 鲍鱼菇母种制作采用 PDA 培养基。实践证明，在制母种的 PDA 培养基中添加 0.2％蛋白胨或 2％玉米粉或高粱粉，可加快菌丝的生长速度，且菌丝浓密粗壮。

原种和栽培种均可采用普通木屑培养基，即阔叶树木屑 74％、麸皮 24％、糖 1％、碳酸钙 1％；也可采用麦粒培养基，即麦粒 100kg、碳酸钙 2kg、杂木屑 10kg。制作工艺与平菇等食用菌相同。

（2）栽培料的选择 适合鲍鱼菇生长发育的主要材料有棉籽壳、废棉、阔叶树木屑、甘蔗渣、稻草、麦秸等。辅料有麸皮、米糠、玉米粉、黄豆粉、花生饼粉、棉籽饼粉、石膏粉、碳酸钙、白糖等，并可根据当地原料资源，合理选择。无论选择哪种原料，都要求新鲜，无霉变。下面推荐几个产量较高的栽培料配方：

配方一：棉籽壳或废棉 93％，麸皮 5％，白糖 1％，碳酸钙 1％。

配方二：棉籽壳 40％，阔叶树木屑或甘蔗渣 40％，麸皮 18％，白糖 1％，碳酸钙 1％。

配方三：阔叶树木屑 73％，麸皮 20％，玉米粉 5％，白糖 1％，碳酸钙 1％。

配方四：稻草粉 37％，阔叶树木屑 37％，麸皮 20％，玉米粉 4％，白糖 1％，碳酸钙 1％。

配方五：麦秸（经粉碎）25％，豆秸（经粉碎）25％，玉米芯（经粉碎）25％，杂木屑 12％，麸皮 10％，石灰 1％，过磷酸钙 1％，石膏粉 1％。

（3）栽培料的配制 按配方称料，对主料先做预处理：主料使用前应在太阳光下曝晒 2～3 天，利用太阳光中的紫外线杀死原料中的微生物。若采用木屑、甘蔗渣为主料，要晒干过筛，以免刺破塑料袋；若采用棉籽壳或废棉为主料，先要进行预湿，让它吸足水分，再与其他料混合拌匀；若采用稻草为主料，要先用 0.5%～2% 石灰水浸泡 24h，再用清水漂洗使 pH 值降至 7.5 以下，沥干水再用，这样既可杀死稻草表层霉菌，又可破坏和消除稻草表层蜡质和表皮细胞的硅酸盐，促其软化，有利于鲍鱼菇菌丝降解。注意配制顺序，先将辅料充分拌匀，然后再拌入主料，二者混合均匀，pH 调至 7.3 左右，含水量调至 65%～70%。拌料后堆闷 1～2h 后立即装袋灭菌。

3. 接种与发菌

接种要严把菌种质量关，要求菌种无杂菌、菌丝白色、均匀整齐、粗壮生活力强，无或少量黑色液滴，培养基不萎缩、不干涸；若培养料收缩过多，或有自溶现象，坚决弃之不用。接种按无菌操作程序进行人工接种。菌袋两头接种，每瓶 750mL 的原种可接 20 袋。接种后重新扎好袋口，移至培养室发菌管理。

在发菌培养过程中，要调节好发菌温度，以加快发菌速度，减少污染，提高成品率。培养室温度控制在 25～28℃，空气湿度 60% 左右，培养期间适当通风换气，避光培养，一般经 30～35 天菌丝可长满袋。当菌丝生长至菌袋 1/2 时，可刺孔增氧，以免因袋内缺氧而导致菌丝纤细、生活力下降。发菌过程中要注意翻堆，同时检查杂菌污染情况，发现有污染的菌袋要及时处理。当袋口出现许多黑色孢子梗束，菌丝达生理成熟，即可开袋出菇。

4. 出菇管理

鲍鱼菇最适宜的出菇方法是采用培养料表面出菇法，方法是：待菌丝满袋后打开袋口，把塑料袋反卷至培养基表面，清除料面上的小菇蕾，再喷水保湿，每天喷 3～4 次，可向菌袋适度喷水，但袋口内不能积水，保持料面湿润即可。一般经 8～10 天开始出菇，从菇蕾起至成熟约需 6～8 天。

（1）温度　在整个出菇阶段，温度控制在 25～28℃，若气温偏高，可往墙壁、地面多喷水、勤喷水；气温低时可关闭门窗，料袋靠紧，袋口覆盖等促使菇蕾发生。

（2）湿度　鲍鱼菇抗干旱能力较弱，要保持对水分的要求，可向地面、墙壁喷水或空间喷雾，或挂湿布帘。要随菇体生长而增加喷水量和喷水次数，防治空气过于干燥导致子实体生长慢、粗糙畸形或色泽变淡、变黄、老化。

（3）通风　菌丝生长阶段对氧气的要求不甚严格，但子实体生长需较多新鲜空气，如通气不良会造成鲍鱼菇子实体柄长，菌盖小等畸形菇，要定期通风，保持菇房空气新鲜。

（4）光照　适当降低出菇棚的光照强度，以 40～100lx 为宜，不能有直射光。若光线过强，菇体发黄，菌柄变长；光线过暗，菇体变黑，影响菇品价值。

四、采收

鲍鱼菇采收适期为：菌盖近平展，柄长 1～2cm，盖缘稍内卷，孢子即将成熟时，菇体组织紧实、质地细嫩、菌面发亮、重量最大，商品价值最高。

五、转潮管理

头潮菇采收完毕，清理料面，停止喷水，让菌丝体恢复 2～3 天，再喷水促菇，约间隔 10～15 天，第二潮菇可形成。头潮菇子实体一般是丛生，二潮菇多为单生。一个生产周期一般采收两茬，但生产中在采了第二潮菇后，采用袋式覆土出菇的管理技术，还可出一潮菇。

【知识链接】　食用菌袋栽通气小技巧

1. 通气塞法

以麦秆、棉绒、葵花秆、玉米芯等为材料，扎于菌袋的两头即成通气塞。须注意的是，麦秆和葵花秆要截成 3cm 长的小段；棉绒要折叠成一端平整一端有毛茬的棉柱；玉米芯要粉碎成豆粒大小后用报纸包成团。塞子的大小要视菌袋大小而定，大袋用大塞，小袋用小塞；还要看发菌温度，发菌温度低时塞可小些，反之应大些。

2. 套环法

可购买喇叭口环，套住菌袋后加棉塞，如买不到喇叭口环，也可用塑料打包带自制（截成段，用烙铁焊成环），外用牛皮纸加橡皮筋封口。注意，套环时要套牢固，防止脱落。

3. 通气孔法

用缝纫机针在距离袋口 6cm 处各扎一排孔，孔距约 1cm。在装料时将菌种播在扎孔处即可。扎孔不可过多，并注意在扎孔时不要操作菌袋，否则菌袋在装料过程中易开裂。

4. 通气洞法

用一根拇指粗的锥形木棒，在装好料袋两头呈三角形打 3 个 6cm 深的洞，再在中间播种处横打一个洞，将菌袋放在经消毒的室内发菌。

思 考 题

1. 试述姬松茸熟料袋栽的关键技术。
2. 试述真姬菇、杏鲍菇、大球盖菇袋栽的特点。
3. 简述鲍鱼菇、黄伞、阿魏菇、灰树花栽培程序和管理要点。
4. 这几种珍稀食用菌的食用价值和药用价值有哪些？
5. 简述珍稀食用菌覆土栽培与不覆土栽培的技术要点。

第七章 野生名贵食用菌的驯化栽培

【学习目标】
1. 了解虎奶菇、牛舌菌的生物学特性；
2. 掌握虎奶菇、牛舌菌的栽培管理技术。

第一节 虎奶菇栽培

一、简介

虎奶菇 ［*Pleurotus tuber Regium*（Fr.）Sing］，别名核耳菇、菌核侧耳、茯苓侧耳、虎奶菌，日本人称南洋茯苓，为药食兼用菇菌。在真菌中的分类地位隶属于担子菌亚门、层菌纲、无隔担子菌亚纲、伞菌目、侧耳科、侧耳属。

虎奶菇自然生长于热带和亚热带，夏秋间生于阔叶树的根和埋木上。菌丝侵染木材或树桩后，引起木材的白色腐朽，并在地下、木材中或树根之间形成菌核。菌核在温暖潮湿的地方，就会连续一个接一个地产生漏斗形的子实体；子实体产期的长短取决于菌核的大小。中国云南省、日本、东南亚、澳大利亚、非洲等地均有分布。

虎奶菇的菌核含葡萄糖、果糖、半乳糖、甘露糖、麦芽糖、肌醇、棕榈酸、油酸、硬脂酸等，有治疗胃痛、便秘、发烧、感冒、水肿、胸痛、神经系统疾病等的药效，并能促进胎儿发育，提高早产儿成活率。也有报道，虎奶菇菌核能入药，外敷有治疗妇女乳腺炎之效，是一种有发展前景的食品和药品资源。

虎奶菇有很高的营养价值和药用价值，可以作为蛋白质（含 16% 以上）、钾、钙、镁等元素、多糖等活性物质的重要给源，并可制成预防哮喘病、糖尿病、冠心病的天然保健药品，但我国商业化栽培还较少。

二、生物学特性

1. 形态特征

虎奶菇为木腐菌侧耳属中的特殊生态型，其子实体生于地下菌核上。子实体从地下菌核长出，如图 7-1 所示，单生或丛生，中等至大型。菌盖直径 10～20cm，漏斗状或杯状，中部明显下凹，后边缘平展，表面光滑，常有散生，微翅的鳞片呈淡白色至肉桂色。边缘初内卷，后伸展有沟条纹。菌肉薄，初肉质，后变革质。菌褶延生，密薄而窄，不等长，苍白至淡黄色。菌柄长 3.5～13cm，粗 0.7～3cm，常中生，圆柱形，与菌盖同色，有小鳞片或绒毛，内实，基部常膨大，生于菌核上。菌核生于地下或木材间，直径 10～25cm，球状、卵状或梭形，坚实，内部白色，外皮壳褐色或暗褐色。孢子柱状椭圆形，无色。孢子印白色。

2. 生育条件

（1）营养 虎奶菇是一种典型的木腐菌，能利用许多阔叶树、针叶树及各种农作物的秸秆。虎奶菇的菌丝在含果糖的琼脂培养基上生长最好，其次为甘露糖，再次为葡萄糖；在寡糖中只能利用纤维二糖和麦芽糖，但利用纤维二糖比利用麦芽糖好；在多糖中可以利用糊精、淀粉、纤维素等，但在含糊精的培养基上生长得更好。虎奶菇能利用多种有机氮，利用无机氮能力较差。

（2）温度　虎奶菇菌丝生长的最低温度是 15℃左右，最适生长温度 35℃，最高生长温度 40℃（10℃菌丝不生长，15℃菌丝稍生长，30℃菌丝生长相当好，35℃菌丝生长最好，40℃以上菌丝不能生长）。

（3）湿度　菌丝体培养料水比为 1：(1.8～2.0)；菌核生长期料水比为 1：(1.4～2.6)，此期料水比以 1：2.2 最适宜。

（4）水分　虎奶菇菌丝体在含水量 60%～70% 的木材或木屑培养基上生长旺盛。

（5）酸碱度　虎奶菇菌丝体、菌核生长的 pH 值有两种说法：一种是 pH 值为 6～7，以 6.5 为最适；另一种是 pH 值为 6.5～9.0 均能生长，以 pH 值 7.5 最为适宜。pH5.5 时不能形成菌核。

（6）光线　子实体发生需要明亮光线，菌核在黑暗和明亮之处均可形成。

图 7-1　虎奶菇形态

（7）空气　虎奶菇是一种好氧菌，菌丝生长和菌核及子实体形成均需氧气充足。

3. 菌种制作

夏秋雨后，在虎奶菇的产区把子实体周围的泥土挖掉，连同地下的菌核一起挖出来，晾去多余水分，经表面灭菌进行组织分离，在普通的马铃薯葡萄糖琼脂培养基上培养，当菌丝生长旺盛、洁白、爬壁力强，菌丝束末端有时会形成小菌核时，可放在 0～15℃ 的冰箱中保藏，以备研究和栽培之用。

（1）母种制作

① PDA＋酵母膏（5g/L），KH_2PO_4 1g/L，维生素 B_1 0.01g/L，$MgSO_4$ 0.5g/L，pH 自然。

② PDA＋蛋白胨（5g/L），KH_2PO_4 1g/L 维生素 B_1 0.01g/L，$MgSO_4$ 0.5g/L，pH 自然。

③ 培养基 4：PDA＋牛肉膏（5g/L），KH_2PO_4 1g/L 维生素 B_1 0.01g/L，$MgSO_4$ 0.5g/L，pH 自然。

上述培养基配制好后，分别注入 180mm×18mm 型号的试管中，每支注入量为 10mL，灭菌后制成斜面，冷却后接种，于 25℃恒温条件下培养 10 天即可。

（2）原种制作

① 棉籽壳 78%，麸皮 20%，石灰 1%，石膏 1%，含水量 60%。

② 木屑 78%，麸皮 20%，石灰 1%，石膏 1%，含水量 60%。

③ 小麦 5000g，石膏粉 150g，水适量。以麦粒种最佳。

麦粒种制作方法为取小麦粒水煮至无白心，凉至不粘手，装瓶灭菌后接入母种。25℃下培养 25 天左右即可。

（3）栽培种制作

① 棉籽壳 82%，麸皮 16%，石灰 1%，石膏 1%。

② 棉籽壳 50%，木屑 32%，麸皮 16%，石灰 1%，石膏 1%。

③ 棉籽壳 75%，稻草 7%，麸皮 16%，石灰 1%，石膏 1%。

含水均调整为占培养基重量 60%。将上述培养基拌匀后装入 17cm×33cm 的折角袋中，每袋装 0.5kg，套环，塞好棉塞，外口包牛皮纸。灭菌后，接入菌种，至 25℃下恒温培养，培养 25 天即可。

（4）液体菌种制作培养基配方

① 马铃薯 200g，葡萄糖 20g，酵母膏 5g/L，KH_2PO_4 1g/L，维生素 B_1 0.01g/L，$MgSO_4$ 0.5g/L，pH 自然。

② 黄豆 12.5g（豆浆机匀浆过滤），葡萄糖 20g，水 1000mL，pH 自然。

将上述培养基制成的培养液，分装 75/250mL 锥形瓶，pH 自然，灭菌接种后，至恒温 150r/min，摇床转速为，温度为 25℃ 条件下，培养 96 天即可。实践发现，以黄豆浆制作的培养基菌丝生长好。

三、栽培管理技术

1. 段木栽培

利用阔叶树的短段木进行窖栽。其方法步骤如下：

（1）选料 把拟赤杨、枫树、桉树等阔叶树干或粗大枝条，锯成 30～45cm 的段木。直径超过 15cm 的段可以劈开，晒干或风干备用。

（2）场地 选择向阳的缓坡地或排水良好的果园中，或选择离水源近，土壤疏松肥沃，排灌良好的空地为出菇场地。挖深 30cm 的浅坑，果园土壤以壤土或沙土为宜。

（3）接种 将三条段木并排靠拢放入坑内，然后削去树皮部位撒播填满菌种，或将木段的上端削尖，然后将栽培袋倒插在尖端上。接种后及时覆土 3cm 并在菌种上再盖上一些树叶、木屑等填充物，以保护菌种。最后覆盖约 10～15cm 厚，呈龟背形的疏松沙壤土。

（4）管理 经常观测土壤的湿度，特别干旱时，浇水或喷水，保持土壤湿润；同时定期清除栽培场所中的杂草，5 个月以后，检查每窖段木周围是否形成菌核。

2. 袋料栽培

（1）栽培季节 夏初至秋末适合虎奶菇的栽培，若有空调设备，一年四季都可以栽培。冬春季只要适当加温，就可以照样生长。

（2）培养料配方

① 阔叶树（硬杂）木屑 78%～80%，麸皮 18%～20%，轻质碳酸钙 1%，蔗糖 1%，含水量 60%～65%，pH 值自然。

② 阔叶树杂木屑 39%，棉籽壳 49%，麸皮 10%，蔗糖 1%，轻质碳酸钙 1%，含水量 60%～65%，pH 值自然。

③ 棉籽壳 84%，麸皮 14%，石灰 1%，石膏 1%，含水调整为 60%，pH 值自然。

④ 木屑 84%，麸皮 14%，石灰 1%，石膏 1%，含水调整为 60%，pH 值自然。

⑤ 棉籽壳 50%，木屑 34%，麸皮 14%，石灰 1%，石膏 1%，含水调整为 60%，pH 值自然。

⑥ 棉籽壳 70%，稻草段（3～5cm）14%，麸皮 14%，石灰 1%，石膏 1%，含水调整为 60%，pH 值自然。

（3）栽培袋的制作 按上述配方，称好所需材料，拌匀，加水拌湿，然后装入 17cm×35cm 聚丙烯塑料袋中，每袋湿料约 1kg（干料 800g），一端扎口，另一端套上塑料套环，塞上棉塞，经高压蒸汽灭菌或常压蒸汽灭菌后，无菌操作，将每个栽培袋接上一匙虎奶菇的麦粒菌种或木屑原种。料袋接种后排放在栽培室的床架上，室内温度控制在 25～35℃ 之间，保持通风。6～8 天后翻袋并检查菌丝生长情况。当菌丝蔓延到直径 8～10cm 时可进行扎眼通气，经 25 天左右培养，菌丝可长满菌袋，35 天菌丝达生理成熟，可进行室外覆土出菇。

（4）栽培袋的管理 接种后，首先检查菌种成活情况，若菌种发白，没有感染杂菌的，就可转入正式培养管理。虎奶菇菌丝生长的最适温度是 30～35℃。因此，在冬春培养时，应适当加温。夏秋可以利用自然温度进行培养，气温超过 36℃ 时，应适当通风降温。培养 30～45 天之后，洁白菌丝长满全袋培养料，其后在培养料的上方或中间菌丝开始集结，形成虎奶菇的菌核。当菌核快要顶袋时，可以脱去塑料套环，拔开棉塞，松开袋子，防止塑料袋破裂。4 个月后菌核就可以达到采收的大小（120～150g，视培养料种类、数量和培养时间长短）。当袋内培养料剧烈收缩、出水、变软，菌核不会继续长大之后，就可以陆续采收。菌核的收得率湿重大约是培养料干重的 30%。

（5）菌核出菇

① 室外床覆土方式出菇 选土质疏松肥沃、排水方便的空地作出菇场。先将土地翻松，翻深 30～40cm，曝晒 10～15 天后，整理成宽 1.3m 的床，四周开好排水沟。菌袋上床前，用 1% 的石灰水将床面浇透，再将菌袋去掉塑料膜，排放在床上，留 3～5cm 的距离。用消过毒的土壤填满空隙，然后在料面覆土，厚 3cm，浇透水，上面盖湿稻草保湿遮阳，并注意保持床面湿润。7～10 天原基出现，经 4～5 天子实体分化即可采收。

② 沙床上出菇 采收后的菌核，应风干或藏于湿沙中。在春末夏初时，先把菌核浸于清水中，待菌核吸足水，置于沙床上，即可由菌核陆续产生子实体。从原基出现到子实体成熟，大约需要 7 天。若温度偏低，菌核发生子实体的时间会长些。

目前我国栽培的大多数食用菌其食用的部分都是子实体。茯苓食用的部分是菌核，其子实体不能食用。猪苓食用的部分是子实体，菌核则不能食用。然而虎奶菇其子实体和菌核均可食用。

第二节 牛舌菌栽培

一、简介

牛舌菌（*Fistulina hepatica*），又名牛排菌、猪肝菌、猪舌菌，是一种珍稀的食用菌；因形状和颜色似牛舌而得名。

牛舌菌营养丰富，据分析，牛舌菌含有 17 种氨基酸，其中包括人体必需氨基酸 8 种。牛舌菌子实体的热水提取物纯化后得到粉白色粉末，熔点 230～260℃，含有明胶、木糖、阿拉伯糖等，能够增强机体免疫力，有明显的抗肿瘤效果。对移植于小白鼠皮下的肉瘤 S180 抑制率为 95%。其发酵菌丝中含有一种新的抗真菌抗生素——牛舌菌素（fistulina）。

牛舌菌主要分布于寒温带至亚热带地区，如日本、印度、北美及欧洲等地，我国在河南、广西、四川、福建、云南等省亦有分布。

二、生物学特性

1. 形态特征

牛舌菌子实体（如图 7-2）肉质松软、多汁，鲜色、肉红色至红褐色，老熟时暗褐色，厚 3cm 左右，半圆形、近圆形至近匙形，直径 5～25cm，从基部至盖缘有放射状深红色花纹，微黏，粗糙；常无柄，生于孔洞中的柄长 2～3cm，明显；子实层生于菌管内，菌管长 1～2cm，可各自分离，无共同管壁，密集排列在菌肉下面，管口初近白色，后渐变为红色或淡红色；菌肉淡红色，纵切面有纤维状分叉的深红色花纹，软而多汁；担孢子无色，近球形或椭圆形，(4～5)μm×(3～4)μm，内含一个大油滴；有时产生厚垣孢子，卵形，污黄色，(6～7)μm×(4～5)μm，丛生于菌丝或孢子梗的顶端。

牛舌菌的菌丝直径变化范围很大，3～12μm。有锁状合，但数量不多；液体培养时，很少观察到锁状联合，偶尔可发现有顶生或间生的厚垣孢子。某些菌株能

图 7-2 牛舌菌形态

产生大量分生孢子。分生孢子卵形或椭圆形，长 2～8μm，生于有分枝的分生孢子梗顶端的小梗上。

野生状态下，牛舌菌的发生期为春季至秋季（4～10 月），生于米槠、橡树等老树的枯干基部或树洞中，喜潮湿黑暗的生态环境。

2. 生育条件

（1）营养　牛舌菌多生于壳斗科树木如栲树、米槠、橡树等老树的枯干基部或树洞中，其菌丝能分解单宁，并利用释放出来的糖。牛舌菌菌丝在以葡萄糖、蔗糖、淀粉、马铃薯浸提液、麦芽膏、牛肉膏、蛋白胨、酵母膏等为组分配制各种培养基上都能生长。

（2）温度　牛舌菌菌丝在 9～30℃之间均可生长，以 24～27℃最为适宜；子实体分化无需低温或变温刺激。子实体发生适宜温度在 15～25℃之间，15℃以下子实体生长缓慢；而 25℃以上，原基逐渐失去美丽桃红色；超过 32℃，原基变为黄褐色，并停止生长；长期高温会导致死亡。

（3）湿度和水分　牛舌菌喜潮湿黑暗的生态环境，子实体在雨后空气湿度较大时才大量发生。牛舌菌菌丝生活在含水量变化较大（含水量 38%～95%）的木材上，子实体发生需要较高湿度的气候条件。

人工栽培条件下，菌丝体生长阶段，培养料含水量在 55%～60%较好，而培养室需经常保持 60%～65%的空气相对湿度。子实体形成阶段，培养料含水量以 60%～65%较好；要求空气相对湿度以 80%～95%较理想。

（4）酸碱度　牛舌菌能耐受较低酸度，菌丝体生长的 pH 为 4.4～6.4。与其他食用菌相比，牛舌菌的菌丝更能耐单宁酸。在含 1.25%青刚栎单宁酸的培养基上生长旺盛。而人工栽培条件下，宜在酸性环境中生长，基质 pH 以 4.5～5.5 为宜。

（5）空气　牛舌菌属好气性菌类，菌丝体和子实体生长发育都需要较充足得新鲜空气。通风不良，二氧化碳浓度过大，会使得牛舌菌子实体畸形。

（6）光线　牛舌菌菌丝宜在黑暗条件下培养，暴露于明亮光线下，气生菌丝会枯萎、倒伏。牛舌菌子实体的形成需要一定散射光，散射光充足时，菌盖才会出现美丽的鲜红色。但在微弱的光线条件下，子实体也能正常生长发育。

三、栽培管理技术

（1）栽培场所　牛舌菌可采用室内栽培，场地常用钢筋混凝土的菇房，也可用泥墙草屋，或加盖草帘的塑料大棚。为充分利用空间，菇房内可设置床架。

（2）栽培季节　牛舌菌易于在温度较为恒定（18～24℃）、湿度较高的条件下形成子实体；可在早春接种，春末夏初季节出菇；或夏末接种，秋季至冬季来临前出菇。

（3）菌种制作　纯种通过子实体组织分离得到。使用 PDA 或 2%麦芽浸膏培养基，或经 0.5%苹果酸酸化的 5%麦芽浸膏培养基，接种后 28℃培养 8～12 天长满斜面。在 5%麦芽浸膏培养基上，菌丝初期白色或淡黄白色，然后变成淡红至朱红至麦秆褐色，最后变为淡红色，20～25 天后，斜面上出现原基，再经 5～10 天长成小子实体。

原种和栽培种培养料配方为：杂木屑 75kg，麸皮 22kg，白糖 1.5kg，石膏粉 15kg，料水比 1：（1.2～1.4）。制作方法同常规。

（4）栽培方式　可利用广口玻璃罐头瓶、750mL 菌种瓶等容器瓶栽，也可以袋栽。栽培场所可用庭院、遮光条件好的菇房或人工荫棚等。

（5）栽培原料及配方　野生牛舌菌多生于壳斗科的树木上。牛舌菌菌丝能分解单宁，并利用其释放出来的单糖或双糖作为营养。因此，人工栽培牛舌菌，选用壳斗科木屑最好；其次，也可以采用甘蔗渣、玉米芯、棉籽壳等。

① 配方

a. 木屑 75%、麸皮 22%、红糖 1.5%、石膏粉 1.5%。

b. 木屑 80%、麸皮或米糠 15%、玉米粉 3%、红糖 1%、碳酸钙 1%。

c. 棉籽壳 78%、麸皮或米糠 20%、糖 1%、石膏粉 1%。

d. 木屑 40%、棉籽壳 40%、麸皮或米糠 15%、玉米粉 3%、糖 1%、碳酸钙 1%，加水使培养料含水量达 60%～65%。

② 原料分装和灭菌：按上述配方，将原料加水至含水量 60%～65%，拌匀后分装，可用罐头瓶、750mL 菌种瓶等容器瓶栽，也可用聚丙烯塑料袋。

a. 瓶栽　装瓶时下部要松一些，以利发菌；上部要装紧一些，可用捣木捣实，以免水分过快蒸发。

b. 袋栽　采用聚丙烯塑料袋，长 38cm，宽 17cm，厚 0.06mm。或者采用直径 17cm、长 34cm、厚 0.04mm 的高密度低压聚乙烯塑料袋装料。每个袋子可装干料 250～350g。如用木屑培养料，所用木屑一定要过筛；农村作坊制糖时出产的甘蔗渣一般较粗，要在晾干粉碎后使用；玉米芯的颗粒不能太大，以免刺穿塑料袋，造成污染。培养料的装入量约占塑料袋长的 3/5，压紧后，在中间打孔，袋口套上塑料环，用棉塞或牛皮纸封闭袋口。袋料的松紧度要适中，两端的袋口要扎紧，装袋及搬运过程中要轻拿轻放，切忌刺破袋子引起杂菌污染。

c. 灭菌。可用高压蒸汽灭菌，也可用常压蒸汽灭菌。灭菌技术要求与其他熟料栽培的种类相同。最好是停火后焖一夜，于第二天取出备用。然后将袋取出运到干净的室内冷却。

（6）接种　灭过菌的培养袋置冷却室降温，当料温降至 30℃ 以下时进行无菌操作接种。接种后置于 24～25℃ 的培养室进行避光培养。

（7）菌丝体培养　接种后的料袋（或料瓶），及时移入发菌场所堆放。发菌期间，要注意温度、湿度、空气、光线四大环境因素的调控，使料温控制在 24～28℃，空气湿度 60%～70%。经常通风换气，保持空气新鲜；门窗要遮光，避免阳光射进。经 35～40 天培养，菌丝可长满袋。当培养基表面开始分泌褐黑色水珠，并出现水红色块状拇指大小的牛舌菌原基时，就可以把菌瓶（袋）移至出菇室进行出菇管理。

（8）出菇管理　菌丝长满袋后，给予散射光照诱导催蕾，并可采用解袋口、开洞、脱袋等出菇方式。出菇阶段，要通过地面浇水和空间喷雾将空气湿度提高到 80%～90%；经常通风换气，保持空气新鲜，室温以 20～24℃ 为宜。从原基分化到子实体成熟约需 7～10 天，成熟的菇体要及时采收。其他管理工作同香菇基本相同。

【知识链接】　栽培食用菌补充营养的小技巧

1. 补养方法

给食用菌补充营养的方法有喷洒、灌注和浸泡。最常用的方法为配制一定浓度的营养液，结合补充水分在菌床、菌块上喷洒。喷洒时间最好在转潮时进行，如在幼蕾期喷洒时，要注意将营养液喷在无菇处或小菇蕾附近，喷后用清水淋洗子实体。对菌块和段木采用浸泡法补充较好，让其在配制好的营养液中吸足后取出。在菌床上可采用灌注法补充，即将菌床面覆土扒开，把漏斗插入培养料内，灌入营养液后再覆盖。

2. 交替补养

交替补充各种营养液，可满足食用菌对不同养分的要求。在菇类菌床上一般先施用增添养分的营养液，然后再施用高效营养剂，这样才有利于子实体生长。如果采用激素法刺激食用菌生长，则要在补充营养液之后再施用激素。如葡萄糖、尿素、磷酸二氢钾等。如果长期施用其中某一种营养，很难收到预期的效果。因此，必须交替补充，适量补液。

3. 施用有机肥

制取堆肥汁的原料不得含有杂菌和虫卵，所用堆肥和粪尿须发酵腐熟或烧煮消毒后方可施用。使用植物类浸出液要现配现用，不可久置，以防酸败变质。

4. 注意环境影响

一般在气温高于20℃时，菇类菌丝难以形成子实体，应停止补液；如果菌床（块）已感染杂菌，必须先治菌后补液。

思 考 题

1. 简述虎奶菇生物学特性和栽培管理技术。
2. 简述牛舌菌生物学特性和栽培管理技术。

第八章　食用菌主要病虫害及防治

【学习目标】
1. 了解食用菌主要病虫害特点。
2. 掌握食用菌主要病虫害防治方法。

食用菌病害按其是否传染可分为生理性病害和侵染性病害。前者主要是由于环境条件（如温度、湿度、通气状况、酸碱度等）的不适宜引起的，一旦发生，便涉及整个栽培场所；后者是由病原微生物（包括细菌、真菌、病毒、线虫等）引起的，病害最初只是在某一个局部发生，然后从这个发病中心向四周逐渐蔓延。

第一节　食用菌生理性病害

生理性病害也称非侵染性病害，是由环境条件不适引起的食用菌的不良反应，而无病原微生物的侵染和活动，如通风不良引起的平菇子实体二度分化，敌敌畏引起的平菇子实体内卷。其病害的特点：一是发生普遍，表现为一旦发生就是整个菇棚，而不像侵染性病害那样同一场所内有的个体发生，有的不发生；二是无扩展性或传染性；三是一旦不适环境条件解除，病害即可消除，恢复正常生长发育。食用菌常见生理性病害：

一、菌丝徒长

（1）症状　环境条件有利于菌丝生长而不能满足生殖生长要求时，菌丝体迟迟不结子实体，浓密的菌丝成团结块，出菇迟或不出菇，严重影响产量。常在覆土后，发生绒毛菌丝持续不断在土表生长而不形成菇蕾，严重时菌丝浓密成团结成菌块，推迟出菇，降低产量，这在平菇和香菇中常见。

（2）原因

① 菌种本身的因素。在母种分离过程中，气生菌丝挑得过多，并接种在含水量过高的原种或栽培种瓶内，菌丝生长过浓密。用这种菌丝栽培时，易发生菌丝徒长现象。

② 由于配料水分过大，管理不当。菇房通风少，培养料表面湿度大，不适于子实体的形成。

③ 菌丝愈后阶段，当表面菌丝已发白并有黄色水珠产生时，如不及时换气，料表面上会形成白色浓厚的菌被。

④ 栽培料面和覆土湿度大，适于菌丝生长，而不利于子实体形成，有时与菌种本身有关。

（3）防治方法

① 移接母种时，挑选原基内半气生菌丝混合接种。

② 加强菇房通风换气，降低 CO_2 浓度及空气湿度。

③ 降低培养湿度及料面湿度，以抑制菌丝生长促进子实体形成。

④ 若菇床已形成菌被，应及时用刀破坏徒长菌丝。

⑤ 要加强菇房通风，增加透气性，以降低二氧化碳浓度和空气湿度，同时降低菇房温

度，抑制菌丝生长，促进子实体形成。如表面已形成菌块，可用刀划破菌块，喷水通风，仍能形成子实体。

二、畸形菇

（1）症状　在子实体形成期遇不良环境条件，子实体易出现盖小柄长、菌盖锯缺、子实体小开伞等畸形，导致质量降低。主要发生在平菇、香菇、灵芝等，发生时子实体形状不规则，盖小柄大、歪斜等，子实体不分化，菌盖不形成，严重时只形成一个不完全分化的组织块。

（2）原因　通风不良，二氧化碳浓度过高，氧气不足，子实体呈现花菜、珊瑚、长柄状，温度偏高、低温冻害、光照不足以及农药中毒等常产生粗柄、小盖或畸形。

（3）防治方法

① 合理安排栽种时期，避开高温季节下出菇。

② 调节适宜温度，适量喷水，以免出菇过密。

③ 慎用农药，正确使用敌敌畏及其他一些化学药物，注意农药种类、用药次数、时间和用药量，以防菇蕾受药害。

④ 减少机械创伤，加强通风透光，防止病毒感染，恰当选用诱变剂，筛选遗传性状优良的突变体。

⑤ 注意通风，降低 CO_2 浓度，冬季栽培防止低温冻害，使用煤时应防止一氧化碳的污染。适当降温，增加光照，正确使用敌敌畏及其他一些化学药物。

三、萎缩、死菇现象

（1）症状　在出菇期间并无病虫为害，而从幼小的菌蕾到大小不等的子实体发生变黄、萎缩，停止生长而死亡。

（2）原因

① 菌种培养温度过高，致使菌丝生活力下降。

② 菌块出菇过密，造成营养供应不上，导致部分小菇蕾死亡。

③ 培养料过于干燥，形成生理性缺水，加之通风不良，氧气不足，二氧化碳浓度过高，空气相对湿度过低，没有及时补充水分，使大批小菌蕾呼吸代谢受阻，造成闷死。

④ 使用农药不慎，用药过量而产生药害。

（3）防治方法

① 选取菌丝生长健壮的菌种，播种时料面要保持适宜的湿度，并用塑料膜、草帘等保湿。

② 合理调节培养料水分和空气相对湿度，正确掌握通风方法及喷水时机。

③ 防止出菇过密，可适当喷施堆菇灵等营养剂，以补充营养。

④ 严禁农药使用过量，以免药害。

四、薄皮早开伞

（1）症状　多出现在平菇生产旺盛时期，菌盖薄皮，提早开伞。

（2）造成薄皮早开伞的原因　由于出菇过密，温度偏高（18℃以上），菇房内二氧化碳浓度过高，很容易出现柄细长、盖瘦薄、早开伞的子实体。

（3）防治方法　① 应及早预防，防止出菇过密，适当降低菇房温度，可减少薄皮早开伞的发生。

② 硬开伞只在秋季低温突临时易发生。

因此，在食用菌栽培中，要协调好温、湿、气等因素，食用菌生长创造良好的生活条件，使其健壮生长，就能避免上述生理性病害的发生。

第二节　食用菌侵染性病害

一、真菌性病害

1. 褐腐病（又称湿腐病）

（1）症状　幼小菇蕾受侵染后不能正常分化菌柄和菌盖，变成不规则的小菌块组织，表面有白色绒状菌丝，后期转为暗褐色，并渗出褐色汁液而腐烂，散发出恶臭气味。子实体生长中期感染，在菌盖或菌柄上出现褐色病斑。

（2）病原菌　疣孢霉，平时生活于富含有机质的土壤中，随覆土或培养料进入菇房。此外，分生孢子可随风传播，当菇房内空气不流通、湿度大时发病重。寄主有：双孢菇、平菇、草菇。

（3）防治　① 土壤消毒。40％甲醛消毒，在覆土中喷洒50％多菌灵可湿性粉剂或50％托布津可湿性粉剂500倍液。

② 发病时喷药灭菌。发病开始时立即停止喷水，通风降低温湿度，使温度在15℃以下，病区喷1％～2％甲醛溶液或喷50％多菌灵可湿性粉剂500倍液。

③ 发病严重时除掉原来的覆土，更换新土，烧毁病菇，所用工具用40％甲醛溶液消毒。

2. 软腐病（又称指孢霉软腐病）

（1）症状　发病初期料面上长出一层白色棉毛状菌丝，在温度较大时发展很快，整个料面可布满病菌菌丝，并将子实体包住，菌柄与菌褶上长有一层白色棉毛状菌丝，进一步发展侵染子实体基部，使菌柄从基部开始呈淡褐色软腐，向上发展子实体一触即倒。

（2）病原菌　树状指孢霉菌，寄主有双孢菇、平菇。

（3）防治　① 培养料进行高温堆积发酵。

② 进料前床土表面撒一薄层40％五氯硝基苯粉剂或80％代森锌可湿性粉剂，防止土壤中病菌菌丝长入培养料。

③ 发病初期，及时清除病菌的菌丝膜及病菇，停止喷水1～2天后，料面上喷洒50％多菌灵可湿性粉剂或80％代森锌可湿性粉剂600倍液。

3. 褶霉病（又称菌盖斑点病）

（1）症状　病原菌菌丝经常出现在菌褶部位，呈白色棉毛状，受害菇菌褶黏结，甚至腐烂，菌盖边缘内卷。

（2）病原菌　菌褶头孢霉，其孢子通过气流及覆土带入菇房，菇房内相对湿度过高有利于发病，在患处产生分生孢子，孢子粘连成团。可由菇蝇、螨类及工具传播，引起再侵染。寄主为蘑菇、香菇。

（3）防治

① 培养料进行高温堆积发酵，覆土要进行灭菌处理。菇房适当通风使湿度降至90％以下。

② 发现病菇及时清除处理，料面喷洒50％多菌灵可湿性粉剂600倍液。

4. 猝倒病（又称枯萎病）

（1）症状　子实体受侵染后，生长发育受阻，缺乏生机，颜色淡黄，或变成僵菇不再生长，菌柄内髓变褐萎缩，菌盖小、菌柄短，呈特有的亮褐色。平菇的幼菇受侵染后，生长停止，呈黄褐色萎缩直至幼菇枯萎死亡。

（2）病原菌　尖镰孢霉和菜豆镰孢霉，在温度22～23℃，相对湿度较高的情况下发病重，分生孢子借气流传播侵染。寄主有双孢菇、平菇。

（3）防治 该病菌主要靠覆土和培养料传播，培养料进行发酵处理，土壤药剂消毒，是预防猝倒病的主要方法。

① 药剂拌料：可用干料重量 0.2％的 25％多菌灵可湿性粉剂或 50％苯菌灵可湿性粉剂拌料；

② 发病初期及时清除病菇，喷洒 25％多菌灵可湿性粉剂 500 倍或 7％甲基托布津可湿性粉剂 800 倍液。

5. 锈斑病（俗称水锈斑子）

（1）症状 锈斑病的病斑呈铁锈色或暗褐色，主要发生在金针菇子实体，在菌盖表面或四周以及菌柄中下部的表面，一般不侵染表皮下层的菌肉组织。发病初期，病斑只有针点状大小，色泽也浅。发病加重后，病斑迅速增大，色泽也不断加深，常以椭圆形或梭形出现，或相互联结形成不规则的大型斑块，且在斑块周围伴有锈黄色的变色区域，菇床严重感染该病时，子实体一片焦黄，导致浅色菇变成黄色菇，深色菇变为黄色菇。锈斑病轻度为害时，对菇体的生长发育虽有影响，却不构成威胁，但为害加重后，不仅会造成菇体死亡报废，还会影响到下潮菇的正常发生并引起其他病害和虫害的交叉感染。

（2）原因

① 病原 此病是由荧光假单胞杆菌侵染引起的。

② 发病条件。温度高、相对湿度太大，长时间不通风，菌盖上长期有水膜和水珠的金针菇发病重。生料栽培，生长中后期管理不善。

（3）防治方法

① 加多菌灵。拌料时可加入干料重 0.1％～0.2％的多菌灵；控制相对湿度在 90％左右；加强通风，及时蒸发掉菇体表面的水滴，不用带铁锈的覆土，即可防止其发生。

② 注重消毒和水质的净化。起畦栽种前，畦内的土壤要用石灰水或甲醛、漂白粉等药液消毒，室内栽培菇房的四周和空间平地用上述药液喷洒消毒。栽培后应保持菇场环境清洁卫生。若栽培用水水质不良，须先用石灰或漂白粉澄清净化后方能使用，以减少病菌的来源和降低发病率。

③ 加强通风散热。锈斑病在 18℃以上时发病，因温度升高，蔓延愈加迅速。菇体感染受害后，通常数小时内便出现明显的病斑，1～2 日内就能波及整个菇床。所以，若产菇期温度偏高，则要加强菇床的通风散热，特别是露地菇床，在日照强度大的白天，不但要注意提高菇棚的遮阴度，防止棚内温度上升过快，而且还要保证棚内通风流畅。若棚架高度不够，可通过提高菇棚两侧的落地薄膜，或抽去棚上薄膜的方法加以解决。

④ 防止高温和采收偏晚。产菇期喷水量过大，用水频繁，菇床长时间处于高湿状态，是锈斑病发生的重要原因之一。因而平菇产菇期的水分管理宜采用干湿交替、喷水与通风结合的方法进行，以避免料面和菇体因积水过久，产生水膜，引起发病。此外，在高温条件下，宜选择早晚喷水增湿，用水后注意通风工作，从预防的角度考虑，菇体采收也宜早不宜迟，据栽培观察，成熟的菇体因大量孢子附着于菇体外表面，不但使菇体容易产生吸水和积水现象，而且会诱发锈斑病。从栽培用种与发病情况的调查来看，丛生型浅色的品种发病率一般较高，如佛罗里达平菇、华丽侧耳、纯白平菇、糙皮侧耳等，所以在栽培使用上述类型品种时，产菇期的管理尤其要注意。

⑤ 及时治理受害的菇床。一经发现有锈斑病为害，应立即加大通风量，露地菇床在无日照时可以完全外裸，以迅速降低湿度，此时菇床的用水也应减少或停止，以控制病害的蔓延。经上述降湿处理后，若病害不再继续加重，且能恢复正常生长，应在补充水分时对症下药，如喷洒生石灰澄清液与漂白粉液按 1：600 配制而成的混合液，每毫升含 100～200 单位的链霉素液，或用 10 份漂白粉与 0.5 份纯碱的混合物配成 0.5％的混合液进行防治，以避

免增湿后病害复萌。若病菇受害已经死亡，或菇床上染病严重，则要及时摘除床上全部子实体，刮去发黄老化染病的表层菌丝，将床面弄净稍加风干后，再向床上撒上薄薄的石灰粉或少量漂白粉，以降低菇床上病菌基数，增强菇床的抗病能力，防止转潮后锈斑病的再度为害。凡锈斑病为害过的老菇场，在重新栽培时，除应注意该病的预防措施外，还要对抗病差的品种进行更换。

二、细菌性病害

1. 细菌斑点病

（1）症状 菌盖上产生黄色斑点，受害部位发酵，有水渍，凹陷。

（2）病原菌 托兰假单胞杆菌，寄主为双孢菇、平菇。

（3）防治措施

① 食用菌表面不要有积水；培养料不要过湿（用手握成团、松开即散即可）；降低菇房内相对湿度至 85% 以下；用 1:600 次氯酸钙溶液喷洒。

② 适当降低菇场内湿度，加大通风量。

③ 加强管理，及时清除病菇。

④ 药剂防治当出现病状要及时用药，控制病害程度。选用对细菌防效较好的药剂，如菌毒清 1000 倍液、菇菌清 300~500 倍液、次氯酸钠 600 倍液。选用其中一种，施药前后菇床停水 1 天，每平方米用药液量 100~150kg。间隔 3~4 天再用药，连续用 3 天以上，能有效地控制住病害的蔓延和发展。

2. 菌褶滴水病

（1）症状 侵染菌褶，有奶油色小水滴，发生腐烂至褐色黏液团。

（2）防治措施 食用菌表面不要有积水；培养料不要过湿（用手握成团、松开即散即可）；降低菇房内相对湿度至 85% 以下；用 1:600 次氯酸钙喷洒。

3. 干僵菌

（1）症状 食用菌子实体畸形，菌柄基部膨大，不腐烂，成干枯状。

（2）病原菌 隔担菌属。

（3）防治措施 把发病菇体拔掉，与其他菇体隔离。

三、病毒性病害

（1）症状 香菇、草菇、银耳均易发病，主要有菇脚渗水病：菌盖小歪，菇体呈水状，严重时绝收。

（2）病原菌 病毒。

（3）防治措施 将发病体拔掉，以防扩散；用 5% 甲醛溶液消毒菇房及工具；选育抗病性强、不易发病的优良品种。

四、线虫病害

（1）症状 木耳栽培中，无论是段木还是袋料栽培，每到高温季节，常发生严重的烂耳现象，称为"流耳"，在发生腐烂症状的耳片或耳眼中，均存在大量的线虫和细菌。场地条件不好，管理用水不干净，以及高温、高湿有利于此病的发生。

（2）病原 线虫，寄主为木耳、毛木耳。

（3）防治

① 搞好菇房及场地的环境卫生，保持用水干净。

② 耳木的伤口涂抹 1%~3% 生石灰或 5% 硫酸铜溶液或波尔多液，防止杂菌、线虫侵入。

③ 发现被线虫侵染为害，及时挖除病部，伤口涂 3% 生石灰水或 3%~5% 来苏尔药液或 5% 甲醛药液。

第三节　竞争性杂菌的防治

杂菌与食用菌的关系相当于杂草与绿色作物的关系，它们并不像病原菌那样直接侵害食用菌，而是通过在培养基质上的生长，与食用菌争夺养分，同时形成毒素为害食用菌。危害食用菌的杂菌主要是霉菌类、少数是细菌和黏菌类。

一、真菌类

1. 青霉

生产中造成污染较多的种类有产黄青霉（*P. chrytogenum*）、圆弧青霉（*P. cyclopium Westl*）、苍白青霉（*P. pallidum* Smith）等。

（1）症状特点　青霉的菌丝体无色、淡色或有鲜明的颜色，具横隔，为埋伏型，或为部分埋伏型、部分气生型。气生菌丝密毡状或松絮状。菌落质地可分为绒状、絮状、绳状或束状，多为灰绿色，且随菌落变老而改变。菌落下的培养基着色，有的不着色。青霉菌的分生孢子呈黄色、黄绿色或绿色等。

青霉污染在28~32℃的高温、高湿条件下最易发生。培养基、培养料污染上的青霉菌孢子，可在1~2天内萌发成菌丝，菌丝体白色，形成小的绒状菌落。2~3天后从菌落中心开始形成绿色黄绿色的分身孢子，菌落中心为绿色，外圈为白色。菌落扩散有局限性。菌丝很快覆盖培养及表面，影响食用菌菌丝的呼吸作用，并分泌毒素，能导致食用菌菌丝死亡。高温、高湿条件有利于青霉菌的发生，但低温下也能生长。

（2）传播途径　主要以分生孢子通过空气进行传播。供接种带青霉菌孢子；培养基、培养料灭菌不彻底，接种工具灭菌不彻底，带有青霉菌孢子，也可以引起侵染；栽培袋破裂，空气中的孢子或工具上的孢子从裂口处进入培养料进行侵染。

（3）防治方法

① 选用无霉变的培养料，曝晒2~3天杀死青霉菌孢子，降低青霉菌孢子含量的基数。

② 接种室、培养室要消毒，降低空气中青霉菌孢子的密度。

③ 选用无杂菌、健壮的菌种。

④ 料中加入多菌灵或甲基托布津（有效成分占料干重比为0.05%~0.10%）。

⑤ 利用青霉菌和食用菌菌丝生长所需适宜生态条件的差异，通过栽培措施控制青霉菌发生，使食用菌菌丝迅速生长，是获得发菌菌丝的关键。基础条件控制：培养料料水比为1:(1.4~1.6)，含水率64%~67%；加入4%石灰水，调节培养料pH值为7.5~8（刚拌料时pH值可达到11~13，后逐渐下降）；塑料袋扎眼（称作微孔）通气；培养室空气湿度60%~70%。关键是发菌室的料温控制在25℃左右，使食用菌菌丝体迅速生长。严防料温过高（35~40℃）"烧死"菌丝，使青霉大量发生。

⑥ 当栽培袋破损，青霉侵染时，要及时敞开袋降温，可局部注射5%石灰水，继续培养，一般经较长时间培养，还可发菌成功。

2. 链孢霉（*Neurospora crassa*）

（1）症状特点　链孢霉俗称红色面包霉，简称红霉。菌丝体呈现无色、白色或灰色，菌丝为有隔菌丝，可产生分生孢子，分生孢子呈圆形至卵形，大量的分生孢子堆积在一起，呈粉红色或橘红色，粉状。在玉米芯、棉籽壳上极易生长。菌落开始粉色孢子粒状，很快变为橘黄色，绒毛状。菌落成熟后，上层覆盖粉红色分生孢子梗及成串分生孢子。在25~28℃条件下生长较好，2~3天内可完成一个世代。

（2）传播　链孢霉喜欢生活在土壤或有机质中，分生孢子通过空气、土壤、培养料、水等途径进行扩散传播。高温、高湿条件有利于链孢霉分生孢子迅速传播和发展。7~8月栽培的食用菌易受此菌污染，生长快。该菌一旦发生，前功尽弃。

（3）防治方法

① 选用无霉变、无结块的培养料，尤其不能用带有橘红色的玉米芯和棉籽壳，并用800倍多菌灵或托布津溶液拌料，最后进行"二次发酵"。

② 严格挑选菌种，坚决剔除棉塞受潮、带有橘红等杂色的菌种。

③ 用卫生纸或纱布蘸70%的酒精覆盖患处，再用消毒过的刀挖出被污染的培养料，烧掉或深埋，然后用多菌灵喷洒四周的培养料。

3. 曲霉

（1）症状特点 曲霉有几种，在菌种培养时常见的有黑曲霉菌（*A. neiger* Van tieghem）、黄曲霉（*A. flavus* Link）、烟曲霉（*A. fumingatus*）、灰绿曲霉（*A. nidulans*）等。曲霉属于子囊菌，营养体由具横隔的分枝菌丝构成。黑曲霉菌落呈黑色；黄曲霉菌呈黄至黄绿色；烟曲霉菌呈蓝绿色至烟绿色。呈绒状、絮状或厚毡状，有的略带皱纹。这些霉菌适宜在25～32℃环境温度中生长，为害程度不如上述两种霉菌。

（2）发生规律 曲霉分布广泛，存在于土壤、空气及各种腐败的有机物上，分生孢子靠气流传播。曲霉菌生活主要利用淀粉，培养料含淀粉较多或碳水化合物过多的情况下容易发生；湿度大、通风不良的情况下容易发生。

（3）防治方法 应选用新鲜干燥无霉变的原料，并在其中添加干料重量0.1%～0.2%的多菌灵可湿性粉剂或干料重量0.1%的克菌灵粉剂；其他的防治措施同链孢霉的防治。

4. 毛霉（*Mucor*）和根霉（*Rhizopus*）

（1）症状特点 毛霉俗称"长毛菌"，培养基上初期呈白色，老熟后变为黄色、灰色或褐色。菌丝无隔膜，不产生假根和匍匐菌丝，直接由菌丝体生出孢囊梗。根霉与毛霉相似，其菌丝无隔膜。但其在培养基上能产生弧形的匍匐菌丝，向四周蔓延，并由匍匐菌丝生出假根菌丝交错成疏松的絮状菌落。菌落生长迅速，初期白色，老熟后变为褐色或黑色。

它们的形状及生理要求基本相似，是好湿性真菌。培养基通气不良、空气湿度达到95%以上、培养料内含水量过大时发生较多。此菌生长迅速，但对食用菌菌丝为害不大，故在制栽培种时如有毛霉和根霉发生，大部分食用菌菌丝生长可将其覆盖，仍能进行栽培，而其他霉菌污染时，则栽培袋报废。

（2）传播途径 毛霉和根霉能在谷物、土壤、粪便及植物残体上广泛生长。毛霉和根霉孢子通过空气和工具传播，生料栽培主要通过培养料传播。

（3）防治方法

① 菌种生产和灭菌料栽培要求无菌操作，防止毛霉和根霉孢子污染。

② 生料栽培时要选择无霉变的培养料，曝晒2～4天，并堆积发酵4天，减少杂菌数量。培养料加大石灰用量，以偏碱性条件控制毛霉和根霉发生。其他措施同链孢霉污染防治。

5. 绿色木霉

（1）症状 绿色木霉是食用菌栽培中常见的也是为害最严重的一种污染杂菌。污染初期在培养料、椴木接种孔或子实体上产生白色纤细致密菌丝，逐渐形成无定形菌落，几天后从菌落中心到边缘逐渐产生分生孢子，使菌落由浅绿色变成灰绿色霉层。菌落通常扩展很快，特别在高温高湿条件下，几天内木霉菌落可遍布整个料面，导致栽培失败。

（2）传播方式 绿色木霉菌可生长于富含有机质的杂物上和土壤中，其分生孢子还掺杂在空气中，因此栽培场所、带菌工具、堆料和废弃料的堆积场所是绿色木霉菌主要来源。分生孢子可通过风、喷水或浇水和昆虫等扩散蔓延。袋料栽培食用菌，木屑、麸皮、玉米芯等培养料很容易受到污染，并在生长不良的子实体上形成绿色木霉菌的菌落。绿色木霉菌的菌丝生长温度范围是 4～42℃，25～30℃生长最适宜，孢子萌发温度范围是 10～35℃，15～30℃萌发率最高。25～27℃菌落由白变绿只需 4～5 天。高湿对菌丝生长和孢子萌发有利，孢子萌发要求相对湿度 95％以上，但在较干燥的环境中也能生长。该病菌喜微酸条件，pH值 4～5 时生长最好，通常接种时消毒不严格，棉塞潮湿，生长环境不干净易感染病，菌丝愈合、定植或采菇期菇柄基部伤口极易受绿色木霉菌感染。

（3）防治方法

① 做好栽培场所及有关用具的灭菌工作，保持栽培食用菌场所洁净；消毒时不施用过量的甲醛，以免甲醛氧化为甲酸形成酸性环境，从而利于杂菌的生长。

② 更新培养料，对培养料进行彻底的灭菌。

③ 防止瓶栽棉塞受潮、袋栽的菌袋破损，接种要进行无菌操作。

④ 利用病菌和食用菌生长适温的差异，创造不适宜木霉生长的温度条件，使食用菌菌丝生长良好，占据培养料的表面。如香菇菌丝 25℃生长最好，16℃时菌丝生长速度强于木霉菌丝，25℃以上木霉菌丝生长强于香菇。在香菇接种后先用 16℃培养，待菌丝长满料面后，逐渐提升到 25℃，避免木霉侵染；最好尽量选择低温干燥季节栽培，在菌丝愈合阶段覆盖塑料薄膜，注意适当通风降湿，后期揭膜不宜过早；生产菇房空气湿度控制在 85％左右，在高温潮湿或多雨季节加强菇房通风降湿，勤翻堆。在栽培过程中发现木霉污染，立即挖除，同时注意把死菇、老根清除干净，防止病菌菌丝扩散蔓延。

⑤ 若发现栽培袋局部有绿色木霉感染，可局部剪开薄膜后，用石灰乳膏或甲醛液涂抹。食用菌长出后每 3 天喷 1 次 1％石灰水溶液。

⑥ 化学防治。菇床培养料发现绿色木霉感染时，可直接在污染料面上撒上一薄层石灰粉，控制病菌扩展蔓延。若绿色木霉菌仅在培养料的表面生长时，可用 1％石灰水溶液擦洗，也可用 1％克霉灵或 0.5％多丰农或 0.1％咪鲜胺或 0.1％扑海因或 2％甲醛溶液注射或涂抹，还可用 10％漂白粉溶液局部涂抹。

二、细菌类

1. 细菌污染现象

常在母种培养基表面或在以麦粒、棉籽壳等为培养料的栽培种培养料表面出现"湿斑"。被污染的部分基质变软，且其周围出现淡黄色黏液，菌种袋（瓶）内有一股难闻的腥臭味。

2. 污染的原因

产生细菌污染的根本原因是灭菌不彻底，比如麦粒浸泡过湿、灭菌时间和压力不足、棉塞在灭菌过程中被冷凝水打湿、灭菌后冷却过快等。

3. 预防措施

针对产生细菌污染的原因，在菌种生产过程中应注意：

① 用麦粒、玉米粒、谷粒等制种时，不要浸泡过湿；

② 在灭菌锅内灭菌物品应尽量竖放，并留有空隙，棉塞不要贴着灭菌锅的内壁；

③ 要根据灭菌物品和容量来确定灭菌的时间；

④ 当压力上升到 0.5MPa 时要注意放冷空气，冷空气一定要放干净，且不要太快。

三、其他杂菌类

（1）牛皮箍

① 症状特点 有黑、白两种。黑的呈板栗壳色，边缘黄褐色；白的呈竹笋片色。牛皮箍生于种菇的段木上，该杂菌边缘不翻起。牛皮箍常发生于梅雨季节，生长快，长满段木表面，引起段木腐朽，使食用菌菌丝无生存空间而死亡。

② 危害特点 该杂菌是一种十分严重的食用菌杂菌，阴雨天气容易发生，严重时该杂菌长满段木表面，引起粉状段木腐朽，导致被害段木不长食用菌，是段木栽培食用菌的一种

毁灭性病害。

（2）黏菌类（*Myxomycetes*）　大多数种类主要为害食用菌菇床、菇筒及段木。发生在菇床上的黏菌包括绒孢菌（*Physarum polycephalum*）、煤绒菌（*Fuligo septica*）、发网菌（*Stemonitis splendens*）、粉瘤菌（*Lycogala epidendrum*）、钙丝菌（*Badhamia utricularis*）等多种杂菌，其前期的培养体均为黏稠状的菌落，无菌丝，其颜色鲜艳并多样化。

第四节　食用菌害虫及其防治

一、常见害虫种类

1. 菇蚊类

为害食用菌的菇蚊主要有草菇折翅菇蚊、平菇厉眼蕈蚊、瘿蚊、金翅菇蚊、茄菇蚊等种类。

（1）平菇厉眼蕈蚊（*Aycoriella pleuroti* Yang et Zhang）　成虫具有趋光性，幼虫喜欢在潮湿、富含腐殖质的土壤和培养料上爬行，为害菌棒时紧贴塑料袋内壁爬行。幼虫既可为害菌丝也可为害子实体，受害菌棒疏松，严重时呈粉末状，导致菌丝死亡、子实体受害。可把菌柄吃光，并把粪便排泄其上，使子实体完全失去商品价值。

（2）草菇折翅菌蚊（*Allactoneuta valvaceae* Yang et Zhang）　成虫雄虫体长 5～5.5mm，雌虫体长 6～6.5mm，体黑灰色，被有灰色。头部黑色有光泽，复眼呈深褐色，几乎占据整个头部；触角 2mm；额长方形，头后缘有 3 根长刚毛，小盾片有 4 根刚毛；前翅发达，烟色；足细长，基节的基部黑色，其余部分为黄色。雌虫腹部粗大。卵：梭形，乳白至黑色，有条纹，长 0.5mm，宽 0.16mm。幼虫：乳白色，老熟幼虫长 15～16mm，共 12 节，透过体壁可见内部消化道。头黑色三角形，高龄幼虫胸部第一背面有一对八字形褐色斑点。蛹：灰褐色，长 5～6mm，复眼灰褐色，腹部末端附有化蛹时幼虫脱下的头壳表皮。成虫常在花草边飞边交尾，并喜欢在腐殖质或培养料上产卵，卵散产堆产，在露天栽培的草菇上发生量最大。

（3）瘿蚊（*Mycophila fungicola* Felt）　瘿蚊成虫形似小蚊子，微小细弱，肉眼很难看见，须借用手持放大镜观察。虫体头部、胸部、背部深褐色，其他为灰褐色或淡橘色。幼虫头尖无足，体色多为橘红色或淡橘色，头胸及尾部颜色为无色。老熟幼虫中胸腹面有一黑色突起的剑骨片，端部大而分叉。幼虫可由卵孵化，也可由母体幼虫生殖。每条雌虫平均可产 20 多条幼虫。幼虫早期在料中为害，造成菌丝稀少、微弱。后期转移到菌丝和子实体。先在菇柄基部繁殖，后爬上菇柄与菇盖交接处，有的钻入菌褶，被幼虫蚀成伤痕道，呈淡橘红色。一个菇多者常聚 20～30 条幼虫，严重影响了菇的质量和产量。

（4）金翅菇蚊（*L. auripila* Winnertz）　金翅菇蚊主要为害小菇，受害后呈褐色，成虫几乎都在覆土上产卵，虫口多时能抑制幼菇的发育，也能传播螨类和病菌，如轮枝霉病。一个世代约 35 天，幼虫期 24 天，成虫具有正趋光性和趋腐性。

（5）茄菇蚊（*Lycoriella solani* Winnertz）　雌茄菇蚊常在播种的堆肥中产卵，每只成虫产卵约 150～170 粒。在蘑菇菌丝长满堆肥前幼虫就卵化，出第一批菇体前，虫体已长大，钻入菌丝或菌柄，继续往上钻进菌盖，菇被蛀得千疮百孔，子实体污染成褐色，失去商品价值。

2. 菇蝇类

危害食用菌的菇蝇常见的种类有：大蚤蝇、黑蚤蝇、果蝇、食菌大果蝇、黑腹果蝇、嗜菇蚤蝇等。

二、防治原则

与绿色作物不同的是，食用菌由于在同一菇房内连作，害虫几乎没有越冬或休眠期，各栽培季节中的虫源从无间断而顺利地得以延续，使每一季栽培中虫源基数都不少，这为食用菌害虫的防治带来了困难。可以说，这个虫源几乎无法消灭。然而，一到出菇期，虫害发生又很难进行药物防治。出菇期药物防治的主要困难在于食用菌吸水力强，易污染；环境潮湿，利于害虫繁殖；药物防治时害虫可钻入料中或土中，避开药物对它们的影响，难以防治彻底。因此，食用菌的害虫防治应掌握以下原则：

1. 预防为主

培养料用前的灭虫处理，场所及环境的灭虫，特别是陈旧菇房每季收获完毕和新的生产季开始前的结合消毒，进行灭虫处理。

2. 综合防治

综合防治包括生产的全过程，包括场地的选择，远离禽畜场、垃圾场等，栽培期间环境的定期灭虫和诱杀。

3. 先采菇后施药

在必须进行药物防治时，必须先采菇，后施药，绝不可将药喷于菇体。

4. 施药后控制出菇

施药后要加强管理，控制出菇，留出充分的药残期，以确保食用安全。尽可能多诱杀，少施药。

三、防治害虫方法

① 做好菇房内外的环境卫生，减少虫源。如清除菇棚内外废旧杂物，消灭菇蚊、蝇滋生地；栽培前培养料处理（二次发酵）以杀虫卵为主；空菇房采取消毒、熏蒸处理等。熏蒸时可用甲基溴、硫磺、福尔马林、磷化铝、五氯酚钠等。

② 菇房安装纱门、纱窗，并经常更换挂在菇房门窗处的敌敌畏棉球，避免害虫成虫飞入。

③ 控制光源。菇房的门、窗附近不要开灯，防空洞的灯应设置在远离洞口的地方；不需要太多光照的食用菌品种应尽量减少开灯时间，以减少菇房外虫源飞入繁殖侵害食用菌。

④ 灯光诱杀。利用趋光性和趋化性，可在菇房挂放黑光灯或普通白炽灯诱杀，方法是在灯光置一盘废菇或废料浸出液，加上几滴敌敌畏诱杀；在白天诱杀，黑光灯诱杀的效果也不错，其方法是将 200W 黑光灯管装在菇棚顶上，在灯管正下方 35cm 处放一个收集盆，盆内盛适量的 0.1% 的敌敌畏药液，可诱杀菇蝇。

⑤ 毒饵诱杀。发现菇房有菇蝇成虫时，可在菇房设诱杀盆，用白酒 0.5 份、水 2 份、白糖 3份、醋 3.5 份，再加入少量敌百虫。毒饵可放在菇棚的门口和其他不影响操作的地方。

【知识链接】 草木灰防虫小技巧

1. 早春气温低，用草木灰覆盖菌床，提高地温加快菌丝发育，能提早 5～10 天出菇。
2. 转潮时，用草木灰水喷洒料面或覆盖污染的料面，可灭菌，并可抑制害虫，以利增产。

思 考 题

1. 菌种制作过程如何防治细菌污染？
2. 在食用菌生产绿色木霉的为害有哪些？如何防治？
3. 菇蚊、蝇的为害主要有哪些？
4. 食用菌综合防治的主要措施有哪些？

第九章 食用菌的加工技术

【学习目标】

1. 了解食用菌保鲜和加工的原理和方法。
2. 掌握食用菌保鲜和加工的关键技术。

第一节 食用菌的保鲜技术

食用菌采收后，在一段时间内仍保持着机体的活性，进行着旺盛的呼吸作用和酶的生化反应，出现菌盖开伞、褐变、菌柄伸长、弯曲，使食用菌的外观和品质发生变化；加上腐败和病害，产生异味，失去鲜美的风味。为了保持食用菌的商品价值和食用价值，需要适时进行保鲜、干制、盐渍和罐藏等加工，以满足市场的需求。

一、食用菌采后的生理变化

刚采收下来的食用菌子实体，虽然离开了其维持生长发育的基质，停止了其同化作用，但是仍能依赖于子实体中贮存的营养物质进行分解代谢，维持其生命活动，如菇柄伸长、开伞、弹射孢子等。

1. 后熟作用

食用菌的后熟作用是指采收后的子实体继续生长发育，进行呼吸作用和分解代谢，表现为菌柄的伸长、菌盖的开伞、孢子弹射以及肉质纤维化等。后熟作用依食用菌种类而异。金针菇、双孢菇、香菇等食用菌都有较强的后熟作用，采收后如果不能及时进行处理，经数天后就开始潮解、自溶甚至腐烂变质，从而失去商品价值。草菇后熟作用十分显著，在蛋形期采收的草菇，1~2h后，菌柄就显著伸长，顶破外菌幕，3~5h就会开伞，肉质纤维化。木耳、银耳、金耳的后熟作用一般不明显。后熟作用越强的种类，采后越应及时处理。

2. 水分散失

新鲜食用菌含水量一般高达85%~95%。由于子实体组织疏松、呼吸作用和蒸腾作用强烈，随着贮藏时间的延长，其水分不断散失，子实体萎缩发皱、质地变硬，影响外观，降低品质及商品价值。

3. 生化变化

（1）酶活性的变化 采收后的子实体，其酶活性的变化主要表现为分解代谢的变化。双孢菇采收后在常温下贮藏1天，过氧化物酶和多酚氧化活性明显增加。其中多酚氧化酶与色素形成有关，能发生酶促褐变，即子实体内的酚类化合物通过氧化作用生成醌，醌类物质再进一步形成深褐色的复合物，从而使子实体颜色变深。当氧气充足以及组织受到机械损伤时，则更有利于酶促褐变作用的加剧。贮藏期间，6-磷酸脱氢酶活性降低往往较快，而磷酸果糖激酶、葡萄糖磷酸异构酶和甘露醇脱氢酶的活性则降低比较缓慢。这些酶活性的变化导致代谢途径的改变，进而影响营养物质的消耗和引起菇体变质。

（2）自动氧化 食用菌子实体的碳水化合物和脂肪类物质能自动氧化。由于呼吸作用将葡萄糖、甘露糖和多糖氧化生成二氧化碳和水，从而使子实体失重。也影响风味，常产生臭味和烂草味，并使子实体发生非酶促褐变，变成褐色或茶褐色。此外，多糖的种类也发生变化，造成菇体纤维化。大多数脂类存在于细胞膜上，与菇类在贮藏期间的抗逆性有关，当脂肪发生氧化时可使子实体产生一定的臭味。

4. 蛋白质的变化

采收后的子实体，蛋白水解酶非常活跃，能使蛋白质水解生成氨基酸，从而改变其风味。有些氨基酸还可以被氧化成醌类物质，使菇体变褐。

5. 乙烯含量的变化

当双孢菇菌幕破裂之后，菌褶由水红色变为棕褐色时，乙烯含量最高，其后当孢子散布时，则乙烯含量下降。

二、食用菌保鲜的原理

食用菌保鲜的原理是指离开了培养基质的子实体仍具有生命力，活的有机体对不良外界环境和微生物的侵害具有一定的抗性。食用菌生命活动越强，其鲜度下降的速度越快。因此，在不破坏机体正常生理机能的前提下，采用适当的理化方法，尽可能使子实体的新陈代谢处于最低水平，抑制后熟作用，降低分解代谢强度，防止微生物侵害，尽量减少失重，不发生色香味的变化，并保持原来的形态与质地，以达到保持商品的价值、营养价值和延长货架寿命的目的。

三、食用菌保鲜的方法

1. 简易包装保鲜法

这种方法只适合于短途运输和隔日销售。例如：

(1) 双孢菇　采收后不切除菌柄，略带泥土，一层层摆放在木条筐内，外包保鲜膜，每筐装 5kg；或将其装入双层塑料薄膜袋内，袋口扎紧，袋装 0.5～1kg，在 10～15℃温度下保藏，保鲜期 5～7 天。

(2) 平菇与香菇　采用竹筐或带孔纸箱，菌盖朝上分层摆放，不要过分压挤，每筐装量 3～5kg，在 10～15℃温度下可保藏 7 天。

(3) 金针菇　采用塑料薄膜包装，抽气密封，袋装 100g，在 3～5℃温度下保藏期 10～14 天，6～8℃保藏 6～8 天，15～20℃保藏 2～3 天。

(4) 草菇　采用透气保鲜袋包装，袋装 0.5kg，常温下存放期为 1～2 天。亦可用 3 层旧报纸包住菇体，放入冷箱下层（10℃左右），若最外层纸变湿，立刻更换新纸包好，可存放 3～4 天。没有冰箱，可用有气孔的塑料桶装鲜菇。装桶时用纱布或塑料薄膜将草菇包成小包，桶内先放一层冰，再放上草菇小包，并把桶口用布或塑料薄膜扎好，防止湿度变化过快，及时换冰，这样菇不会被浸湿，可保持 3～4 天。

2. 低温保鲜

在一定温度范围内，温度高，酶活性增强，呼吸作用加强，保鲜期就短；温度较低（即 0～15℃），呼吸作用弱，保鲜期延长。食用菌低温保鲜的温度一般根据其品种的不同而异，在 0～8℃之间。

食用菌低温保鲜一般采用冰藏和机械冷藏两种方法。冰藏保鲜是利用天然或人造冰块建造冰窖来进行食用菌产品的低温保鲜，在我国东北和华北地区可以使用。机械冷藏保鲜是利用机械制冷系统，使冷库内的温度降低并保持在有利于延长菇体寿命的范围内。一般食用菌的冷藏保鲜期为 10～20 天，因此只能作为生产与销售的中间环节，是一种临时性的保鲜措施。

冷藏保鲜的基本程序是：

鲜菇挑选（修整）→排湿→冷藏→运输

因菇种不同，冷藏方法略有不同。

(1) 平菇保藏　其程序是：

采收去柄和分选→低温挑选包装（盒、盘）→冷藏→起运

① 采收　平菇易碎，要尽量减少操作程序，要求把采收和修整、分选同步完成。采收时留柄的长短和大小分选均按客户要求同时进行。为防止挑选和包装中菌盖开裂，采收前要轻喷一次细雾，但切忌喷水过量。

② 挑选包装　按要求挑选，菌盖朝上分装于专用纸盒或托盘。菇大小规格多分为四级：一级（L）菌盖 8cm 以上，二级（M）菌盖 5～8cm，三级（S）菌盖 3～5cm，四级（Mini）菌盖 1～3cm。一级（L）和二级（M）品多要求纸盒大包装，重 1～2kg，三级（S）和四级（Mini）品多要求托盘小包装，重 100～200g，然后再装箱，每箱 24 盘或 36 盘。挑选和包装必须在低于菇房温度的低温条件下进行，最好在冷库中进行，以免菌盖干燥或老化而开裂。纸盒大包装的装量还要比要求重量多装 5%，以保证起运足重。

③ 入库冷藏　远距离运输的鲜平菇采收包装与起运的时间间隔不论长短，都必须包装后立即入库，以冷库的低温抑制其旺盛的代谢活动。若在数小时内即可起运，包装后入库预冷，较长温保存后直接入冷藏车运输的保鲜效果要好得多。平菇的冷藏温度为 0～10℃。在这一温度可保鲜 7 天左右。

④ 冷藏运输　平菇是食用菌中采收后代谢活动最旺盛的菇种，因此，装车起运要尽量快，减少产品在常温下的时间，以确保保鲜效果。

（2）香菇冷藏　其方法如下：

① 鲜菇挑选　要求朵形圆整，菇肉肥厚，边缘内卷，不开伞，菌盖直径 3.8cm 以上，无土、无杂、无病害、无缺损，保持菇的自然状态。采收前 24h 不喷水，以确保品质。

② 排湿　可用脱水机排湿，也可用自然晾晒排湿。采用脱水机排湿时，要注意控制温度和排风量。自然晾晒排湿方法是：将鲜菇摊铺于晾帘上，置于阴凉通风处，使菇体含水量降至 78%～85%，即手捏菌柄无湿润感，菌褶稍有收缩度。

③ 分级精装　排湿后的鲜香菇按大小分级，一般分为 3.8cm、5cm、8cm 三个等级。精选时去除开伞、畸形、变色等等外菇，按大小规格分装于专用塑料筐内，每筐 10kg。也可按市场要求规格直接分装于小型托盘，于当天或次日起运上市。

④ 入库保鲜　分级精选后的鲜菇，及时送入冷库保鲜，湿度为 1～4℃。为防止剪口褐变，入库前和入库初期均不剪菇柄，待确定起运前 8～10h，低温下剪柄整修。

⑤ 起运包装　在冷库内包装，采用泡沫塑料专用箱，内衬透明无毒薄膜，外用专用纸箱，这种大包装多为每箱 5kg 或 10kg。包装后要及时用冷藏车起运。保鲜期一般为 7～10 天。

3. 气调保鲜

气调保鲜主要采用自发气调法和人工降氧气调法。自发气调法就是利用食用菌产品自身的呼吸作用调节气体组分，降低氧气浓度，增加二氧化碳浓度，以达到食用菌保鲜的目的。目前大多采用透气性塑料薄膜容器，也有的使用硅窗气调袋。人工降氧气调有许多种方法，如充氮气法、充二氧化碳法等。人工降氧气调法比自然气调法保鲜效果好，但成本高，需要专门的设备条件。

（1）双孢菇　用厚度为 0.08mm 的聚乙烯塑料袋（40cm×50cm）封口包装，装量为鲜菇 1kg。袋内保持氧气 0.5%，二氧化碳 15% 左右，在 16～18℃ 温度下可保鲜 4 天。如在 0～3℃ 低温贮藏，保鲜期可达 20 天左右。

（2）香菇　采用自发气调法加上无毒植物性去异剂，用纸塑复合袋包装，装鲜菇 200g，可使氧分压保持在 2.6% 左右，二氧化碳分压 10%～13%。于 5℃ 左右，保鲜期达 15 天左右。

（3）草菇　采用打孔纸塑复合包袋，在 15～20℃ 温度贮藏保鲜期达 3 天。

4. 化学保鲜

在食用菌保鲜中，利用一定浓度的化学药品浸泡鲜菇，可以防止变色、变质或开伞老化，延长销售和贮运时间。常用生长抑制剂、酶钝化剂、防腐剂、去味剂、脱氧剂、pH 调节剂等进行适当处理，也能取得一定的保鲜效果。有时也采用植物生长调节剂保鲜，如吲哚乙酸，萘乙酸、矮壮素、2,4-D 等。常见几种食用菌的化学保鲜方法：

（1）焦亚硫酸钠护色保鲜　先用 0.01％焦亚硫酸钠水溶液漂洗菇体 3～5min，再用 0.1％焦亚硫酸钠水溶液浸泡 0.5h。然后捞出沥干，装进塑料袋保鲜。在室温 10～15℃条件下，保鲜效果好，可长时间保持色泽洁白。温度高于 30℃时，仅能保鲜 1 天，然后开始渐变色。

（2）盐水处理保鲜　将鲜菇放入 0.6％的盐水内浸泡 10min，捞出沥干，装于塑料袋内，在 10～25℃条件下，经过 4～6h，袋内的双孢菇可变成亮白色，这种新鲜状态可以保持 3～5 天。

（3）腺嘌呤保鲜　用 0.01％的 6-氨基嘌呤溶液浸泡鲜菇 10～15min，取出沥干后装入塑料袋保鲜，能延缓衰老，保持新鲜。

5. 辐射保鲜法

利用射线辐射菇体，以杀死微生物，破坏酶的活性，抑制和延缓菇体内的生理化反应，从而降低开伞率，减少水分损失，降低失重，防止腐败变质。

（1）双孢菇保鲜　用 γ 射线 $5 \times 10^4 \sim 7 \times 10^4 R$[1]辐射，在常温下可保藏 5～6 天。

（2）平菇保鲜　用 ^{60}Co-γ 射线辐射，剂量为 $5 \times 10^4 \sim 10 \times 10^4 rad$[2]，以普遍聚乙烯塑料袋密封包装，装量 20g 鲜菇，在 10～15℃，保藏期 25～30 天；在 15～20℃，保藏期 20～25 天。

（3）草菇保鲜　用 ^{60}Co-γ 射线 $10 \times 10^4 R$（辐射剂量单位）处理后，在常温下贮存 13～14 天，其肉色、硬度、开伞度与正常鲜菇相近。

6. 负离子保鲜法

将采收的菇封藏在 0.06mm 厚的聚乙烯薄膜罩内，每天用负离子处理 1～2 次，每次处理 20～30min，负离子浓度为 1×10^5 个 $/cm^3$。在 15～18℃温度下存放，保鲜期 10～15 天。负离子保鲜平菇，成本低，操作简单，菇体不会残留有害物质。

第二节　食用菌的加工技术

一、食用菌的干制加工

干制是食用菌的常用加工方法。新鲜食用菌经过自然干燥或人工干燥，使含水量减少到 13％以下，称为食用菌干制品或干品，便于长期保藏。香菇、草菇、猴头菌、双孢菇、平菇、金针菇、灰树花、银耳、木耳等均可干制。

干制方法主要是通过阳光曝晒、或煤柴烘焙，以及电烤等热源迫使菇、耳降低含水量而干燥。由于各种食用菌的特性不同，采用的热源也有异，食用菌干制的方法，有晒干、烘干和晒烘结合等。

1. 晒干法

主要通过阳光曝晒，这是比较常用而又经济的干燥方法。利用阳光的热能使新鲜食用菌干燥的方法，称为日光干制，简称为晒干。适合于银耳、平菇、凤尾菇、黑木耳、朴菇、金针菇、猴头等许多食用菌的加工。

---

[1] 1R（伦琴）＝ $2.58 \times 10^{-4} C/kg$。

[2] 1rad（拉德）＝10mGy。

将适时采收的新鲜食用菌，在晒场铺苇席或竹筛，晒帘最好是竹编或苇编的比较适宜，不可用铁丝编的晒帘，因铁丝类易生锈，会影响食品卫生。下面垫高以利通风，把采摘经过处理的鲜菇、鲜耳单层摆放，直接在阳光下曝晒。晒前，草菇纵切成相连的两半，切口朝上摊开；双孢菇切成片；香菇菌褶朝上；阿魏菇切成长 3cm、宽 2～3cm、厚 0.6～0.8cm 的薄片；金针菇切除菇脚蒸 10min。食用菌的排放还要讲究方法。银耳以耳片朝天，基座靠帘，一朵朵地排列，切不可重叠，以免压坏伸展的朵形；其他菇类应采取菇盖朝天，菇褶向下，依次排放好，不可零乱重叠。白天出晒，晚上连同晒帘搬进室内，不让宿露。通常晒 1～2 天后，进行整靠拼帘，减少晒帘张数，再晒 3 天后，一朵朵地翻起，把耳座或菇褶朝天，曝晒，要勤翻动，小心操作，以防破损，力求 2～3 天内晒干。亦可白天晒，晚上烘，晒烘结合。

有条件的可利用太阳能干燥。太阳能干燥器用反射镜将太阳光聚集起来，可产生 50～80℃ 的热空气，比自然晒干要快 1～4 倍。晒至干燥后收藏。

2. 烘干法

一般食用菌在收成季节，又遇阴天无法晒干的，必须通过烘焙干燥。然而香菇与兰花菇主要是靠烘焙激发它的独特香味，所以有 "香菇香自烘焙来" 的民谚。因为香菇中含有甘露醇和月桂香，通过烘焙才能焕发出浓郁的香味。兰花菇也需要通过烘焙，才具有兰花的香味。

目前我国农村烘焙食用菌的方式有炭木烘焙或烘房烘干，近年来也有采取远红外电烤炉干燥。常用的是前两种，炭火烘焙的菇类，不仅味香，且设备简单，取材方便，成本低廉。只要先将鲜菇摊在竹筛，用炭火烘到八成干时，再倒入焙笼内，用微火烘至干燥为止。专业性厂、场和生产规模较大的专业户，可以专门建造砖木结构的烘干房。备烘干灶，用木柴进行烘干。

3. 晒烘结合

这种干燥法适用于香菇、兰花菇、凤尾菇等。可先将鲜菇放在竹帘上，晒至五成干时，再装进焙笼烘至全干。这种方法不仅可以节约燃料，降低成本，而且能缩短时间。对于香菇注意不要晒得太干，否则烘焙时菇味不香。兰花菇加工时。应将鲜菇蕾纵切成两半，菇群相连着，一朵朵切面朝下，菇群向上，摊排竹帘上，曝晒 4～6h 后，再用焙笼烘干。火盆上要加盖草木灰，保持无烟，文火，以免烧焦。

二、食用菌的盐渍加工

盐渍加工是利用高浓度食盐溶液，抑制微生物的生命活动，破坏菇体本身的活力及酶的活性，防止菇体腐败变质。盐渍是食用菌最简便有效的保鲜加工方法之一。

食盐是一种电解质，溶于水中解离出钠离子和氯离子，这些离子具有强大的水合作用，使食盐溶液产生强大的渗透压。据测定，1% 的食盐溶液可以产生 618.11kPa 压力。盐渍的食盐浓度通常在 20% 以上，可以产生 20266kPa 以上压力，而一般腐败微生物细胞液的渗透压在 354.66～1692.21kPa 压力。当微生物接触到高渗透压的食盐溶液时，其细胞内的水分就会外渗脱水，造成生理干燥，迫使微生物处于休眠状态，甚至死亡。另外，盐渗时，菇体本身所含的部分水分和可溶物质，也由内向外渗出，使盐分扩散渗入菇体组织内，达到内外盐分基本平衡，致使菇体生命活动停止，从而达到保藏目的。

盐渍加工，多用于双孢菇、平菇、金针菇、草菇、滑菇、猴头菌和鸡腿菇等菇类，是外贸出口常用的加工方法。盐渍品亦可送罐头厂，经脱盐后加工成罐头菇，以防止鲜菇在运输过程中发生酶解和变质。

1. 主要设备及用具

盐渍主要设备及用具包括锅灶（采用直径 60cm 以上的铝锅，炉灶的灶面贴上瓷砖）、大缸、塑料周转箱、包装桶等。数量视日产量而定。

2. 工艺流程

盐渍加工的工艺流程为

原料菇选择→漂洗→预煮→冷却→分级→盐渍→调酸装桶

3. 盐渍方法

（1）原料菇的选择　供盐渍加工的原料菇，在八九分成熟时采收，清除杂物和有病虫的菇体。双孢菇要求菌盖完整，直径 3～5cm，切除菇脚；平菇应把成丛的逐个分开，淘汰畸形菇，并将柄的基部、老化的部分剪去；滑菇要剪去硬根，保留嫩柄 2～3cm；金针菇应把整丛分株，剪去菇根和褐色部分；草菇用小刀削除基部杂质，剔除开伞菇；灰树花要先剪去根并分株，后用刀将菇体切成片状；阿魏菇切成厚 2cm 的片状。

（2）漂洗　用清水洗去菇体表面的泥屑等杂物。双孢菇用 0.05％的焦亚硫酸钠溶液浸泡 10～20min，使菇体变白。漂白后再用流水漂洗 3～4 次，以洗净残余药液。

（3）预煮　经过选择和漂洗以后的菇，要及时进行水煮杀青。倒入鲜菇（一般要求 50kg 盐水中不超过 5kg 菇），边煮边用翻动，使菇体上下受热均匀，煮沸 3～5min。具体时间应视菇体多少及火力大小等因素来确定。一般，在煮沸后菇体在水中下沉即可。

（4）冷却　把预煮的菇捞出，立即放入冷水中迅速冷却，并用手将菇上下翻动，使菇冷却均匀。

（5）分级　预煮菇按不同菇种的商品要求，进行分级。

（6）盐渍　盐渍分高盐处理和低盐处理 2 种。高盐处理贮存期长，一般用于外贸出口商品。高盐处理用盐量为菇重的 40％。盐渍时，先在缸底铺一层盐，然后放一层杀青后的菇，逐层加盐、加菇，依次装满缸，最后上面撒上 2cm 厚的盐封顶，压上石块等重物，并注入煮沸后冷却的饱和食盐水（22～24°Bé❶），使菇体完全浸没在饱和盐水内。缸上盖纱布和盖子，防止杂物侵入。

盐渍过程中，在缸中通 1 根橡皮管，每天打气，使盐水上下循环，保持菇体含盐一致。若无打气设备，冬天应每隔 7 天翻缸 1 次，共翻 3 次；夏天 2 天翻缸 1 次，共翻 10 次，以促使盐水循环。一般盐渍 25～30 天，方可装桶存放。

低盐处理适宜冬季贮运，便于罐头厂家脱盐，但不宜长期贮存。盐渍时，将杀青处理冷却的菇体沥干，放入配好的饱和盐水缸内，不再加盐，上面加压，使菇浸没在盐水内，上面加盖纱布和盖子，管理方法同高盐处理。

（7）调酸装桶　按偏磷酸 55％、柠檬酸 40％、明矾 5％的比例溶入饱和盐水中，配成调整液，使饱和盐水的酸度达 pH3.5 左右，酸度不足时，可加柠檬酸调节。把盐渍菇从缸中捞出，控水，装入衬有双层塑料薄膜食品袋的特质塑料桶内，再加入调酸后的饱和盐水，以防腐保色。双层塑料袋分别扎紧，防止袋内盐水外渗，塑料桶应盖好内外两层盖。桶上标注品名、等级、代号、毛重、净重和产地等。置于无阳光直接照射的场所存放。要定期检查，发现异味，及时更换新盐水，以保持菇色和风味不变。

4. 加工注意事项

（1）加工要及时　鲜菇采摘后，极易氧化褐变和开伞，要尽快预煮、加工，以抑制褐变。

（2）严防菇体变黑　加工过程中，要严格防止菇体与铁、铜质容器和器皿接触，同时也要避免使用含铁量高的水进行加工，以免菇体变黑。

（3）掌握好预煮温度和时间　做到熟而不烂。预煮不足，氧化酶活得不到破坏，蛋白

---

❶ 采用玻璃管式浮计中的一种特殊分度方式的波美计所给出的值称为波美度，符号为°Bé。用于间接地给出液体的密度。

质得不到凝固,细菌壁难以分离,盐分不易渗入,易使菇体变色、变质。预煮过度,组织软烂,营养成分流失,菇体失去弹性,外观色泽变劣。预煮后要及时冷却透方可盐渍,以防止盐水温度上升,使菇体败坏发臭而变质。

(4)选用精盐 食盐中硫酸钠和硫酸镁含量过高,盐渍菇会产生苦味;且普通盐含泥土杂质,影响商品质量。

(5)严格水质管理 水质的好坏对产品质量有直接的影响。水质不好,微生物含量高,会给产品带来污染;含硫化氢等物质高,能使产品变色,风味降低。生产加工用水的水质必须符合国家饮用水卫生标准。采用天然水时,必须采用净化或软化处理并测定合格后,方可用于生产。

(6)控制好盐水 pH 调高盐水的酸度,可以抑制酵母菌的生长,增强其防腐保色作用。因此,饱和盐水中必须加入适量柠檬酸,以调节盐水 pH 在 3.5 左右,以强化防腐和保色效果。

三、食用菌的深加工

食用菌深加工,是利用食用菌为主要原料,生产医药、保健食品、饮料、调味品、腌制风味小菜和制作美容品等,它不但有助于食用菌的保藏,而且颇具产品特色,有利于打开市场销路,增加经济效益。

1. 食用菌多糖

食用菌含有大量多糖,它是以 β-(1,3)-D-葡聚糖为主要成分的一种生物活性物质,具有免疫促进作用,可有效地提高机体的非特异性免疫功能,产生明显抗肿瘤效应。目前,以食用菌为原料制取的香菇多糖,用于消化系统肿瘤的中、晚期治疗,可延长患者的生命。用灰树花提取的灰树花多糖,用于临床能有效改善肿瘤病人的症状,减轻疼痛,增加食欲和改善睡眠;能显著拮抗常规化疗和放疗引起的免疫功能低下,使患者免疫指标维持或恢复正常水平。食用菌活性多糖在提高人体免疫功能和抗肿瘤方面具有广泛的前景,被认为是一种很有发展前景的非特异性免疫促进剂。

2. 香菇多糖

(1)工艺流程

香菇选备→浸泡→粉碎→水提→浓缩→醇沉→酶解→脱色→柱色谱→醇沉→过滤→浓缩→醇沉

成品←干燥←过滤

(2)操作流程 选菇浸泡。取无病虫害、无霉变的干香菇,洗净,温水泡发后出去硬蒂,用捣碎机粉碎成米粒样碎块。

(3)水提、浓缩 碎香菇块加水浸泡 5h,水温保持恒温 70℃,不断搅拌。过滤,将滤液减压浓缩,呈稀糖浆状为止。

(4)醇沉 在冷却后的浓缩液中慢慢加入 95% 乙醇,边加边搅至完全混合均匀,直至混合液中乙醇浓度达到 75% 左右。静置数小时后过滤,收集沉淀,减压干燥,得到多糖粗品。

(5)酶解 将粗品溶于蒸馏水中,加热至 35℃,趁热过滤,滤液保持 35℃恒温,边搅边加入蛋白酶,保温 3h。酶解完毕升温至 80℃,维持 10min,过滤。

(6)脱色 滤液用 2mol/L 氢氧化钠溶液调 pH7.0,加热至沸,加入活性炭,保温 15min,过滤。

(7)柱色谱 滤液调 pH7,过阴离子柱,收集流出液,调 pH 至中性,过阳离子柱,收集流出液。

(8)醇沉、过滤 向流出液中加入 95% 的乙醇,使混合物含醇量达到 70%,静置数小时,过滤、洗,得湿品。

(9) 氧化铝过滤、浓缩　湿品溶于 20％乙醇中，加热至 50℃，通过氧化铝层滤出，溶液过滤完后继续加热蒸馏水洗脱，收集流出液，减压浓缩。

(10) 醇沉、过滤、干燥　向浓缩液中加入 95％的乙醇，使混合物含醇量达到 70％，静置数小时，过滤、充分洗脱，低温干燥，得香菇多糖成品，纯度达 90％以上。

注意要点：

① 香菇要尽量粉碎，不留大块，以使提取完全。

② 煮提时要控制温度，不断搅拌，避免局部温度过高。

③ 浓缩水提取液应尽量缩短时间，减少料液受热时间，减少多糖分解。

④ 醇沉使用的乙醇，浓度要准确。滤液中乙醇含量为 70％～75％，可入蒸馏塔蒸馏回收，重复利用。

⑤ 色谱柱要处理干净，彻底洗至中性。料液过色谱柱时流速要慢，以利于各组充分分离。

3. 灵芝多糖

(1) 工艺流程

灵芝选备→洗净干燥→粉碎→热水浸提→滤液浓缩→醇沉→分离→干燥→粉碎→成品

(2) 操作程序

① 洗净、烘干、粉碎。取无病虫害、无霉变的灵芝干品或破碎品、畸形芝、等外品均可。洗净，晒干或 65℃温度烘干，粉碎，过 40 目筛，备用。

② 浸提。将灵芝粉加入 10 倍水加热至 90℃进行浸提 2h，用 6 层纱布过滤，滤液继续加热浓缩，待浓缩液约为原加水量的 1/4～1/5 时，倒入容器计量、冷却、沉淀。

③ 醇沉。冷却后的浓缩液加入 95％酒精进行沉淀。操作时，酒精应慢慢加入浓缩液中，并随加随搅拌至完全混合均匀，直至混合液中酒精的浓度为 75％时为止。这时多糖成为絮状物缓慢下沉。

④ 离心烘干。数小时后，待多糖物质全部下沉至容器底部，进行离心分离，转速 3000r/min，约 5min。将多糖黏稠膏状物置于洁净的瓷盘中，真空干燥或 65℃烘箱鼓风干燥。烘干后的多糖（粗品）呈咖啡色的块状物。

(3) 注意要点

① 灵芝的粉碎，一般需加工 2 次，不留块状灵芝。

② 加热浸提要控制好温度，防止容器底部浸出物炭化。

③ 醇沉所用酒精的浓度要准确。

4. 保健食品

(1) 灵芝酒　灵芝 100g，白酒 1800mL，蜂蜜（或白糖）200g，柠檬 4～5 个榨汁，混合浸泡。用 25℃白酒 1 个月即成，用 35℃白酒和 60℃白酒，分别为 20 天和 15 天。

(2) 灵芝柠檬水　灵芝切片 100g，加水 200mL，煎煮成 50mL 浓缩汁，再加水 400mL，加柠檬 1 个、白糖 100g。

以上灵芝保健品具有镇静、强心作用，能调整机体免疫功能和增强肝脏解毒能力。

(3) 茯苓酒　茯苓 60g，白酒 500g。茯苓切片，装入纱布袋内，扎紧袋口，放入瓷罐内，加入白酒，浸泡 7 天即成。

晚上临睡前服用 1 小盅。用于脾虚而引起的肌肉麻痹、沉重、日渐瘦弱等症。

(4) 木耳糖　黑木耳 200g，赤砂糖 500g，熟植物油适量。将木耳洗净、烘干、研成粉末。赤砂糖入锅加适量清水，开始用武火烧沸后转用文火熬至糖汁稠厚时，加入木耳粉搅匀，停火后将木耳糖汁倒入涂有植物油的瓷盘内，摊平、稍凉，用刀划成小块装盒。每日服 3 次，每次 3 块。

可用于肠风、血痢、痔疮等出血，具有凉血、止血功效。

（5）银耳保健饮料

① 选料　选择无霉变、无泥沙杂质的银耳干品。

② 浸泡　用冷水将银耳浸泡 12h 以上，使银耳充分吸水泡发。

③ 漂洗　用流动的清水将泡发的银耳清洗干净。

④ 浸出　将洗净的银耳放入夹层不锈钢锅中，加水，120～127℃煮 30～60min，过滤取汁，再把银耳残渣加水，连续提取 4 次，将 1～4 次提取液混合。

⑤ 配制　混合提出液中加入适量蜂蜜、冰糖（冰糖要先溶化后加入）、调味剂、香料、强化剂等，在一定温度下搅拌混合，即成银耳保健饮料。

⑥ 装瓶　装瓶，加盖密封。

⑦ 消毒　密封后在 112℃温度下灭菌 20min，取出冷却，检验，贴标签，出厂。

长期服用，具有生津润肺、益气养阴的功效。可用于预防血管硬化、高血压、大便秘结、失眠等病症。

（6）芝麻茯苓粉

① 原料　黑芝麻 500g，茯苓 500g。

② 制法　先将芝麻炒香；茯苓去皮蒸热，磨成细粉；芝麻、茯苓粉分别置瓶中密封贮存。食用时将二者等量混合，于每天早餐后加蜂蜜或开水冲服，用量为 20～30g。具有强心利尿、降血糖，防止衰老等功效。是老年人的益寿食品。

【知识链接】　防治菇类萎蔫的小技巧

（1）拌料要早防。用玉米芯、麦秸、稻草作主料时，应添加 5% 麸皮或 4% 发酵腐熟的畜禽粪。用含氮丰富的棉籽壳作主料时可不加氮源，但要控制螨虫危害，可在拌料时喷洒 800 倍的敌百虫，效果很好。

（2）酸碱适中。配料时加入的石灰量要达到 5%，每采完一潮菇要喷 1% 石灰水和 4% 草木灰水，以提高 pH 值。

（3）通风透气。在播种后的 4 天内，每天 10 点左右通风 30min，随着菌丝量的增多及针头菇的大量出现，通风时间要逐渐延长到每天 2h。

（4）适时调温。气温低时要采取双层薄膜覆盖等措施保温，盛夏酷暑要注意喷水并搭棚遮阳降温，尽量降低菇房的温度。

（5）注意喷水。喷水要在早晚进行，水温以 30℃ 为好。

（6）湿度适宜。一般培养料的最适含水量 65%，菌丝体生长期空气相对湿度 80% 为宜，子实体生长期空气相对湿度保持在 90% 为宜。

思 考 题

1. 食用菌的保鲜方法有哪些？各有何特点？
2. 食用菌的常用加工技术有哪些？

实践技能训练项目

实训一　食用菌母种培养基制作

一、实训目的

了解食用菌母种培养基的配方，熟悉高压蒸汽灭菌锅的使用方法，掌握母种培养基（PDA 或 PSA）的制作方法。

二、实训器材

1. 配制母种培养基材料

马铃薯、葡萄糖（或蔗糖）、琼脂、水等。

2. 仪器用具

高压蒸汽灭菌锅（手提式或立式）、可调式电炉、不锈钢锅（20cm）、汤勺、切刀、切板、量杯、纱片、漏斗（带胶管和玻璃管）、止水夹、漏斗架、试管（18mm×180mm 或 20mm×200mm）、1cm 厚的长形木条（摆放斜面时垫试管用）、棉花（未脱脂）、捆扎绳、标签、天平、菌种瓶、棉塞等。

三、实训内容和方法

1. 母种培养基（PDA 或 PSA）配方

马铃薯 200g，葡萄糖（或蔗糖）20g，琼脂 18～20g，水 1000mL，pH 自然。

2. 母种培养基配制

（1）制备营养液　先将马铃薯洗净，挖芽去皮，准确称取 200g，然后将马铃薯切成玉米粒大小的颗粒或薄片。用量杯量取 1000mL 水于不锈钢锅内煮马铃薯，待水沸后计时20～25min，当马铃薯酥而不烂时，用双层纱布进行过滤，取其滤液，定容至 1000mL 于烧杯中，加入葡萄糖（或蔗糖）和琼脂，加热使之溶化。

（2）分装　将制备好的培养基，趁热分装。将培养基加入漏斗中，左手握试管，右手持漏斗下面的玻璃管入试管口内，然后放开止水夹，让培养基流入试管内，控制培养基高度约为试管长度的 1/6～1/5，约 10～15mL，注意避免将培养基沾于试管口内外。

（3）塞棉塞　用叠放式将未脱脂棉做成棉球，塞入试管口，管口内棉塞底部要求光滑，棉塞侧面要求无褶皱，棉塞长度的 2/3 在管口内，1/3 在管口外。棉塞的松紧以手提棉塞轻晃试管不滑出为度。

（4）捆把　以 7 支试管为一捆，用捆扎绳扎紧。贴上标签，准备灭菌。

3. 母种培养基的灭菌

高压灭菌锅的使用方法：加水，试管入锅上盖，对称、均匀地扭紧螺栓，加热升温，当压力至 0.5kgf/cm² 时，打开排气阀排除锅内冷空气，压力降至 0 时，关闭排气阀，继续升温，压力升至 1kgf/cm²，即温度达到 121℃时，开始调火稳压 25～30min，自然降压至压力为 0.5kgf/cm² 时，可慢慢打开排气阀徐徐降压至 0（若降压太快，试管中的培养基易浸湿棉塞），开盖，取出试管。

4. 摆斜面

趁热将试管摆成斜面，培养基以试管长度的 2/3 为宜，斜面制成后，如不马上接种，可在冷藏箱中保存。

四、实训作业

1. 试述母种培养基的配制过程以及培养基分装的要点。

2. 怎样正确使用高压蒸汽灭菌锅对培养基进行灭菌?

实训二　母种转管（再生母种的生产）

一、实训目的

熟悉无菌操作要点，熟练掌握食用菌母种转管和培养技术。

二、材料准备

获得的母种或购买的母种若干支，高锰酸钾 5g，福尔马林 10mL，75％酒精，酒精棉球若干个，0.25％新洁尔灭溶液 200mL。

三、用具准备

接种箱（或超净工作台），接种工具（接种铲和接种刀），酒精灯，火柴、记号笔。斜面培养基数支，灭菌后的培养皿一套。

四、转管方法

1. 接种箱（或超净工作台）接种

用新洁尔灭溶液清洗接种箱内外，把需要材料及工具放入接种箱并灭菌。清洗手并用75％酒精棉球擦洗后，伸入接种箱的袖套内，点燃酒精灯，灼烧接种工具，用左手托住两支试管（一支为斜面培养基，另一支为母种），用右手小拇指和手掌下部夹住棉塞取下，用接种刀伸入母种内，切出绿豆粒大小的一块，再用接种勺，取出其中一块，放入斜面培养基上，塞好棉塞，写上菌种名称、日期。

2. 菌丝培养

将已接种的试管放在 25℃恒温恒湿培养箱培养 8～10 天，当菌丝布满斜面，即可用于生产原种。一般一支母种可转管 20～40 支。

3. 注意事项

所有接种工具必须灼烧方可使用；如果更换品种，工具必须用酒精棉球擦洗；接种 3 天后观察、记录，如有污染立即剔除。

五、作业

试述转管的无菌操作全过程。

实训三　食用菌原种、栽培种的制作

一、实训目的

了解食用菌原种及栽培种培养基的配方，熟悉高压蒸汽灭菌锅的使用方法，掌握原种及栽培种培养基的制作及培养方法。

二、材料准备

1. 培养基的配方：阔叶树木屑 78％，麦麸 20％，蔗糖 1％，石膏粉 1％，水。

2. 其他材料：pH 试纸，母种，高锰酸钾 5g，福尔马林 10mL，75％酒精，酒精棉球若干个，消毒、杀菌剂等。

三、用具准备

原种瓶或罐头瓶或塑料袋，塑料薄膜 12cm×12cm 若干块，高压聚丙烯塑料封口膜，扎口绳若干根，高压灭菌锅或常压灭菌锅，接种箱（超净工作台），接种工具（接种铲和接种刀、锥形木棒），酒精灯，火柴，记号笔。

四、生产程序

1. 原种和栽培种培养基的配制

（1）称料　先称主料，后称辅料。

（2）拌料　先将难溶于水的辅料与主料拌匀，再将易溶于水的辅料溶解于水中制成母液，每次加水均从母液桶中取水，边加水边搅拌，直至将培养料的含水量调至 65% 为宜。

（3）调节 pH 值。

（4）装瓶　培养料拌好后就可装瓶（或装袋），边装边振动，料装至瓶肩处，再用手指或工具将料面压紧压平，用打孔棒从中由上至下打一通气孔。然后清洁瓶口内外，用封口膜封口，再用线绳捆扎紧。

（5）灭菌　若采用高压蒸汽灭菌，则标准为 $1.5kgf/cm^2$，128℃，$1\sim2h$。如果采用常压蒸汽灭菌，则标准为 100℃下 $8\sim10h$。

2. 原种、栽培种的接种与培养

（1）原种接种　首先清洗手并用 75% 酒精棉球擦洗后，在无菌环境下（接种箱、超净工作台或电子灭菌接种机），点燃酒精灯，灼烧接种工具，解开扎口绳，松开瓶或塑料袋口（用锥形木棒在袋中心打一个洞为接种穴），用左手托住母种，用右手小拇指和手掌下部夹住棉塞取下，用接种刀伸入母种培养基内，切出 $2\sim3cm$ 长的一块，取出放入接种穴内，扎（封）口（原种瓶可以用封口膜），写上菌种名称、日期。放在 25℃ 恒温恒湿培养箱培养 $20\sim30$ 天左右，当菌丝布满瓶或袋，即可用于生产栽培种。一般 1 支母种可以接 $4\sim6$ 瓶或袋原种。

（2）栽培种接种　首先清洗手并用 75% 酒精棉球擦洗后，在无菌环境下（接种箱、超净工作台或电子灭菌接种机），点燃酒精灯，灼烧接种工具，解开扎口绳，松开瓶或塑料袋口（用锥形木棒在袋中心打一个洞为接种穴），用接种勺伸入原种瓶或袋内，取出一勺放入接种穴内，扎（封）口（栽培种瓶可以用封口膜），写上菌种名称、日期。然后将已接种的栽培种放入恒温恒湿培养箱培养，3 天后定期检查，记录菌丝生长情况。生长 $20\sim30$ 天左右，当菌丝布满瓶或袋，即可用于生产种。一般一瓶或一袋原种可以接 $40\sim60$ 瓶或袋栽培种。

五、作业

简述原种、栽培种生产的步骤。

实训四　食用菌菌种分离

一、实训目的

以子实体组织分离为例掌握菌种分离的方法。

二、材料准备

消毒后的平菇、香菇任意一种子实体，高锰酸钾 5g，福尔马林 10mL，75% 酒精，酒精棉球若干个，消毒、杀菌剂等。

三、用具准备

接种箱，接种工具（小剪刀），酒精灯，火柴，记号笔，斜面培养基数支，灭菌后的培养皿一套。

四、分离方法及培养

1. 组织分离

用 0.25% 的新洁尔溶液清洗接种箱内外，将子实体、接种工具、酒精灯、火柴、记号笔、斜面培养基、培养皿、小剪刀，酒精棉球等，置于接种箱内，打开紫外灯管，灭菌40min，用肥皂洗手并在清水洗净后，再用酒精棉球擦手，将手插入接种箱的袖套内，点燃酒精灯，灼烧接种工具，将子实体从中间一撕两半，用小剪刀挑起生长点菌肉一小块，并放在斜面培养基上，塞好棉塞，写上菌种名称、日期。放在25℃恒温恒湿培养箱培养8～10天左右，当菌丝布满斜面，此即为母种。

2. 注意事项

所有接种工具必须灼烧方可使用；如果更换品种，工具必须用酒精棉球擦洗；每天观察，有污染立即剔除。

五、作业

1. 试述菌种分离的关键技术。

2. 更换品种，工具为什么必须用酒精棉球擦洗？

实训五　平菇生料与熟料栽培

一、目的要求

学会生料与熟料栽培食用菌的基本技术及管理方法。

二、实训准备

(1) 原料　木屑、麸皮或米糠、石膏粉、过磷酸钙、石灰粉，多菌灵。

(2) 用具　菇床或竹筐、铡刀、铁锨、农用薄膜、(22～24)cm×(50～55)cm 塑料袋(高压灭菌需聚丙烯塑料袋)。扎口绳若干根，高压灭菌锅1只或常压灭菌锅；接种箱，接种工具（接种勺或大镊子，锥形木棒），酒精灯，火柴，记号笔，颈圈等。

(3) 菌种　平菇栽培种

(4) 其他材料　pH 试纸，栽培种，高锰酸钾 5g，福尔马林 10mL，75％酒精，酒精棉球若干个，消毒、杀菌剂等。

三、内容和方法步骤

1. 培养料配方

(1) 生料配方　木屑（阔叶树屑）70％，麦麸或米糠27％，石膏1％，过磷酸钙1％，蔗糖1％，多菌灵0.1％。

(2) 熟料配方　木屑（阔叶树屑）70％，麦麸或米糠27％，石膏1％，过磷酸钙1％，蔗糖1％。

2. 生料配制与播种

(1) 称料、拌料　按配方称料后进行搅拌均匀，加水使其含水量为60％～65％，即用手握培养料时，指缝略有水渗出不滴为度。pH 调至7～7.5为宜。拌料后最好进行堆料3～5天使之成为半熟料，期间当堆温达70℃时应翻堆。

(2) 铺料、播种　可以用床式栽培或筐式栽培。铺料前先在床架或筐底铺一层农用薄膜，然后铺料，用木板稍拍紧，铺料的厚度以10～15cm为宜，气温较高时，培养料略薄，气温较低时，培养料略厚。铺料后即可播种，以穴播方式，穴距5～8cm，穴深3～5cm，每平方米用菌种4～5瓶，最后再撒一层菌种覆面。播种后在料床上盖一层报纸，再盖上一层农用薄膜即可。

(3) 发菌管理　播种后菇房温度应控制在15～20℃，相对湿度为70％为宜。若气温过高，应揭开薄膜通风降温。播种10天后，每天可以揭开薄膜1～2次，每次20min。

(4) 出菇管理　播种后30天左右，菌丝长满培养料，此时料面出现桑葚状的平菇子实体原基，此时可揭去覆盖料面的农用薄膜，控制菇房里的温度在15℃左右，喷水保湿，将菇房相对湿度调至 90% 左右，并加强菇房的通风换气，经 5～7 天平菇长至八成熟时可采收。

3. 熟料配制与接种

（1）栽培袋的制作　按配方称量各成分，将能溶解于水中的成分放在水中溶解，拌料，测定含水量和 pH 值，装袋，擦净塑料袋外沾的培养料成分，扎口，放入高压锅或常压灭菌锅内，灭菌，备用。

（2）接种　接种方法同原种。

（3）发菌期管理　平菇接种后，温度条件适宜，才能萌发菌丝，进行营养生长。菌袋堆积的层数应根据接种时的气温而定。以防袋内培养料温度过高而烧死菌丝。这个阶段要注意杂菌与病虫害的发生，促使菌丝旺盛生长。应根据发菌期生长的不同时期，进行针对性的管理。

（4）出菇期管理　当见到袋口有子实体原基出现时，立即排袋出菇。两头播种的菌袋，一般码成墙式两头出菇，既在地面铺一层砖，将袋子在砖上逐层堆放 4～5 层，揭去袋口的报纸。根据子实体发育的五个时期，抓住管理要点。

（5）采收　当菇盖展开度达八成，菌盖边缘没有完全平展，就要及时采收。

（6）转潮期管理　每批菇采收后，要将袋口残菇碎片清扫干净，除去老根，停止喷水 3～4 天，待菌丝恢复生长后，再进行水分、通气管理，约经 7～10 天，菌袋表面长出再生菌丝，发生第二批菇蕾。

四、实训报告

1. 写出平菇生料、熟料栽培的全过程。
2. 平菇生料、熟料栽培存在的问题及可能的原因。

实训六　香菇熟料袋栽

一、目的要求

了解香菇的生物学特性，学习香菇熟料袋栽的生产程序，掌握其关键技术。

二、材料准备

（1）培养料的配方　木屑 75%（或棉籽壳 30%、玉米芯 45%），麦麸 20%，石膏 2%，石灰 1%，过磷酸钙 2%，水。

（2）用具　(15～17)cm×(50～55)cm 塑料袋（高压灭菌需聚丙烯塑料袋），扎口绳若干根，高压灭菌锅 1 只或常压灭菌锅。接种箱（室），接种工具（胶纸，打孔器或尖锥形木棒、接种器）等。

（3）其他材料　pH 试纸，栽培种，高锰酸钾 5g，福尔马林 10mL，75% 酒精，酒精棉球若干个，消毒、杀菌剂等。

三、具体方法

1. 栽培袋的制作

按配方称量各成分，能溶解于水中的成分放在水中溶解，拌料，测定含水量和 pH 值，装袋，擦净塑料袋外沾的培养料成分，扎口，放入高压锅或常压灭菌锅内，灭菌，备用。

2. 接种

接种方法：清洗手并用 75% 酒精棉球擦洗后，在接种室点燃酒精灯，灼烧接种工具，解开扎口绳，松开塑料袋口，用打孔器或尖锥形木棒在袋的两面"品"字形错位打接种穴，用接种器或手工将菌种紧紧挤入接种孔内，用 3.25cm×3.25cm 的专用胶布封穴口。

3. 上堆发菌

接种后，将菌袋放入发菌室，进行发菌管理。

4. 脱袋排场

培养 50～60 天待菌丝长满袋，菌袋内壁四周有皱褶和隆起的瘤状物，手捏菌袋瘤状物有弹性松软感，接种穴周围稍微有些棕褐色时，将菌袋运到排场地，用刀片划破，脱掉塑料袋，排放在竹竿搭的横架，然后用长竹片成拱形架于畦上，上盖薄膜，相对湿度控制在 75%～80%。

5. 转色管理

脱袋后 3～4 天，将菇床罩膜内的温度控制在 25℃ 内，不必揭膜通风。4 天后每天通风 1～2 次，每次通风时间为 30～40min，并加大温差，使气生菌丝的生长受到抑制，不至于过分旺长。一般脱袋后 7～8 天，菌丝开始吐出黄水珠，及时喷水冲洗。第一次用喷雾器轻喷于菌袋上，冲淡黄水珠，第二次用压力较大的喷雾器冲洗，待菌袋稍干时再覆盖薄膜。气温高时早晚要揭膜通风，加大温差，温度控制在 15～20℃。转色过程除了控温、喷水、变温外，还必须进行干湿差和光暗刺激。

6. 出菇管理

香菇菌袋转色后，一般都揭去畦上塑料膜，出菇场所的温度最好控制在 10～22℃，昼夜之间能有 5～10℃ 的温差。菇蕾分化出以后，进入生长发育期，要求空气相对湿度 85%～90%。随着子实体不断长大，要加强通风，保持空气清新，并且要有一定的散射光。

7. 采收

从外形看，菌盖有 6～7 分开展，边缘尚内卷，盖缘的菌膜仍清晰可见，为采收适期。

8. 采收后的管理

一潮菇全部采收完后，要大通风一次，使菌袋表面干燥，然后停止喷水 5～7 天。让菌丝充分复壮生长，待采菇留下的凹点菌丝发白，就给菌袋补水，使菌袋重量略低于出菇前的重量为宜。补水后，将菌袋重新排放在畦里，重复前面的催蕾出菇的管理方法，准备出第二潮菇。第二潮菇采收后，还是停水、补水，重复前面的管理。

四、作业

根据观察记录写出实训报告。

实训七　金针菇栽培

一、目的要求

了解金针菇的生物学特性，学习熟料瓶栽培或袋栽方法，掌握栽培优质金针菇的技术。

二、实训准备

（1）原材料　棉籽壳、稻草或麦秸、木屑、酒糟、玉米芯、黄豆秸、菜籽饼、麸皮或米糠、蔗糖、碳酸钙、石膏粉、过磷酸钙等。

（2）菌种　金针菇栽培种。

（3）用具　罐头瓶或其他耐高温广口瓶、聚丙烯塑料袋（菌袋）、打孔棒、捆扎绳、竹筐、铡刀、农用薄膜、接种箱、接种工具、常压灭菌锅、消毒杀菌剂等。

三、方法步骤

1. 备料

（1）木屑 70%，麸皮 23%，玉米粉 5%，糖和石膏各 1%。

（2）木屑 35%，棉籽壳 35%，麸皮 23%，玉米粉 5%，糖和石膏各 1%。

（3）木屑 40%，棉籽壳 36%，麸皮 20%，糖，石膏，尿素和石灰各 1%。

（4）玉米芯 73%，麸皮 25%，糖和石膏各 1%。

2. 拌料

分小组各取一种配方，按常规称量，进行培养料的预处理。拌料时注意均匀，水分适宜。

3. 装瓶（袋）

将拌好的培养料分别装入罐头瓶或菌袋［规格为（38～40）cm×（17～20）cm 聚丙烯塑料袋］中。注意边装料边压实，无须压得过紧。装瓶料至瓶肩处即可，装袋至 2/3 即可。装完后用打孔棒从上至下打一孔，清洁瓶口，再用聚丙烯塑料薄膜封口和线绳捆扎；菌袋则在袋口两端捆扎成活结。

4. 灭菌

将料瓶或料袋装入高压锅或土蒸灶里进行灭菌。高压灭菌标准为 1.5kgf/cm²，1.5～2.0h；常压灭菌标准为 100℃，8～9h。

5. 接种

灭菌后，待料温降至 30℃ 左右时，可移入接种箱或菌种室进行接种。

6. 培菌

将接种后的菌瓶或菌袋移入培菌室的菌架上进行培养。温室应保持在 23～25℃，空气相对湿度为 65%～70% 为宜。要注意避光、通风良好，翻堆检杂。

7. 搔菌

当菌丝长满菌瓶或菌袋时，将菌瓶移入出菇室，可将瓶口或袋口打开，袋口向下反卷至离料面 3cm 处。用消毒的小铲或手把去掉表面的老菌皮，进行搔菌，促使菌丝结菇。然后在上面覆盖湿报纸或塑料薄膜以保湿，但不要积水。此时的温度应在 10～12℃，空气相对湿度以 80%～85% 为宜。

8. 驯养

当菇蕾出现后，可进行优质的驯养。此时的室温应为 5℃ 左右，利用排风扇吹以微风（风速 3～5m/s），空气相对湿度以 70%～85% 为宜。当菌柄长出瓶口或袋口 2cm 时，应在瓶口或袋口套上一个纸筒或塑料袋，可抑制菌盖生长，促使菌柄直立向上生长。

9. 出菇管理

出菇温度可保持在 8～10℃，空气相对湿度为 80% 左右，避光或弱光条件可使菇体呈乳白色。注意通风。

10. 采收

当菌柄长到 13～15cm 时可采收。其方法是用手握住菌柄轻轻拔出，勿折断菌柄。然后清理料面，覆湿纸养菌待出第二潮菇。

四、作业

1. 比较金针菇栽培方法与其他食用菌栽培方法的异同。
2. 培养优质金针菇的重要措施是什么？

实训八　双孢菇栽培

一、实训目的

使学生了解双孢菇发酵料栽培的原料配制、消毒与灭菌、常用原料的处理方法，初步掌握双孢菇发酵料栽培的具体方法和步骤，并能因地制宜地应用。

二、实训用具与材料

1. 用具

托盘天平，双孢菇栽培菌种，农用铁叉，装料铲，塑料膜，铡刀，喷雾器。

2. 材料

（1）主料　麦草、牛粪、马粪、鸡粪、玉米秆、玉米芯等。原料要求：新鲜不霉变、料干不淋雨、草撒不成捆、肥碎不成团。

（2）辅料　因大多数主要原料的蛋白质含量不高，或者某些无机盐补充不足，需要添加一些辅助原料，辅助原料如下：

① 氮素辅助原料　可补充主料中氮素的不足，常用的有麸皮、大豆、豆腐渣、豆饼、菜籽饼、酒糟、蚕蛹、鱼粉、血粉、尿素等，其中以麸皮应用最多。

② 碳素辅助原料　可补充主料中简单糖分，供给菌丝在发育初期吸收利用。常用的有葡萄糖、蔗糖等。

③ 无机盐辅助原料　主要补充主料中的矿物质元素，如钙、镁、硫、磷等。常用的有以下几种：

a. 硫酸钙　又叫石膏。分生、熟两种，生石膏，化学成分为 $CaSO_4 \cdot 2H_2O$，系白色，粉红色，淡黄色或灰色。纤维状、板状或细粒状固体。性脆，硬度不大，煅烧后变成熟石膏，成分为 $2CaSO_4 \cdot H_2O$，亦为白色固体。二者均系弱酸性，主要提供钙素与硫素，可调节养料的 pH 值。用量为原料总量的 1%～2%。生熟皆可，应粉碎备用。可直接购买建筑用、雕塑用或生产用石膏粉。

b. 碳酸钙　化学成分为 $CaCO_3$，弱碱性。除补充钙素外，亦可调节培养料的 pH 值，用量一般为总量的 1%～2%。若无成品，可取石灰石粉碎备用。一般用熟石灰 $[Ca(OH)_2]$ 较好。

c. 过磷酸钙　灰白色至深灰色，有的带粉红色，粉末状至颗粒状固体。主要是过磷酸二氢钙 $[Ca(H_2PO_4)_2]$ 和硫酸钙组成的混合物。二者重量比约为 1:(1.2～2.1)，水溶液呈酸性，可降低培养料的 pH 值，并提供磷素、钙素，用量一般为 1%～2%。通常加足过磷酸钙后，亦可不再加石膏、石灰，它可同时具有调节培养料 pH 值，软化其组织，提供钙素和消毒作用。此外还有硫酸镁、磷酸二氢钾。

（3）常用培养基配方

① 草料（稻草或麦秸）2500kg、干牛粪 1250kg、菜籽饼 175kg、尿素 15kg、过磷酸钙 40kg、石灰 50kg、石膏 75kg。料水比 1:1.4。pH 值调到 8.0。

② 草料 4000kg、饼肥 100kg、硫酸铵 75kg、尿素 20kg、过磷酸钙 40kg、石膏 40g、石灰 40kg。料水比 1:1.4。pH 值调到 8.0。

三、实训内容和方法

实训操作流程：

原材料→预湿→预堆→建堆加辅料→三次翻堆→进房后发酵→播种→覆土→出菇管理→采收

1. 栽培原料的发酵处理

（1）一次发酵

① 目的　把粪草转化为蘑菇生长所需的营养物质；控制、消灭栽培过程中病虫害的发生。

② 场所选择　选择水源充足、排水方便、靠近菇棚的地方。最好水泥地或选地势高、排水方便的地方压实撒石灰，做成中间高四周低，且有蓄水的水沟。防止料底积水和肥水流失。

③ 建堆　麦秸在建堆前预湿 2 天，水分调节至 70%～73%。先把预湿的麦秸铺在地面上，厚度为 0.3m，宽 1.5m，长 9m，撒上 1/7 的尿素，1/7 的牛粪。如此一层一层地建完，堆的高度为 1.5m，层数为 7 层。

④ 翻堆　第一次翻堆是在建堆后 7 天。加尿素或硫酸铵、过磷酸钙，并将麦秸的含

水量控制在 68%～70%。翻堆结束后，在四周撒上石灰粉。第二次翻堆在第一次翻堆后6 天，加石膏粉，将宽度扩大为 1m，高度不变，长度自定。如遇雨天应及时盖好薄膜，雨停后马上掀开。第三次翻堆在第二次翻堆后 3 天，翻堆时调节 pH 为 7.2～7.8，培养料含水量为 63%～65%。翻堆时间用温度控制，待温度上升到 78℃或温度不再上升时进行翻堆。

（2）二次发酵

① 菇房要求　远离仓库、养鸡场，既能保温、保湿，又能通风换气。

② 菇房消毒　拆除废料后及时清扫、消毒，进房前又可用一次杀虫剂、一次杀菌剂，进行二次消毒。

③ 后发酵　温度控制。60～62℃，保持 8～12h。48～55℃，保持 3～5 天。降至 45℃时开门通风，但在整个发酵期间应注意料温始终高于室温，同时进行适当的通风换气。后发酵后优质料标准是，看，颜色为棕色；拉，有弹性、有拉力；闻，有土腥味、无酸臭、氨味；捏，感觉软，不粘手，指缝中有水不滴下；测，pH 值为 7.2～7.4 左右。

2. 播种

将发酵好的培养料搬进大棚，盖好塑料薄膜和草帘，待料温降到 28℃时开始整料。把培养料在畦床上整成龟背形，每平方米 1 瓶的菌种掰好后均匀撒播，用木板轻轻拍实，盖上报纸停 3 天，待菌种萌发后，将报纸掀开，每天逐步开始通风，温度必须控制在27℃以下。

3. 覆土

从接种到覆上，一般需 10～15 天，每 $100m^2$ 需要肥沃土 $3m^3$。先将土用筛子筛一次，加 15kg 石灰拌匀，将含水量调节在 16%～18%之间，然后覆土 2.5～3cm。覆土后，每天通风，7 天后增加通风时间，这时菇棚的温度要求在 23℃以下，相对湿度 80%～85%。

4. 出菇管理

覆土后 13～15d，菌丝爬上土面有 2/3 时，根据土中水分情况，经常向土中雾状喷水，保持土层湿润。喷水时要轻喷、细喷、勤喷，切忌过多水分流入料中。

每次喷完水都要通风 1h 以上。5～7 天开始出第一茬菇，这时菇床的相对湿度应保持在90%～95%，待子实体长到豆粒大时，再喷保质水，以勤喷、少喷为主。第一批采菇结束后，停水 3～5d，待菌丝恢复健壮后，按以上方法管理，第二茬菇就能如期出土。

5. 采收

当菌盖长到 3～4cm 时，菌膜尚未胀破就应及时采收。过迟，蘑菇开伞，失去商品价值，而且子实体过大，会影响周围蘑菇生长。采菇时，要小心拿住菇柄，轻轻扭下，要防止带动过多覆土，以免伤害周围小菇。采收鲜菇要轻拿轻放，以防造成机械损伤。采收的鲜菇要及时加工，以防开伞。采菇后，及时清除床面老根、死菇，填补新土。

四、注意事项

（1）预湿要湿透，建堆要方正，翻堆要均匀，操作要规范。

（2）检查菌种，应色白、线状带绒毛、无虫无杂菌无黄水。菌种应有味香似蘑菇，无臭无酸无异味。

（3）适温播种：料稳定在 28℃以下时播种，应在下午操作。

（4）发菌期，注意保温、保湿、通风换气。

五、实训报告

1. 比较双孢菇栽培方法与其他食用菌栽培方法的异同。

2. 培养优质双孢菇的重要措施是什么？

实训九　灵芝栽培

一、目的要求

了解灵芝的生物学特性和熟料栽培的生产程序，掌握其关键技术。

二、材料及用具

（1）原料　棉籽皮、玉米芯、木屑、麸皮或米糠、蔗糖、石膏粉、过磷酸钙、石灰粉等。

（2）菌种　灵芝栽培种。

（3）用具　聚丙烯塑料袋（菌袋）、捆扎绳、接种箱式超净工作台、接种工具、常压灭菌锅、高压灭菌锅、消毒、杀菌剂等。

三、内容与方法

（1）备料　培养料配方：棉籽壳80%、木屑10%、麦麸皮5%、石膏粉、石灰粉2%、白糖1%。

（2）拌料与装袋　加水拌匀，控制料的含水量在60%左右，用手握料，手指缝有水渗出，但不下滴。先闷2～4h，然后发酵5～7天，翻堆2～3次，再装袋，装袋松紧适度，不留空角，套环棉塞封口或扎绳封口。

（3）灭菌与接种　高压灭菌或常压灭菌，高压灭菌121℃维持2～3h，常压灭菌100℃，维持8～12h，再闷4h。无菌操作，将环境用具严格消毒，待料温降至30℃以下后进行接种。常用的消毒方法：物理方法，紫外线灯消毒；化学方法，药液喷洒、擦洗，气雾消毒，点燃，熏蒸。

（4）培养管理　发菌期管理：将接种后的料袋移入培养室，置于适宜温度22～28℃，黑暗培养，不需浇水，培养30～40天，菌丝长满袋。

（5）出芝管理　菌丝长满后移入出菇房，给予适宜的温度、湿度、通风以及光照。解口出芝。

四、实训报告

写出灵芝栽培的生产程序及关键技术。

实训十　食用菌病虫害的识别与防治

一、目的要求

通过本实训使学生了解食用菌的病虫害种类及特征，掌握食用菌防治方法。

二、材料及用具

（1）材料　当地食用菌病虫害干制标本、浸渍标本，图片和挂图等，粘虫黄板等杀虫剂和杀菌剂。

（2）用具　显微镜、镊子、滴瓶、纱布、扩大镜、挑针、刀片、盖玻片、载玻片、搪瓷盘、天平、牛角匙、试管、量筒、烧杯、玻璃棒、病害标本采集箱、粘虫黄板、笔记本、铅笔。病虫害的盒装标本、病虫害的瓶装标本、病虫害的散装标本、病虫害的新鲜标本、挂图、彩色图片、幻灯片等。

三、内容与方法

1. 食用菌病害识别

（1）生理病害，识别高脚菇、无盖菇、大脚菇、连体菇、褐菇等。

（2）真菌病害，识别褐腐病、软腐病、猝倒病等。

（3）细菌病害，识别斑点病、菌褶滴水病等。

（4）病毒病害，识别病毒病。

2.食用菌虫害识别

（1）蚊类识别　茄菇蚊、金翅菇蚊、闽菇迟眼菌蚊、小菌蚊、中华新蕈蚊、草菇折翅菇蚊、平菇厉眼蕈蚊、瘿蚊等几十种。

（2）蝇类识别　大蚤蝇、黑蚤蝇、果蝇、食菌大果蝇、黑腹果蝇、嗜菇蚤蝇等。

（3）螨类识别　蒲螨、粉螨、根螨、跌线螨、红辣椒螨5种。

（4）蜂蝓识别　蛞蝓。

（5）其他害虫　香菇大谷蛾、桑天牛、黄蕈甲、大黑伪步甲、白蚁、食丝谷蛾、黑光伪步甲等。

四、实训报告

实训结束后，将观察到的病虫害特征、不同防治试验的结果进行记录，写出实训报告。实训报告内容包括：实训目的、材料及用具、方法、结果分析和结论。

附　录

表 1　食用菌栽培基质常用化学添加剂种类、功效、用量和使用方法

添加剂种类	使用方法与用量
尿素	补充氮源营养,0.1%～0.2%,均匀拌入栽培基质中
硫酸铵	补充氮源营养,0.1%～0.2%,均匀拌入栽培基质中
碳酸氢铵	补充氮源营养,0.1%～0.2%,均匀拌入栽培基质中
氰氨化钙(石灰氮)	补充氮源和钙素,0.2%～0.5%,均匀拌入栽培基质中
磷酸二氢钾	补充磷和钾,0.05%～0.2%,均匀拌入栽培基质中
磷酸氢二钾	补充磷和钾,用量为0.05%～0.2%,均匀拌入栽培基质中
石灰	补充钙素,并有抑菌作用,1%～5%,均匀拌入栽培基质中
石膏	补充钙和硫,1%～2%,均匀拌入栽培基质中
碳酸钙	补充钙,0.5%～1%,均匀拌入栽培基质中

不允许使用的化学药剂

1. 高毒农药

按照《中华人民共和国农药管理条例》,剧毒和高毒农药不得在蔬菜生产中使用,食用菌作为蔬菜的一类也应完全参照执行,不得在培养基质中加入。高毒农药有三九一一、苏化203、一六〇五、甲基一六〇五、一〇五九、杀螟威、久效磷、磷胺、甲胺磷、异丙磷、三硫磷、氧化乐果、磷化锌、磷化铝、氰化物、呋喃丹、氟乙酰胺、砒霜、杀虫脒、西力生、赛力散、溃疡净、氯化苦、五氯酚钠、二氯溴丙烷、四〇一等。

2. 混合型基质添加剂

含有植物生长调节剂或成分不清的混合型基质添加剂。

3. 植物生长调节剂

参 考 文 献

[1] 张淑霞. 食用菌栽培技术. 北京：北京大学出版社，2007.
[2] 汪昭月. 食用菌科学栽培指南. 北京：金盾出版社，2003.
[3] 潘崇环. 新编食用菌栽培技术图解. 北京：中国农业出版社，2006.
[4] 解文强. 食用菌高产栽培技术. 北京：中国农业出版社，2005.
[5] 方芳. 食用菌生产大全. 南京：江苏科技出版社，2007.
[6] 王其胜. 食用菌养生. 北京：中国纺织出版社，2006.
[7] 陆中华. 食用菌贮藏与加工技术. 北京：中国农业出版社，2004.
[8] 陈启武. 食用菌保鲜及系列产品加工. 北京：中国农业出版社，1999.
[9] 张金霞. 食用菌安全优质生产技术. 北京：中国农业出版社，2004.
[10] 严奉伟. 食用菌深加工技术与工艺配方. 北京：科学文献出版社，2002.
[11] 杜敏华. 食用菌栽培学. 北京：化学工业出版社，2007.
[12] 黄年来等. 中国大型真菌原色图鉴. 北京：中国农业出版社，1998.
[13] 常明昌. 食用菌栽培. 北京：中国农业出版社，2002.
[14] 黄年来. 18种珍稀美味食用菌栽培. 北京：中国农业出版社，1998.
[15] 林静. 食用菌栽培加工机械使用与维修. 北京：金盾出版社，2005.
[16] 丁湖广，王德平. 黑木耳与银耳代料栽培速生高产新技术. 北京：金盾出版社，1993.
[17] 杨上洮，于立坚、曹淑定、谷金燕. 常见食用药用真菌. 西安：陕西科学技术出版社，1992.
[18] 杨新美. 食用菌栽培学. 北京：中国农业出版社，1996.
[19] 陈士瑜. 食用菌生产大全. 北京：农业出版社，1988.
[20] 李志超等. 真姬菇、金针菇、草菇栽培新技术. 太原：山西科学技术出版社，1993.
[21] 王立泽等编著. 食用菌栽培. 合肥：安徽科学技术出版社，1995.
[22] 张淑霞，马占元主编. 食用菌栽培. 石家庄：河北科学技术出版社，1993.
[23] 张浦安，陈国荣等编. 菌菇深层发酵和液体菌种生产. 北京：中国科学文化出版社，2001.
[24] 姜瑞波等. 中国农业菌种目录. 北京：中国农业科技出版社，1997.
[25] 吕作舟等. 食用菌生产技术手册. 北京：农业出版社，1992.
[26] 丁湖广. 四季菇新技术疑难300解. 北京：中国农业出版社，1997.
[27] 蔡衍山等. 我国人世后食用菌产业面临的机遇、挑战和应对措施. 全面第6届食用菌学术研讨会文集。2001，28-29.
[28] 黄年来. 中国食用菌产业的未来. 中国食用菌. 2002（增），6-7.
[29] 丁智权，陈君伟. 夏香菇覆土地栽关键技术. 食用菌，2000，(02)：26.
[30] 雷银清. 银耳夏季栽培关键技术. 食用菌，2007，(03)：54.
[31] 沈秀法，李德兴. 金针菇标准化栽培技术. 食用菌，2006，(04)：34.
[32] 徐俊延，郭毓智. 北方地栽黑木耳关键技术. 食用菌，2006，(04)：51.
[33] 钟小玲，叶长文等. 香菇胶囊菌种的综合优势及其应用技术要点. 食用菌，2006，(06)：37.
[34] 陈世昌，徐明辉. 平菇发酵料栽培技术要点. 食用菌，2005，(05)：22.
[35] 李威. 玉米芯栽培香菇技术. 食用菌，2000，(03)：21.
[36] 陈文杰，韩韬等. 北方高海拔地区夏季栽培平菇的技术要点. 食用菌，2009，(04)：50.
[37] 刘洋，宋祥军等. 双孢蘑菇露地高产栽培技术. 中国食用菌，2009，(06)．